중식

한국산업인력공단
새 출제기준에 따른 최신판!!

조리기능사 산업기사

필기실기문제

NCS 기반

대한민국 국가대표 브 랜 드
국가자격 시험문제 전문출판
에듀크라운
국가자격시험문제 전문출판
최고의 적중률!! 최고의 합격률!!
크라운출판사
국가자격시험문제 전문출판
http://www.crownbook.co.kr

국가공인 조리기능장 전경철 박사

- 경기대학교 대학원 외식조리관리전공 박사 졸업(관광학 박사)
- 경기대학교 대학원 외식산업경영전공 석사 졸업(관광학 석사)
- 현) 혜전대학교 호텔조리외식계열 교수
- 경기대학교 관광대학 외식조리학과 겸임교수
- 그랜드인터컨티넨탈호텔서울 조리장
- 한, 중 한국음식세계화 음식문화교류 수석강사
- 미국, 호주, 중국, 일본, 인도네시아, 태국, 싱가포르 등 호텔 연수
- 대한민국 조리국가대표(한국조리사회중앙회)
- 전국기능경기대회 심사위원(국제기능올림픽위원회)
- 2004 서울국제요리경연대회 일반개인 금메달
- 2005 제1회 해산물요리대회 대상(해양수산부 장관상)
- 2006 제2회 러시아국제요리대회 금메달, 은메달
- 2007 제1회 중국 베이징 아시아요리경연대회 최우수상
- 2011 허난성 전국기능경진대회 심사위원
- 2012 제22회 카이펑 유명요리사대회 국가대표팀 단장
- 국가공인 조리기능장(2004)
- 국가공인 중식 조리기능사(1990)
- 한국산업인력공단 국가기술자격검정 출제 및 검토위원
- 조리기능사, 조리산업기사, 조리기능장 감독위원
- KBS, MBC, SBS, EBS, 한국경제TV 등 방송 출연
- 저서 - 한권으로 합격하는 조리기능사 필기시험문제(크라운 출판사)
  조리산업기사, 조리기능장 필기 문제집(크라운 출판사)
  한국의 맛 비법전수 100선(영어, 중국어 포함)
  중식조리기능사, 산업기사 실기시험문제(크라운 출판사) 외 다수
- 논문 - 외식산업 관리자의 리더십이 조직유효성에 미치는 영향(박사 학위) 외 다수

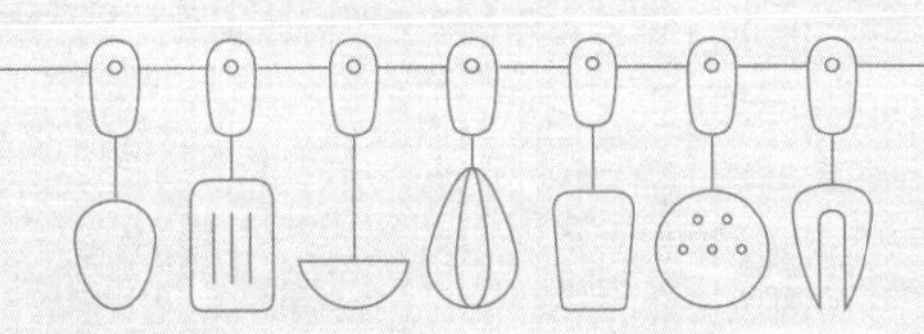

국가공인 조리기능장 임점희 박사

- 세종대학교 대학원 외식조리경영학과 박사 졸업
- 국제조리전문학교 호텔조리과 교수
- 을지대학교 식품산업외식학과 외래교수
- 김포대학교 조리외식경영학과 중식 외래교수
- 배화여자대학교 전통조리과 외래교수
- 국가공인 중식조리기능사(1999), 조리기능장(2011)
- 한국산업인력공단 조리기능사, 조리산업기사, 조리기능장 감독위원
- 러시아 왁스요리대회 동상 및 중국해산물요리경연대회 금상 외 다수 수상
- SBS 모닝와이드 및 MBC · YTN 방송 출연 외 다수
- 대한민국 국제요리경연대회 심사위원
- 저서 및 논문 – 한식, 중식 조리기능사 실기 외 다수

조리 국가대표 전장철 박사

- 경기대학교 대학원 외식조리관리전공 박사 졸업(외식경영학 박사)
- 경기대학교 대학원 외식조리관리전공 석사 졸업(외식경영학 석사)
- 경기대학교 외식 · 조리학전공 졸업(관광학사), 경영학전공(경영학사)
- 대한민국 조리 국가대표
- 국제요리대회 다수 수상
- 현) 국가공인 조리기능사, 산업기사 시험 감독위원
- 현) 국제요리대회 심사위원
- 현) 삼성웰스토리 FC사업부 재직
- 저서 – 한식, 중식 조리기능사 실기 외 다수
- 논문 – 외식기업의 성과인사제도가 조직유효성과 기업성과에 미치는 영향(박사학위) 외 다수

제작 스텝진

사진_드림스튜디오/김현수 작가

이 책에 대한 내용 문의는 kcjeon365@naver.com으로 하시기 바랍니다.

들어가는 말

최근 특급호텔의 중식레스토랑과 중국요리 전문레스토랑이 국내에 많이 오픈되었습니다. 또한 대학에 조리 관련 학과가 개설되면서 전문학교, 학원, 문화센터 등에서도 중국요리에 대한 관심이 높아졌습니다. 그래서 조리 관련 학과 학생은 물론 직장인, 주부들까지도 중식조리 자격증 취득을 원하고 있습니다.

현대사회에 취업을 위한 경쟁이 심화되면서 고등학교 및 조리 관련 대학 전공자들은 한식 · 양식 · 일식 · 복어 조리기능사 및 제과 · 제빵기능사 취득은 물론 더 나아가 조주사, 소믈리에, 바리스타 등 국가 · 민간자격증을 취득한 후 졸업하고 있습니다. 호텔 또는 전문레스토랑에 취업하고자 할 때 자격증의 취득 유무는 현실적으로 중요하게 적용되며, 취업 후 개개인의 역량평가에서도 인성과 함께 중요하게 생각되고 있습니다.

따라서 좀 더 쉽게 자격증을 취득할 수 있도록 다년간의 현장경험과 교육경험 그리고 조리기능사, 조리산업기사, 조리기능장 시험감독위원 경험을 바탕으로 이 책을 집필하였습니다. 짧은 시간 안에 수험생들이 효과적인 학습을 할 수 있도록 중식조리기능사 조리과정을 실었고, 다년간의 기출문제를 분석하여 중식조리산업기사 예상문제를 쉽고 명확하게 설명하였습니다. 그래서 학습 후 정확하고 체계적인 작품을 효율적으로 만들어 보다 쉽게 자격증을 취득할 수 있도록 하였습니다. 최근 출제시험 기준에 맞게 열정을 다해 집필하였지만, 부족한 부분이 있을 수 있습니다. 부족한 부분에 대해서는 수정 · 보완을 거듭할 것을 약속드립니다.

이 교재를 통해 중식조리기능사와 중식조리산업기사 자격검정을 준비하는 모든 수험생들에게 합격의 영광과 함께 보다 더 중국요리를 사랑하고 올바른 조리방법을 터득하는 기회가 되길 기원합니다.

끝으로 이 교재 집필에 도움을 주신 관계자 여러분과 크라운출판사 이상원 회장님과 편집팀의 모든 직원 여러분께 진심으로 감사드리며, 수험생 여러분에게 꼭 합격의 영광이 있기를 다시 한 번 기원합니다.

저자 국가공인 조리기능장 전경철 드림

조리기능사 안내

| 개요 |

중식 조리부문에 배속되어 제공될 음식에 대한 계획을 세우고 조리할 재료를 선정 · 구입 · 검수하고 선정된 재료를 적정한 조리기구를 사용하여 조리 업무를 수행하며 음식을 제공하는 장소에서 조리시설 및 기구를 위생적으로 관리 · 유지하고, 필요한 각종 재료를 구입, 위생학적, 영양학적으로 저장 관리하면서 제공될 음식을 조리 · 제공하기 위한 전문인력을 양성하기 위하여 자격제도를 제정함.

| 수행직무 |

중식 조리부문에 배속되어 제공될 음식에 대한 계획을 세우고 조리할 재료를 선정 · 구입 · 검수하고 선정된 재료를 적정한 조리기구를 사용하여 조리업무를 수행함. 또한 음식을 제공하는 장소에서 조리시설 및 기구를 위생적으로 관리 · 유지하고, 필요한 각종 재료를 구입, 위생학적, 영양학적으로 저장 관리하면서 제공될 음식을 조리하여 제공하는 직종임.

| 진로 및 전망 |

식품접객업 및 집단급식소 등에서 조리사로 근무하거나 운영이 가능함. 업체 간, 지역 간의 이동이 많은 편이고 고용과 임금에 있어서 안정적이지는 못한 편이지만, 조리에 대한 전문가로 인정받게 되면 높은 수익과 직업적 안정성을 보장받게 됨.

※ 식품위생법상 대통령령이 정하는 식품접객영업자(복어 조리, 판매영업 등)와 집단급식소의 운영자는 조리사 자격을 취득하고, 시장 · 군수 · 구청장의 면허를 받은 조리사를 두어야 한다(관련법 : 식품위생법 제34조, 제36조, 같은 법 시행령 제18조, 같은 법 시행규칙 제46조).

| 취득방법 |

① 시행처 : 한국산업인력공단

② 시험과목

- 필기 : 중식 재료관리, 음식 조리 및 위생관리
- 실기 : 중식 조리실무

③ 검정방법

- 필기 : 객관식 4지 택일형, 60문항(60분)
- 실기 : 작업형(70분 정도)

④ 합격기준 : 100점 만점에 60점 이상

출제기준(필기)

직무 분야	음식 서비스	중직무 분야	조리	자격종목	중식 조리기능사	적용기간	2020.1.1.~2022.12.31.

○ **직무내용 :** 중식메뉴 계획에 따라 식재료를 선정, 구매, 검수, 보관 및 저장하며 맛과 영양을 고려하여 안전하고 위생적으로 음식을 조리하고 조리기구와 시설관리를 수행하는 직무이다.

필기검정방법	객관식	문제수	60	시험시간	1시간

필기 과목명	출제 문제수	주요항목	세부항목	세세항목
중식 재료관리, 음식조리 및 위생관리	60	1. 중식 위생관리	1. 개인위생관리	1. 위생관리기준 2. 식품위생에 관련된 질병
			2. 식품위생관리	1. 미생물의 종류와 특성 2. 식품과 기생충병 3. 살균 및 소독의 종류와 방법 4. 식품의 위생적 취급기준 5. 식품첨가물과 유해물질
			3. 주방위생관리	1. 주방위생 위해요소 2. 식품안전관리인증기준(HACCP) 3. 작업장 교차오염발생요소
			4. 식중독관리	1. 세균성 식중독 2. 자연독 식중독 3. 화학적 식중독 4. 곰팡이 독소
			5. 식품위생 관계법규	1. 식품위생법 및 관계법규 2. 제조물책임법
			6. 공중보건	1. 공중보건의 개념 2. 환경위생 및 환경오염관리 3. 역학 및 감염병관리
		2. 중식 안전관리	1. 개인안전관리	1. 개인 안전사고 예방 및 사후 조치 2. 작업 안전관리
			2. 장비·도구 안전작업	1. 조리장비·도구 안전관리 지침
			3. 작업환경 안전관리	1. 작업장 환경관리 2. 작업장 안전관리 3. 화재예방 및 조치방법

필 기 과목명	출 제 문제수	주요항목	세부항목	세세항목
중식 재료관리, 음식조리 및 위생관리	60	3. 중식 재료관리	1. 식품 재료의 성분	1. 수분 2. 탄수화물 3. 지질 4. 단백질 5. 무기질 6. 비타민 7. 식품의 색 8. 식품의 갈변 9. 식품의 맛과 냄새 10. 식품의 물성 11. 식품의 유독성분
			2. 효소	1. 식품과 효소
			3. 식품과 영양	1. 영양소의 기능 및 영양소 섭취기준
		4. 중식 구매관리	1. 시장조사 및 구매관리	1. 시장 조사 2. 식품구매관리 3. 식품재고관리
			2. 검수관리	1. 식재료의 품질 확인 및 선별 2. 조리기구 및 설비 특성과 품질 확인 3. 검수를 위한 설비 및 장비 활용 방법
			3. 원가	1. 원가의 의의 및 종류 2. 원가분석 및 계산
		5. 중식 기초 조리실무	1. 조리준비	1. 조리의 정의 및 기본 조리조작 2. 기본조리법 및 대량 조리기술 3. 기본칼 기술 습득 4. 조리기구의 종류와 용도 5. 식재료 계량방법 6. 조리장의 시설 및 설비 관리
			2. 식품의 조리원리	1. 농산물의 조리 및 가공·저장 2. 축산물의 조리 및 가공·저장 3. 수산물의 조리 및 가공·저장 4. 유지 및 유지 가공품 5. 냉동식품의 조리 6. 조미료와 향신료

출제기준(필기)

필기 과목명	출제 문제수	주요항목	세부항목	세세항목
		6. 중식 절임 · 무침 조리	1. 절임 · 무침 조리	1. 절임 · 무침 준비 2. 절임류 만들기 3. 무침류 만들기 4. 절임 보관 무침 완성
		7. 중식 육수 · 소스 조리	1. 육수 · 소스 조리	1. 육수 · 소스 준비 2. 육수 · 소스 만들기 3. 육수 · 소스 완성 보관
		8. 중식 튀김 조리	1. 튀김 조리	1. 튀김 준비 2. 튀김 조리 3. 튀김 완성
		9. 중식 조림 조리	1. 조림 조리	1. 조림 준비 2. 조림 조리 3. 조림 완성
		10. 중식 밥 조리	1. 밥 조리	1. 밥 준비 2. 밥짓기 3. 요리별 조리하여 완성
		11. 중식 면 조리	1. 면 조리	1. 면 준비 2. 반죽하여 면 뽑기 3. 면 삶아 담기 4. 요리별 조리하여 완성
		12. 중식 냉채 조리	1. 냉채 조리	1. 냉채 준비 2. 냉채 조리 3. 냉채 완성
		13. 중식 볶음 조리	1. 볶음 조리	1. 볶음 준비 2. 볶음 조리 3. 볶음 완성
		14. 중식 후식 조리	1. 후식 조리	1. 후식 준비 2. 더운 후식류 조리 3. 찬 후식류 조리 4. 후식류 완성

이 책의 차례

Ⅰ 중식 조리기능사 · 산업기사 실기 Ⅰ

PART 01 중식 조리기능사 이론편

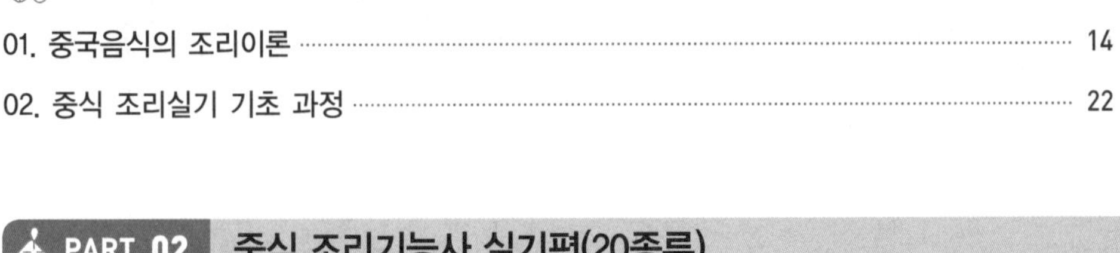

PART 02 중식 조리기능사 실기편(20종류)

PART 03 중식 조리산업기사 예상문제(28종류)

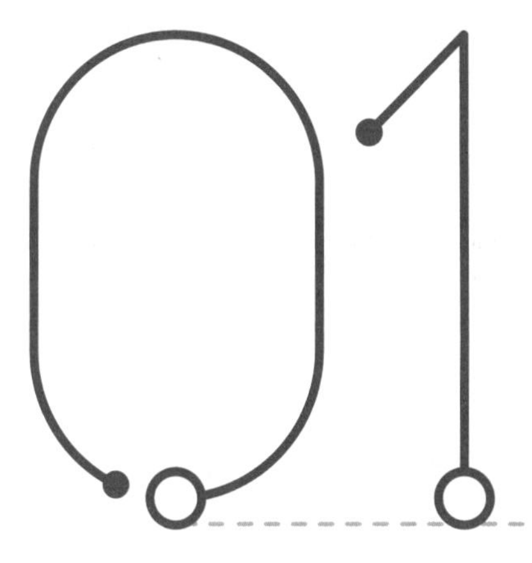

COOK CRAFTSMAN

중식 재료관리, 음식조리 및 위생관리

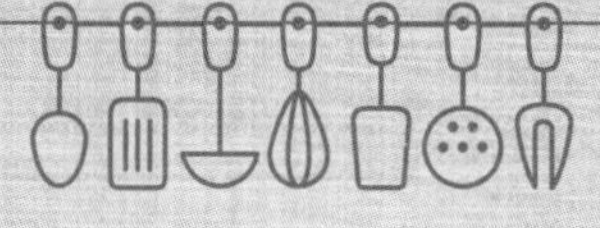

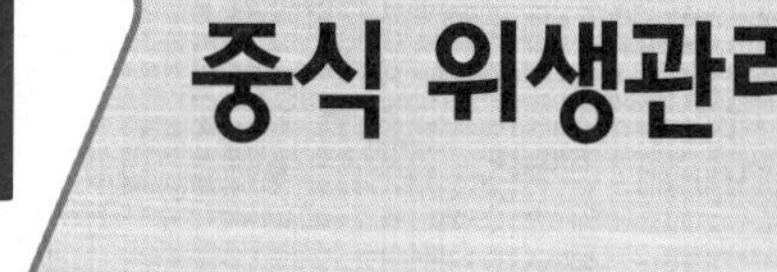

중식 위생관리

반드시 알아야 할 핵심개념

개인위생관리, 미생물의 종류와 특성, 식물과 기생충병, 살균 및 소독, HACCP, 감염병의 종류

위생관리는 음식 조리작업에 필요한 위생 관련 지식을 이해하고 개인위생, 식품위생, 주방(조리장)위생을 관리하여 조리작업을 위생적으로 수행할 수 있는 관리능력이다.

1 개인위생관리

(1) 위생관리기준

① 조리복, 조리모, 앞치마, 조리 안전화 등을 항상 위생적으로 청결하게 착용

② 두발, 손, 손톱 등 신체 청결 유지 및 위생습관 준수

③ 손톱은 짧고 청결하게 유지하며, 매니큐어 칠하지 않기

④ 짙은 화장, 시계, 반지, 귀걸이 등의 장신구 착용금지

⑤ 조리 전, 중, 후에 항상 손을 깨끗이 세척(손 세척은 30초 이상)

⑥ 조리 과정 중 머리, 코 등 신체 부위를 만지지 않기

⑦ 조리 과정 중 기침하지 않기(마스크 착용)

⑧ 작업장 근무 수칙 준수(흡연, 음주, 취식 등 금지)

위생관리 능력 단위 범위

개인위생관리, 식품 유통기한 준수, 위생적 취급 기준, 종사자 건강진단 실시, 원산지 표시, 식품위생법 준수, 시설 · 설비 청결 상태 관리, 방충 · 방서 시설 구비 및 관리, 유해 물질 관리 등

종업원이 조리에 참여하지 않아야 할 경우

- 설사, 복통, 구토, 감기, 기침 환자, 황달 증상, 발진현상, 피부병 또는 화농성질환자, 베인 부위 등 손에 상처가 있는 자, 건강 상태가 좋지 않은 자
- 콜레라, 장티푸스, 파라티푸스, 세균성이질, 장출혈성 대장균 감염증, A형 간염

- 결핵(비전염성인 경우 제외)
- B형간염(감염의 우려가 없는 비활동성 간염은 제외)
- 작업자로서 별도의 허가를 받지 않은 자
- 건강진단을 받지 않은 자

※ 식품영업자 및 그 종업원은 식품위생법 제40조에 따라 건강진단을 1년마다 받아야 한다(총리령).

참고

올바른 손 씻기 10단계

- 흐르는 따뜻한 물에 손을 적신다.
- 손을 씻기 위해 충분한 양의 비누를 발라 거품을 낸다(세척력이 좋은 보통비누로 먼저 씻은 후 살균력이 좋은 역성비누 사용).
- 손바닥과 손바닥을 문지른다.
- 손가락을 마주잡고 문지른다.
- 손바닥과 손등을 마주보고 문지른다.
- 엄지손가락으로 다른 쪽 손바닥을 돌려주면서 문질러준다.
- 손바닥을 마주대고 손깍지를 끼고 문질러준다.
- 손깍지를 끼고 손바닥을 서로 비비면서 양 손바닥과 손톱 밑을 문지르면서 깨끗하게 씻는다.
- 비눗기를 완전히 씻어낸다.
- 1회용 핸드타올 또는 자동손건조기를 사용한다.

올바른 손 씻기로 질병의 60% 정도를 예방할 수 있기 때문에 30초 이상 비누 또는 세정제를 이용하여 손가락, 손등까지 깨끗하게 씻고 흐르는 물로 잘 헹궈야 한다.

(2) 식품위생에 관련된 질병

대분류	중분류	소분류	원인균 또는 물질
미생물	세균성	감염형	살모넬라균, 장염비브리오균, 병원성대장균, 웰치균 등 음식물에서 증식한 세균
		독소형	포도상구균, 클로스트리디움 보툴리누스 등 음식물에서 세균이 증식할 때 발생하는 독소에 의한 식중독
	바이러스성	공기, 물 접촉 등	노로바이러스, 간염 A바이러스, 간염 E바이러스 등
화학물질	자연독	식물성	감자의 솔라닌, 독버섯의 무스카린 등
		동물성	복어의 테트로도톡신, 모시조개의 베네루핀 등
		곰팡이 독소	황변미의 시트리닌 등 식품을 부패, 변질 또는 독소를 만들어 인체에 해를 줌.
		알레르기성	꽁치, 고등어의 히스타민 등
	화학성	혼입독	잔류농약, 식품첨가물, 포장재의 유해물질(구리, 납 등), 오염식품의 중금속 등

2 식품위생관리

참고

식품위생의 개념

① 세계보건기구(WHO) 식품위생에 대한 정의 : 식품위생이란 식품의 생육, 생산, 제조에서 최종적으로 사람에게 섭취될 때까지의 단계에 있어서 안전성, 건전성(보존성) 또는 악화 방지를 위해 취해지는 모든 수단들이다.

② 우리나라 식품위생에 대한 정의 : 식품위생은 식품, 첨가물, 기구 및 용기와 포장을 대상으로 하는 음식물에 관한 위생을 말한다(식품위생법).

★★
- 식품 : 모든 음식물이며, 다만 의약으로 쓰이는 것은 제외
- 기구 : 식품 또는 식품첨가물에 직접 닿는 기계·기구나 그밖의 물건(농업 및 수산업에서 식품의 채취에 사용되는 기계는 제외 탈곡기, 호미 등)

★**식품위생의 목적(식품위생법)**

① 식품으로 인한 위생상의 위해사고 방지
② 식품영양의 질적 향상 도모
③ 국민보건의 증진에 이바지함.

식품위생 행정기구

행정기구	기관	업무
중앙기구	보건복지부	식품위생에 관한 업무의 총괄·기획·조사 등 주관 지방의 위생행정기구 지휘·감독
	식품의약품안전처	식품위생행정에 관한 모든 업무 담당
	질병관리본부 국립보건연구원	식품위생행정의 조사·연구 및 검사
지방기구	지방자치기관의 복지건강국 식품안전과	식품위생에 관한 지도·감독 업무 담당
	구청 위생과	식품위생감시원을 배치하고 식품위생 행정 업무 담당
	군·구 보건소	건강진단과 강습, 식중독의 역학조사 등 담당
	지방 식품의약품안전청	지역별 식품의약품 업무 관할

(1) 미생물의 종류와 특성

1) 식품과 미생물

미생물은 식품을 부패·변질·발효시키며, 식품의 섭취로 인체에 들어와 질병을 일으킨다.

2) 미생물의 종류와 특징

① 곰팡이(Filamentous Fungi) : 진균류 중에서 균사체를 발육기관으로 하는 것으로 발효식품이나 항생물질에 이용된다. 예 누룩, 푸른곰팡이, 털, 거미줄곰팡이

② 효모(Yeast) : 곰팡이와 세균의 중간크기(구형, 타원형, 달걀형)이며 출아법으로 증식한다.

③ 스피로헤타(Spirochaeta) : 단세포 식물과 다세포 식물의 중간으로 세균류로 분류된다.

④ 세균(Bacteria) : 구균, 간균, 나선균의 형태로 나누며 2분법으로 증식한다.

⑤ 리케차(Rickettsia) : 세균과 바이러스의 중간에 속하며 원형, 타원형으로 2분법으로 증식한다.

⑥ 바이러스(Virus) : 여과성 미생물로 크기가 가장 작다.
예 간염바이러스, 인플루엔자, 모자이크병, 광견병 등

미생물의 크기
곰팡이>효모>스피로헤타>세균>리케차>바이러스

3) 미생물에 의한 식품의 변질

식품의 변질은 영양소의 파괴, 식품 성분의 변화 등으로 향기나 맛이 손상되어 식용이 불가능한 상태를 말한다.

① 변질의 주원인

㉠ 식품 내 미생물의 번식, 식품 자체의 효소작용으로 발생

㉡ 공기 중의 산화로 인한 식품의 비타민 파괴 및 지방 산패

② 변질의 유형

㉠ 부패 : 부패는 단백질을 주성분으로 하는 식품의 혐기성 세균(공기 없는 것)의 번식에 의해 분해를 일으켜 악취를 내고 유해성 물질(암모니아, 트리메틸아민, 아민)이 생성되는 현상

㉡ 변패 : 탄수화물이나 지방이 미생물의 작용을 받아 변질되는 현상

㉢ 산패 : 지방(유지+산소)이 산화되어 불쾌한 냄새가 나고 식품의 빛깔이 변하는 현상

㉣ 발효 : 식품 중 탄수화물이 미생물의 작용으로 분해된 부패산물로, 여러 가지 유기산 또는 알코올 등 사람에게 유익한 물질로 변화되는 현상

※ 후란 : 단백질 식품이 호기성 미생물의 작용을 받아 부패된 것으로, 악취 없음.

4) 미생물관리(미생물 생육에 필요한 조건)

미생물 생육에 필요한 3대 요소 : 영양소, 수분, 온도

① **영양소** : 당질, 아미노산 및 무기질소, 무기염류, 생육소(발육소) 등의 영양소가 미생물 발육과 증식에 필요하다.

② **수분** : 미생물의 발육과 증식에는 미생물의 종류에 따라 필요량은 다르나 40% 이상의 수분이 필요하며, 건조식품의 경우 수분함량이 대략 15% 정도라서 일반 미생물은 발육·증식이 불가능하나 곰팡이는 유일하게 건조식품에서도 발육할 수 있다.

수분량에 따른 미생물
세균>효모>곰팡이

③ **온도** : 온도에 따라 미생물을 분류하며 저온균·중온균·고온균으로 나눈다.

종 류	발육가능온도	최적온도	내 용
저온균	0~25℃	15~20℃	식품의 부패를 일으키는 부패균
중온균	15~55℃	25~37℃	질병을 일으키는 병원균
고온균	40~70℃	50~60℃	온천물에 서식하는 온천균

④ pH(수소이온농도)

㉠ 곰팡이와 효모의 최적 pH는 4.0~6.0이다(산성에서 잘 자람).

㉡ 세균의 최적 pH는 6.5~7.5이다(보통 중성 내지 약알칼리에서 잘 자람).

⑤ **산소** : 미생물은 산소를 필요로 하는 것과 필요치 않은 것으로 분류할 수 있다.

㉠ 호기성균 : 산소를 필요로 하는 균

㉡ 혐기성균 : 산소를 필요로 하지 않는 균

- 통성혐기성균 : 산소가 있거나 없거나 관계없는 균
- 편성혐기성균 : 산소를 절대적으로 기피하는 균

※ 미호기성균 : 2~10%의 낮은 산소농도에서 잘 자라는 균

5) 미생물에 의한 감염과 면역

[물리적 처리에 의한 보존]

일광건조법	자건법	식품을 한 번 데쳐서 건조시키는 방법(예 멸치 등)
	소건법 (일광건조법)	햇빛에 건조시키는 방법(예 김, 오징어, 다시마 등)
	동건법 (냉동건조법)	겨울철 낮과 밤의 온도차를 이용하여 낮에는 해동과 건조가 일어나고 밤에는 동결하는 원리로 건조되는 방법 (예 한천, 당면, 북어 등)
	염건법	소금을 뿌려 건조시키는 방법(예 굴비, 조기 등)
인공건조법	직화건조법 (배건법)	식품을 직접 불에 닿게 하여 건조시키는 방법으로, 식품의 향을 증가시킴(예 보리차, 차잎 등)
	분무건조법	액체를 분무하여 열풍으로 건조시키면 가루가 되는 원리를 이용(예 분유, 녹말가루, 인스턴트커피 등)
	냉동건조법	식품을 냉동시켜 저온에서 건조시키는 방법(예 한천, 건조두부, 당면 등)
	열풍건조법	가열한 공기를 송풍하여 건조시키는 방법(예 육류, 어류 등)
	고온건조법	식품을 90℃ 이상의 고온에서 건조시키는 방법(예 건조떡, 건조쌀 등)
	고주파건조법	식품이 타지 않게 균일하게 건조시키는 방법
가열살균법	저온살균법 (LTLT)	61~65℃에서 30분간 가열 후 급랭(예 우유, 술, 주스, 소스 등에 이용)
	고온단시간살균법 (HTST)	70~75℃에서 20초 내에 가열 후 급랭(예 우유, 과즙 등에 이용)
	초고온순간살균법 (UHT)	130~140℃에서 2초간 가열 후 급랭(예 과즙 등에 이용)
	고온장시간살균법	95~120℃에서 30~60분간 가열 살균(예 통조림 살균에 이용)
냉장·냉동법	움저장	10℃ 정도에서 감자, 고구마, 채소 등을 저장하는 것
	냉장	0~4℃에서 얼지 않을 정도로 채소, 과일, 육류 등을 저장하는 것
	냉동	−40℃ 이하에서 급속 냉동시켜 −20℃에서 어패류 등을 저장하는 것
	냉동염법	젓갈 제조방법 중 큰 생선이나 지방이 많은 생선을 서서히 절이고자 할 때 생선을 일단 얼렸다가 절이는 방법

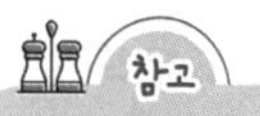

드립현상

① 냉동식품을 상온에 두면 냉동 중 파괴되었던 식품 조직에서 액이 분리되어 나오는데 이것을 드립현상이라고 한다.

② 과일, 채소류는 냉장과 병행하여 호흡 억제를 위한 가스저장법(CA저장법)을 실시한다(산소 제거 및 질소, 이산화탄소 등 주입).

(2) 식품과 기생충병

1) 감염병 발생의 3대 원인

① **감염원(병원체, 병원소)** : 질병을 일으키는 원인이며 환자, 보균자, 오염식기구, 오염토양, 곤충, 생활용구 등을 말한다.

② **숙주의 감수성** : 숙주는 기생생물에게 영양이나 질병을 공급한 생물이며, 감수성이 높으면 면역성이 낮으므로 질병이 발병되기 쉽다.

③ **환경(감염경로)** : 질병이 전파되는 과정이며 공기감염, 직접감염, 간접감염 등을 말한다.

※ 감수성 : 생물이 숙주에 의해 침입한 병원체에 대항하여 감염이나 발병을 저지할 수 없는 상태

감수성지수

두창, 홍역(95%)>백일해(60~80%)>성홍열(40%)>디프테리아(10%)>소아마비(0.1%)

2) 감염병의 분류

① 경구감염병(수인성 감염병, 소화기계 감염병)

㉠ 환자 발생이 폭발적으로 증가 가능성이 있다.

㉡ 음료수 사용지역과 유행지역이 일치한다(음료수 사용을 중지하면 환자발생률이 감소 및 중단됨).

㉢ 치명률이 낮고 2차 감염환자의 발생이 거의 없다.

㉣ 계절에 관계없이 발생한다(주로 여름).

㉤ 성별, 연령, 직업, 생활수준에 따른 발생빈도에 차이가 없으므로 급수는 검수를 해서 먹는다.

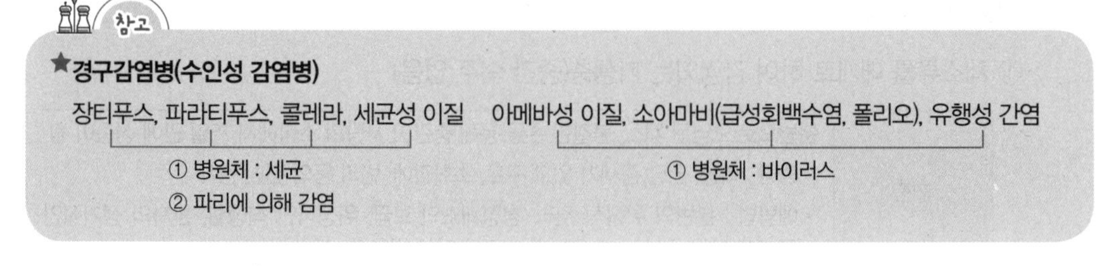

참고
★경구감염병(수인성 감염병)
장티푸스, 파라티푸스, 콜레라, 세균성 이질
아메바성 이질, 소아마비(급성회백수염, 폴리오), 유행성 간염
① 병원체 : 세균
② 파리에 의해 감염
① 병원체 : 바이러스

② 인수공통감염병

㉠ 사람과 동물이 같은 병원체에 의해 발생하는 질병을 말한다.

㉡ 위생 해충에 의한 감염

- 결핵 → 소(브루셀라증)
- 탄저 · 비저 → 양, 말
- 광견병(공수병) → 개
- 페스트 → 쥐
- 살모넬라증, 돈단독, 선모충, Q열 → 돼지
- 야토병 → 산토끼
- 파상열(브루셀라) → 소(유산), 사람(열병)

③ 감염병 유행의 현상

㉠ 장기변화(추세변화) : 10~40년 주기로 유행하는 감염병으로, 이질, 장티푸스, 디프테리아, 성홍열, 유행성 독감 등이 있다.

㉡ 단기변화(순환변화) : 2~5년 주기로 유행하는 감염병으로, 유행성 뇌염, 백일해, 홍역 등이 있다.

㉢ 계절적 변화 : 1년을 주기로 계절적으로 반복 · 유행하는 감염병으로, 소화기계 감염병(여름), 호흡기계 감염병(겨울) 등이 있다.

㉣ 불규칙 변화 : 돌발적인 발생으로 유행하는 수인성 감염병과 환경오염성 질병 등이 있다.

보균자

① 건강보균자(병균은 있으나 증상이 없음 → 가장 위험)
② 잠복기보균자
③ 병후보균자(증상과 병균이 있음)
※ 건강보균자는 병원체를 지니고 있으나 증상이 나타나지 않아 감염병을 관리하는 데 있어 가장 관리하기가 어렵다.

3) 식품과 기생충병

① 채소류를 매개로 하여 감염되는 기생충(중간 숙주 없음)

회충	분변으로 오염된 채소, 불결한 손을 통해 충란이 사람의 소장에서 75일 만에 성충이 됨. • 증상 : 복통, 간담 증세가 있고 구토, 소화장애, 변비 등의 전신 증세 • 예방법 : 분변의 위생적 처리, 청정채소의 보급, 위생적인 식생활, 환자의 정기적인 구충제 복용, 채소는 흐르는 물에 5회 이상 씻은 후 섭취함
구충 (십이지장충)	충란이 부화, 탈피한 유충이 경피침입 또는 경구침입하여 소장 상부에 기생함. • 증상 : 빈혈증, 소화장애 등 • 예방법 : 회충과 같으나 인분을 사용한 밭에 맨발로 들어가지 말아야 함.
요충	성숙한 충란이 사람의 손이나 음식물을 통하여 경구침입, 항문 주위 산란 • 증상 : 항문소양증, 집단감염(가족 내 감염률 높음) • 예방법 : 침구 및 내의의 청결함 유지함.
동양모양선충	경구감염 또는 경피감염, 내염성이 강해서 절임채소에서도 발견됨. • 증상 : 장점막에 염증, 복통, 설사, 피곤감, 빈혈 • 예방법 : 분변의 위생적 처리, 청정채소를 섭취함.
편충	경구 감염되어 맹장부위에 기생함. • 따뜻한 지방에 많은데, 우리나라에서도 감염률이 높음. • 예방법 : 분변의 위생적 처리, 손 청결, 청정채소를 섭취함.

② 육류로부터 감염되는 기생충(중간숙주 1개)

유구조충 (갈고리촌충)	• 감염경로 : 돼지 → 사람 • 예방대책 : 돼지고기 생식 또는 불완전 가열한 것의 섭취금지, 분변에 의한 오염방지
무구조충 (민촌충)	• 감염경로 : 소 → 사람 • 예방대책 : 소고기의 생식금지, 분변에 의한 오염방지
선모충	• 감염경로 : 돼지 · 개 → 사람 • 예방대책 : 돼지고기를 75℃ 이상 가열 후 섭취
톡소플라스마	• 감염경로 : 돼지, 개, 고양이, 사람 • 예방대책 : 돼지고기 생식금지, 고양이 배설물에 의한 식품오염방지
만손열두조충	• 감염경로 : 개구리, 뱀, 닭의 생식 • 예방대책 : 생식금지

※ 중간숙주가 없는 기생충 : 회충, 구충, 요충, 편충
※ 중간숙주가 1개인 기생충 : 무구조충(민촌충), 유구조충(갈고리촌충), 선모충, 만손열두조충

③ 어패류로부터 감염되는 기생충(중간숙주 2개)

기생충	제1중간숙주	제2중간숙주
간흡충(간디스토마)	왜우렁이(쇠우렁)	담수어(붕어, 잉어)
폐흡충(폐디스토마)	다슬기	민물게, 민물가재
횡천흡충(요코가와흡충)	다슬기	담수어(은어)
아니사키스(고래회충)	갑각류	오징어, 고등어, 청어
광절열두조충(긴촌충)	물벼룩	연어, 송어

※ 사람이 중간숙주 구실을 하는 기생충 : 말라리아원충

4) 식품과 위생동물

[위생동물의 특징 및 예방대책]

쥐	• 질환 : 기생충질환(선모충증, 아메바성 이질), 세균성 질환(살모넬라증, 서교열, 페스트, 와일씨병), 리케차성 질환(발진열, 쯔쯔가무시증), 바이러스성 질환(유행성 출혈열) 등이 있다. • 예방대책 : 서식처 제거, 방서장치 설치, 식당 · 식량창고 · 쓰레기장 등 환경개선 등이 있다.
파리	• 질환 : 소화기계 감염병(장티푸스, 파라티푸스, 콜레라, 이질, 식중독 등), 호흡기계 감염병(디프테리아, 결핵 등), 기생충 질환(회충, 편충, 요충 등의 유발 가능), 기타 감염병(소아마비, 화농성 질환 등)이 있다. • 예방대책 : 서식처 제거, 발생원 제거 및 초기에 구제, 화학적으로는 접촉제 · 훈증제 · 분무제 등의 살충제를 사용한다.
바퀴벌레	• 질환 : 호흡기계 감염병(결핵, 디프테리아), 소화기계 감염병(콜레라, 장티푸스, 살모넬라, 세균성 이질, 소아마비, 유행성 간염 등), 기생충 질병(회충, 구충, 민촌충, 아메바성 이질 등)이 있다. • 예방대책 : 살충제 살포(페니트로티온), 훈증법, 연무법, 잔류분무 등이 있다.
모기	• 질환 : 일본뇌염(작은빨간집모기), 말라리아(중국얼룩날개모기), 사상충증, 황열, 뎅기열 등 유발, 흡혈로 인한 피해(피부교자, 수면 방해 등)를 일으킨다. • 예방대책 : 발생지 제거, 하수구, 고인물 등을 장시간 방치를 금하고, 유충과 성충 구제, 살충제 살포 등이 있다.
벼룩, 이, 빈대	• 질환 : 벼룩은 페스트로 재귀열의 원인이며, 이는 발진티푸스의 원인이 된다. 빈대는 재귀열의 원인이다. • 예방대책 : 세탁, 세발, 청결, 살충제 살포 등을 한다.
진드기	• 질환 : 유행성 출혈열, 양충병(쯔쯔가무시증), 재귀열, Q열 등이 있다. • 예방대책 : 청결(신체, 주거, 의복), 가열살충(의복, 침구), 건조(13% 이하의 수분) 등을 한다.

(3) 살균 및 소독의 종류와 방법

1) 살균 · 소독 · 방부의 정의

① 살균 또는 멸균 : 병원균, 아포, 병원 미생물 등을 포함하여 모든 미생물 균을 사멸시키는 것이다.

② **소독** : 병원미생물을 죽이거나 또는 반드시 죽이지는 못하더라도 그 병원성을 약화시켜서 감염력을 없애는 것이다.

③ **방부** : 미생물의 성장·증식을 억제하여 식품의 부패와 발효 진행을 억제시키는 것이다.

미생물에 작용하는 강도
살균 또는 멸균>소독>방부

2) 소독방법의 구분

① 물리적 소독방법

㉠ 무가열에 의한 방법

자외선조사	자외선의 살균력은 파장범위가 2500~2800 Å(옴스트롱) 정도일 때 가장 강하며 공기, 물, 식품, 기구, 용기 소독에 사용한다. ※ 일광소독(실외소독), 자외선소독(실내소독)에 사용한다.
방사선조사	식품에 방사선을 방출하는 코발트 60(^{60}CO) 등을 물질에 조사시켜 균을 죽이는 방법으로, 장기 저장을 목적으로 사용한다.
세균여과법	액체식품 등을 세균여과기로 걸러서 균을 제거시키는 것으로, 바이러스는 너무 작아서 걸러지지 않는다.
초음파 멸균법	전자파를 이용한 소독방법이다.

★★★
㉡ 가열에 의한 방법

★저온살균법(LTLT, Low Temperature Long Time)	• 60~65℃에서 30분간 가열 후 급랭한다. • 우유, 술, 주스, 소스 등의 살균에 사용되며, 영양 손실이 적다.
★고온단시간살균법(HTST, High Temperature Short Time)	• 70~75℃에서 15~20초 내에 가열 후 급랭한다. • 우유, 과즙 등의 살균에 사용된다.
★초고온순간살균법(UHT, Ultra High Temperature)	130~140℃에서 2~4초간 가열 후 급랭한다. ① 직접 살균법 : 140~150℃에서 0.5~5초간 살균 ② 간접 살균법 : 125~135℃에서 0.5~5초간 살균
고압증기멸균법	고압증기멸균솥(오토클레이브)을 이용하여 121℃(압력 15파운드)에 15~20분간 살균하는 방법으로, 멸균 효과가 우수하다(통조림 살균).

② 화학적 소독방법

㉠ 소독약의 구비조건

• 살균력이 강할 것

- 금속부식성이 없을 것
- 표백성이 없을 것
- 용해성이 높으며, 안정성이 있을 것
- 사용하기 간편하고 값이 저렴할 것
- 침투력이 강할 것
- 인축에 대한 독성이 적을 것

㉡ 종류 및 용도

- 염소(차아염소산나트륨) : 수돗물, 과일, 채소, 식기소독에 사용한다.

수돗물 소독 시 잔류 염소	0.2ppm
과일, 채소, 식기 소독 시 농도	50~100ppm

- 표백분(클로르칼키) : 수영장 소독 및 채소, 식기소독에 사용한다.
- 석탄산(3%) : 화장실(분뇨), 하수도 등의 오물 소독에 사용하며, 온도 상승에 따라 살균력도 비례하여 증가한다.

장점	살균력이 안정(유기물에도 살균력이 약화되지 않음)
단점	독한 냄새, 강한 독성, 강한 자극성, 금속부식성 있음.

- 역성비누(양성비누) : 과일, 채소, 식기, 조리자의 손 소독에 사용한다.
  - 보통비누와 함께 사용 시 : 보통비누로 먼저 때를 씻어낸 후 역성비누를 사용한다.
  - 실제 사용농도는 과일, 채소, 식기소독은 0.01~0.1%, 손 소독은 10%로 사용한다.

$$\text{석탄산계수} = \frac{\text{(다른) 소독약의 희석배수}}{\text{석탄산의 희석배수}} \text{ (살균력 비교 시 이용)}$$

- 크레졸비누(3%) : 화장실(분뇨), 하수도 등의 오물 소독에 사용하며, 석탄산보다 소독력과 냄새가 강하다.
- 과산화수소(3%) : 자극성이 약하여 피부 상처 소독, 입안의 상처 소독에 사용된다.
- 포름알데히드(기체) : 병원, 도서관, 거실 등의 소독에 사용된다.
- 포르말린 : 포름알데히드를 물에 녹여서 만든 30~40%의 수용액으로 변소(분뇨), 하수도, 진개 등의 오물 소독에 이용된다.
- 생석회 : 저렴하기 때문에 변소(분뇨), 하수도, 진개 등의 오물 소독에 가장 우선적으로 사용한다.

- 승홍수(0.1%) : 비금속기구의 소독에 주로 이용(금속부식성)한다.
- 에틸알코올(70%) : 금속기구, 손 소독에 사용한다.
- 에틸렌 옥사이드(기체) : 식품 및 의약품 소독에 사용한다.
- 과망간산칼륨 : 분자식은 $KMnO_4$으로 산화력에 가장 강한 소독 효과가 있으며, 0.2~0.5%의 수용액을 사용한다.

식기 세척 시 중성세제의 농도 : 0.1~0.2%

화장실 소독

① 석탄산 3%

② 크레졸 3%

③ 생석회(가장 우선 사용)

(4) 식품의 위생적 취급기준

[주방 식재료의 위생적 취급관리]

조리과정	내용
조리 전	• 유통기한 및 신선도를 확인 • 식품은 바닥에서 60cm 이상의 높이에 보관 및 조리 • 재료는 검수 후 신속하게(30분 이내), 건냉소, 냉장(0~10℃), 냉동(−18℃ 이하)보관 • 식재료 전처리 과정은 25℃ 이하에서 2시간 이내 처리 • 식재료는 내부온도가 15℃ 이하로 전처리 • 손 씻기, 칼, 도마, 칼 손잡이 등 청결하게 세척하여 교차오염 방지
조리 중	• 채소, 과일은 세제로 1차 세척 후 차아염소산용액 50~75ppm 농도에서 5분간 침지 후 물에 헹구기(물 4ℓ 당 락스 유효염소 4%인 5~7㎖ 사용) • 해동된 식재료 재냉동 사용금지 • 개봉한 통조림은 별도의 용기에 냉장보관(품목명, 원산지, 날짜 표시) • 식품 가열은 중심부 온도가 75℃(패류는 85℃)에서 1분 이상 조리 • 칼, 도마, 장갑 등은 용도별 구분 사용 • 채소 → 육류 → 어류 → 가금류 순서로 손질
조리 후	• 익힌 음식과 날 음식은 별도 냉장보관 또는 익힌 음식은 위칸보관으로 교차오염 방지 • 보관 시 네임텍 부착(품목명, 날짜, 시간 등 표시) • 조리된 음식은 5℃ 이하 또는 60℃ 이상에서 보관 • 가열한 음식은 즉시 제공 또는 냉각하여 냉장 또는 냉동보관

(5) 식품첨가물과 유해물질

1) 식품첨가물의 일반적인 개요

① 식품첨가물의 정의 : 식품첨가물은 식품의 제조·가공·보존할 때 필요에 따라 식품에 첨가 또는 혼합하거나 침윤하는 방법으로 식품에 사용되는 물질이다. 천연 첨가물로는 후추, 생강, 소금 등이 있고, 화학적 합성품으로 글루타민산나트륨, 사카린 등이 있다. 식품첨가물은 식품의약품안전처장이 지정한 것만 사용이 가능하다.

참고

식품첨가물 공전
식품의약품안전처장이 지정한 식품첨가물의 종류와 규격, 기준 등이 수록된 것이다.

② 식품첨가물의 분류

㉠ 식품의 보존성을 높이는 첨가제

- 보존료(방부제) : 무독성으로 기호에 미량으로도 효과가 있으며, 가격이 저렴해야 한다.

데히드로초산, 데히드로초산나트륨	버터, 치즈, 마가린에 첨가(0.5g/kg 이하)
프로피온산, 프로피온산나트륨, 프로피온산칼슘	빵, 과자류에 첨가
안식향산, 안식향산나트륨	과실·채소류, 청량음료수, 간장, 식초에 첨가
소르빈산, 소르빈산나트륨, 소르빈산칼륨	육제품, 절임식품, 케첩, 된장에 첨가

※ 포름알데히드(메탄알), 염화제이수은(승홍), 불소화합물, 붕산 등은 독성이 강하여 사용이 금지된 보존료이다.

- 살균료 : 식품의 부패 병원균을 강력히 살균하는 것

차아염소산나트륨	소독, 살균, 탈취, 표백 목적으로 사용되며 물, 식기, 과일에 사용(참깨에 사용 금지)
표백분	식품소독, 음료수소독, 식기구소독
고도표백분	식품소독, 음료수소독, 식기구소독
과산화수소	최종제품 완성 전에 분해 및 제거

- 산화방지제(항산화제) : 식품의 산화에 의한 변질현상을 방지하기 위해 사용한다.

BHA(부틸히드록시아니졸)	식용유, 마요네즈, 추잉껌 등
BHT(디부틸히드록시톨루엔)	식용유, 버터, 곡류 등(BHA와 유사 사용)
몰식자산프로필(지용성)	식용유지, 버터류
에리소르빈산염(수용성)	색소 산화 방지작용으로 사용기준 없음.

- 천연항산화제(천연산화방지제) : 비타민 E(토코페롤), 비타민 C(아스코르빈산), 참기름(세사몰), 목화씨(고시풀)

㉡ 관능을 만족시키는 첨가제

• 정미료(조미료) : 식품에 감칠맛을 부여하기 위해 사용한다.

천연정미료	글루탐산나트륨(다시마, 된장, 간장), 이노신산(가다랭이 말린 것), 호박산(조개), 구아닐산(표고버섯)
화학정미료	글리신(향료), 5-구아닐산나트륨(표고버섯의 정미), 구연산나트륨(안정제), 1-글루탐산나트륨(다시마의 정미), d-주석산나트륨

• 감미료 : 식품에 감미(단맛)을 부여하기 위해 사용한다.

사카린나트륨	설탕의 300배(허용식품과 사용량에 대한 제한이 있음) • 사용가능 : 건빵, 생과자, 청량음료수 • 사용불가 : 식빵, 이유식, 백설탕, 포도당, 물엿, 벌꿀, 알사탕류
D-솔비톨	설탕의 0.7배(당 알코올로 충치예방에 적당), 과일 통조림, 냉동품의 변성방지제
글리실리진산나트륨	간장, 된장 외에 사용금지
아스파탐	설탕의 150배, 청량음료, 빵류, 과자류(0.5% 사용)

※ 사이클라메이트(Cyclamate), 둘신(Dulcil), 에틸렌글리콜(Ethylene glycol), 니트로아닐린(Nitroaniline) 등은 독성이 강하여 사용이 금지된 감미료이다.

• 산미료 : 식품에 산미(신맛 : 구연산, 살구, 감귤)를 부여하기 위해 사용한다.

– 구연산, 젖산(청주, 장류), 초산(살균작용), 주석산(포도), 빙초산

• 착색료 : 식품의 가공공정에서 변질 및 변색되는 식품색을 복원하기 위해 사용한다.

천연착색료	천연색소, 식물에서 용해되어 나온 색소나 또는 식물 · 동물에서 추출한 색소
합성착색료	• 타르 색소 : 식용색소, 녹색, 황색, 적색 1, 2, 3 • 비타르계 : β-카로틴(치즈, 버터, 마가린), 황산품(과채류, 저장품), 구리클로로필린나트륨 ※ 타르 색소를 사용할 수 없는 식품 : 면류, 김치류, 다류, 묵류, 젓갈류, 단무지, 생과일주스, 천연식품

※ 아우라민(Auramin), 로다민(Rodamine) 등은 독성이 강하여 사용이 금지된 착색료이다.

• 발색제(색소고정제) : 자체 무색이어서 스스로 색을 나타내지 못하지만, 식품 중의 색소성분과 반응하여 그 색을 고정(보존)하거나 또는 발색하는 데 사용한다.

육류 발색제	아질산나트륨(아질산염) → 니트로사민(발암물질) 생성, 질산나트륨, 질산칼륨
과채류 발색제	황산제1철, 황산제2철, 염화제1철, 염화제2철

※ 아질산나트륨(NaNO2), 질산나트륨(NaNO3)=질산소다, 질산칼륨(KNO3)은 소시지, 햄 등의 육류 가공품과 명란젓, 연어알 등의 발색제로 사용된다.

※ 과량 복용하면 구토, 무기력, 호흡곤란 등을 유발하며 특히 아질산나트륨은 단백질과 위에서 함께 반응하여 나이트로사민(Nitrosamine) 이라는 발암물질을 형성하므로 식품 첨가제로서 엄격한 규제를 따른다.

- 착향료 : 식품의 냄새를 없애거나 강화하기 위하여 사용한다.
  - 멘톨(파인애플향, 포도맛향, 자두맛향)
  - 바닐린(바닐라향)
  - 벤질알코올
  - 계피알데히드(계피 : 착향 목적 외에 사용금지)
- 표백제 : 원래 색을 없애거나 퇴색을 방지, 흰 것을 더 희게 하기 위해 사용한다.

산화제	과산화수소
환원제	(아)황산염, 무수아황산, 메타중아황산칼륨, 치아황산나트륨

※ 롱가릿(Rongalite), (삼)염화질소(Cl3N), 형광표백제(螢光漂白劑) 등은 독성이 강하여 사용이 금지된 표백제이다.

㉢ 품질유지 또는 품질개량에 사용되는 첨가제

- 유화제(계면활성제) : 혼합이 잘 되지 않는 2종류의 액체를 유화시키기 위하여 사용하는 첨가물

합성유화제	글리세린지방산에스테르, 솔비탄지방산에스테르, 폴리소르베이트
천연유화제	레시틴

- 품질개량제(결착제) : 식품의 결착력을 증대시키고 식품의 변색 및 변질을 방지시키는 첨가물(맛의 조성, 식품의 풍미 향상, 식품조직의 개량)
  - 종류 : 복합인산염
- 소맥분 개량제 : 밀가루의 표백 및 숙성기간을 단축시켜 제빵 효과 및 저해물질을 파괴시키며, 살균 효과도 있는 첨가물
  - 종류 : 과산화벤조일(밀가루), 브롬화칼륨, 과황산암모늄, 이산화염소, 과붕산나트륨
- 증점제(호료) : 식품에 결착성(점착성)을 증가시켜 교질상 미각을 증진시키는 첨가물

천연호료	카제인, 구아검, 알긴산, 젤란검, 카라기난
합성호료	알긴산나트륨, 알긴산암모늄, 알긴산칼슘, 변성전분, 카제인나트륨

- 피막제 : 과일의 선도를 장시간 유지하게 하기 위하여 표면에 피막을 만들어 호흡작용을 적당히 제한하고, 수분의 증발을 방지하기 위하여 사용되는 첨가물

초산비닐수지	피막제 이외의 껌 기초제로도 사용
모르폴린지방산염	과채 표피(특히 감귤류)
천연피막제	밀납, 석유 왁스, 카나우바 왁스, 쌀겨 왁스

㉣ 식품의 제조·가공과정에서 필요한 첨가제

식품제조용 첨가제	황산, 수산화나트륨(복숭아, 밀감 등의 통조림 제조 시 박피제)
소포제	거품을 없애기 위하여 사용되는 첨가물(규소수지, 실리콘수지)
팽창제	밀가루 제품 제조 시 반죽을 팽창시키는 목적으로 사용[효모(천연), 명반, 탄산수소나트륨, 탄산수소암모늄, 탄산암모늄]

㉤ 영양강화제 및 기타 첨가물

- 영양강화제 : 식품의 영양강화를 목적으로 사용되는 첨가물(비타민, 무기질, 아미노산)
- 이형제 : 빵을 빵틀로부터 잘 분리해 내기 위해 사용(유동파라핀, 잔존량 0.1% 이하)하는 첨가물
- 껌 기초제 : 껌에 적당한 점성과 탄력성을 갖게 하여 그 풍미를 유지하기 위한 첨가물
  - 초산비닐수지(피막제로도 사용)
  - 에스테르껌, 폴리부텐, 폴리이소부틸렌(껌 기초제 이외로는 사용할 수 없음)
- 추출제 : 일종의 용매로서 천연식품 중에서 성분 용해·추출하기 위해 사용되는 첨가물(n−헥산)

2) 식품첨가물 규격기준

식품위생법 제7조에 근거하여 판매를 목적으로 하는 식품 또는 식품첨가물에 관한 사항은 식품의약품안전처장이 고시한다.

제조·가공·사용·조리·보존 방법에 관한 기준과 성분에 관한 규격 등이다.

3) 유해물질

① 중금속 유해물질과 중독증상

금속명	주요 중독경로	중독증상
납(Pb)	환약, 먹거리(통조림), 수도관, 기구	시력약화, 빈혈, 복통, 팔과 손의 마비, 뇌중독, 중추신경장애, 혈액장애, 만성중독
카드뮴(Cd)	공장폐수, 광산폐수, 쌀의 오염, 공해, 도기의 유약성분, 오염된 어패류	이타이이타이병, 보행곤란, 뼈의 변형, 골연화증, 신장기능 장애, 단백뇨
수은(Hg)	온도계, 체온계, 압력계, 화학공장 폐수, 물고기, 공해	복통, 구토, 설사, 무뇨, 피부염, 의식장애, 지각마비, 중추신경장애, 홍독성 흥분 미나마타병(메틸수은)
구리(Cu)	식품(코코아, 초코렛), 조리기구, 상수도관	복통, 구토, 설사, 간 손상(세포의 괴사)로 손상, 신부전, 호흡곤란, 사망
아연(Zn)	공장 폐수, 합금, 식기, 용기	복통, 구토, 설사, 소화기 계통 염증

비소(As)	화학공장, 방부제, 살충제, 화장품, 의약품, 우유(분유)	구토, 설사, 호흡중추의 마비, 피부염, 빈혈
주석(Sn)	통조림 식품의 통조림관(통조림 캔)	구토, 복통, 설사, 급성 위장염, 진폐증(규폐)
안티몬(Sb)	식기(법랑제품), 약제의 오용	구토, 복통, 설사
크롬	전기도금 공장에서 크롬도금, 공업약품	피부염, 폐암의 원인, 비중격천공증

※ 최대 허용량: 0.5ppm, 구리 : 1회 500mg 이상 섭취 중독

② 식품의 조리 및 가공 중에 생기는 유해물질

㉠ 벤조피렌 : 불에 탄 고기에서 나오는 신종 발암물질로, 고온 또는 식품첨가물질이 원인으로, 식품을 가열하게 되면 식품성분이 변화하게 되면서 발암물질이 생성된다.

㉡ 니트로소 화합물 : 산성조건의 아질산과 2급 아민이 식품가공 중에 발암물질로 생성된다.

㉢ 아크릴아마이드 : 전분이 많은 감자류와 곡류 등을 높은 온도에서 가열할 때 생성되며 감자튀김, 과자, 피자 등을 만들 때 생성된다.

3 주방위생관리

(1) 주방위생 위해요소

주방위생 위해요소 : 개인위생, 식품위생, 시설위생

주방기구	위해요소관리
조리시설, 조리기구	• 살균소독제로 세척, 소독 후 사용 • 열탕소독 또는 염소소독으로 세척 및 소독
기계 및 설비	설비 본체 부품 분해 → 부품은 깨끗한 장소로 이동 → 뜨거운 물로 1차 세척 → 스펀지에 세제를 묻혀 이물질 제거 후 씻어내기 ※ 설비부품은 뜨거운 물 또는 200ppm의 차아염소산나트륨 용액에 5분간 담근 후에 세척
싱크대	약알칼리성 세제로 씻고, 70% 알코올로 분무소독
도마, 칼	뜨거운 물로 1차 세척 → 스펀지에 세제를 묻혀 이물질 제거 후 씻어내기 → 뜨거운 물(80℃) 또는 200ppm의 차아염소산나트륨 용액에 5분간 담근 후에 세척
칼, 행주	끓는 물에서 30초 이상 열탕 소독
기타	• 바닥의 균열 및 파손 시 즉시 보수하여 오물이 끼지 않도록 관리 • 출입문, 창문 등에는 방충시설을 설치 • 방충·방서용 금속망의 굵기는 30매시(mesh)가 적당

※ 조리대는 중성세제 또는 염소소독제로 200배 희석하여 소독

– 염소소독제(4%) 200배 희석방법(1,000㎖ 제조 시) : 물 995㎖ + 염소소독제 5㎖

(2) 식품안전관리인증기준(HACCP)

1) HACCP(Hazard Analysis and Critical Control Point ; 식품안전관리인증기준)

① HACCP은 위해분석(HA ; Hazard Analysis)과 중요관리점(CCP ; Critical Control Point)으로 구성되는데 HA는 위해 가능성이 있는 요소를 전체적인 공정 과정의 흐름에 따라 분석·평가하는 것이며, CCP는 확인된 위해한 요소 중에서 중점적으로 다루어야 하는 위해요소를 뜻한다. 식품안전관리인증기준의 목적은 사전에 위해한 요소들을 예방하며 식품의 안전성을 확보하는 것이다.

② 우리나라는 식품위생법에 HACCP제도를 1995년 12월 29일에 도입하였으며, 이것은 식품의 생산, 유통, 소비의 전 과정에서 식품관리의 예방차원에서 지속적으로 식품의 안전성(Safety) 확보와 건전성 및 품질을 확보함은 물론 식품업체의 자율적이고 과학적 위생관리방식의 정착과 국제기준 및 규격과의 조화를 도모하고자 신설하였다.

③ 2014년 11월 29일부터 위해요소중점관리기준에서 식품안전관리인증기준으로 명칭이 변경되었다.

2) 식품안전관리인증기준 준수대상 영업

냉동수산식품 중 어류·연체류·조미가공품, 어묵류, 냉동식품 중 피자·만두·면류, 빙과류, 비가열음료, 레토르트식품, 김치류 중 배추김치

(3) 작업장 교차오염 발생요소

교차오염 발생요소	발생 원인	방 안
식재료 입고, 전처리 과정	많은 양의 식재료를 원재료 상태로 들여와 준비하는 과정(교차오염 발생 가능성 높음)	원 식재료의 전처리 과정에서 더욱 세심한 청결상태 유지와 식재료의 관리 필요
채소·과일준비코너, 생선 취급코너	칼, 도마, 장갑 등에서 교차오염 발생	칼, 도마, 장갑 등 용도별 구분 사용 필요
행주, 나무도마 등	행주, 나무도마 등에서 교차오염 발생	집중적인 위생관리 및 교체, 세척살균 요함.
주방바닥, 트렌치 등	주방바닥, 트렌치 등에서 교차오염 발생	집중적인 위생관리 및 세척살균, 건조 요함.

※ 작업 종료 후 지정한 인원은 매일 작업 시작 전에 작업장의 모든 장비, 용기, 바닥을 물로 청소하고, 식품 접촉표면은 염소계 소독제 200ppm을 사용하여 살균한 후 습기를 제거한다.

주방 내에서 교차오염방지를 위하여 구역을 구분하여 사용

① 일반작업구역 : 식재료 검수구역, 식재료 저장구역, 식재료 전처리구역, 식기세정구역

② 청결작업구역 : 조리구역, 배선구역, 식기보관구역

※ 도마와 칼은 용도별로 구분하여 사용하고 달걀, 육류 등 조리 전 식재료는 냉장고에 분리하여 저장 또는 하단에 보관한다.

4 식중독관리

(1) 세균성 식중독

식중독(Food poisoning)은 유독·유해한 물질이 음식물과 함께 입을 통해 섭취되어 생리적인 이상을 일으키는 것을 말하며, 6~9월에 주로 발생한다.

1) 감염형 식중독

식품 내에 병원체가 증식하여 인체에 식품 섭취로 들어와 일으키는 식중독이다.

① 살모넬라 식중독

㉠ 특징 : 쥐, 파리, 바퀴에 의해 식품을 오염시키는 균이다.
㉡ 원인균 : 살모넬라균
㉢ 증상 : 두통, 심한 위장 증상, 38~40℃의 급격한 발열
㉣ 원인식품 : 육류 및 어패류 및 가공품, 우유 및 유제품, 채소샐러드 등
㉤ 잠복기 : 12~24시간
㉥ 예방대책 : 열에 약하여 60℃에서 30분이면 사멸된다.

② 장염비브리오 식중독

㉠ 특징 : 해안지방에 가까운 바닷물(3~4% 식염농도) 등에 사는 호염성 세균으로 그람음성간균이다.
㉡ 원인균 : 비브리오균
㉢ 증상 : 위장의 통증과 설사(혈변), 구토, 약간의 발열
㉣ 원인식품 : 어패류(생것으로 먹을 때나 칼, 도마, 식기에 의해 2차적으로 오염)
㉤ 잠복기 : 10~18시간
㉥ 예방대책 : 5℃ 이하에서 음식을 보존하고, 60℃에서 5분간 가열하면 균이 사멸된다. 조리할 때 청결하게 하고 2차 오염을 막기 위해 칼, 도마, 식기, 용기 등의 소독을 철저히 한다.

③ 병원성 대장균 식중독

㉠ 사람이나 동물의 장 관내에 살고 있는 균으로 물이나 흙 속에 존재하며 식품과 함께 입을 통해 체내에 들어오면 장염을 일으키는 식중독이다.
㉡ 원인균 : 병원성 대장균
㉢ 증상 : 급성 대장염

㉣ 원인식품 : 우유가 주원인, 가정에서 만든 마요네즈

㉤ 잠복기 : 13시간 정도

㉥ 예방대책 : 동물의 분변오염방지

④ 웰치균 식중독

㉠ 특징 : 웰치균은 편성혐기성균으로 아포(내열성균으로 열에 강함)를 형성하며, 조리 중에 잘 죽지 않는다.

㉡ 원인균 : 웰치균(식중독의 원인균은 A형)

㉢ 증상 : 설사, 복통

㉣ 원인식품 : 육류 및 어패류의 가공품

㉤ 잠복기 : 8~22시간

㉥ 예방대책 : 분변오염방지, 조리 후 식품을 급히 냉각시킨 다음 저온(10℃ 이하)에서 보존하거나 60℃ 이상으로 보존한다.

2) 독소형 식중독

식품 내에 병원체의 증식으로 생성된 독소에 의한 식중독으로 잠복기가 가장 짧은 것이 특징이다.

① 포도상구균 식중독

㉠ 특징 : 화농성질환자에 의해 감염되며, 120℃에서 20분간 열을 가해도 균이 사멸되지 않는다.

㉡ 원인균 : 포도상구균

㉢ 원인독소 : 엔테로톡신(Enterotoxin 장독소)은 열에 강하여 가열하여도 파괴되지 않으며, 균이 사멸되어도 독소는 남는다.

㉣ 증상 : 구토, 복통, 설사

㉤ 원인식품 : 우유, 유제품, 떡, 도시락, 김밥

㉥ 잠복기 : 잠복기가 가장 짧은 식후 3시간

㉦ 예방대책 : 손에 상처나 화농(고름)이 있는 사람은 식품 취급을 금지한다.

② 클로스트리디움 보툴리누스 식중독

㉠ 원인균 : 보툴리늄균(A, B, C, D, E, F, G형 중 A, B, E형이 원인균)

㉡ 원인독소 : 뉴로톡신(Neurotoxin 신경독소)은 열에 의해 파괴

㉢ 증상 : 신경마비증상

㉣ 원인식품 : 살균이 불충분한 통조림, 햄, 소시지 등 가공품

㉤ 잠복기 : 식후 12~36시간

㉥ 예방대책 : 통조림 및 소시지 등의 위생적 보관과 가공처리 철저

세균성 식중독과 소화기계 감염병의 차이

세균성 식중독	소화기계 감염병(경구 감염병)
• 식중독균에 오염된 식품을 섭취하여 발병 • 식품에 많은 양의 균 또는 독소에 의해 발병 • 살모넬라 외에는 2차 감염이 없음. • 짧은 잠복기 • 면역이 되지 않음.	• 감염병균에 오염된 식품과 물의 섭취로 경구감염 • 식품에 적은 양의 균으로 발병 • 2차 감염됨. • 긴 잠복기 • 면역이 됨.

(2) 자연독 식중독

1) 동물성 식중독

① 복어 중독

㉠ 원인독소 : 테트로도톡신(Tetrodotoxin)

㉡ 치사량 : 2mg

㉢ 독성시기 : 봄철 5~6월 산란기에 가장 강함

㉣ 독성이 있는 부위 : 난소>간>내장>피부

※ **복어독은 끓여도 파괴되지 않음.**

㉤ 증상 : 식후 30분~5시간 만에 발병하여 지각마비, 근육마비, 구토, 호흡곤란, 의식불명되어 사망에 이르며, 치사율은 50~60%이다.

㉥ 예방대책 : 복어는 전문 조리사만이 요리하도록 하고 유독부위를 완벽히 제거 후 섭취한다.

② 검은 조개, 섭조개(홍합) 중독

㉠ 원인독소 : 삭시톡신

㉡ 증상 : 신체마비, 호흡곤란, 치사율 10%

③ 모시조개, 굴, 바지락

㉠ 원인독소 : 베네루핀

㉡ 증상 : 구토, 복통, 변비, 치사율 44~50%

2) 식물성 식중독

① 감자 중독

㉠ 독성물질 : 감자의 발아한 부분 또는 녹색 부분에 솔라닌(Solanine)

※ 부패한 감자에는 셉신이란 독성물질이 생성되어 중독을 일으킨다.

㉡ 예방대책 : 감자의 싹트는 부분과 녹색 부분은 제거해야 하며, 감자보관 시 서늘한 곳에 보관한다.

② 독버섯 중독

㉠ 독소 및 증상

- 무스카린(Muscarine) : 강한 독성으로 구토, 설사, 현기증, 시력장애, 의식불명
  광대버섯, 파리버섯, 땀버섯
- 무스카리딘(Muscaridine) : 교감신경 자극, 뇌 증상, 불안정
- 아마니타톡신(Amanitatoxin), 팔린(Phaline) : 콜레라 증세, 혈변, 청색증
  알광대버섯, 흰알광대버섯, 독우산광대버섯
- 뉴린(Neurine), 콜린(Choline) : 구토, 설사, 호흡곤란, 혼수상태
- 파실로신(Phaline), 파실리오시빈(Psilocybin) : 환각작용의 뇌 증상
- 아가리시시산(Agaricic acid) : 위장형 중독
- 필지오린(Pilzhyioin) : 위장 증상

㉡ 독버섯 중독의 종류

- 위장형 중독 : 무당버섯, 화경버섯(증상 : 구토, 설사, 복통 등의 위장장애)
- 콜레라형 중독 : 마귀곰보버섯, 알광대버섯(증상 : 경련, 헛소리, 혼수상태)
- 신경계 장애형 중독 : 파리버섯, 광대버섯, 미치광이버섯(증상 : 중추신경장애, 광증, 근육경련)
- 혈액형 중독(증상 : 콜레라형 위장장애, 용혈작용, 황달)

③ 기타 유독물질

㉠ 청매, 살구씨, 복숭아씨 : 아미그달린(Amygdalin)

㉡ 독미나리 : 시큐톡신(Cicutoxin)

㉢ 목화씨 : 고시폴(Gossypol)

㉣ 피마자 : 리신(Ricin)

㉤ 독보리 : 테무린(Temuline)

ⓑ 오디 : 아코니틴(Aconitine)

ⓢ 대두 : 사포닌(Saponins)

ⓞ 두류 : 파세오루나틴(Phaseolunatin)

(3) 화학적 식중독

1) 농약에 의한 식중독

① 유기인제(신경독)

㉠ 증상 : 신경장애, 혈압상승, 근력감퇴, 정신경련

㉡ 종류 : 파라티온, 말라티온, 다이아지논, 테프(TEPP)

㉢ 예방 : 농약 살포 시 흡입주의, 수확 15일 전 살포 금지, 과채류의 산성액 세척 등

② 유기염소제

㉠ 증상 : 복통, 설사, 두통, 구토, 전신권태, 신경계 독성

㉡ 종류 : DDT, BHC

㉢ 예방 : 농약 살포 시 흡입주의, 수확 15일 전 살포 금지 등

③ 유기수은제

㉠ 증상 : 시야 축소, 언어장애, 정신착란

㉡ 종류 : 메틸염화수은, 메틸요오드화수은, EMP, PMA

④ 비소화합물

㉠ 증상 : 목구멍과 식도의 수축현상, 위통, 설사, 혈변, 소변량 감소

㉡ 종류 : 비산칼슘

㉢ 예방 : 농약 살포 시 흡입주의, 수확 15일 전 살포 금지 등

참고

메탄올(메틸알코올)

- 주류의 메탄올 함유 허용량은 0.5mg/㎖ 이하(예외 : 과실주, 포도주 1.0mg/㎖ 이하)
- 중독량은 5~10㎖, 치사량 30~100㎖
- 증상 : 두통, 구토, 설사, 실명, 심할 경우 호흡곤란으로 사망

통조림 식품의 유해성 금속물질

납, 주석(허용치는 150ppm 이하이고, 산성 통조림 식품에 한하여 250ppm 이하)

PCB물질(중독)에 대한 대책

PCB 중독은 미강유 정제과정 중 유입되는 중독으로 PCB의 공업적 사용 자제

(4) 곰팡이 식중독(독소)

① 아플라톡신 중독

㉠ 원인곰팡이 : 아스퍼질러스 플라브스

㉡ 원인식품 : 재래식 된장, 곶감, 땅콩, 곡류

㉢ 독소 : 아플라톡신(간장독)

※ 아플라톡신은 열에 강하여 가열 후에도 식품에 존재할 수 있다.

참고

아플라톡신은 간을 타깃으로 하여 작용하며, 초기 증상으로는 발열, 무기력증, 신경성식욕부진증 등을 일으키며 복통과 구토, 간염을 유발한다. 만성적인 독성은 면역력 저하와 암을 발생시키게 된다.

② 맥각 중독

㉠ 원인균 : 맥각균

㉡ 원인식품 : 보리, 밀, 호밀

㉢ 독소 : 에르고톡신(Ergotoxine)–간장독, 에르고타민(Ergotamine)

③ 황변미 중독

㉠ 원인곰팡이 : 푸른곰팡이(페니실리움)

㉡ 원인식품 : 저장미

㉢ 독소 : 시트리닌(신장독), 시트리오비리딘(신경독), 아이슬랜디톡신(간장독)

※ 14~15% 이상의 수분을 함유하는 저장미에서 푸른곰팡이가 번식하여 적홍색 또는 황색으로 되는 현상으로 동남아시아 지역에서 곡류 저장 시 문제가 많은 편이다.

④ 알레르기성 식중독(부패성 식중독)

㉠ 원인균 : 프로테우스 모르가니(Proteus morganii)균

㉡ 원인식품 : 꽁치나 고등어 등 붉은 색 생선의 가공품을 섭취했을 때 발생

5 식품위생 관계법규

(1) 식품위생법 및 관계법규

1) 식품위생법의 목적

① 식품으로 인한 위생상의 위해를 방지한다.

② 식품영양의 질적 향상을 도모한다.

③ 식품에 관한 올바른 정보를 제공하여 국민보건의 증진에 이바지한다.

2) 식품위생 관련 용어의 정의

① **식품** : 모든 음식물을 포함(의약으로 섭취하는 것은 제외)

② **식품첨가물** : 식품을 제조·가공·조리 또는 보존하는 과정에서 감미(甘味), 착색(着色), 표백(漂白) 또는 산화방지 등을 목적으로 식품에 사용되는 물질을 말한다. 이 경우 기구(器具)·용기·포장을 살균·소독하는 데 사용되어 간접적으로 식품으로 옮아갈 수 있는 물질을 포함

③ **화학적 합성품** : 화학적 수단에 의하여 원소 또는 화합물에 분해반응 외의 화학반응을 일으켜 얻은 물질

④ **기구** : 식품 또는 식품첨가물에 직접 닿는 기계·기구나 그밖의 물건으로 음식을 먹을 때 사용하거나 담는 것과 식품 또는 식품첨가물의 채취·제조·가공·조리·저장·소분·운반·진열할 때 사용하는 것

⑤ **용기·포장** : 식품 또는 식품첨가물을 넣거나 싸는 것으로서 식품 또는 식품첨가물을 주고받을 때 함께 건네는 물품

⑥ **위해** : 식품, 식품첨가물, 기구 또는 용기·포장에 존재하는 위험요소로서 인체의 건강을 해치거나 해칠 우려가 있는 것

⑦ **영업** : 식품 또는 식품첨가물을 채취·제조·가공·조리·저장·소분·운반 또는 판매하거나 기구 또는 용기·포장을 제조·운반·판매하는 업을 말함(농업과 수산업에 속하는 식품 채취업은 제외).

⑧ **영업자** : 영업허가를 받은 자나 영업신고를 한 자 또는 영업등록을 한 자를 말함(농업과 수산업에 속하는 식품 채취업은 제외).

⑨ **식품위생** : 식품, 식품첨가물, 기구 또는 용기·포장을 대상으로 하는 음식에 관한 위생

⑩ **집단급식소** : 영리를 목적으로 하지 아니하면서 특정 다수인에게 계속하여 음식물을 공급하는 기숙사·학교·병원·사회복지시설·산업체·국가·지방자치단체 및 공공기관·그 밖의 후생기관 등의 어느 하나에 해당되는 곳의 급식시설로서 대통령으로 정한 곳(1회 50명 이상에게 식사 제공)

⑪ **식품이력추적관리** : 식품을 제조·가공단계부터 판매단계까지 각 단계별로 정보를 기록·관리하여 그 식품의 안전성 등에 문제가 발생할 경우 그 식품을 추적하여 원인을 규명하고 필요한 조치를 할 수 있도록 관리하는 것

⑫ **식중독** : 식품 섭취로 인하여 인체에 유해한 미생물 또는 유독물질에 의하여 발생하였거나 발생한 것으로 판단되는 감염성 질환 또는 독소형 질환

⑬ **집단급식소에서의 식단** : 급식대상 집단의 영양섭취기준에 따라 음식명, 식재료, 영양성분, 조리방법, 조리인력 등을 고려하여 작성한 급식계획서

※ 식품 등의 취급 : 누구든지 판매를 목적으로 식품 또는 식품첨가물을 채취·제조·가공·사용·조리·저장·소분·운반 또는 진열을 할 때에는 깨끗하고 위생적으로 하여야 하며, 영업에 사용하는 기구 및 용기·포장은 깨끗하고 위생적으로 다루어야 하고, 식품, 식품첨가물, 기구 또는 용기·포장(식품 등)의 위생적인 취급에 관한 기준은 총리령으로 정한다.

3) 식품 및 식품첨가물

① **위해식품 등의 판매 등 금지** : 누구든지 다음의 어느 하나에 해당하는 식품 등을 판매하거나 판매할 목적으로 채취·제조·수입·가공·사용·조리·저장·소분·운반 또는 진열하여서는 안 된다.

㉠ 썩거나 상하거나 설익어서 인체의 건강을 해칠 우려가 있는 것

㉡ 유독·유해물질이 들어 있거나 묻어 있는 것 또는 그러할 염려가 있는 것으로, 식품의약품안전처장이 인체의 건강을 해칠 우려가 없다고 인정하는 것은 제외

㉢ 병을 일으키는 미생물에 오염되었거나 그러할 염려가 있어 인체의 건강을 해칠 우려가 있는 것

㉣ 불결하거나 다른 물질이 섞이거나 첨가된 것 또는 그 밖의 사유로 인체의 건강을 해칠 우려가 있는 것

㉤ 안전성 평가 대상인 농·축·수산물 등 가운데 안전성 평가를 받지 아니하였거나 안전성 평가에서 식용으로 부적합하다고 인정된 것

㉥ 수입이 금지된 것 또는 수입신고를 하지 아니하고 수입한 것

㉦ 영업자가 아닌 자가 제조·가공·소분한 것

② **병든 동물 고기 등의 판매 등 금지** : 총리령으로 정하는 질병에 걸렸거나 걸렸을 염려가 있는 동물이나 그 질병에 걸려 죽은 동물의 고기·뼈·젖·장기 또는 혈액을 식품으로 판매하거나 판매할 목적으로 채취·수입·가공·사용·조리·저장·소분 또는 운반하거나 진열하여서는 안 된다.

※ 총리령으로 정하는 질병 : 축산물가공처리법 규정에 도축이 금지되는 가축감염병, 리스테리아병, 살모넬라병, 파스튜렐라병, 선모충증

③ **기준·규격이 정하여지지 아니한 화학적 합성품 등의 판매 등 금지** : 기준·규격이 정하여지지 아니한 화학적 합성품인 첨가물과 이를 함유한 물질을 식품첨가물로 사용하거나 이 식품첨가물이 함유된 식품을 판매하거나 판매할 목적으로 제조·수입·가공·사용·조리·저장·소분·운반 또는 진열하는 행위를 해서는 안 된다.

※ 다만, 식품의약품안전처장이 식품위생심의위원회의 심의를 거쳐 인체의 건강을 해칠 우려가 없다고 인정하는 경우에는 그러하지 아니하다.

④ 식품 또는 식품첨가물에 관한 기준 및 규격

㉠ 식품의약품안전처장은 국민보건을 위하여 필요하면 판매를 목적으로 하는 식품 또는 식품첨가물에 관한 제조·가공·사용·조리·보존 방법에 관한 기준과 성분에 관한 규격의 사항을 정하여 고시한다.

※ 다만, 식품첨가물 중 기구 및 용기·포장을 살균·소독하는 데에 쓰여서 간접적으로 식품으로 옮아갈 수 있는 물질은 그 성분명만을 고시할 수 있다.

㉡ 식품의약품안전처장은 ㉠에 따라 기준과 규격이 고시되지 아니한 식품 또는 식품첨가물의 기준과 규격을 인정받으려는 자에게 ㉠의 사항을 제출하게 하여 「식품·의약품분야 시험·검사 등에 관한 법률」에 따라 식품의약품안전처장이 지정한 식품전문 시험·검사기관 또는 총리령으로 정하는 시험·검사기관의 검토를 거쳐 ㉠에 따른 기준과 규격이 고시될 때까지 그 식품 또는 식품첨가물의 기준과 규격으로 인정할 수 있다.

㉢ 수출할 식품 또는 식품첨가물의 기준과 규격은 ㉠ 및 ㉡에도 불구하고 수입자가 요구하는 기준과 규격을 따를 수 있다.

㉣ ㉠ 및 ㉡에 따라 기준과 규격이 정하여진 식품 또는 식품첨가물은 그 기준에 따라 제조·수입·가공·사용·조리·보존하여야 하며, 그 기준과 규격에 맞지 아니하는 식품 또는 식품첨가물은 판매하거나 판매할 목적으로 제조·수입·가공·사용·조리·저장·소분·운반·보존 또는 진열하여서는 아니 된다.

⑤ 권장규격 예시 등

㉠ 식품의약품안전처장은 판매를 목적으로 하는 식품 또는 식품첨가물, 기구 및 용기·포장에 관한 기준 및 규격에 따른 기준 및 규격이 설정되지 아니한 식품 등이 국민보건상 위해 우려가 있어 예방조치가 필요하다고 인정하는 경우에는 그 기준 및 규격이 설정될 때까지 위해 우려가 있는 성분 등의 안전관리를 권장하기 위한 규격을 예시할 수 있다.

㉡ 식품의약품안전처장은 ㉠에 따라 권장규격을 예시할 때에는 국제식품규격위원회 및 외국의 규격 또는 다른 식품 등에 이미 규격이 신설되어 있는 유사한 성분 등을 고려하여야 하고 심의위원회의 심의를 거쳐야 한다.

㉢ 식품의약품안전처장은 영업자가 ㉠에 따른 권장규격을 준수하도록 요청할 수 있으며 이행하지 아니한 경우 그 사실을 공개할 수 있다.

4) 기구와 용기·포장

① **유독기구 등의 판매·사용금지** : 유독·유해물질이 들어 있거나 묻어 있어 인체의 건강을 해칠 우려가 있는 기구 및 용기·포장과 식품 또는 식품첨가물에 직접 닿으면 해로운 영향을 끼쳐 인체의 건강을 해칠 우려가 있는 기구 및 용기·포장을 판매하거나 판매할 목적으로 제조·수입·저장·운반·진열하거나 영업에 사용하여서는 안 된다.

② **기구·용기·포장의 기준과 규격**

㉠ 식품의약품안전처장은 국민보건을 위해 필요한 경우에는 판매하거나 영업에 사용하는 기구 및 용기·포장에 관하여 다음 사항을 정하여 고시한다.

- 제조 방법에 관한 기준
- 기구 및 용기·포장과 그 원재료에 관한 규격

㉡ 식품의약품안전처장은 ㉠에 따라 기준과 규격이 고시되지 아니한 기구 및 용기·포장의 기준과 규격을 인정받으려는 자에게 ㉠의 사항을 제출하게 하여 식품의약품안전처장이 지정한 식품전문 시험·검사기관의 검토를 거쳐 ㉠에 따라 기준과 규격이 고시될 때까지 해당 기구 및 용기·포장의 기준과 규격으로 인정할 수 있다.

㉢ 수출할 기구 및 용기·포장과 그 원재료에 관한 기준과 규격은 ㉠ 및 ㉡에도 불구하고 수입자가 요구하는 기준과 규격을 따를 수 있다.

㉣ ㉠ 및 ㉡에 따라 기준과 규격이 정하여진 기구 및 용기·포장은 그 기준에 따라 제조하여야 하며, 그 기준과 규격에 맞지 아니한 기구 및 용기·포장은 판매하거나 판매할 목적으로 제조·수입·저장·운반·진열하거나 영업에 사용하여서는 안 된다.

5) 유전자변형식품 등의 표시

① 다음 각 호의 어느 하나에 해당하는 생명공학기술을 활용하여 재배·육성된 농산물·축산물·수산물 등을 원재료로 하여 제조·가공한 식품 또는 식품첨가물(유전자변형식품 등)은 유전자변형식품임을 표시하여야 한다. 다만, 제조·가공 후에 유전자변형 디엔에이(DNA, Deoxyribonucleic acid) 또는 유전자변형 단백질이 남아 있는 유전자변형식품 등에 한정한다.

㉠ 인위적으로 유전자를 재조합하거나 유전자를 구성하는 핵산을 세포 또는 세포 내 소기관으로 직접 주입하는 기술

㉡ 분류학에 따른 과(科)의 범위를 넘는 세포융합기술

② ①에 따라 표시하여야 하는 유전자재조합식품 등은 표시가 없으면 판매하거나 판매할 목적으로 수입·진열·운반하거나 영업에 사용하여서는 안 된다.

③ ①에 따른 표시의무자, 표시대상 및 표시방법 등에 필요한 사항은 식품의약품안전처장이 정한다.

6) 식품 등의 공전

식품의약품안전처장은 다음 각 호의 기준 등을 실은 식품 등의 공전을 작성 · 보급하여야 한다.

㉠ 식품 또는 식품첨가물의 기준과 규격

㉡ 기구 및 용기·포장의 기준과 규격

7) 검사 등

① 위해평가

㉠ 식품의약품안전처장은 국내외에서 유해물질이 함유된 것으로 알려지는 등 위해의 우려가 제기되는 식품 등이 위해식품 판매 등 금지 식품 등에 해당한다고 의심되는 경우에는 그 식품 등의 위해요소를 신속히 평가하여 그것이 위해식품인지를 결정하여야 한다.

㉡ 식품의약품안전처장은 위해평가가 끝나기 전까지 국민건강을 위하여 예방조치가 필요한 식품 등에 대하여는 판매하거나 판매할 목적으로 채취·제조·수입·가공·사용·조리·저장·소분·운반 또는 진열하는 것을 일시적으로 금지할 수 있다. 다만, 국민건강에 급박한 위해가 발생하였거나 발생할 우려가 있다고 식품의약품안전처장이 인정하는 경우에는 그 금지조치를 하여야 한다.

㉢ 식품의약품안전처장은 ㉡에 따른 일시적 금지조치를 하려면 미리 심의위원회의 심의·의결을 거쳐야 한다. 다만, 국민건강을 급박하게 위해할 우려가 있어서 신속히 금지조치를 하여야 할 필요가 있는 경우에는 먼저 일시적 금지조치를 한 뒤 지체 없이 심의위원회의 심의·의결을 거칠 수 있다.

㉣ 심의위원회는 ㉢의 본문 및 단서에 따라 심의하는 경우 대통령령으로 정하는 이해관계인의 의견을 들어야 한다.

㉤ 식품의약품안전처장은 ㉠에 따른 위해평가나 ㉢의 단서에 따른 사후 심의위원회의 심의·의결에서 위해가 없다고 인정된 식품 등에 대하여는 지체 없이 ㉡에 따른 일시적 금지조치를 해제하여야 한다.

㉥ ㉠에 따른 위해평가의 대상, 방법 및 절차, 그 밖에 필요한 사항은 대통령령으로 정한다.

8) 식품위생감시원

① 관계 공무원의 직무와 그 밖에 식품위생에 관한 지도 등의 관리를 위해 식품의약품안전처(대통령령으로 정하는 그 소속 기관을 포함), 특별시·광역시·특별자치시·도·특별자치도 또는 시·군·구에 식품위생감시원을 둔다.

② ①에 따른 식품위생감시원의 자격·임명·직무범위, 그 밖에 필요한 사항은 대통령령으로 정한다.

③ 식품위생감시원의 직무

㉠ 식품 등의 위생적 취급에 관한 기준의 이행지도

㉡ 수입·판매 또는 사용 등이 금지된 식품 취급 여부에 관한 단속

㉢ 규정에 따른 표시 또는 광고기준의 위반 여부에 관한 단속

㉣ 출입·검사에 필요한 식품 등의 수거

㉤ 시설기준의 적합 여부의 확인·검사

㉥ 영업자 및 종업원의 건강진단 및 위생교육의 이행 여부의 확인·지도

㉦ 조리사·영양사의 법령 준수사항 이행 여부의 확인·지도

㉧ 행정처분의 이행 여부의 확인

㉨ 식품 등의 압류·폐기 등

㉩ 영업소의 폐쇄를 위한 간판 제거 등의 조치

㉪ 그 밖에 영업자의 법령 이행 여부에 관한 확인·지도

참고

식품위생감시원의 임명

식품의약품안전처장, 시·도지사 또는 시장·군수·구청장

9) 영업

① 시설기준

다음의 영업을 하려는 자는 총리령으로 정하는 시설기준에 적합한 시설을 갖추어야 한다.

㉠ 식품·식품첨가물의 제조업, 가공업, 운반업, 판매업 및 보존업

㉡ 기구 또는 용기·포장의 제조업

㉢ 영업의 세부 종류와 그 범위는 대통령령으로 정한다.

★② 허가를 받아야 하는 영업 및 허가관청

㉠ 식품조사처리업 : 식품의약품안전처장의 허가

㉡ 단란주점영업, 유흥주점영업 : 특별자치시장·특별자치도지사 또는 시장·군수 또는 구청장의 허가

③ 영업신고를 해야 하는 업종 : 특별자치시장·특별자치도지사 또는 시장·군수·구청장에게 신고를 하여야 하는 영업은 다음과 같다.

㉠ 즉석판매제조·가공업

㉡ 식품운반업

㉢ 식품소분·판매업

㉣ 식품냉동·냉장업

㉤ 용기·포장류 제조업(자신의 제품을 포장하기 위하여 용기·포장류를 제조하는 경우는 제외)

㉥ 휴게음식점영업, 일반음식점영업, 위탁급식영업 및 제과점영업

④ 영업등록을 해야 하는 업종 : 특별자치시장·특별자치도지사 또는 시장·군수·구청장에게 등록을 하여야 하는 영업은 다음과 같다. 다만, 식품제조·가공업 중 「주세법」의 주류를 제조하는 경우에는 식품의약품안전처장에게 등록하여야 한다.

㉠ 식품제조·가공업

㉡ 식품첨가물제조업

참고

식품접객업의 종류와 정의

① 휴게음식점영업 : 다류, 아이스크림 등을 조리·판매하거나 패스트푸드점, 분식점 형태의 영업 등 음식류를 조리·판매하는 영업으로 음주행위가 허용되지 않는 영업

② 일반음식점영업 : 음식류를 조리·판매하는 영업, 식사와 함께 음주행위가 허용되는 영업

③ 단란주점영업 : 주류를 조리·판매하는 영업으로 손님이 노래하는 행위가 허용되는 영업

④ 유흥주점영업 : 주류를 조리·판매하는 영업으로서 유흥종사자를 두거나 유흥시설을 설치할 수 있고 손님이 노래를 부르거나 춤을 추는 행위가 허용되는 영업

⑤ 위탁급식영업 : 집단급식소를 설치·운영하는 자와의 계약에 의하여 그 집단급식소 내에서 음식류를 조리하여 제공하는 영업

⑥ 제과점영업 : 빵, 떡, 과자 등을 제조·판매하는 영업으로서 음주행위가 허용되지 않는 영업

⑤ 건강진단대상자

㉠ 식품 또는 식품첨가물(화학적 합성품 또는 기구 등의 살균·소독제 제외)을 채취, 제조, 가공, 조리, 저장, 운반 또는 판매하는 데 직접 종사하는 영업자 및 그 종업원(다만, 영업자 또는 종업원 중 완전 포장된 식품 또는 식품첨가물을 운반 또는 판매하는 데 종사하는 자를 제외)

㉡ 영업자 및 종업원은 영업 시작 전 또는 영업에 종사하기 전에 미리 건강진단을 받아야 한다.

⑥ 영업에 종사하지 못하는 질병의 종류

㉠ 콜레라, 장티푸스, 파라티푸스, 세균성이질, 장출혈성 대장균 감염증, A형 간염

㉡ 결핵(비감염성인 경우 제외)

㉢ 피부병 또는 그 밖의 화농성질환

㉣ 후천성 면역결핍증(성병에 관한 건강진단을 받아야 하는 영업에 종사하는 자에 한함)

⑦ 식품위생교육

㉠ 영업자 및 유흥종사자를 둘 수 있는 식품접객업 영업자의 종업원은 매년 식품위생에 관한 교육을 받아야 한다.

㉡ 영업을 하려는 자는 미리 식품위생교육을 받아야 한다. 다만, 부득이한 사유로 미리 식품위생교육을 받을 수 없는 경우에는 영업을 시작한 뒤에 식품의약품안전처장이 정하는 바에 따라 교육을 받을 수 있다.

㉢ ㉠ 및 ㉡에 따라 교육을 받아야 하는 자가 영업에 직접 종사하지 아니하거나 두 곳 이상의 장소에서 영업을 하는 경우에는 종업원 중 식품위생에 관한 책임자를 지정하여 영업자 대신 교육을 받게 할 수 있다. 다만, 집단급식소에 종사하는 조리사 및 영양사가 식품위생에 관한 책임자로 지정되어 교육을 받은 경우에는 해당 연도의 식품위생교육을 받은 것으로 본다.

㉣ ㉡에도 불구하고 조리사 또는 영양사, 위생사의 면허를 받은 자가 식품접객업을 하려는 경우에는 식품위생교육을 받지 않아도 된다.

㉤ 영업자는 특별한 사유가 없는 한 식품위생교육을 받지 아니한 자를 그 영업에 종사하게 하여서는 안 된다.

㉥ ㉠ 및 ㉡에 따른 교육의 내용, 교육비 및 교육 실시기관 등에 관하여 필요한 사항은 총리령으로 정한다.

⑧ 위생교육시간

㉠ 영업자(식품자동판매기영업자는 제외) : 3시간

㉡ 유흥주점영업의 유흥종사자 : 2시간

㉢ 집단급식소를 설치·운영하는 자 : 3시간

㉣ 식품제조·가공업, 즉석판매제조·가공업, 식품첨가물제조업 : 8시간

㉤ 식품운반업, 식품소분·판매업, 식품보존업, 용기·포장류제조업에 해당하는 영업을 하려는 자, 해당하는 영업을 하려는 자 : 4시간

㉥ 식품접객업영업을 하려는 자 : 6시간

㉦ 집단급식소를 설치·운영하려는 자 : 6시간

⑨ 우수업소 및 모범업소의 지정

㉠ 식품제조·가공업 및 식품첨가물제조업 : 우수업소와 일반업소로 구분한다.

㉡ 집단급식소 및 일반음식점영업 : 모범업소와 일반업소로 구분한다.

㉢ 우수업소 및 모범업소의 지정권자

- 우수업소의 지정 : 식품의약품안전처장 또는 특별자치시장·특별자치도지사, 시장·군수·구청장
- 모범업소의 지정 : 특별자치시장·특별자치도지사, 시장·군수·구청장

10) 조리사 및 영양사

① 조리사를 두어야 하는 영업 등

㉠ 식품접객업 중 복어를 조리·판매하는 영업을 하는 자

㉡ 다음의 집단급식소 운영자

- 국가 및 지방자치단체
- 학교, 병원 및 사회복지시설
- 공기업 중 보건복지부장관이 지정하여 고시하는 기관
- 지방공사 및 지방공단
- 특별법에 따라 설립된 법인

참고

- 영업자·운영자 자신이 조리사로 직접 음식물을 조리하는 경우는 따로 두지 않아도 된다.
- 영양사가 조리사 면허를 받은 자인 경우에는 조리사를 따로 두지 않을 수 있다.
  - 복어를 조리·판매하는 영업자
  - 영양사를 두어야 하는 집단급식소를 설치·운영하는 자

② **영양사를 두어야 하는 영업** : 상시 1회 50인 이상에게 식사를 제공하는 집단급식소

※ 운영자 자신이 영양사로서 직접 영양지도를 하는 경우에는 따로 두지 않아도 된다.

③ 영양사의 직무

㉠ 식단 작성, 검식 및 배식관리

㉡ 구매식품의 검수 및 관리

㉢ 급식시설의 위생관리

㉣ 집단급식소의 운영일지 작성

㉤ 종업원에 대한 영양지도 및 식품위생교육

④ 조리사 및 영양사의 면허

㉠ 조리사의 면허신청 : 특별자치시장·특별자치도지사, 시장·군수·구청장

㉡ 영양사의 면허신청 : 보건복지부장관

⑤ 조리사 또는 영양사 면허의 결격사유

㉠ 정신질환자(정신병, 인격장애, 알코올 및 약물중독 기타 비정신병적 정신장애 등). 다만, 전문의가 조리사로서 적합하다고 인정하는 자는 제외

㉡ 감염병환자(B형간염환자 제외)

㉢ 마약이나 그 밖의 약물중독자

㉣ 조리사 면허의 취소처분을 받고 취소된 날로부터 1년이 지나지 아니한 자

⑥ **면허취소** : 식품의약품안전처장 또는 특별자치시장·특별자치도지사 및 시장·군수·구청장은 조리사가 다음의 어느 하나에 해당하면 그 면허를 취소하거나 6개월 이내의 기간을 정하여 업무정지를 명할 수 있다. 다만, 조리사가 ㉠ 또는 ㉤에 해당할 경우 면허를 취소하여야 한다.

㉠ 결격사유(정신질환자, 감염병환자, 마약이나 그 밖의 약물 중독자, 조리사 면허의 취소처분을 받고 그 취소된 날부터 1년이 지나지 아니한 자) 중 하나에 해당하게 된 경우

㉡ 식품위생 수준 및 자질향상에 따른 교육을 받지 아니한 경우

㉢ 식중독이나 그 밖에 위생과 관련한 중대한 사고 발생에 직무상의 책임이 있는 경우

㉣ 면허를 타인에게 대여하여 사용하게 한 경우

㉤ 업무정지기간 중에 조리사 또는 영양사 업무를 한 경우

11) 시정명령·허가취소 등 행정제재

① 시정명령

㉠ 식품의약품안전처장과 시·도지사 또는 시장·군수·구청장은 제3조에 따른 식품 등의 위생적 취급에 관한 기준에 맞지 아니하게 영업하는 자와 이 법을 지키지 아니하는 자에게는 필요한 시정을 명하여야 한다.

㉡ 식품의약품안전처장과 시·도지사 또는 시장·군수·구청장은 ㉠의 시정명령을 한 경우에는 그 영업을 관할하는 관서의 장에게 그 내용을 통보하여 시정명령이 이행되도록 협조를 요청할 수 있다.

㉢ ㉡에 따라 요청을 받은 관계 기관의 장은 정당한 사유가 없으면 이에 응해야 하며, 그 조치결과를 지체 없이 요청한 기관의 장에게 통보하여야 한다.

② 허가취소 등

㉠ 식품과 식품첨가물 판매 금지 규정, 정해진 기준·규격에 맞지 않는 식품 및 식품첨가물의 판매 등 금지 규정, 유독기구 등 판매 금지 규정, 정해진 규격에 맞지 않는 기구 및 용기·포장의 판매 등 사용금지 규정 등을 위반한 경우

㉡ 육류, 쌀, 김치류의 원산지 등 표시의무 규정, 허위표시(허위표시, 과대광고, 과대포장) 등의 금지 규정을 위반한 경우

㉢ 위해식품 등의 제조·판매 금지 규정을 위반한 경우

㉣ 자가품질검사 의무 규정을 위반한 경우

㉤ 영업장 등 시설기준을 위반한 경우

㉥ 영업의 허가·신고의무, 허가·신고 받은 사항 또는 경미한 사항의 변경 시 허가·신고 의무 등을 위반한 경우

㉦ 피성년후견인이거나 파산선고를 받고 복권되지 아니한 자의 영업인 경우

③ 조리사의 면허취소 등의 행정 처분

위반사항	행정처분		
	1차 위반	2차 위반	3차 위반
조리사의 결격사유 중 하나에 해당하게 된 경우	면허취소	–	–
교육을 받지 아니한 경우	시정명령	업무정지 15일	업무정지 1개월
식중독이나 그밖에 위생과 관련된 중대한 사고 발생에 직무상 책임이 있는 경우	업무정지 1개월	업무정지 2개월	면허취소
면허를 타인에게 대여하여 사용하게 한 경우	업무정지 2개월	업무정지 3개월	면허취소
업무정지기간 중에 조리사의 업무를 한 경우	면허취소	–	–

12) 보칙

① 식중독에 관한 조사 보고

㉠ 다음의 어느 하나에 해당하는 자는 지체없이 관할 특별자치시장·시장(「제주특별자치도 설치 및 국제자유도시 조성을 위한 특별법」에 따른 행정시장을 포함한다. 이하 이 조에서 같다)·군수·구청장에게 보고하여야 한다. 이 경우 의사나 한의사는 대통령령으로 정하는 바에 따라 식중독 환자나 식중독이 의심되는 자의 혈액 또는 배설물을 보관하는 데에 필요한 조치를 하여야 한다.

- 식중독 환자나 식중독이 의심되는 자를 진단하였거나 그 사체를 검안(檢案)한 의사 또는 한의사
- 집단급식소에서 제공한 식품 등으로 인하여 식중독 환자나 식중독으로 의심되는 증세를 보이는 자를 발견한 집단급식소의 설치·운영자

㉡ 특별자치시장·시장·군수·구청장은 보고를 받은 때에는 지체 없이 그 사실을 식품의약품안전처장 및 시·도지사(특별자치시장은 제외)에게 보고하고, 대통령령으로 정하는 바에 따라 원인을 조사하여 그 결과를 보고하여야 한다.

㉢ 식품의약품안전처장은 ㉡에 따른 보고의 내용이 국민보건상 중대하다고 인정하는 경우에는 해당 시·도지사 또는 시장·군수·구청장과 합동으로 원인을 조사할 수 있다.

㉣ 식품의약품안전처장은 식중독 발생의 원인을 규명하기 위하여 식중독 의심환자가 발생한 원인시설 등에 대한 조사절차와 시험·검사 등에 필요한 사항을 정할 수 있다.

② 집단급식소

㉠ 집단급식소(1회 50명 이상에게 식사를 제공하는 급식소)를 설치·운영하려는 자는 총리령으로 정하는 바에 따라 특별자치시장·특별자치도지사·시장·군수·구청장에게 신고하여야 한다. 신고한 사항 중 총리령으로 정하는 사항을 변경하려는 경우에도 또한 같다.

㉡ 집단급식소를 설치·운영하는 자는 집단급식소 시설의 유지·관리 등 급식을 위생적으로 관리하기 위하여 다음의 사항을 지켜야 한다.

- 식중독 환자가 발생하지 아니하도록 위생관리를 철저히 할 것
- 조리·제공한 식품의 매회 1인분 분량을 총리령으로 정하는 바에 따라 144시간 이상 보관할 것
- 영양사를 두고 있는 경우 그 업무를 방해하지 아니할 것
- 영양사를 두고 있는 경우 영양사가 집단급식소의 위생관리를 위하여 요청하는 사항에 대하여는 정당한 사유가 없으면 따를 것
- 그 밖에 식품 등의 위생적 관리를 위하여 필요하다고 총리령으로 정하는 사항을 지킬 것

(2) 제조물책임법(PL, Product Liability, 제조물 책임)

제조물 책임은 제품의 안전성이 결여되어 소비자가 피해를 입을 경우 제조사가 부담해야 할 손해배상책임을 말한다. 제조물 책임은 제품의 결함으로 인해 발생한 인적, 물적, 정신적 피해까지 공급자가 부담하는 차원 높은 손해배상제도로, 우리나라는 제조물의 결함으로 한하여 발생한 손해로부터 피해자를 보호하기 위해 2002년 1월 12일 법률 6109호로 제정하였다.

(3) 농수산물의 원산지 표시에 관한 법규(약칭 : 원산지표시법)

1) 농수산물의 원산지 표시에 관한 법규의 목적(제1조)

농산물·수산물이나 그 가공품 등에 대하여 적정하고 합리적인 원산지 표시를 하도록 하여 소비자의 알권리를 보장하고, 공정한 거래를 유도함으로써 생산자와 소비자를 보호하는 것

2) 농수산물의 원산지 표시에 관한 법규의 용어 정의(제2조)

① **농산물** : 「농업·농촌 및 식품산업 기본법」 제3조 제6호 가목에 따른 농산물을 말함.

② **수산물** : 「수산업·어촌 발전 기본법」 제3조 제1호 가목에 따른 어업활동으로부터 생산되는 산물을 말함.

③ **농수산물** : 농산물과 수산물을 말함.

④ **원산지** : 농산물이나 수산물이 생산·채취·포획된 국가·지역이나 해역을 말함.

⑤ **식품접객업** : 「식품위생법」에 따른 식품접객업을 말함.

⑥ **집단급식소** : 「식품위생법」에 따른 집단급식소를 말함.

⑦ **통신판매** : 「전자상거래 등에서의 소비자보호에 관한 법률」 중 대통령령으로 정하는 판매를 말함.

3) 다른 법률과의 관계(제3조)

이 법은 농수산물 또는 그 가공품의 원산지 표시에 대하여 다른 법률에 우선하여 적용함.

4) 농수산물의 원산지 표시의 심의(제4조)

이 법에 따른 농산물·수산물 및 그 가공품 또는 조리하여 판매하는 쌀·김치류, 축산물 및 수산물 등의 원산지 표시 등에 관한 사항은 농수산물품질관리심의회(이하 "심의회"라 한다)에서 심의함.

5) 원산지 표시(제5조)

① 대통령령으로 정하는 농수산물 또는 그 가공품을 수입하는 자, 생산·가공하여 출하하거나 판매(통신판매를 포함한다. 이하 같다)하는 자 또는 판매할 목적으로 보관·진열하는 자는 다음 각 호에 대하여 원산지를 표시하여야 함.

㉠ 농수산물

㉡ 농수산물 가공품(국내에서 가공한 가공품은 제외)

㉢ 농수산물 가공품(국내에서 가공한 가공품에 한정)의 원료

② 다음 각 호의 어느 하나에 해당하는 때에는 제1항에 따라 원산지를 표시한 것으로 본다.

㉠ 「농수산물 품질관리법」 제5조 또는 「소금산업 진흥법」 제33조에 따른 표준규격품의 표시를 한 경우

㉡ 「농수산물 품질관리법」에 따른 우수관리인증의 표시, 품질인증품의 표시 또는 「소금산업 진흥법」에 따른 우수천일염인증의 표시를 한 경우

㉡의2. 「소금산업 진흥법」에 따른 천일염생산방식인증의 표시를 한 경우

㉢ 「소금산업 진흥법」에 따른 친환경천일염인증의 표시를 한 경우

㉣ 「농수산물 품질관리법」에 따른 이력추적관리의 표시를 한 경우

㉤ 「농수산물 품질관리법」 또는 「소금산업 진흥법」에 따른 지리적표시를 한 경우

㉤의2. 「식품산업진흥법」에 따른 원산지인증의 표시를 한 경우

㉤의3. 「대외무역법」에 따라 수출입 농수산물이나 수출입 농수산물 가공품의 원산지를 표시한 경우

㉥ 다른 법률에 따라 농수산물의 원산지 또는 농수산물 가공품의 원료의 원산지를 표시한 경우

③ 식품접객업 및 집단급식소 중 대통령령으로 정하는 영업소나 집단급식소를 설치·운영하는 자는 대통령령으로 정하는 농수산물이나 그 가공품을 조리하여 판매·제공하는 경우(조리하여 판매 또는 제공할 목적으로 보관·진열하는 경우를 포함)에 그 농수산물이나 그 가공품의 원료에 대하여 원산지(쇠고기는 식육의 종류를 포함)를 표시한다. 다만, 「식품산업진흥법」에 따른 원산지인증의 표시를 한 경우에는 원산지를 표시한 것으로 보며, 쇠고기의 경우에는 식육의 종류를 별도로 표시한다.

④ ①이나 ③에 따른 표시대상, 표시를 하여야 할 자, 표시기준은 대통령령으로 정하고, 표시방법과 그 밖에 필요한 사항은 농림축산식품부와 해양수산부의 공동 부령으로 정한다.

6) 거짓 표시 등의 금지(제6조)

① 누구든지 다음 각 호의 행위를 하여서는 안 된다.

㉠ 원산지 표시를 거짓으로 하거나 이를 혼동하게 할 우려가 있는 표시를 하는 행위

㉡ 원산지 표시를 혼동하게 할 목적으로 그 표시를 손상·변경하는 행위

㉢ 원산지를 위장하여 판매하거나, 원산지 표시를 한 농수산물이나 그 가공품에 다른 농수산물이나 가공품을 혼합하여 판매하거나 판매할 목적으로 보관이나 진열하는 행위

② 농수산물이나 그 가공품을 조리하여 판매·제공하는 자는 다음 각 호의 행위를 하여서는 안 된다.

㉠ 원산지 표시를 거짓으로 하거나 이를 혼동하게 할 우려가 있는 표시를 하는 행위

㉡ 원산지를 위장하여 조리·판매·제공하거나, 조리하여 판매·제공할 목적으로 농수산물이나 그 가공품의 원산지 표시를 손상·변경하여 보관·진열하는 행위

㉢ 원산지 표시를 한 농수산물이나 그 가공품에 원산지가 다른 동일 농수산물이나 그 가공품을 혼합하여 조리·판매·제공하는 행위

③ ①이나 ②를 위반하여 원산지를 혼동하게 할 우려가 있는 표시 및 위장판매의 범위 등 필요한 사항은 농림축산식품부와 해양수산부의 공동 부령으로 정한다.

④ 「유통산업발전법」에 따른 대규모점포를 개설한 자는 임대의 형태로 운영되는 점포(임대점포)의 임차인 등 운영자가 ① 또는 ②의 어느 하나에 해당하는 행위를 하도록 방치하여서는 아니 된다.

⑤ 「방송법」에 따른 승인을 받고 상품소개와 판매에 관한 전문편성을 행하는 방송채널사용사업자는 해당 방송채널 등에 물건 판매중개를 의뢰하는 자가 ① 또는 ②의 어느 하나에 해당하는 행위를 하도록 방치하여서는 아니 된다.

7) 과징금(제6조의 2)

① 농림축산식품부장관, 해양수산부장관, 관세청장, 특별시장·광역시장·특별자치시장·도지사 또는 특별자치도지사(시·도지사)는 제6조 제1항 또는 제2항을 2년간 2회 이상 위반한 자에게 그 위반금액의 5배 이하에 해당하는 금액을 과징금으로 부과·징수할 수 있다. 이 경우 제6조 제1항을 위반한 횟수와 같은 조 제2항을 위반한 횟수는 합산한다.

② ①에 따른 위반금액은 제6조 제1항 또는 제2항을 위반한 농수산물이나 그 가공품의 판매금액으로서 각 위반행위별 판매금액을 모두 더한 금액을 말한다. 다만, 통관단계의 위반금액은 제6조 제1항을 위반한 농수산물이나 그 가공품의 수입 신고 금액으로서 각 위반행위별 수입 신고 금액을 모두 더한 금액을 말한다.

③ ①에 따른 과징금 부과·징수의 세부기준, 절차, 그 밖에 필요한 사항은 대통령령으로 정한다.

④ 농림축산식품부장관, 해양수산부장관, 관세청장, 시·도지사는 ①에 따른 과징금을 내야 하는 자가 납부기한까지 내지 아니하면 국세 또는 지방세 체납처분의 예에 따라 징수한다.

8) 원산지 표시 등의 조사(제7조)

① 농림축산식품부장관, 해양수산부장관, 관세청장이나 시·도지사는 제5조에 따른 원산지의 표시 여부·표시사항과 표시방법 등의 적정성을 확인하기 위하여 대통령령으로 정하는 바에 따라 관계 공무원으로 하여금 원산지 표시대상 농수산물이나 그 가공품을 수거하거나 조사하게 한다. 이 경우 수거 또는 조관세청장사 업무는 원산지 표시 대상 중 수입하는 농수산물이나 농수산물 가공품(국내에서 가공한 가공품은 제외)에 한정한다.

② ①에 따른 조사 시 필요한 경우 해당 영업장, 보관창고, 사무실 등에 출입하여 농수산물이나 그 가공품 등에 대하여 확인·조사 등을 할 수 있으며 영업과 관련된 장부나 서류의 열람을 할 수 있다.

③ 수거·조사·열람을 하는 때에는 원산지의 표시대상 농수산물이나 그 가공품을 판매하거나 가공하는 자 또는 조리하여 판매·제공하는 자는 정당한 사유 없이 이를 거부·방해하거나 기피하여서는 안 된다.

④ 수거 또는 조사를 하는 관계 공무원은 그 권한을 표시하는 증표를 지니고 이를 관계인에게 내보여야 하며, 출입 시 성명·출입시간·출입목적 등이 표시된 문서를 관계인에게 교부하여야 한다.

⑤ 농림축산식품부장관, 해양수산부장관, 관세청장이나 시·도지사는 ①에 따른 수거·조사를 하는 경우 업종, 규모, 거래 품목 및 거래 형태 등을 고려하여 매년 인력·재원 운영계획을 포함한 자체 계획을 수립한 후 그에 따라 실시하여야 한다.

⑥ 수거·조사를 실시한 경우 다음의 사항에 대하여 평가를 실시하여야 하며, 그 결과를 자체 계획에 반영하여야 한다.

㉠ 자체 계획에 따른 추진 실적

㉡ 그 밖에 원산지 표시 등의 조사와 관련하여 평가가 필요한 사항

⑦ ⑥에 따른 평가와 관련된 기준 및 절차에 관한 사항은 대통령령으로 정한다.

9) 영수증 등의 비치(제8조)

발급받은 원산지 등이 기재된 영수증이나 거래명세서 등을 매입일부터 6개월간 비치·보관해야 한다.

10) 원산지 표시 등의 위반에 대한 처분 등(제9조)

① 농림축산식품부장관, 해양수산부장관, 관세청장 또는 시·도지사는 제5조나 제6조를 위반한 자에 대하여 다음 각 호의 처분을 할 수 있다. 다만, 제5조 제3항을 위반한 자에 대한 처분은 ㉠에 한정한다.

㉠ 표시의 이행·변경·삭제 등 시정명령

㉡ 위반 농수산물이나 그 가공품의 판매 등 거래행위 금지

11) 원산지 표시 위반에 대한 교육(제9조의2)

① 농림축산식품부장관, 해양수산부장관, 관세청장 또는 시·도지사는 제9조 제2항 각 호의 자가 제5조 또는 제6조를 위반하여 제9조 제1항에 따른 처분이 확정된 경우에는 농수산물 원산지 표시제도 교육을 이수하도록 명하여야 한다.

② ①에 따른 이수명령의 이행기간은 교육 이수명령을 통지받은 날부터 최대 3개월 이내로 정한다.

③ 농림축산식품부장관과 해양수산부장관은 ① 및 ②에 따른 농수산물 원산지 표시제도 교육을 위하여 교육시행지침을 마련하여 시행하여야 한다.

④ ①부터 ③까지의 규정에 따라 교육내용, 교육대상, 교육기관, 교육기관 및 교육시행지침 등 필요한 사항은 대통령령으로 정한다.

12) 농수산물의 원산지 표시에 관한 정보제공(제10조)

① 농림축산부장관 또는 해양수산부장관은 농수산물의 원산지 표시와 관련된 정보 중 방사성 물질이 유출된 국가 또는 지역 등 국민이 알아야 할 필요가 있다고 인정되는 정보에 대하여는 「공공기관의 정보공개에 관한 법률」에서 허용하는 범위에서 이를 국민에게 제공하도록 노력하여야 한다.

② ①에 따라 정보를 제공하는 경우 제4조에 따른 심의회의 심의를 거칠 수 있다.

③ 농림축산식품부장관 또는 해양수산부장관은 ①에 따라 국민에게 정보를 제공하고자 하는 경우 「농수산물 품질관리법」에 따른 농수산물안전정보시스템을 이용할 수 있다.

13) 보칙

① 명예감시원(제11조)

㉠ 농림축산식품부장관, 해양수산부장관 또는 시·도지사는 「농수산물 품질관리법」의 농수산물 명예감시원에게 농수산물이나 그 가공품의 원산지 표시를 지도·홍보·계몽과 위반사항의 신고를 하게 할 수 있다.

㉡ 농림축산식품부장관, 해양수산부장관 또는 시·도지사는 ①에 따른 활동에 필요한 경비를 지급할 수 있다.

② 포상금 지급 등(제12조)

㉠ 농림축산식품부장관, 해양수산부장관, 관세청장 또는 시·도지사는 제5조 및 제6조를 위반한 자를 주무관청이나 수사기관에 신고하거나 고발한 자에 대하여 대통령령으로 정하는 바에 따라 예산의 범위에서 포상금을 지급할 수 있다.

㉡ 농림축산식품부장관 또는 해양수산부장관은 농수산물 원산지 표시의 활성화를 모범적으로 시행하고 있는 지방자치단체, 개인, 기업 또는 단체에 대하여 우수사례로 발굴하거나 시상할 수 있다.

㉢ ②에 따른 시상의 내용 및 방법 등에 필요한 사항은 농림축산식품부와 해양수산부의 공동 부령으로 정한다.

③ 권한의 위임 및 위탁(제13조) : 이 법에 따른 농림축산식품부장관, 해양수산부장관, 관세청장 또는 시·도지사의 권한은 그 일부를 대통령령으로 정하는 바에 따라 소속 기관의 장, 관계 행정기관의 장 또는 시장·군수·구청장(자치구의 구청장을 말함)에게 위임 또는 위탁할 수 있다.

④ 행정기관 등의 업무협조(제13조의2)

㉠ 국가 또는 지방자치단체, 그 밖에 법령 또는 조례에 따라 행정권한을 가지고 있거나 위임 또는 위탁받은 공공단체나 그 기관 또는 사인은 원산지 표시제의 효율적인 운영을 위하여 서로 협조하여야 한다.

㉡ 농림축산식품부장관, 해양수산부장관 또는 관세청장은 원산지 표시제의 효율적인 운영을 위하여 필요한 경우 국가 또는 지방자치단체의 전자정보처리 체계의 정보 이용 등에 대한 협조를 관계 중앙행정기관의 장, 시·도지사 또는 시장·군수·구청장에게 요청할 수 있다. 이 경우 협조를 요청받은 관계 중앙행정기관의 장, 시·도지사 또는 시장·군수·구청장은 특별한 사유가 없으면 이에 따라야 한다.

㉢ ① 및 ②에 따른 협조의 절차 등은 대통령령으로 정한다.

⑤ 벌칙 (제14조)

㉠ 제6조 제1항 또는 제2항을 위반한 자는 7년 이하의 징역이나 1억 원 이하의 벌금에 처하거나 이를 병과(併科)할 수 있다.

㉡ ①의 죄로 형을 선고받고 그 형이 확정된 후 5년 이내에 다시 제6조 제1항 또는 제2항을 위반한 자는 1년 이상 10년 이하의 징역 또는 500만 원 이상 1억 5천만 원 이하의 벌금에 처하거나 이를 병과할 수 있다.

㉢ 제9조 제1항에 따른 처분을 이행하지 아니한 자는 1년 이하의 징역이나 1천만 원 이하의 벌금에 처한다.

⑥ **양벌규정(제17조)** : 법인의 대표자나 법인 또는 개인의 대리인, 사용인, 그 밖의 종업원이 그 법인 또는 개인의 업무에 관하여 제14조부터 제16조까지의 어느 하나에 해당하는 위반행위를 하면 그 행위자를 벌하는 외에 그 법인이나 개인에게도 해당 조문의 벌금형을 과(科)한다. 다만, 법인 또는 개인이 그 위반행위를 방지하기 위하여 해당 업무에 관하여 상당한 주의와 감독을 게을리 하지 아니한 경우에는 그러하지 아니하다.

⑦ **과태료(제18조)**

㉠ 다음의 어느 하나에 해당하는 자에게는 1천만 원 이하의 과태료를 부과한다.

1. 제5조 제1항 · 제3항을 위반하여 원산지 표시를 하지 아니한 자
2. 제5조 제4항에 따른 원산지의 표시방법을 위반한 자
3. 제6조 제4항을 위반하여 임대점포의 임차인 등 운영자가 같은 조 제1항 각 호 또는 제2항 각 호의 어느 하나에 해당하는 행위를 하는 것을 알았거나 알 수 있었음에도 방치한 자

3의2. 제6조 제5항을 위반하여 해당 방송채널 등에 물건 판매중개를 의뢰한 자가 같은 조 제1항 각 호 또는 제2항 각 호의 어느 하나에 해당하는 행위를 하는 것을 알았거나 알 수 있었음에도 방치한 자

4. 제7조 제3항을 위반하여 수거 · 조사 · 열람을 거부 · 방해하거나 기피한 자
5. 제8조를 위반하여 영수증이나 거래명세서 등을 비치 · 보관하지 아니한 자

㉡ 제9조의2 제1항에 따른 교육을 이수하지 아니한 자에게는 500만 원 이하의 과태료를 부과한다.

㉢ 제1항 및 제2항에 따른 과태료는 대통령령으로 정하는 바에 따라 농림축산식품부장관, 해양수산부장관, 관세청장 또는 시 · 도지사가 부과 · 징수한다.

6 공중보건

(1) 공중보건의 개념

1) 공중보건의 정의

① **세계보건기구(World Health Organization, WHO)에서 정의한 공중보건 :** 질병을 예방하고 건강을 유지·증진시킴으로써 육체적·정신적인 능력을 발휘할 수 있게 하기 위한 과학적 지식을 사회의 조직적 노력으로 사람들에게 적용하는 기술이다(질병 치료는 해당되지 않음).

② **윈슬로(C.E.A Winslow)가 정의한 공중보건 :** 지역사회가 조직적인 공동 노력을 통해 질병을 예방하고 생명을 연장시키며 신체적·정신적 효율을 증진시키는 기술과 과학이다.

2) 건강의 정의

WHO에서 "건강은 단순한 질병이나 허약의 부재 상태만이 아니라 육체적·정신적·사회적 안녕의 완전한 상태"라고 정의한다(건강의 3요소 – 유전, 환경, 개인의 행동·습관).

세계보건기구(WHO, World Health Organization)

① 창설시기 : 1948년 4월
② 우리나라 가입시기 : 1949년 6월
③ 본부 위치 : 스위스 제네바
④ 주요기능
- 국제적인 보건사업의 지휘 및 조정
- 회원국에 대한 기술지원 및 자료공급
- 전문가 파견에 의한 기술자문 활동

3) 공중보건의 대상

공중보건의 대상은 개인이 아닌 지역사회의 전 주민이며 더 나아가서 국민 전체를 대상으로 한다.

4) 공중보건의 범위

감염병 예방학, 환경위생학, 식품위생학, 산업보건학, 모자보건학, 정신보건학, 학교보건학, 보건통계학 등을 다룬다.

5) 보건수준의 평가지표

① 한 지역이나 국가의 보건수준을 나타내는 지표 : 영아사망률(대표적 지표), 보통(조)사망률, 질병이환율

(2) 환경위생 및 환경오염관리

1) 환경의 구분

① **자연 환경** : 기온, 기습, 기류, 일광, 기압, 공기, 물 등

② **사회 환경**

㉠ 인위적 환경 : 조명, 환기, 냉·난방, 상·하수도, 오물처리, 공해, 곤충의 구제 등

㉡ 사회적(문화) 환경 : 종교, 정치, 경제 등

2) 환경보건의 목적

환경보건은 인간의 신체·발육·건강 및 생존에 영향을 미치는 생활 환경(토양, 소음, 수질, 대기 등)을 개선·조정하여 쾌적하고 건강한 생활을 영위할 수 있게 한다.

3) 환경위생 및 환경오염

① **일광(日光)**

㉠ 자외선(태양광선의 약 5%)

- 자외선은 일광의 3분류 중 파장이 가장 짧으며, 2,500~2,800Å(옴스트롬)일 때 살균력이 가장 강하여 소독에 이용한다.
- 도르노선(Dorno선 ; 건강선)은 생명선이라고도 하며, 자외선 파장의 범위가 2,800~3,200Å(280~310nm 또는 290~320nm)일 때 인체에 유익하다.
- 비타민 D를 형성으로 구루병 예방과 관절염 치료 효과가 있다.
- 결핵균, 디프테리아균, 기생충 사멸에 효과적이다.
- 신진대사 촉진, 적혈구 생성을 촉진한다.
- 피부암을 유발할 수 있으며, 결막 및 각막에 손상을 줄 수 있다.

㉡ 가시광선(태양광선의 약 34%) : 4,000~7,000Å(400~700nm)이며, 사람에게 색채를 부여하고 밝기나 명암을 구분하는 파장이다. 눈에 적당한 조도는 100~1,000Lux이다.

㉢ 적외선(열선, 태양광선의 약 52%) : 파장범위는 7,800~30,000Å(780~3,000nm)으로 일광 3분류 중 파장이 가장 길며 지구상에 열을 주어 온도를 높여주는 것으로 피부에 닿으면 열이 생기므로 심하게 쬐이면 일사병과 백내장, 홍반을 유발할 수 있다.

- 파장의 단파순 : 자외선, 가시광선, 적외선
- 자외선은 구루병 유발에 관여하고, 적외선은 일사병, 백내장에 관여한다.
- 조도측정단위(Lux) : 조명이 밝은 정도를 말하는 조명도에 대한 실용단위

② **온열인자** : 온열인자는 기온, 기습, 기류, 복사열로 나뉜다.

㉠ 감각온도(온열인자)의 3요소 : 기온, 기습, 기류

※ **4요소일 때는 복사열을 포함함.**

온열인자의 종류	설명
기온	지상 1.5m에서 측정하는 건구온도를 말하며 하루 중 최고온도는 오후 2시경, 최저온도는 일출 전이며, 쾌감온도는 18±2℃이다.
기습	쾌적한 습도는 40~70%(건조하면 호흡기 질환, 습하면 피부질환 유발)이다.
기류	1초당 1m 이동할 때가 건강에 좋다(쾌감기류).
복사열	대류를 통해서 열이 전달되지 않고 열이 직접 이동하는 열

㉡ 기온역전현상 : 상부기온이 하부기온보다 높을 때 발생한다(예 LA스모그, 런던스모그).

㉢ 실외의 기온 측정 : 지상 1.5m에서 건구온도를 측정한다.

- 최고온도 : 오후 2시경 측정
- 최저온도 : 일출 전 측정

㉣ 불감기류 : 공기의 흐름이 0.2~0.5m/sec로 약하게 이동하며, 사람들이 바람부는 것을 감지하지 못하는 것을 말한다.

㉤ 불쾌지수(Discomfort Index, DI) : 건구온도, 습구온도를 알아야 측정할 수 있다.

- DI 70 : 10% 정도 주민이 불쾌감을 느낌
- DI 75 : 50% 정도 주민이 불쾌감을 느낌
- DI 80 : 거의 모든 주민이 불쾌감을 느낌
- DI 86 이상 : 견딜 수 없는 불쾌감을 느낌

참고

불쾌지수 측정에 필요한 요소

- 건구온도(건구온도계 : 실외의 기온 측정)
- 습구온도(카타온도계 : 실내의 기온 측정)

카타온도계

기류 측정의 미풍계로도 사용한다.

4) 공기의 조성

공기를 구성하는 기체의 비율(%)

질소(N)>산소(O_2)>아르곤(Ar)>이산화탄소(CO_2)>기타 원소
(78%) (21%) (0.9%) (0.03%) (0.07%)

① 질소(N) : 공기 중에 질소가 약 78%가 존재한다.

② 산소(O_2) : 공기 중에 약 21%(가장 원활함)가 존재하며 산소의 양이 10% 이하가 되면 호흡곤란, 7% 이하가 되면 질식사하게 된다.

③ 이산화탄소(CO_2) : 실내공기오염 측정지표로 이용되며, 위생학적 허용한계는 0.1%(1,000ppm)로 7% 이상은 호흡곤란, 10% 이상은 질식할 수 있다.

ppm(part per million)

ppm은 1/1,000,000을 나타내는 약호이다(100만분의 1을 나타낸다).
1ppm=0.0001%, 1%=10,000ppm

④ 일산화탄소(CO)

㉠ 탄소성분의 불완전 연소할 때 발생하는 무색, 무미, 무취, 무자극성 기체(연탄이 타기 시작할 때와 꺼질 때 자동차 배기가스 등에서 발생)

㉡ 혈중 헤모글로빈과의 결합력이 산소(O_2)에 비해 250~300배 강해 조직 내의 산소결핍을 유발하여 중독을 일으킨다.

㉢ 위생학적 허용한계 : 8시간 기준 – 0.01%(100ppm) / 1,000ppm 이상 – 생명의 위험

⑤ 아황산가스(SO_2)

㉠ 실외공기(대기)오염의 측정지표로 사용된다.

㉡ 중유의 연소과정에서 발생한다(예 자동차의 배기가스).

㉢ 호흡곤란과 호흡기계 점막의 염증, 농작물의 피해, 금속을 부식시킨다.

참고

- 실내공기오염 측정지표 : 이산화탄소(CO_2)
- 실외공기오염 측정지표 : 아황산가스(SO_2)

군집독(실내공기 오염)

- 환기가 이루어지지 않는 밀폐된 실내(공연장, 강연장)에 다수인이 장시간 밀집되어 있을 경우 두통, 구토 등을 느끼는 증상
- 원인 : 산소 부족, 구취, 체취, 공기의 이화학적 조성변화
- 예방 : 실내공기 환기

공기 중 먼지에 의해 진폐증이 유발될 수 있다.

⑥ 공기의 자정작용

㉠ 공기의 희석작용

㉡ 강우, 강설에 의한 세정작용

㉢ 산소(O_2), 오존(O_3), 과산화수소 등에 의하여 산화작용

㉣ 자외선에 의한 살균작용(자외선)

㉤ 식물의 탄소동화작용

공기의 자정작용에 소독작용은 포함되지 않는다.

5) 대기오염

① 대기오염원 : 자동차의 배기가스, 공장의 매연, 연기, 먼지 등

② 대기오염물질 : 아황산가스, 일산화탄소, 질소산화물, 옥시탄트(광화학 스모그 형성)

③ 대기오염에 의한 피해 : 호흡기계 질병 유발, 식물의 고사, 건물의 부식 등

6) 상·하수도

① 상수도 : 상수를 운반하는 시설을 상수도라 한다.

참고

정수과정

① 취수 : 강, 호수의 물을 침사지로 보냄.

② 침전

- 보통침전 : 유속을 조정하여 부유물을 침전시키는 방법
- 약품침전 : 황산알루미늄, 염화 제1철, 염화 제2철(응집제) 등 응집제를 주입하여 침전하는 방법

③ 여과
- 완속여과 : 보통침전 시(사면대치법)
- 급속여과 : 약품침전 시(역류세척법)

④ 소독 : 일반적으로 염소 소독을 사용하며, 잔류염소량은 0.2ppm을 유지해야 함(단, 제빙용수, 수영장, 감염병이 발생할 때는 0.4ppm 유지해야 함).

⑤ 급수 : 배수지에서 필요한 곳으로 살균·소독된 물이 용수로를 통해 공급됨.

취수 → 침전 → 여과 → 소독 → 급수

염소소독
- 장점 : 강한 소독력, 우수 잔류 효과, 조작의 간편, 적은 소독 비용
- 단점 : 강한 냄새, THM(트리할로메탄) 생성에 의해 독성이 생김.

② 하수도 : 합류식, 분류식 및 혼합식 등의 종류가 있다.

㉠ 합류식 : 가정하수, 산업폐수와 천수(비, 눈)를 모두 함께 처리하는 방법으로, 우리나라에서 많이 이용하는 방법

장점	시설비가 적고, 하수관이 자연 청소되며, 수리와 청소가 용이
단점	악취 발생, 천수의 별도 이용불가, 범람 우려

㉡ 분류식 : 생활하수와 천수를 따로 처리하는 방법

㉢ 혼합식 : 생활하수와 천수의 일부를 같이 처리하는 방법

참고

하수처리과정

예비처리 → 본처리 → 오니처리

① 예비처리 : 침전과정으로, 보통침전과 약품침전(황산알루미늄, 염화 제1, 2철+소석회)을 이용한다.

② 본처리
- 혐기성 처리 : 부패조처리법, 임호프탱크법, 혐기성소화(메탄발효법)
- 호기성 처리 : 활성오니법(활성슬러지법, 가장 진보된 방법), 살수여과법, 산화지법, 회전원판법

③ 오니처리 : 소화법, 소각법, 퇴비법, 사상건조법 등이 이용

③ 하수의 위생검사

㉠ BOD(생화학적 산소요구량)의 측정 : BOD는 하수의 오염도를 나타내며, BOD가 높다는 것은 하수 오염도가 높다는 의미로 BOD는 20ppm 이하여야 한다.

㉡ DO(용존산소량의 측정) : DO는 수중에 용해되어 있는 산소량으로, DO의 수치가 낮으면 오염도가 높음을 나타내며, DO는 4~5ppm 이상이어야 한다.

하수	수치가 높은 경우	수치가 낮은 경우
BOD	오염된 물	깨끗한 물
DO	깨끗한 물	오염된 물

※ BOD와 DO의 관계 : BOD↑, DO↓(상반관계)

㉢ COD(화학적 산소요구량 측정) : COD는 화학적으로 분해 가능한 유기물을 산화시키기 위해 필요한 산소의 양으로, COD가 클수록 물오염도가 심하며 상수원수 1급수는 1ppm 이하, 상수원수 2급수에는 3ppm 이하이어야 한다.

참고

일반적으로 공장폐수는 무기물을 함유하고 있어 BOD(생화학적 산소요구량) 측정보다는 COD(화학적 산소요구량)를 측정한다. BOD에 비해 측정기간도 짧다.

7) 오물처리

① **진개처리** : 진개는 가정에서 나오는 주개 및 잡개 외 공장 및 공공건물의 진개 등이 있다.

㉠ 매립법 : 쓰레기를 땅속(저지대, 산골짜기, 웅덩이)에 묻고 흙으로 덮는 방법으로 진개의 두께는 2m를 초과하지 않아야 한다(복토의 두께는 0.6~1m가 가장 적당함).

㉡ 비료화법(고속 퇴비화) : 쓰레기를 발효시켜 비료로 이용한다.

㉢ 소각법 : 가장 위생적인 방법이나 대기오염의 원인 우려가 있다.

• 쓰레기 처리 비용 중 가장 많이 드는 비용 : 수거 비용
• 음식물을 태울 때 발열량은 낮아진다.

8) 수질오염

① **수은(Hg) 중독** : 공장폐수에 함유된 유기수은에 오염된 어패류를 사람이 섭취함으로써 발생한다. 수은 중독으로 미나마타병(증상 : 손의 지각이상, 언어장애, 시력약화 등)에 걸린다.

② **카드뮴(Cd) 중독** : 아연, 연(납)광산에서 배출된 폐수를 벼농사에 사용하여 카드뮴의 중독에 의해 오염된 농작물을 섭취함으로써 발생한다. 카드뮴 중독으로 이타이이타이병(증상 : 골연화증, 신장기능 장애, 단백뇨 등)이 발생한다.

③ **PCB 중독(쌀겨유 중독)** : 미강유 제조 시 가열매체로 사용하는 PCB가 기름에 혼입되어 중독되는 것으로 가네미유증이라고도 하며, 미강유 중독에 의해 발생한다. 증상은 식욕부진, 구토, 체중감소, 흑피증 등이 있다.

9) 물(H_2O)

① **물의 필요량** : 인체의 2/3(60~70%)를 차지하며, 1일 필요량 2~3ℓ 이다.

㉠ 인체 내 물의 10% 상실 : 신체기능 이상

㉡ 인체 내 물의 20% 상실 : 생명 위험

② **물의 종류**

경수(센물)	연수(단물)
칼슘염과 마그네슘염 다량 함유	칼슘염과 마그네슘염 거의 없음.
거품이 잘 일어나지 않음.	거품이 잘 일어남.
끈끈함.	미끄러움.

※ 경수를 연수로 바꾸는 방법 : 끓이기(염의 침전), 약품처리(소석회)

③ **음료수 수원** : 천수(눈, 비), 지하수, 지표수(하천수, 호수), 복류수(우물보다 깊이 땅을 파서 얻는 물)

④ **지하수(우물) 오염방지**

㉠ 우물은 내벽 3m까지 물이 새어들지 않게 방수처리한다.

㉡ 화장실과의 거리는 20m 이상으로 한다.

⑤ **물로 인한 질병**

㉠ 우치, 충치 : 불소가 없거나 적은 물을 장기 음용 시 발생

㉡ 반상치 : 불소가 과다하게 함유된 물을 장기 음용 시 발생

㉢ 청색아(Blue baby) : 질산염 많은 물을 장기 음용 시 소아가 청색증에 걸려 사망할 수 있음.

㉣ 설사 : 황산마그네슘($MgSO_4$)이 많이 함유된 물을 음용하면 설사를 일으킬 수 있음.

⑥ **음용수의 수질기준**

㉠ 일반세균 : 1mℓ 중 100CFU(Colonly Forming Unit)를 넘지 아니할 것

㉡ 대장균 : 50mℓ에서 검출되지 아니할 것

- 수질·분변오염의 지표, 위생지표세균으로 사용한다.
- 상수도 기준 시 대장균이 조금만 검출되어도 안 된다.
- 수질검사 시 오염의 지표로 사용한다.
- 다른 세균의 오염여부를 간접적으로 알 수 있다.

참고

물의 소독법

① 물리적 소독 : 자비(끓이는 것), 자외선, 오존(O_3)

② 화학적 소독 : 일반물 소독 – 표백분(클로르칼키)

음료수의 잔류염소량 : 0.2ppm

물의 자정작용(지표수가 자연히 정화되는 작용)

① 물리학적 작용 : 희석(유해물의 농도를 낮춤), 분쇄 · 침전(빠른 물결은 부유물을 분쇄하고, 느린 물결은 부유 물질을 침하시킴)

② 화학적 작용

- 공기와 접촉으로 악취를 제거시키며, 암모니아를 방산시켜 용존산소를 증가시키고, 호기성세균, 미생물에 대하여 양분을 주며, 병원균을 억지한다.
- 철화합물이 산화해서 침전되고 자외선은 수심 1~5m까지 살균작용을 한다.

③ 생물학적 작용 : 수생균(水生菌)은 병원균의 발육을 억지한다.

부영양화(Eutrophication)

① 강, 호수, 바다에 생활하수나 가축분뇨 등의 유기물과 영양소가 들어와 질소(N)와 인(P)과 같은 영양염류가 풍부해지는 것으로 녹조나 적조 등과 같은 수질 저하를 시킨다.

② 회복시키는 방법으로는 유입되는 영양소 특히 질소(N)와 인(P)의 양을 줄이는 것이다.

③ 질산염(NO3)은 유기물 속의 유기질소화합물이 산화 분해되는 최종 산물이다.

10) 소음 및 진동

① **소음(Noise) :** 소음은 듣기 싫은 소리이며 불쾌감을 주는 음으로 원치 않는 소리이다. 소음의 음압을 데시벨(dB)로 측정한다.

② **소음에 의한 장애 :** 청력장애(난청), 신경과민, 불면, 작업방해, 소화불량, 불안과 두통, 작업능률저하 등의 장애가 발생한다.

③ **소음에 의한 장애 :** 수면방해, 두통, 불안증, 작업방해, 불필요한 긴장, 정신적 불안정 등을 일으킨다.

※ 직업성 난청 : 소음이 심한 곳에서 근무하는 사람들에게 나타나는 직업병으로 4,000Hz에서 조기 발견할 수 있다.

참고

dB(데시벨, decibel)은 사람이 들을 수 있는 음압의 범위와 강도 범위를 상용대수를 사용하여 만든 음의 강도 단위로 음압 밀도가 높은 부분과 낮은 부분의 변화를 말한다.

- 인간이 불쾌함을 느끼는 소음을 측정할 때 단순히 dB 단위를 사용해서는 정확히 그 크기를 반영할 수 없다. 때문에 소음을 측정할 때는 인간이 주로 들을 수 있는 주파수 특성을 보완한 단위인 dB(A)를 사용한다.

- 일반적으로 50dB(A) 정도 그 이상의 음이 발생하면 소음으로 간주한다(1일 8시간 기준 소음허용 기준은 90dB(A) 이하이다).
- 직업적인 소음으로 난청이 생기면 작업능률이 저하되기 때문에 작업방법 개선, 음벽 설치, 귀마개 사용 등이 필요하다.

④ 진동

㉠ 일정한 점을 중심으로 하여 양쪽으로 흔들려 움직이는 운동(물체의 위치나 전류의 세기, 전기장, 자기장 등)을 진동이라 하며, 신체의 전체나 일부가 떨림을 받을 때 피해가 나타난다.

㉡ 진동에 의한 질병으로는 레이노이드병이 대표적인 질병이다.

11) 구충·구서

① 구충·구서의 일반적 원칙

㉠ 가장 근본적인 대책 : 발생원인 및 서식처를 제거한다.

㉡ 광범위하게 동시에 실시해야 한다.

㉢ 생태, 습성에 따라 행한다.

㉣ 발생 초기에 구충·구서를 실시한다.

② 위생해충의 피해

㉠ 모기, 벼룩 등에 물렸을 때 병원체가 운반되어 피부를 통해 질병을 전파한다.

㉡ 흡혈, 영양분의 탈취, 체내의 기생 등으로 인한 질병을 유발한다.

㉢ 알레르기 현상, 피부염, 수면방해 등이 있다.

(3) 역학 및 감염병관리

1) 역학의 정의

인간 집단에 발생하는 모든 질병(유행병)을 집단현상으로 의학적·생태학으로서 보건학적 진단학을 연구하는 학문을 말한다.

2) 역학의 시간적 특성

종류	내용
추세변화 (장기변화)	수십 년(10~40년)에 걸쳐서 주기적으로 반복하여 유행하는 현상 예 장티푸스(30~40년), 유행성 독감(Influenza, 약 30년 주기), 성홍열(약 30년), 디프테리아(약 20년)
순환변화 (단기변화)	수년(2~5년)의 단기간을 주기로 하여 순환적으로 반복하여 유행하는 현상 예 홍역(2~3년), 백일해(2~4년), 유행성 뇌염(3~4년)
계절변화	1년을 주기로 계절적으로 반복되는 변화 예 소화기계 감염병(여름철), 호흡기계 감염병(겨울철)
불규칙변화 (돌연유행)	• 감염병이 발생할 때 돌발적 유행으로 불시 침입하는 수계유행 예 콜레라(Cholera), 장티푸스(Typhoid fever), 이질(Shigellosis) • 외래 감염병이 국내에 발생할 때 돌발적 유행으로 불시 침입하는 현상 예 조류인플루엔자(Avian Influenza), 중증급성호흡기증후군(사스, Severe Acute Respiratory Syndrome), 신종코로나바이러스(2019-nCoV 중국우한폐렴의 원인 바이러스)

※ 인종별 특징 : 결핵(백인에 비하여 흑인이 많이 발생함), 성홍열(유색인종보다 백인에게 많이 발생함)

① 급성감염병 : 장티푸스, 콜레라, 성홍열, 이질
② 만성감염병 : 결핵, 한센병, 성병-매독, 임질, 에이즈(AIDS)

3) 역학의 3대 요인

① 병인적 인자 : 감염원으로서 병원체가 충분하게 존재해야 한다.

② 숙주적 인자 : 성별, 연령, 종족, 직업, 결혼상태, 식습관 등이 있다.

③ 환경적 인자 : 감염원에 접촉기회나 감염경로가 있어야 한다.

※ 감염병의 3대 요인 : 감염원(병원체, 병원소), 환경(감염경로), 숙주의 감수성

4) 급만성 감염병관리

① 감염병 발생의 요인과 대책

㉠ 감염원(병원체, 병원소) : 병독이나 병원체를 직접 인간에게 가져오는 감염병의 원인이 될 수 있는 모든 것

- 병원체 : 세균, 바이러스, 리케차, 진균, 기생충 등
- 병원소 : 인간, 동물, 토양, 먼지 등
- 감염원에 대한 대책 : 환자, 보균자를 색출하여 격리시킨다.

㉡ 감염경로(환경)

- 병원체가 새로운 숙주(사람)에게 전파하는 과정이 있어야만 질병이 성립되므로 음식물 전파, 공기전파, 접촉전파, 매개전파, 개달물 전파로 인해 질병이 전파된다.

※ 개달물은 물, 우유, 식품, 공기, 토양을 제외한 모든 비활성 매체로 환자가 쓰던 의복, 침구, 완구, 책, 수건 등 모든 것

- 감염경로에 대한 대책 : 손을 자주 소독한다.

㉢ 숙주의 감수성 및 면역성

- 자주 감염병이 유행하더라도 병원체에 대한 저항성 또는 면역성을 가지게 되면 감염병은 발생하지 않는다.
- 숙주의 감수성에 대한 대책 : 질병에 대한 저항력의 증진, 예방접종을 한다.

감수성 지수
두창, 홍역(95%)>백일해(60~80%)>성홍열(40%)>디프테리아(10%)>소아마비(0.1%)

5) 질병의 원인별 분류

① 양친에게서 감염되거나 유전되는 질병

㉠ 감염병 : 매독, 두창, 풍진

㉡ 비감염성 질환 : 혈우병, 당뇨병, 알레르기, 정신발육지연, 색맹, 유전적 농아 등

② 식사의 부적합으로 일어나는 질병

㉠ 과식이나 과다 지방식 : 비만증, 관상동맥, 심장질환, 고혈압, 당뇨병

㉡ 식염의 과다 및 자극성 식품 : 고혈압

㉢ 뜨거운 음식을 섭취 : 식도암, 후두암 및 위암의 발생률이 높음

㉣ 특수영양소(비타민, 무기질) 결핍증 : 각기병(비타민 B_1), 구루병(비타민 D), 빈혈(철분), 펠라그라증(피부병 : 나이아신 부족), 갑상선종(요오드 부족 : 다시마, 해조류, 갈조류에 많음), 충치(불소 결핍), 반상치(불소 과다)

6) 병원체에 대한 면역력 증강

질병이 체내에 침입하면 방어할 수 있는 능력을 길러주는 것으로 선천적 면역과 후천적 면역이 있다.

① **선천적 면역** : 종속면역, 인종면역, 개인차 특이성에 따른 면역이다.

② **후천적 면역** : 능동면역, 수동면역으로 나뉜다.

후천적 면역	능동 면역	자연능동면역	질병 감염 후 획득된 면역	예 홍역, 수두, 유행성 이하선염, 백일해, 성홍열, 발진티푸스, 장티푸스, 페스트, 황열, 콜레라
		인공능동면역	예방접종으로 획득된 면역	예 결핵(BCG 접종 후 생긴 면역), 두창, 탄저, 장티푸스, 백일해, 일본뇌염, 파상풍, 콜레라, 파라티푸스
	수동 면역	자연수동면역	모체로부터 받는 면역	예 태반이나 수유로 받는 면역
		인공수동면역	혈청제제의 접종으로 획득되는 면역	예 인체 감마 글로불린 주사

7) 감염병의 분류

① 병원체에 따른 감염병의 분류

바이러스(Virus)	• 호흡기 계통 : 인플루엔자, 홍역, 유행성 이하선염, 풍진 • 소화기 계통 : 급성회백수염(소아마비, 폴리오), 유행성 간염
세균(Bacteria)	• 호흡기 계통 : 한센병, 디프테리아, 성홍열, 폐렴, 결핵, 백일해 • 소화기 계통 : 장티푸스, 파라티푸스, 콜레라, 세균성 이질
리케차(Rickettsia)	발진티푸스, 발진열, 양충병
스피로헤타성	와일씨병, 서교증, 재귀열, 매독
원충성	말라리아, 아메바성 이질, 트리파노소마(수면병)

② 예방접종을 하는 감염병의 종류

	연령	예방접종의 종류
기본접종	4주 이내	BCG(결핵 예방접종)
	2개월	경구용 소아마비, DPT(디프테리아–D, 백일해–P, 파상풍–T)
	4개월	경구용 소아마비, DPT
	6개월	경구용 소아마비, DPT
	15개월	홍역, 볼거리, 풍진(13~15세 여아만 접종해도 된다)
	18개월	결핵, 두창, 폴리오
	3~15세	일본뇌염

정기예방접종

결핵(BCG), 디프테리아(D), 백일해(P), 파상풍(T), 홍역, 소아마비, 유행성 이하선염, 풍진, B형 간염

※ 디피티(DPT)는 디프테리아(Diphtheria), 백일해(Pertussis), 파상풍(Tetanus)이다.

임시예방접종

일본뇌염, 장티푸스, 인플루엔자, 유행성 출혈열

③ 잠복기에 따른 감염병의 분류

㉠ 잠복기간이 긴 것 : 한센병, 결핵(잠복기가 가장 길며 일정하지 않음), 매독, AIDS

㉡ 잠복기간이 짧은 것 : 콜레라(잠복기가 가장 짧음), 이질, 성홍열, 파라티푸스, 디프테리아, 뇌염, 황열, 인플루엔자

④ 감염경로에 따른 감염병의 분류

감염경로		감염병 종류
직접 접촉감염(성매개 감염)		매독, 임질, AIDS(에이즈), 피부병
간접 접촉감염	비말감염(기침, 재채기)	디프테리아, 인플루엔자, 성홍열
	진애감염(먼지)	결핵, 천연두, 디프테리아
개달물 감염(물, 음식, 공기를 제외한 완구, 식기, 의복, 수건)		결핵, 트라코마, 천연두
수인성 감염병		이질, 콜레라, 파라티푸스, 장티푸스
음식물 감염병		이질, 콜레라, 파라티푸스, 장티푸스, 소아마비, 유행성 간염
절족동물 매개 감염병	모기	말라리아(학질모기), 일본뇌염(작은빨간모기), 황열, 뎅기열, 사상충증(토고숲모기)
	이	발진티푸스, 재귀열
	벼룩	페스트, 발진열, 재귀열
	빈대	재귀열
	바퀴	이질, 콜레라, 장티푸스, 소아마비
	파리	장티푸스, 파라티푸스, 이질, 콜레라, 결핵, 디프테리아
	진드기	쯔쯔가무시증, 양충병, 재귀열, 유행성 출혈열, 옴
인수공통 감염병	토끼	야토병
	개	광견병(공수병)
	쥐	페스트, 서교증, 재귀열, 와일씨병, 발진열, 유행성 출혈열, 쯔쯔가무시증
토양 감염병		파상풍, 보툴리즘, 구충증
경태반 감염병	태반을 거쳐 태아에게 감염되는 것	매독, 두창, 풍진
만성 감염병	결핵	환자 발견 시 격리 및 치료, 예방접종
	한센병	환자 발견 시 격리 및 치료, 접촉자의 관리, 소독 실시, 예방접종
	매독(성병)	매독, 임질, 크라코마 등이 있으며, 면역성이 없음.

※ 재귀열 : 이, 쥐, 빈대, 진드기, 벼룩에 의해 감염

⑤ 인체 침입구에 따른 감염병의 분류

㉠ 호흡기계 침입

- 세균 병원체 : 디프테리아, 성홍열
- 바이러스 병원체 : 백일해, 홍역, 유행성 이하선염(볼거리), 풍진

㉡ 소화기계 침입

- 세균 병원체 : 장티푸스, 파라티푸스, 콜레라, 세균성 이질
- 바이러스 병원체 : 소아마비, 유행성 간염

8) 우리나라의 검역 감염병의 종류와 시간

감시기간은 다음의 시간을 초과할 수 없다.

① 콜레라 : 120시간　　② 페스트 : 144시간

③ 황열 : 144시간

※ 검역 : 감영병이 유행하는 지역에서 입국하는 사람·동물·식품을 대상으로 실시

참고

우리나라 법정 감염병의 종류(2020년 1월 1일 시행)

① 제1급감염병(17종)

- 생물테러감염병 또는 치명률이 높거나 집단 발생의 우려가 커서 발생 또는 유행 즉시 신고하여야 하고, 음압격리와 같은 높은 수준의 격리가 필요한 감염병
- 에볼라바이러스병, 마버그열, 라싸열, 크리미안콩고출혈열, 남아메리카출혈열, 리프트밸리열, 두창, 페스트, 탄저, 보툴리눔독소증, 야토병, 신종감염병증후군, 중증급성호흡기증후군(SARS), 중동호흡기증후군(MERS), 동물인플루엔자 인체감염증, 신종인플루엔자, 디프테리아

② 제2급감염병(20종)

- 전파가능성을 고려하여 발생 또는 유행 시 24시간 이내에 신고하여야 하고, 격리가 필요한 감염병
- 결핵(結核), 수두(水痘), 홍역(紅疫), 콜레라, 장티푸스, 파라티푸스, 세균성이질, 장출혈성대장균감염증, A형간염, 백일해(百日咳), 유행성이하선염(流行性耳下腺炎), 풍진(風疹), 폴리오, 수막구균 감염증, b형헤모필루스인플루엔자, 폐렴구균 감염증, 한센병, 성홍열, 반코마이신내성황색포도알균(VRSA) 감염증, 카바페넴내성장내세균속균종(CRE) 감염증

③ 제3급감염병(26종)

- 그 발생을 계속 감시할 필요가 있어 발생 또는 유행 시 24시간 이내에 신고하여야 하는 감염병
- 파상풍(破傷風), B형간염, 일본뇌염, C형간염, 말라리아, 레지오넬라증, 비브리오패혈증, 발진티푸스, 발진열(發疹熱), 쯔쯔가무시증, 렙토스피라증, 브루셀라증, 공수병(恐水病), 신증후군출혈열(腎症候群出血熱), 후천성면역결핍증(AIDS), 크로이츠펠트-야콥병(CJD) 및 변종크로이츠펠트-야콥병(vCJD), 황열, 뎅기열, 큐열(Q熱), 웨스트나일열, 라임병, 진드기매개뇌염, 유비저(類鼻疽), 치쿤구니야열, 중증열성혈소판감소증후군(SFTS), 지카바이러스 감염증

④ 제4급감염병(22종)

- 제1급감염병부터 제3급감염병까지의 감염병 외에 유행 여부를 조사하기 위하여 표본감시 활동이 필요한 감염병
- 인플루엔자, 매독(梅毒), 회충증, 편충증, 요충증, 간흡충증, 폐흡충증, 장흡충증, 수족구병, 임질, 클라미디아감염증, 연성하감, 성기단순포진, 첨규콘딜롬, 반코마이신내성장알균(VRE) 감염증, 메티실린내성황색포도알균(MRSA) 감염증, 다제내성녹농균(MRPA) 감염증, 다제내성아시네토박터바우마니균(MRAB) 감염증, 장관감염증, 급성호흡기감염증, 해외유입기생충감염증, 엔테로바이러스감염증, 사람유두종바이러스 감염증

9) 감염병의 전파예방 대책

① **감염병 보고순서** : 의료기관의 장 → 보건지소장 → 시장·군수 → 시·도지사 → 보건복지부장관

② 보균자의 검색

③ 역학조사

※ 산업보건관리

1) 산업보건의 개념

① 국제노동기구(ILO)와 세계보건기구(WHO)의 산업보건 정의

㉠ 모든 산업장에서 일하는 근로자들의 신체적·정신적·사회적 건강상태를 최고도로 유지 증진

㉡ 작업조건으로 인한 질병을 예방하며 건강에 유해한 취업을 방지

㉢ 근로자들을 생리적으로나 심리적으로 적합한 작업환경에 배치하여 일하도록 하는 것

2) 직업병관리

① 정의 : 근로자들이 작업환경 중에 노출되어 일어나는 특정 질병

② 원인별 직업병의 구분

원인		직업병
물리적 요인	고열환경(이상고온)	열중증(열피로, 열경련, 열허탈증, 열쇠약증, 열사병)
	저온환경(이상저온)	동상, 참호족염, 동창
	고압환경(이상고기압)	잠함병(잠수병) – 물에서 발생되며 주로 잠수부, 해녀에게 발생
	저압환경(이상저기압)	항공병, 고산병 – 산에서 발생
	소음	직업성 난청, 청력장애
	분진	진폐증(먼지), 석면폐증(석면), 규폐증(유리규산), 활석폐증(활석)
	방사선	조혈기능 장애, 피부점막의 궤양과 암생성, 백내장, 생식기 장애
	자외선 및 적외선	피부 및 눈의 장애

화학적 요인 (공업중독)	납(Pb) 중독	연중독, 소변 중에 코프로포피린 검출, 체중감소, 염기성 과입적 혈구의 수 증가, 요독증 증세
	수은(Hg) 중독	구내열, 미나마타병의 원인물질, 언어장애, 지각이상
	크롬(Cr) 중독	비염, 기관지염, 피부점막궤양
	카드뮴(Cd) 중독	이타이이타이병의 원인물질, 단백뇨, 골연화증, 폐기증, 신장기능장해

※ **보건관리**

1) 보건행정

지역주민의 질병예방 · 생명연장과 육체적 · 정신적 안녕과 효율적인 건강을 증진시키기 위하여 행하여지는 행정을 말한다.

2) 보건행정의 종류

① 일반보건행정

㉠ 보건소의 설치 목적 : 보건행정을 합리적으로 운영하고 국민보건의 질을 향상하기 위한 것으로, 보건소는 시·군·구 단위로 하나씩 두도록 되어 있다.

㉡ 보건소의 업무내용

• 지역보건의료정책의 기획, 조사·연구 및 평가 사항
  – 지역보건의료계획 등 보건의료 및 건강증진에 관한 중장기 계획 및 실행계획의 수립·시행 및 평가에 관한 사항
  – 지역사회 건강실태조사 등 보건의료 및 건강증진에 관한 조사·연구에 관한 사항
  – 보건에 관한 실험 또는 검사에 관한 사항

• 보건의료기관 등에 대한 지도·관리·육성과 국민보건 향상을 위한 지도·관리 사항
  – 의료인 및 의료기관에 대한 지도 등에 관한 사항
  – 의료기사·보건의료정보관리사 및 안경사에 대한 지도 등에 관한 사항
  – 응급의료에 관한 사항
  – 「농어촌 등 보건의료를 위한 특별조치법」에 따른 공중보건의사, 보건진료 전담공무원 및 보건진료소에 대한 지도 등에 관한 사항
  – 약사에 관한 사항과 마약·향정신성의약품의 관리에 관한 사항
  – 공중위생 및 식품위생에 관한 사항

② 산업보건행정(근로보건) : 산업체에서 근무하는 근로자를 대상으로 작업환경의 질적개선, 산업재해 예방 및 근로자의 복지시설 관리와 안전교육 등의 문제를 담당하며 관할 부처는 노동부의 근로기준국 산업안전과에서 관할한다.

③ 학교보건행정 : 학생과 교직원을 대상으로 학교보건사업으로, 학교급식을 통한 영양교육, 건강교육 등을 담당하며, 관할 부처는 교육부의 의무교육과에서 관할한다.

※ 공중보건의 3대 요건 : 보건행정, 보건법, 보건교육

> **지방행정의 최고 말단 기구**
> 보건소

3) 학교보건

① 학교보건의 목적 : 학교의 보건관리에 필요한 사항을 규정하여 학생과 교직원의 건강을 보호 · 증진함을 목적으로 한다.

※ 건강검사 : 신체의 발달상황 및 능력, 정신건강 상태, 생활습관, 질병의 유무 등에 대하여 조사하거나 검사하는 것

② 학교보건의 중요성

㉠ 학교는 여러 가지 측면에서 지역사회의 중심역할을 한다.
㉡ 학생들은 그 인구가 많아 보건교육대상자로 가장 효과적이다.
㉢ 교직원의 보건에 관한 지식은 큰 효과를 발생한다.
㉣ 학생은 가장 왕성한 성장시기이다.

③ 보건시설 등 : 학교의 설립자 · 경영자는 대통령령으로 정하는 바에 따라 보건실을 설치하고 학교보건에 필요한 시설과 기구(器具) 및 용품을 갖추어야 한다.

> **학교급식의 목적**
> 학생들에게 올바른 영양을 보급하여 신체적 · 정신적 성장발달을 돕고, 좋은 식습관을 형성하여 적응하는 데 목적이 있다.
> ① 건강면의 목적 ② 교육적 목적 ③ 경제적 목적 ④ 사회적 목적

CHAPTER

Chapter 01 | 위생관리

01 출제경향이 반영된 예상문제

1. 개인위생관리

01 개인위생관리 기준으로 틀린 것은?

① 짙은 화장, 시계, 반지 등의 장신구 착용을 금지한다.

② 조리 전, 중, 후에 항상 손을 깨끗하게 10초 이상 세척한다.

③ 조리과정 중 머리, 코 등 신체 부위를 만지지 않는다.

④ 두발, 손톱, 손 등 신체 청결을 유지한다.

해설 손 세척은 30초 이상 비누 또는 세정제를 이용하여 깨끗하게 씻고 흐르는 물로 잘 헹궈야 한다.

02 식품 취급자의 화농성 질환에 의해 감염되는 식중독은?

① 살모넬라 식중독

② 황색포도상구균 식중독

③ 장염비브리오 식중독

④ 병원성 대장균 식중독

해설 황색포도상구균 식중독은 화농성 질환에 감염된 포도상구균이 원인으로, 손이나 몸에 화농이 있는 사람은 식품취급을 금지하여야 한다.

03 우리나라에서 발생하는 장티푸스의 가장 효과적인 관리 방법은?

① 환경위생 철저

② 공기정화

③ 순화독소(Toxoid)접종

④ 농약사용 자제

해설 장티푸스는 보균자의 대변이나 소변에 의해서 오염된 물을 섭취하였을 경우에 감염되는 병으로, 복통·구토·설사 등과 같은 증상을 나타낸다. 이러한 장티푸스를 예방하기 위해서는 보균자를 격리시키고, 환경위생에 철저해야 한다.

04 일반적으로 식중독을 방지하는 데 기본적으로 가장 중요한 사항은?

① 취급자의 마스크 사용

② 감염자의 예방접종

③ 식품의 냉장과 냉동보관

④ 위생복의 착용

해설 식중독을 방지하는 기본적으로 가장 중요한 사항은 식품을 냉장·냉동하여 보관하는 것이다.

2. 식품위생관리

01 WHO 보건헌장에 의한 건강의 정의는?

① 질병에 걸리지 않은 상태

② 육체적으로 편안하며 쾌적한 상태

③ 육체적, 정신적, 사회적 안녕의 완전한 상태

④ 허약하지 않고 심신이 쾌적하며 식욕이 왕성한 상태

해설 WHO의 건강은 육체적, 정신적, 사회적으로 모두 완전한 상태를 말한다.

정답
■ 01 ② 02 ② 03 ① 04 ③ ■ 01 ③

02 식품위생행정의 주무 담당 기관은?

① 시·도위생과
② 식품의약품안전처
③ 한국식품안전센터
④ 국민건강관리공단

해설 식품의약의 위생과 안전문제를 담당하는 곳은 식품의약품안전처이다.

03 다음 세균성 식중독 중 독소형에 해당하는 것은?

① 살모넬라 식중독
② 장염비브리오 식중독
③ 알레르기성 식중독
④ 포도상구균 식중독

해설 포도상구균 식중독은 독소형 식중독으로 식품 취급자의 화농성 염증이 주된 원인이다.

(1) 미생물의 종류와 특성

01 다음 중 식품위생과 관련된 미생물이 아닌 것은?

① 세균 ② 곰팡이
③ 효모 ④ 기생충

해설 미생물에는 곰팡이, 효모, 세균, 리케차, 바이러스가 있다.

02 중온균(Mesophilic bacteria)의 최적온도는?

① 10~12℃ ② 25~40℃
③ 55~60℃ ④ 65~75℃

해설 최적온도
- 저온균 : 15~20℃
- 중온균 : 25~37℃
- 고온균 : 50~60℃

03 어패류의 부패속도에 대하여 가장 올바르게 설명한 것은?

① 해수어가 담수어보다 쉽게 부패한다.
② 얼음물에 보관하는 것보다 냉장고에 보관하는 것이 더 쉽게 부패한다.
③ 토막을 친 것이 통째로 보관하는 것보다 쉽게 부패한다.
④ 어류는 비늘이 있어서 미생물의 침투가 육류에 비해 늦다.

해설 어패류는 통째로 보관하는 것이 토막친 것보다 부패가 더디다.

(2) 식품과 기생충병

01 채소류를 매개로 감염될 수 있는 기생충이 아닌 것은?

① 회충
② 아니사키스
③ 구충
④ 편충

해설 채소가 매개인 기생충에는 회충, 구충, 편충, 요충, 동양모양선충이 있다.

02 수인성 감염병의 유행 특성에 대한 설명으로 옳지 않은 것은?

① 연령과 직업에 따른 이환율에 차이가 있다.
② 2~3일 내에 환자 발생이 폭발적이다.
③ 환자 발생은 급수지역에 한정되어 있다.
④ 계절에 직접적인 관계없이 발생한다.

해설 수인성 감염병은 환자 발생이 폭발적이며, 음료수 사용지역과 유행지역이 일치한다. 계절과 관계없이 발생하며, 성별·연령·직업·생활수준에 따른 발생빈도의 차이가 없다.

정답
02 ② 03 ④ ■ 01 ④ 02 ② 03 ③ ■ 01 ② 02 ①

03 간디스토마는 제2중간숙주인 민물고기 내에서 어떤 형태로 존재하다가 인체에 감염을 일으키는가?

① 피낭유충(Metacercaria)

② 레디아(Redia)

③ 유모유충(Miracidium)

④ 포자유충(Sporocyst)

해설 간디스토마는 제2중간숙주인 민물고기 내에서 피낭유충으로 존재한다.

04 경구감염병과 비교하여 세균성 식중독이 가지는 일반적인 특성은?

① 소량의 균으로도 발병한다.

② 잠복기가 짧다.

③ 2차 발병률이 매우 높다.

④ 감염환(Infection Cycle)이 성립한다.

해설 식중독은 식품 중에 많은 양의 균에 의해 발병하며, 잠복기가 짧고 면역력은 없다.

05 다음 중 병원체가 세균인 질병은?

① 폴리오 ② 백일해

③ 발진티푸스 ④ 홍역

해설 병원체가 세균인 질병 : 콜레라, 성홍열, 디프테리아, 백일해, 페스트, 이질, 파라티푸스, 유행성 뇌척수막염, 장티푸스, 파상풍, 결핵, 폐렴, 한센병, 수막구균성 수막염 등

06 다음 중 잠복기가 가장 긴 감염병은?

① 한센병

② 파라티푸스

③ 콜레라

④ 디프테리아

해설 한센병과 결핵은 잠복기가 가장 길다.

07 다음 중 호흡기 감염병에 속하지 않는 것은?

① 홍역 ② 일본뇌염

③ 디프테리아 ④ 백일해

해설 일본뇌염은 빨간집모기에 의해 경피감염된다.

08 다음 중 회복기 보균자에 대한 설명으로 옳은 것은?

① 병원체에 감염되어 있지만 임상증상이 아직 나타나지 않은 상태의 사람

② 병원체를 몸에 지니고 있으나 겉으로는 증상이 나타나지 않는 건강한 사람

③ 질병의 임상증상이 회복되는 시기에도 여전히 병원체를 지닌 사람

④ 몸에 세균 등 병원체를 오랫동안 보유하고 있으면서 자신은 병의 증상을 나타내지 아니하고 다른 사람에게 옮기는 사람

해설 질병의 임상증상이 회복되는 시기에도 계속 병원체를 지닌 사람을 회복기 보균자라 한다.

09 사람과 동물이 같은 병원체에 의하여 발생하는 질병은?

① 기생충성 질병 ② 세균성 식중독

③ 법정 감염병 ④ 인수공통감염병

해설 인수공통감염병은 사람과 동물 사이에 동시에 옮겨지는 질병을 말한다.

10 여성이 임신 중에 감염될 경우 유산과 불임을 포함하여 태아에 이상을 유발할 수 있는 인수공통감염병과 관계되는 기생충은?

① 회충 ② 십이지장충

③ 간디스토마 ④ 톡소플라스마

해설 톡소플라스마증은 고양이의 배변을 통해 감염되는 기생충으로 임산부가 감염되면 태아에게 심각한 손상이 나타난다.

정답

03 ① 04 ② 05 ② 06 ① 07 ② 08 ③ 09 ④ 10 ④

11 다음 중 구충의 감염예방과 관계가 없는 것은?

① 분변 비료 사용금지
② 밭에서 맨발 작업금지
③ 청정채소의 장려
④ 모기에 물리지 않도록 주의

해설 구충을 예방하려면 청정채소를 보급하고 분변을 비료로 사용하지 않아야 한다. 구충은 사람에게 경피 침입하므로 맨발로 밭에서 작업하지 않아야 하고 채소를 깨끗이 씻어 먹도록 한다.

12 오염된 토양에서 맨발로 작업할 경우 감염될 수 있는 기생충은?

① 회충
② 간흡충
③ 폐흡충
④ 구충

해설 경피로 감염되는 기생충은 구충(십이지장충)과 말라리아 원충이 있다.

13 광절열두조충의 제1중간숙주와 제2중간숙주를 옳게 짝지은 것은?

① 연어 – 사람
② 붕어 – 연어
③ 물벼룩 – 송어
④ 참게 – 사람

해설 광절열두조충의 제1중간숙주는 물벼룩, 제2중간숙주는 연어, 송어이다.

(3) 살균 및 소독의 종류와 방법

01 다음 중 음료수 소독에 가장 적합한 것은?

① 생석회 ② 알코올
③ 염소 ④ 승홍수

해설 음료수 소독에 가장 적합한 것은 염소소독이다.

02 다음 중 분변소독에 가장 적합한 것은?

① 생석회 ② 약용비누
③ 과산화수소 ④ 표백분

해설 약용비누(과일, 채소, 식기, 손), 과산화수소(피부, 상처 소독), 표백분(우물, 수영장, 채소, 식기소독)

03 조리작업자 및 배식자의 손 소독에 가장 적합한 것은?

① 역성비누 ② 생석회
③ 경성세제 ④ 승홍수

해설 조리작업자의 손 소독에는 역성비누가 가장 적합하다.

04 다음 중 자외선을 이용한 살균 시 가장 유효한 파장은?

① 250~260nm ② 350~360nm
③ 450~460nm ④ 550~560nm

해설 자외선은 2,600 Å (260nm)일 때 살균력이 크다.

05 석탄산수(페놀)에 대한 설명으로 틀린 것은?

① 염산을 첨가하면 소독 효과가 높아진다.
② 바이러스와 아포에 약하다.
③ 햇볕을 받으면 갈색으로 변하고 소독력이 없어진다.
④ 음료수의 소독에는 적합하지 않다.

해설 석탄산은 햇볕이나 유기물질 등에도 소독력이 약화되지 않는다.

06 분자식은 $KMnO_4$이며, 산화력에 의한 소독 효과가 있는 것은?

① 크레졸 ② 석탄산
③ 과망간산칼륨 ④ 알코올

해설 과망간산칼륨은 0.2~0.5%의 수용액을 사용한다.

정답
11 ④ 12 ④ 13 ③ ■ 01 ③ 02 ① 03 ① 04 ① 05 ③ 06 ③

07 승홍수에 대한 설명으로 틀린 것은?

① 단백질을 응고시킨다.

② 강력한 살균력이 있다.

③ 금속기구의 소독에 적합하다.

④ 승홍의 0.1% 수용액이다.

해설 승홍수는 금속부식성이 강하여 금속기계의 소독에 적합하지 않다.

08 역성비누를 보통비누와 함께 사용할 때 가장 올바른 방법은?

① 보통비누로 먼저 때를 씻어낸 후 역성비누를 사용

② 보통비누와 역성비누를 섞어서 거품을 내며 사용

③ 역성비누를 먼저 사용한 후 보통비누를 사용

④ 역성비누와 보통비누의 사용순서는 무관하게 사용

해설 역성비누는 보통비누와 동시에 사용하지만, 유기물이 존재할 때는 살균효과가 떨어진다.

09 석탄계수가 2이고, 석탄산의 희석배수가 40배인 경우 실제 소독약품의 희석배수는?

① 20배 ② 40배

③ 80배 ④ 160배

해설 $\text{석탄산계수} = \frac{\text{(다른)소독약의 희석배수}}{\text{석탄산의 희석배수}}$

$\frac{x}{40}=2,\ x=2\times40$

$\therefore\ =80$배

10 다음 용어에 대한 설명 중 틀린 것은?

① 소독 : 병원성 세균을 제거하거나 감염력을 없애는 것

② 멸균 : 모든 세균을 제거하는 것

③ 방부 : 모든 세균을 완전히 제거하여 부패를 방지하는 것

④ 자외선 살균 : 살균력이 가장 큰 250~260nm의 파장을 써서 미생물을 제거하는 것

해설 방부는 미생물의 증식을 억제하는 것을 말한다.

11 우유의 살균처리방법 중 다음과 같은 살균처리는?

71.1~75℃로 15~30초간 가열처리하는 방법

① 저온살균법

② 초저온살균법

③ 고온단시간살균법

④ 초고온살균법

해설 고온단시간살균법은 70~75℃에서 15~20초간 살균하는 방법이다.

12 일반적으로 사용되는 소독약의 희석농도로 가장 부적합한 것은?

① 알코올 : 75%의 에탄올

② 승홍수 : 0.01%의 수용액

③ 크레졸 : 3~5%의 비누액

④ 석탄산 : 3~5%의 수용액

해설 승홍은 0.1%의 수용액 형태로 사용한다.

13 원유에 오염된 병원성 미생물을 사멸시키기 위하여 130~150℃의 고온 가압하에서 우유를 0.5~5초간 살균하는 방법은?

① 저온살균법

② 고압증기멸균법

③ 고온단시간살균법

④ 초고온순간살균법

해설
- 저온살균법 : 60~65℃에서 30분간 가열 후 급랭(예 우유, 술, 주스, 소스)
- 초고온순간살균법 : 130~140℃에서 2~4초간 가열 후 급랭(예 우유, 과즙)
- 고온단시간살균법 : 70~75℃에서 15~20초 내에 가열 후 급랭 (예 우유, 과즙)

정답

07 ③ 08 ① 09 ③ 10 ③ 11 ③ 12 ② 13 ④

14 다음 중 강한 산화력에 의한 소독 효과를 가지는 것은?

① 크레졸　② 석탄산
③ 과망간산칼륨　④ 알코올

해설 과망간산칼륨은 산화력에 의한 강한 소독력을 가지고 있다.

15 손, 피부 등에 주로 사용되며 금속부식성이 강하여 관리가 요망되는 소독약은?

① 석탄산　② 승홍
③ 크레졸　④ 알코올

해설 승홍은 금속부식성이 강하여 관리가 필요하다.

16 바이러스와 포자형성균을 소독하는 데 가장 좋은 소독법은?

① 일광소독법
② 알코올소독법
③ 건열멸균법
④ 고압증기멸균법

해설 고압증기멸균법은 멸균 효과가 우수하며 미생물뿐 아니라 아포까지 죽일 수 있다.

(4) 식품의 위생적 취급기준

01 주방 식재료의 위생적 취급기준으로 틀린 것은?

① 유통기한 및 신선도를 확인한다.
② 식재료의 전처리 과정은 35℃ 이하에서 3시간 이내에 처리한다.
③ 식재료의 전처리는 내부온도를 15℃ 이하로 한다.
④ 조리된 음식은 5℃ 이하 또는 60℃ 이상에서 보관한다.

해설 식재료의 전처리 과정은 25℃ 이하에서 2시간 이내에 처리한다.

02 식품의 위생적 취급기준으로 거리가 먼 것은?

① 해동된 식재료는 재냉동 사용을 금지한다.
② 개봉한 통조림은 별도의 용기에 품목명, 원산지, 날짜 등을 표시 후 냉장 보관한다.
③ 조리된 음식은 네임텍(품목명, 날짜, 시간 등)을 표시 후 랩을 씌워 보관한다.
④ 식재료는 채소→어류→가금류→육류 순서로 손질한다.

해설 식재료는 칼, 도마, 장갑 등을 별도로 구분하여 사용 또는 채소→육류→어류→가금류 순서로 손질하고 깨끗하게 세척, 소독한다.

(5) 식품첨가물과 유해물질

01 식품의 부패과정에서 생성되는 불쾌한 냄새 물질과 거리가 먼 것은?

① 암모니아　② 포르말린
③ 황화수소　④ 인돌

해설 포르말린은 포름알데히드라는 기체를 물에 녹인 물질이다.

02 화학물질에 의한 식중독으로 일반 중독증상과 시신경의 염증으로 실명의 원인이 되는 물질은?

① 납　② 수은
③ 메틸알코올　④ 청산

해설 메틸알코올에 중독되면 두통, 구토, 설사, 실명 등의 증상이 나타나며, 심할 경우 사망하기도 한다.

03 납중독에 대한 설명으로 틀린 것은?

① 대부분 만성 중독이다.
② 뼈에 축적되거나 골수에 대해 독성을 나타내므로 혈액장애를 일으킬 수 있다.
③ 손과 발의 각화증 등을 일으킨다.
④ 잇몸의 가장자리가 흑자색으로 착색된다.

해설 납중독은 만성 중독으로 잇몸이 흑자색으로 변하거나 복통 등의 증상이 있다.

정답
14 ③　15 ②　16 ④　■ 01 ②　02 ④　■ 01 ②　02 ③　03 ③

04 다음 중 유해성 표백제는?

① 롱가릿(Rongalite)
② 아우라민(Auramine)
③ 포름알데히드(Formaldehyde)
④ 사이클라메이트(Cyclamate)

해설 아우라민(유해 착색제), 포름알데히드(유해 보존료), 사이클라메이트(유해 감미료)

05 식품첨가물의 사용목적이 아닌 것은?

① 식품의 기호성 증대
② 식품의 유해성 입증
③ 식품의 부패와 변질을 방지
④ 식품의 제조 및 품질 개량

해설 식품첨가물은 식품의 제조, 가공, 보존 등 여러 가지 필요에 의해 식품에 첨가하는 물질로 식품의 기호성 증대, 식품의 부패와 변질방지, 식품의 제조 및 품질개량 등으로 사용된다.

06 식품의 보존료가 아닌 것은?

① 데히드로초산(Dehydroacetic Acid)
② 소르빈산(Sorbic Acid)
③ 안식향산(Benzoic Acid)
④ 아스파탐(Aspartam)

해설 식품의 보존료에는 데히드로초산, 소르빈산, 안식향산, 프로피온산이 있으며, 아스파탐은 감미료이다.

07 식품 중에 존재하는 색소단백질과 결합함으로써 식품의 색을 보다 선명하게 하거나 안정화시키는 첨가물은?

① 질산나트륨(Sodium Nitrate)
② 동클로로필린나트륨(Sodium Copper Chlorophyllin)
③ 삼이산화철(Iron Sesquioxide)
④ 이산화티타늄(Titanium Dioxide)

해설 질산나트륨은 육류의 발색제(색소고정제)로 사용된다.

08 아이스크림 제조 시 사용되는 안정제는?

① 전화당 ② 바닐라
③ 레시틴 ④ 젤라틴

해설 아이스크림의 안정제는 젤라틴이다.

09 감칠맛 성분과 소재식품의 연결이 잘못된 것은?

① 베타인(Betaine) – 오징어, 새우
② 크레아티닌(Creatinine) – 어류, 육류
③ 카노신(Carnosine) – 육류, 어류
④ 타우린(Taurine) – 버섯, 죽순

해설 타우린 – 새우, 오징어, 문어, 조개류

10 다음 중 화학조미료에 해당하는 것은?

① 구연산
② HAP(Hydrolyzed Animal Protein)
③ 글루탐산나트륨
④ 효모

해설 글루탐산나트륨은 가장 널리 사용되고 있는 화학조미료이다.

11 식품 제조공정 중 거품이 많이 날 때 거품 제거의 목적으로 사용되는 식품첨가물은?

① 용제 ② 소포제
③ 피막제 ④ 보존제

해설 식품 제조공정 중 생기는 거품을 제거할 때는 소포제를 사용한다.

12 미생물의 발육을 억제하여 식품의 부패나 변질을 방지할 목적으로 사용되는 것은?

① 안식향산나트륨 ② 호박산나트륨
③ 글루탐산나트륨 ④ 실리콘수지

해설 호박산나트륨과 글루탐산나트륨은 맛난 맛을 부여하기 위해 조미료로 사용되는 첨가물이며, 실리콘수지는 거품을 제거하기 위한 소포제로 사용된다.

정답
04 ① 05 ② 06 ④ 07 ① 08 ④ 09 ④ 10 ③ 11 ② 12 ③

13 우리나라에서 허가되어 있는 발색제가 아닌 것은?

① 질산칼륨 ② 질산나트륨
③ 아질산나트륨 ④ 삼염화질소

해설 삼염화질소는 유해성 표백제로 우리나라에서는 사용을 금지하고 있다.

14 다음 중 천연 산화방지제가 아닌 것은?

① 세사몰(Sesamol)
② 티아민(Thiamin)
③ 토코페롤(Tocopherol)
④ 고시폴(Gossypol)

해설 천연 항산화제
비타민 E, 세사몰, 비타민 C, 고시폴, 토코페롤 등

15 식용유 제조 시 사용되는 식품첨가물 중 n-hexane(헥산)의 용도는?

① 추출제 ② 유화제
③ 향신료 ④ 보존료

해설 헥산은 식용유 제조 시 추출제로 사용된다.

3. 주방위생관리

(1) 주방위생 위해요소

01 생활쓰레기의 분류 중 부엌에서 나오는 동·식물성 유기물은?

① 주개 ② 가연성 진개
③ 불연성 진개 ④ 재활용성 진개

해설 주개
가정, 음식점, 호텔 등의 주방에서 나오는 음식물쓰레기를 말하며, 육류·채소·과실·곡류 등의 찌꺼기로서 부패하기 쉽고 냄새의 원인이 된다.

02 주방의 바닥조건으로 맞는 것은?

① 산이나 알칼리에 약하고, 습기와 열에 강해야 한다.
② 바닥 전체의 물매는 1/20이 적당하다.
③ 조리작업을 드라이시스템화 할 경우의 물매는 1/100 정도가 적당하다.
④ 고무타일, 합성수지타일 등이 잘 미끄러지지 않으므로 적합하다.

해설 주방의 바닥 구비조건에 적합한 재질로는 고무타일, 합성수지타일 등 잘 미끄러지지 않는 재질을 사용해야 한다.

03 식품 등의 위생적 취급에 관한 기준이 아닌 것은?

① 식품 등을 취급하는 원료 보관실, 제조가공실, 포장실 등의 내부를 항상 청결하게 관리한다.
② 식품 등의 원료 및 제품 중 부패, 변질되기 쉬운 것은 냉동·냉장시설에 보관·관리된다.
③ 유통기한이 경과된 식품 등은 판매하거나 판매의 목적으로 진열·보관하여서는 아니 된다.
④ 모든 식품 및 원료는 냉장 및 냉동시설에 보관·관리한다.

해설 모든 식품 및 원료가 냉장·냉동시설을 필요로 하는 것은 아니다.

(2) 식품안전관리인증기준(HACCP)

01 HACCP의 의무적용 대상 식품에 해당하지 않는 것은?

① 빙과류 ② 비가열 음료
③ 껌류 ④ 레토르트식품

해설 껌류는 HACCP의 의무적용 대상 식품이 아니다.

정답
13 ④ 14 ② 15 ① ■ 01 ① 02 ④ 03 ④ ■ 01 ③

02 다음 중 식품안전관리인증기준(HACCP)을 수행하는 단계에 있어서 가장 먼저 실시하는 것은?

① 중요관리점 규명
② 관리기준의 설정
③ 기록유지방법의 설정
④ 식품의 위해요소 분석

해설 HACCP 관리의 수행단계
식품의 위해요소 분석 → 중요관리점 결정 → 한계기준 설정 → 모니터링 체계 확립 → 개선조치방법 수립 → 검증절차 및 방법 수립 → 문서화 및 기록유지

03 HACCP인증 집단급식업소(집단급식소, 식품접객업소, 도시락류 포함)에서 조리한 식품은 소독된 보존식 전용용기 또는 멸균비닐봉지에 매회 1인분 분량을 담아 몇 ℃ 이하에서 얼마 이상의 시간 동안 보관하여야 하는가?

① 4℃ 이하, 48시간 이상
② 0℃ 이하, 100시간 이상
③ −10℃ 이하, 200시간 이상
④ −18℃ 이하, 144시간 이상

해설 HACCP 인증 집단급식업소의 보존식은 −18℃ 이하에서 144시간 이상 보관한다.

(3) 작업장 교차오염 발생요소

01 음식물과 함께 섭취된 미생물이 식품이나 체내에서 다량 증식하여 장관 점막에 위해를 끼침으로써 일어나는 식중독은?

① 독소형 식중독
② 감염형 식중독
③ 식물성 자연독 식중독
④ 동물성 자연독 식중독

해설 독소형 세균성 식중독, 식물성 자연독 식중독, 동물성 자연독 식중독은 섭취 즉시 발병한다.

02 오래된 과일이나 산성 채소 통조림에서 유래되는 화학성 식중독의 원인물질은?

① 칼슘　② 주석
③ 철분　④ 아연

해설 통조림의 내면에 도금할 때는 주석이 사용된다.

03 먹는 물 소독 시 염소소독으로 사멸되지 않는 병원체로 전파되는 감염병은?

① 세균성 이질　② 콜레라
③ 장티푸스　④ 감염성 간염

해설 장티푸스, 파라티푸스, 이질, 콜레라는 염소소독으로 사멸되는 병원체이다.

4. 식중독관리

01 다음 중 일반적으로 사망률이 가장 높은 식중독은?

① 살모넬라 식중독
② 장염비브리오 식중독
③ 클로스트리디움 보툴리늄 식중독
④ 포도상구균 식중독

해설 살모넬라 식중독(치사율 0.1%), 장염비브리오 식중독(치사율 40~60%), 클로스트리디움 보툴리늄 식중독(치사율 70%), 포도상구균 식중독(치사율 0%)

02 세균성 식중독 중 감염형이 아닌 것은?

① 살모넬라 식중독
② 황색포도상구균 식중독
③ 장염비브리오 식중독
④ 병원성 대장균 식중독

해설 황색포도상구균 식중독은 독소형 식중독이다. 감염형 세균성 식중독에는 클로스트리디움 웰치균 식중독이 있다.

정답
02 ④　03 ④　■ 01 ②　02 ②　03 ④　■ 01 ③　02 ②

03 웰치균에 대한 설명으로 옳은 것은?

① 아포는 60℃에서 10분간 가열하면 사멸한다.
② 혐기성 균주이다.
③ 냉장온도에서 잘 발육한다.
④ 당질식품에서 주로 발생한다.

해설 웰치균 식중독은 열에 강한 균으로 가열해도 잘 죽지 않으며, 편성 혐기성균이다. 냉장보관하면 예방이 가능하며, 원인식품으로는 육류를 사용한 가열 조리식품이다.

04 살균이 불충분한 저산성 통조림 식품에 의해 발생되는 세균성 식중독의 원인균은?

① 포도상구균
② 젖산균
③ 클로스트리디움 보툴리늄
④ 병원성 대장균

해설 클로스트리디움 보툴리늄균은 소시지나 햄, 통조림에 증식하여 독소를 형성하여 섭취하면 호흡곤란, 언어장애 등을 일으킨다.

05 식중독에 관한 설명으로 틀린 것은?

① 자연독이나 유해물질이 함유된 음식물을 섭취함으로써 생긴다.
② 발열, 구역질, 구토, 설사, 복통 등의 증세가 나타난다.
③ 세균, 곰팡이, 화학물질 등이 원인물질이다.
④ 대표적인 식중독은 콜레라, 세균성이질, 장티푸스 등이 있다.

해설 콜레라, 세균성이질, 장티푸스는 소화기계 감염병이다.

06 세균성 식중독과 병원성 소화기계 감염병을 비교한 것으로 틀린 것은?

번호	세균성 식중독	병원성 소화기계 감염병
①	식품은 원인물질 축적체	식품은 병원균 운반체
②	2차 감염이 빈번	2차 감염이 없음.
③	식품위생법으로 관리	감염병예방법으로 관리
④	비교적 짧은 잠복기	비교적 긴 잠복기

해설 소화기계 감염병은 2차 감염이 발생된다.

07 엔테로톡신(Enterotoxin)이 원인이 되는 식중독은?

① 살모넬라 식중독
② 장염비브리오 식중독
③ 병원성 대장균 식중독
④ 황색포도상구균 식중독

해설 황색포도상구균 식중독은 엔테로톡신에 의한 독소형 식중독이다.

08 살모넬라(Salmonella)에 대한 설명으로 틀린 것은?

① 그람음성, 간균으로 동·식물계에 널리 분포하고 있다.
② 내열성이 강한 독소를 생성한다.
③ 발육 적온은 37℃이며, 10℃ 이하에서는 거의 발육하지 않는다.
④ 살모넬라균에는 장티푸스를 일으키는 것도 있다.

해설 살모넬라균은 열에 약하여 60℃에서 30분이면 사멸된다.

09 손에 상처가 있는 사람이 만든 크림빵을 먹은 후 식중독 증상이 나타났을 경우 가장 의심되는 식중독균은?

① 포도상구균
② 클로스트리디움 보툴리늄
③ 병원성 대장균
④ 살모넬라균

해설 포도상구균 식중독은 독소형 식중독으로 식품 취급자의 화농성 염증이 주된 원인이다.

정답
03 ② 04 ③ 05 ④ 06 ② 07 ④ 08 ② 09 ①

10 다음 중 돼지고기에 의해 감염될 수 있는 기생충은?

① 선모충
② 간흡충
③ 편충
④ 아니사키스충

해설 돼지고기에 의해 감염될 수 있는 기생충은 유구조충(갈고리촌충), 선모충이 있다.

11 감자의 싹과 녹색 부위에서 생성되는 독성물질은?

① 솔라닌(Solanine)
② 리신(Ricin)
③ 시큐톡신(Cicutoxin)
④ 아미그달린(Amygdalin)

해설 리신(피마자의 독성분), 시큐톡신(독미나리의 독성분), 아미그달린(청매의 독성분)

12 섭조개 속에 들어 있으며, 특히 신경계통의 마비증상을 일으키는 독성분은?

① 무스카린 ② 시큐톡신
③ 베네루핀 ④ 삭시톡신

해설 무스카린(독버섯의 독성분), 시큐톡신(독미나리의 독성분), 베네루핀(모시조개, 굴, 바지락의 독성분), 삭시톡신(섭조개, 대합의 독성분)

13 목화씨로 조제한 면실유를 식용한 후 식중독이 발생했다면 그 원인물질은?

① 솔라닌(Solanine)
② 리신(Ricin)
③ 아미그달린(Amygdalin)
④ 고시폴(Gossypol)

해설 솔라닌(감자의 독성분), 리신(피마자의 독성분), 아미그달린(청매의 독성분)

14 화학물질을 조금씩 장기간에 걸쳐 실험동물에게 투여했을 때 장기나 기관에 어떠한 장해나 중독이 일어나는가를 알아보는 시험으로, 최대무작용량을 구할 수 있는 것은?

① 급성 독성시험 ② 만성 독성시험
③ 안전 독성시험 ④ 아급성 독성시험

해설 만성 독성시험은 식품의 독성 평가를 위해 많이 사용하는 방법으로, 장기간에 걸쳐 시험이 이루어진다.

15 Cholinesterase의 작용을 억제하여 마비 등 신경독성을 나타내는 농약류는?

① DDT ② BHC
③ Propoxar ④ Parathion

해설 콜린에스테라제의 작용을 억제하는 것은 유기인계 농약(다이아지논, 말라티온, 파라티온 등)이다.

16 화학물질에 의한 식중독의 원인물질과 거리가 먼 것은?

① 제조과정 중 혼입되는 유해 중금속
② 기구, 용기, 포장재료에서 용출·이행하는 유해물질
③ 식품 자체에 함유되어 있는 동·식물성 유해물질
④ 제조, 가공 및 저장 중에 혼입된 유해약품류

해설 식품 자체에 함유되어 있는 유해물질은 자연독 식중독이다.

17 방사능 강하물 중에서 식품의 오염과 관련하여 위생상 문제가 되는 것은?

① Sr−90, Cs−137
② C−14, Na−24
③ S−35, Ca−45
④ Sr−89, Zn−65

해설 Sr−90(화학적으로 칼슘과 비슷하기 때문에 몸에 축적), Cs−137(방사선원소)

정답
10 ① 11 ① 12 ④ 13 ④ 14 ② 15 ④ 16 ③ 17 ①

18 아플라톡신(Aflatoxin)에 대한 설명으로 틀린 것은?

① 기질수분 16% 이상, 상대습도 80~85% 이상에서 생성한다.
② 탄수화물이 풍부한 곡물에서 많이 발생한다.
③ 열에 비교적 약하여 100℃에서 쉽게 불활성화된다.
④ 강산이나 강알칼리에서 쉽게 분해되어 불활성화된다.

해설 아플라톡신은 열에 강하여 가열 후에도 식품에 존재할 수 있다.

아플라톡신(Aflatoxin)
- 쌀, 보리, 땅콩을 비롯한 탄수화물이 풍부한 농산물이나 곡류에서 잘 번식한다.
- 미생물 독성대사물질로서 곰팡이류가 만들어 내는 진균독(mycotoxin)의 한 종류로 누룩균에서 생산되며, 메주에서 검출되는 경우도 있다.
- 아플라톡신의 간 독성 및 암 발생은 지질의 과산화와 DNA에 일으키는 산화 스트레스로 인한 손상과 신장에 암을 유발시키는 것으로 알려져 있다.

19 다음 진균독소 중 간암을 일으키는 것은?

① 시트리닌(Citrinin)
② 아플라톡신(Aflatoxin)
③ 스포리데스민(Sporidesmin)
④ 에르고톡신(Ergotoxin)

해설 아플라톡신은 곰팡이독으로 쌀, 보리 등에 침입하여 인체에 간암을 일으킨다.

20 다음 미생물 중 곰팡이가 아닌 것은?

① 아스퍼질러스(Aspergillus)속
② 페니실리움(Penicillium)속
③ 클로스트리디움(Clostridium)속
④ 리조푸스(Rhizopus)속

해설 클로스트리디움속은 세균류에 속한다.

21 황변미 중독은 14~15% 이상의 수분을 함유하는 저장미에서 발생하기 쉬운데 그 원인 미생물은 무엇인가?

① 곰팡이 ② 세균
③ 효모 ④ 바이러스

해설 황변미 중독은 14~15% 이상의 수분을 함유하는 저장미에서 푸른곰팡이가 번식하여 적홍색 또는 황색으로 되는 현상으로 동남아시아 지역에서 곡류 저장 시 문제가 많은 편이다. 원인 미생물은 '페니실리움속(Penicllium)' 푸른곰팡이다.

22 장마가 지난 후 저장되었던 쌀이 적홍색 또는 황색으로 착색되어 있었다. 이러한 현상의 설명으로 틀린 것은?

① 수분함량이 15% 이상되는 조건에서 저장할 때 특히 문제가 된다.
② 기후조건 때문에 동남아시아 지역에서 곡류 저장 시 특히 문제가 된다.
③ 저장된 쌀에 곰팡이류가 오염되어 그 대사산물에 의해 쌀이 황색으로 변한 것이다.
④ 황변미는 일시적인 현상이므로 위생적으로 무해하다.

해설 저장된 쌀에 푸른곰팡이가 번식하여 황변미 중독이 되면 인체에 유해한 물질을 만들어내어 신장, 간장, 신경에 문제를 일으킨다.

23 식품에서 흔히 볼 수 있는 푸른곰팡이는?

① 누룩곰팡이속(Aspergillus)
② 페니실리움속(Penicllium)
③ 거미줄곰팡이속(Rhizopus)
④ 푸사리움속(Fusarium)

해설 페니실리움속 곰팡이는 황변미 중독을 일으키는 푸른곰팡이다.

정답 18 ③ 19 ② 20 ③ 21 ① 22 ④ 23 ②

5. 식품위생 관계법규

01 다음 중 식품위생법령상 위해평가대상이 아닌 것은?

① 국내외의 연구·검사기관에서 인체의 건강을 해할 우려가 있는 원료 또는 성분 등을 검출한 식품 등
② 바람직하지 않은 식습관 등에 의해 건강을 해할 우려가 있는 식품 등
③ 국제식품규격위원회 등 국제기구 또는 외국의 정부가 인체의 건강을 해할 우려가 있다고 인정하여 판매 등을 금지하거나 제한한 식품 등
④ 새로운 원료·성분 또는 기술을 사용하여 생산·제조·조합되거나 안전성에 대한 기준 및 규격이 정하여지지 아니하여 인체의 건강을 해할 우려가 있는 식품 등

해설 바람직하지 않은 식습관 등에 의해 건강을 해할 우려가 있는 식품은 식품위생법령상 위해평가대상이 아니다.

02 식품위생행정을 과학적으로 뒷받침하는 중앙기구로 시험·연구업무를 수행하는 기관은?

① 시·도 위생과
② 국립의료원
③ 식품의약품안전처
④ 경찰청

해설 식품의약품안전처는 식품위생행정을 담당하는 중앙기구이다.

03 판매가 금지되는 동물의 질병을 결정하는 기관은?

① 보건소 ② 관할 시청
③ 식품의약품안전처 ④ 관할 경찰서

해설 식품의약품안전처에서 판매가 금지되는 동물의 질병 결정을 담당하고 있다.

04 질병으로 인하여 죽은 동물의 고기·뼈·젖·장기 또는 혈액을 식품으로 판매하거나 판매할 목적으로 채취·수입·가공·사용·조리·저장 또는 운반하거나 진열하지 못하는 질병과 관련이 없는 것은?

① 리스테리아병
② 살모넬라병
③ 선모충증
④ 아니사키스

해설 도축이 금지되는 가축감염병이나 리스테리아병, 살모넬라병, 구간낭충, 선모충증 등은 동물의 몸 전부를 사용하지 못한다.

05 유기가공식품의 세부표시기준으로 틀린 것은?

① 당해 식품에 사용하는 용기·포장은 재활용이 가능하고 생물에 의해 분해되지 않는 재질이어야 한다.
② 동일 원재료에 대하여 유기농산물과 비유기농산물을 혼합하여 사용하여서는 안 된다.
③ 방사선 조사 처리된 원재료를 사용하여서는 안 된다.
④ 유전자 재조합 식품 또는 식품첨가물을 사용하거나 검출되어서는 안 된다.

해설 유기가공 식품에 사용하는 용기·포장은 재활용이 가능하고 생물 분해성 재질이어야 한다.

06 판매를 목적으로 하는 식품에 사용하는 기구, 용기, 포장의 기준과 규격을 정하는 기관은?

① 농림축산식품부
② 산업통상자원부
③ 보건소
④ 식품의약품안전처

해설 식품에 사용하는 기구, 용기, 포장의 기준과 규격은 식품의약품안전처장이 정한다.

정답
01 ② 02 ③ 03 ③ 04 ④ 05 ① 06 ④

07 식품의 표시·광고에 대한 설명 중 옳은 것은?

① 허위표시·과대광고의 범위에는 용기·포장만 해당되며 인터넷을 활용한 제조방법·품질·영양가에 대한 정보는 해당되지 않는다.

② 자사 제품과 직·간접적으로 관련하여 각종 협회 및 학회 단체의 감사장 또는 상장, 체험기 등을 활용하여 "인증", "보증" 또는 "추천"을 받았다는 내용을 사용하는 광고는 가능하다.

③ 질병의 치료에 효능이 있다는 내용의 표시·광고는 허위표시·과대광고에 해당하지 않는다.

④ 인체의 건전한 성장 및 발달과 건강한 활동을 유지하는 데 도움을 준다는 표현은 허위표시·과대광고에 해당하지 않는다.

해설 식품의 표시·광고에 있어 인체의 건전한 성장 및 발달에 도움을 준다는 표현은 허위표시·과대광고에 해당하지 않는다.

08 식품 등의 표시기준상 "유통기한"의 정의는?

① 해당 식품의 품질이 유지될 수 있는 기한을 말한다.

② 해당 식품의 섭취가 허용되는 기한을 말한다.

③ 제품의 출고일로부터 대리점으로의 유통이 허용되는 기한을 말한다.

④ 제품의 제조일로부터 소비자에게 판매가 허용되는 기한을 말한다.

해설 제품의 제조일로부터 소비자에게 판매가 허용되는 기한을 말한다.

09 식품 등의 표시기준상 과자류에 포함되지 않는 것은?

① 캔디류　② 츄잉껌

③ 유바　④ 빙과류

해설 유바(유부)는 두유를 이용하여 만든 가공품이다.

10 식품 등의 표시기준에 의한 성분명 및 함량의 표시대상 성분이 아닌 영양성분은? (단, 강조표시를 하고자 하는 영양성분은 제외)

① 트랜스지방　② 나트륨

③ 콜레스테롤　④ 불포화지방

해설 표시대상 성분에는 열량, 탄수화물(당류), 단백질, 지방(포화지방산, 트랜스지방), 콜레스테롤, 나트륨 등이 있다.

11 식품위생법령상에 명시된 식품위생감시원의 직무가 아닌 것은?

① 과대광고 금지의 위반 여부에 관한 단속

② 조리사·영양사의 법령준수사항 이행 여부 확인·지도

③ 생산 및 품질관리 일지의 작성 및 비치

④ 시설기준의 적합 여부의 확인·검사

해설 생산 및 품질관리일지의 작성 및 비치는 식품위생관리인의 직무이다.

12 식품위생법령상 조리사를 두어야 하는 영업자 및 운영자가 아닌 것은?

① 국가 및 지방자치단체의 집단급식소 운영자

② 면적 $100m^2$ 이상의 일반음식점 영업자

③ 학교, 병원 및 사회복지시설의 집단급식소 운영자

④ 복어를 조리·판매하는 영업자

해설 조리사를 두어야 할 영업에는 복어 조리·판매하는 영업, 국가나 지방자치단체, 학교·병원·사회복지시설 등의 집단급식소가 있다.

13 일반음식점의 영업신고는 누구에게 하는가?

① 동사무소장　② 시장·군수·구청장

③ 식품의약품안전처장　④ 보건소장

해설 일반음식점의 영업신고는 관할 시장·군수·구청장에게 하여야 한다.

정답 07 ④　08 ④　09 ③　10 ④　11 ③　12 ②　13 ②

14 조리사가 타인에게 면허를 대여하여 사용하게 한 때 1차 위반 시 행정처분기준은?

① 업무정지 1월
② 업무정지 2월
③ 업무정지 3월
④ 면허취소

해설 조리사가 타인에게 면허를 대여하게 되면 1차 위반 시 업무정지 2월, 2차 위반 시 업무정지 3월, 3차 위반 시 면허가 취소된다.

6. 공중보건

(1) 공중보건의 개념

01 다음 공중보건에 대한 설명으로 틀린 것은?

① 목적은 질병예방, 수명연장, 정신적·신체적 효율의 증진이다.
② 공중보건의 최소단위는 지역사회이다.
③ 환경위생향상, 감염병관리등이포함된다.
④ 주요 사업대상은 개인의 질병치료이다.

해설 공중보건의 대상인 국민 전체의 질병예방과 수명연장 등을 공중보건의 목적으로 하며, 개인의 질병치료와 공중보건은 무관하다.

02 WHO가 규정한 건강의 정의로 가장 맞는 것은?

① 질병이 없고, 육체적으로 완전한 상태
② 육체적·정신적으로 완전한 상태
③ 육체적 완전과 사회적 안녕이 유지되는 상태
④ 육체적·정신적·사회적 안녕의 완전한 상태

해설 건강이란 육체적·정신적·사회적으로 모두 완전한 상태를 말한다.

03 공중보건의 사업단위로 가장 알맞은 것은?

① 개인 ② 직장
③ 가족 ④ 지역사회

해설 공중보건 사업은 개인이 아닌 지역사회 인간집단을 대상으로 하며 더 나아가 국민 전체를 대상으로 하므로 주어진 보기에서는 ④가 가장 알맞다.

04 국제연합의 보건 전문기관인 세계보건기구가 정식으로 발족된 해는?

① 1945년 ② 1948년
③ 1952년 ④ 1960년

해설 세계보건기구는 1948년에 설립되었다.

05 세계보건기구(WHO)에 따른 식품위생의 정의 중 식품의 안전성 및 건전성이 요구되는 단계는?

① 식품의 재료채취에서 가공까지
② 식품의 생육, 생산에서 최종 섭취까지
③ 식품의 재료구입에서 섭취 전의 조리까지
④ 식품의 조리에서 섭취 및 폐기까지

해설 식품위생이란 식품의 생육, 생산, 제조에서 최종적으로 사람에게 섭취될 때까지의 단계에 있어서 안전성, 건전성(보존성) 또는 악화방지의 모든 수단들을 말한다.

(2) 환경위생 및 환경오염관리

01 다음 중 눈 보호를 위해 가장 좋은 인공조명 방식은?

① 직접조명
② 간접조명
③ 반직접조명
④ 전반확산조명

해설 효율도는 낮지만, 눈을 보호해주는 인공조명 방식은 간접조명이다.

정답
14 ② ■ 01 ④ 02 ④ 03 ④ 04 ② 05 ② ■ 01 ②

02 자외선에 대한 설명으로 틀린 것은?

① 가시광선보다 짧은 파장이다.
② 피부의 홍반 및 색소 침착을 일으킨다.
③ 인체 내 비타민 D를 형성하게 하여 구루병을 예방한다.
④ 고열물체의 복사열을 운반하므로 열선이라고도 하며, 피부온도의 상승을 일으킨다.

해설 열선이라 불리며, 피부온도를 상승시키는 것은 적외선이다.

03 일광 중 가장 강한 살균력을 가지고 있는 자외선 파장은?

① 1,000~1,800Å
② 1,800~2,300Å
③ 2,300~2,600Å
④ 2,600~2,800Å

해설 자외선은 2,600Å~2,800Å(260nm)일 때 살균력이 가장 크다.

04 다음 중 동·식물체에 자외선을 쪼이면 활성화되는 비타민은?

① 비타민 A ② 비타민 D
③ 비타민 E ④ 비타민 K

해설 자외선은 체내에서 비타민 D를 합성한다.

05 다음 중 강한 살균력을 갖는 광선은?

① 적외선 ② 자외선
③ 가시광선 ④ 근적외선

해설 자외선은 2,600Å(260nm)일 때 살균력이 크다.

06 에너지 전달에 대한 설명으로 틀린 것은?

① 물체가 열원에 직접적으로 접촉됨으로써 가열되는 것을 전도라고 한다.
② 대류에 의한 열의 전달은 매개체를 통해서 일어난다.
③ 대부분의 음식은 복합적 방법에 의해 에너지가 전달되어 조리된다.
④ 열의 전달속도는 대류가 가장 빨라 복사, 전도보다 효율적이다.

해설 열의 전달속도 순서 : 복사>대류>전도

07 다음 공기의 조성원소 중에 가장 많은 것은?

① 산소
② 질소
③ 이산화탄소
④ 아르곤

해설 공기 중에 가장 많은 것은 질소이다.

08 일반적으로 냉방 시 가장 적당한 실내외의 온도차는?

① 5~7℃ ② 9~11℃
③ 13~15℃ ④ 17~19℃

해설 냉방 시 실내외의 온도차는 5~7℃가 적당하다.

09 다음 중 대기오염을 유발시키는 행위는?

① 조리장의 쓰레기를 노천소각시킨다.
② 조리장의 음식물 쓰레기를 퇴비화하였다.
③ 튀김 후 기름을 화단에 묻었다.
④ 조리장의 열기를 후드로 배출시켰다.

해설 쓰레기를 소각하게 되면 대기오염이 유발된다.

10 다음 중 감각온도(체감온도)의 3요소에 속하지 않는 것은?

① 기온 ② 기습
③ 기압 ④ 기류

해설 감각온도의 3요소 : 기온, 기습, 기류

정답
02 ④ 03 ④ 04 ② 05 ② 06 ④ 07 ② 08 ① 09 ① 10 ③

11 햇볕을 쪼였을 때 구루병 예방 효과와 가장 관계 깊은 것은?

① 적외선 ② 자외선
③ 마이크로파 ④ 가시광선

해설 자외선은 비타민 D의 형성을 촉진함으로써 구루병 예방 효과가 있다.

12 공기 중에 일산화탄소가 많으면 중독을 일으키게 되는데 중독 증상의 주된 원인은?

① 근육의 경직
② 조직세포의 산소 부족
③ 혈압의 상승
④ 간세포의 섬유화

해설 일산화탄소는 혈중 헤모글로빈과의 친화력이 산소에 비해 200~300배 강하므로 혈액과 세포 내에 산소가 결핍된다.

13 다음 중 환경위생에 속하지 않는 것은?

① 음료수의 위생관리
② 상하수도의 관리
③ 예방접종관리
④ 쓰레기처리관리

해설 환경위생과 예방접종관리와는 관계가 없다.

14 BOD(생화학적 산소요구량) 측정 시 온도와 측정기간은?

① 10℃에서 7일간
② 20℃에서 7일간
③ 10℃에서 5일간
④ 20℃에서 5일간

해설 BOD는 호기성 미생물이 물속에 있는 유기물을 분해할 때 사용하는 산소의 양을 말하며, 물의 오염 정도를 표시하는 지표로 사용되고, 측정 시 온도와 기간은 20℃에서 약 5일이다.

15 상수의 각 수질판정기준이 갖는 의의에 대한 설명 중 부적당한 것은?

① 질산성질소 : 유기물의 오염지표
② 과망간산칼륨 소비량 : 유기물양의 간접적 지표
③ 대장균수 : 분변의 오염지표
④ 일반세균수 : 인체에 직접 유해

16 식품공업폐수의 오염지표와 관련이 없는 것은?

① 용존산소(DO)
② 생물화학적 산소요구량(BOD)
③ 대장균
④ 화학적 산소요구량(COD)

해설 공업폐수와 대장균은 관련이 없다.

17 활성오니법은 무엇을 하는 데 사용한 방법인가?

① 대기오염 제거방법
② 도시하수 처리방법
③ 쓰레기처리방법
④ 상수도오염 제거방법

해설 활성오니법은 하수를 처리하는 방법이다.

18 다음 설명 중 틀린 것은?

① 대장균은 수중에서 생활하며 증식할 수 있어 잘 적응할 수 있다.
② 장기저장으로 인하여 물에서 대장균군이 감소되었다면 병원균도 사라졌을 것으로 가정할 수 있다.
③ 장티푸스균이나 이질균은 염소 소독에 대하여 대장균보다 저항력이 크지 않다.
④ 자연정화력에 대한 저항력은 대장균군이 수인성병원균에 비해 다소 크다.

해설 대장균은 분변 오염의 지표 세균이며 병원균과는 관련이 없다.

정답
11 ② 12 ② 13 ③ 14 ④ 15 ④ 16 ③ 17 ② 18 ②

19 물의 자정작용과 관계없는 사항은?

① 희석작용 ② 침전작용
③ 소독작용 ④ 산화작용

해설 물의 자정작용은 희석작용, 침전작용, 산화작용, 살균작용이 있다.

20 다음 중 물과 관련된 보건문제와 거리가 먼 것은?

① 레이노드(Raynaud's Disease)
② 수도열(Hannover Fever)
③ 기생충질병의 감염원
④ 중금속물질의 오염원

해설 레이노드는 진동과 관련된 직업병이다.

21 질산염이나 인 물질 등이 증가해서 생기는 수질오염 현상은?

① 수온 상승현상
② 수인성 병원체 증가현상
③ 부영양화 현상
④ 난분해물 축적현상

해설 부영양화(Eutrophication)
- 강, 호수, 바다에 생활하수나 가축분뇨 등의 유기물과 영양소가 들어와 질소(N)와 인(P)과 같은 영양염류가 풍부해지는 것으로 녹조나 적조 등과 같이 수질을 저하시킨다.
- 회복 방법으로는 유입되는 영양소 특히 질소(N)와 인(P)의 양을 줄이는 것이다.
- 질산염(NO3)은 유기물 속의 유기질소화합물이 산화 분해되는 최종 산물이다.

22 수질 분변오염의 지표가 되는 균은?

① 장염비브리오균
② 대장균
③ 살모넬라균
④ 웰치균

해설 분변오염의 지표균은 대장균이다.

23 다음 중 이타이이타이병의 유발물질은?

① 수은(Hg) ② 납(Pd)
③ 칼슘(Ca) ④ 카드뮴(Cd)

해설 카드뮴에 중독이 되면 이타이이타이병을 일으키며, 골연화증과 단백뇨 등의 증상을 보인다.

24 각 수질 판정기준과 지표 간의 연결이 틀린 것은?

① 일반세균수 : 무기물의 오염지표
② 질산성질소 : 유기물의 오염지표
③ 대장균군수 : 분변의 오염지표
④ 과망간산칼륨 소비량 : 유기물의 간접적 지표

해설 일반세균수는 이질, 콜레라, 장티푸스, 파라티푸스 등 수인성 감염병의 원인이 되는 물의 세균에 의한 오염도를 판정하는 기준이다.

25 만성 중독의 경우 반상치, 골경화증, 체중 감소, 빈혈 등을 나타내는 물질은?

① 붕산 ② 불소
③ 승홍 ④ 포르말린

해설 불소를 과다 섭취하게 되면 반상치가 된다.

26 다음의 상수처리과정에서 가장 마지막 단계는?

① 급수 ② 취수
③ 정수 ④ 도수

해설 상수처리과정 : 침사 → 침전 → 여과 → 소독 → 급수

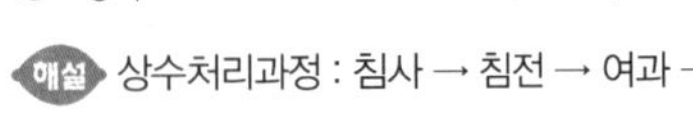
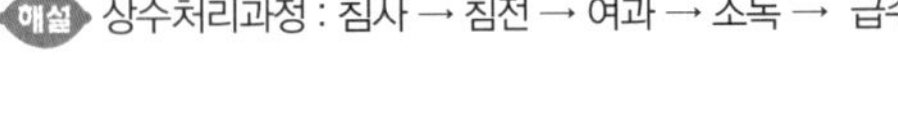
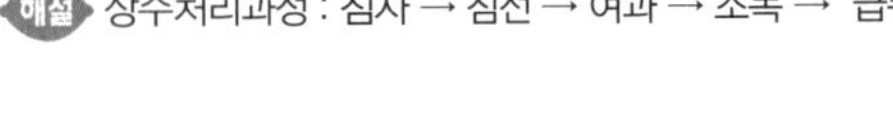
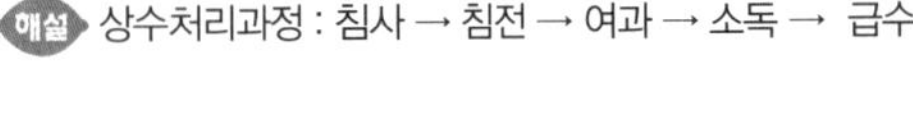
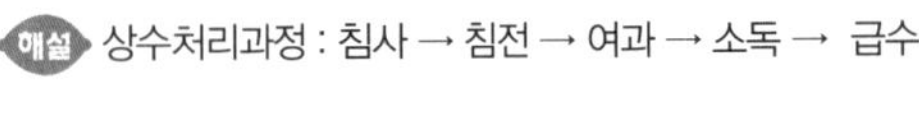

27 수은(Hg) 중독에 의해 발생되는 질병은?

① 미나마타(Minamata)병
② 이타이이타이(Itai–Itai)병
③ 스팔가늄(Sparganosis)병
④ 브루셀라(Bruucellosis)병

해설 수은 중독에 의해 발생되는 질병은 미나마타병이다.

정답
19 ③ 20 ① 21 ③ 22 ② 23 ④ 24 ① 25 ② 26 ① 27 ①

28 초기 청력장애 시 직업성 난청을 조기 발견할 수 있는 주파수는?

① 1,000Hz ② 2,000Hz
③ 3,000Hz ④ 4,000Hz

해설 직업성 난청은 소음이 심한 곳에서 근무하는 사람들에게 나타나는 직업병으로 4,000Hz에서 조기 발견할 수 있다.

29 회충알은 인체로부터 무엇과 함께 배출되는가?

① 분변 ② 소변
③ 콧물 ④ 혈액

해설 회충알은 인체로부터 분변과 함께 배출된다.

30 곤충을 매개로 간접전파되는 감염병과 가장 거리가 먼 것은?

① 재귀열
② 말라리아
③ 인플루엔자
④ 쯔쯔가무시증

해설 인플루엔자는 바이러스에 의한 호흡기 질환이다.

31 우리나라 농촌에서 공중보건학상 가장 우선적으로 시행되어야 할 사항은?

① 감염병관리 ② 모자보건
③ 가족계획 ④ 상수도관리

해설 농촌에서 가장 우선적으로 시행되어야 할 것은 상수도 관리이다.

32 화장실의 분변소독에 가장 좋은 방법은?

① 열탕수소독
② 생석회소독
③ 역성비누소독
④ 알코올소독

해설 화장실소독에는 생석회가 좋다.

(3) 역학 및 감염병관리

01 일산화탄소(CO)에 대한 설명으로 틀린 것은?

① 무색무취이다.
② 물체의 불완전 연소 시 발생한다.
③ 자극성이 없는 기체이다.
④ 이상고기압에서 발생하는 잠함병과 관련이 있다.

해설 잠함병과 관련이 있는 가스는 질소(N_2)이다.

02 리케차에 의해서 발생되는 감염병은?

① 세균성이질
② 파라티푸스
③ 발진티푸스
④ 디프테리아

해설 세균성이질, 파라티푸스, 디프테리아는 세균에 의해 발생되는 감염병이다.

03 냉장의 목적과 가장 거리가 먼 것은?

① 미생물의 사멸
② 신선도 유지
③ 미생물의 증식 억제
④ 자기소화 지연 및 억제

해설 냉장은 미생물의 증식을 억제시키고 신선도를 유지하며, 자기소화를 지연시킨다.

04 D.P.T 예방접종과 관계없는 감염병은?

① 파상풍 ② 백일해
③ 페스트 ④ 디프테리아

해설 디피티(DPT)는 디프테리아(Diphtheria), 백일해(Pertussis), 파상풍(Tetanus)을 예방하기 위한 백신이다.

기본예방접종으로 생후 2, 4, 6개월에 한 번씩 3회 실시한 후, 18개월과 4~6세 때 추가 접종을 실시하는데, 경구용 소아마비 백신과 같은 시기에 접종한다. 그 후 11~13세에 파상풍(Tetanus)과 디프테리아(Diphtheria) 독소가 혼합된 티디(Td)를 접종한다.

정답
28 ④ 29 ① 30 ③ 31 ④ 32 ② ■ 01 ④ 02 ③ 03 ① 04 ③

05 다음 감염병 중 생후 가장 먼저 예방접종을 실시하는 것은?

① 백일해　② 파상풍
③ 홍역　④ 결핵

해설 결핵 예방접종은 생후 4주 이내에 실시해야 한다.

06 다음 중 감수성지수(접촉감염지수)가 가장 낮은 것은?

① 폴리오　② 디프테리아
③ 성홍열　④ 홍역

해설 폴리오 · 소아마비(0.1%) 〈 디프테리아(10%) 〈 홍열(40%) 〈 홍역(95%)

07 감염병과 발생원인의 연결이 틀린 것은?

① 임질 – 직접감염
② 장티푸스 – 파리
③ 일본뇌염 – 큐렉스속 모기
④ 유행성 출혈열 – 중국얼룩날개모기

해설 유행성 출혈열은 바이러스성 감염병이며, 보균 동물은 들쥐와 집쥐이다.

08 분뇨의 적절한 위생적 처리로 수인성 감염병의 발생을 가장 많이 감소시킬 수 있는 질병은?

① 발진티푸스　② 발진염
③ 장티푸스　④ 요도염

해설 수인성 감염병에는 이질, 콜레라, 장티푸스, 파라티푸스가 있다.

09 비말감염이 잘 이루어질 수 있는 조건은?

① 영양결핍　② 군집
③ 매개곤충의 서식　④ 피로

해설 비말감염은 호흡기계 감염병의 가장 보편적인 감염양식이다.

10 세균의 감염에 의하여 일어나는 경구감염병은?

① 인플루엔자
② 후천성 면역결핍증
③ 유행성 일본뇌염
④ 콜레라

해설 세균의 감염에 의하여 일어나는 경구감염병은 장티푸스, 파라티푸스, 콜레라, 세균성 이질이 있다.

11 사람과 동물이 같은 병원체에 의하여 발생하는 인축공통감염병은?

① 성홍열
② 결핵
③ 콜레라
④ 디프테리아

해설 결핵은 같은 병원체에 의해 소와 사람에게 발생하는 인축공통감염병이다.

12 감염병의 예방대책 중에서 감염경로에 대한 대책에 속하는 것은?

① 환자와의 접촉을 피한다.
② 보균자를 색출 · 격리한다.
③ 면역혈청을 주사한다.
④ 손을 소독한다.

해설 감염경로를 차단하기 위한 대책은 손을 소독하는 것이다.

13 중요 감염병을 관리대상으로 정하여 국가가 그 감염병으로부터 국민을 보호할 목적으로 만든 것은?

① 수인성 감염병
② 만성 감염병
③ 급성 감염병
④ 법정 감염병

해설 중요 감염병을 관리대상으로 정하여 국민을 보호할 목적으로 만든 것은 법정 감염병이다.

정답
05 ④　06 ①　07 ④　08 ③　09 ②　10 ④　11 ②　12 ④　13 ④

14 감염병 발생의 3대 요소가 아닌 것은?

① 숙주　　　　② 병인
③ 물리적 요인　　④ 환경

해설 감염병 발생의 3대 요소는 병인, 환경, 숙주이다.

15 생균백신을 예방접종하는 질병은?

① 콜레라　　　② 결핵
③ 일본뇌염　　④ 장티푸스

해설 결핵은 BCG 생균백신을 예방접종한다.

16 감염병과 주요한 감염경로의 연결이 틀린 것은?

① 직접 접촉감염 : 성병
② 공기 감염 : 폴리오
③ 비말 감염 : 홍역
④ 절지동물 매개 : 황열

해설 폴리오(소아마비) 바이러스 숙주는 사람에서 사람으로 직접감염, 특히 분변 및 경구감염되며, 신경계 마비 증상을 일으킨다.

17 다음 중 벼룩이 매개하는 감염병은?

① 쯔쯔가무시증
② 유행성 출혈열
③ 발진티푸스
④ 발진열

해설 벼룩이 매개하는 감염병은 발진열이다.

18 바이러스에 의해 발생되는 감염병은?

① 디프테리아
② 콜레라
③ 소아마비
④ 장티푸스

해설 소아마비는 바이러스에 의해 발생되는 감염병이다.

19 쥐와 관계가 가장 적은 감염병은?

① 발진티푸스
② 와일병(와일씨병)
③ 발진열
④ 쯔쯔가무시증

해설 발진티푸스는 이가 매개하는 감염병이다.

20 세균성 감염병이 아닌 것은?

① 결핵, 한센병
② 두창, 홍역
③ 장티푸스
④ 디프테리아

해설 세균성 감염병으로는 장티푸스, 파라티푸스, 세균성 이질, 콜레라, 성홍열, 디프테리아, 백일해, 페스트, 파상풍, 결핵, 한센병 등이 있다.

21 다음 중 소화기계 감염병이 아닌 것은?

① 유행성 이하선염
② 장티푸스
③ 파라티푸스
④ 이질

해설 소화기계 감염병으로는 장티푸스, 파라티푸스, 콜레라, 세균성 이질, 아메바성 이질, 급성회백수염, 유행성 간염이 있다.

22 돼지고기를 가열하지 않고 섭취하면 감염될 수 있는 기생충은?

① 간흡충
② 유구조충
③ 무구조충
④ 광절열두조충

해설 유구조충은 돼지고기에 기생하는 기생충이다.

정답
14 ③　15 ②　16 ①　17 ④　18 ③　19 ①　20 ②　21 ①　22 ②

23 바퀴의 구제와 관련된 설명으로 부적당한 것은?

① 야간활동성이므로 일시적 구제가 가장 효과적이다.
② 바퀴의 은신처와 먹이를 제거한다.
③ 바퀴의 침입을 예방하는 것이 중요하다.
④ 번식력이 강하므로 지속적인 구제로써 제거한다.

해설 위생해충에 대한 구제는 정기적으로 실시한다.

24 민물수산물에 의해 감염되는 기생충을 설명한 것 중 잘못된 것은?

① 광절열두조충은 물벼룩, 송어로부터 감염된다.
② 폐디스토마는 다슬기, 민물게로부터 감염된다.
③ 간디스토마는 쇠우렁, 붕어, 잉어로부터 감염된다.
④ 요코가와흡충은 연어, 가재로부터 감염된다.

해설 요코가와흡충 → 제1중간숙주(다슬기) → 제2중간숙주(은어)

25 회충감염의 예방대책에 속하지 않는 것은?

① 채소류는 흐르는 물에 깨끗이 씻는다.
② 채소류는 가열 · 섭취한다.
③ 민물고기는 생것으로 먹지 않는다.
④ 인분은 비료로 쓰지 않는다.

해설 회충은 채소를 매개로 하여 감염된다.

26 장염비브리오균에 의한 식중독 발생과 가장 관계가 깊은 것은?

① 유제품 ② 어패류
③ 난가공품 ④ 돼지고기

해설 장염비브리오 식중독의 원인식품은 어패류이다.

27 다음 중 기생충과 중간숙주가 바르게 연결된 것은?

① 유구조충 – 소
② 광절열두조충 – 물벼룩, 연어
③ 무구조충 – 돼지
④ 간흡충 – 쇠우렁, 가재

해설 유구조충(돼지), 무구조충(소), 간흡충(왜우렁이 → 붕어, 잉어)

28 의료급여의 수급권자에 해당하지 않는 자는?

① 6개월 미만의 실업자
② 국민기초생활보장법에 의한 수급자
③ 재해구호법에 의한 이재민
④ 생활유지의 능력이 없거나 생활이 어려운 자로서 대통령령이 정하는 자

해설 수급권자는 국민기초생활보장법에 의한 수급자, 재해구호법에 의한 이재민, 의사상자예우에 관한 법률에 의한 의상자 및 의사자의 유족, 그밖에 생활능력이 없거나 어려운 자로 대통령령이 정하는 자 등이 있다.

29 소독약의 살균력 측정지표가 되는 소독제는?

① 석탄산 ② 생석회
③ 알코올 ④ 크레졸

해설 석탄산은 햇볕이나 유기물질 등에도 소독력이 약화되지 않아 살균력 비교 시 이용되며 하수, 진개, 변소 등의 오물 소독에 사용한다.

30 다음 중 과일이나 채소의 소독에 적합한 약제는?

① 크레졸비누액, 석탄산
② 표백분, 차아염소산나트륨
③ 석탄산, 알코올
④ 승홍수, 역성비누

해설 염소(차아염소산나트륨)는 수돗물, 과일, 채소, 식기소독에 사용되며, 표백분(클로르칼키, 클로르석회)은 우물, 수영장 소독 및 채소, 식기소독에 사용된다.

정답
23 ① 24 ④ 25 ③ 26 ② 27 ② 28 ① 29 ① 30 ②

31 **다음 설명 중 부적당한 것은?**

① 소독 : 병원세균을 죽이거나 감염력을 없애는 것
② 살균 : 모든 세균을 죽이는 것
③ 방부 : 병원세균을 완전히 죽여 부패를 막는 것
④ 자외선 : 투과율에 의해 살균효과에 관계하며 실내공기의 살균에 유효하게 사용

해설 방부는 미생물의 증식을 억제하는 것을 말한다.

32 **다음 중 강한 산화력에 의한 소독효과를 가지는 것은?**

① 크레졸　　② 석탄산
③ 과망간산칼륨　　④ 알코올

해설 과망간산칼륨은 산화력에 의한 강한 소독력을 가지고 있다.

33 **식당에서 조리작업자 및 배식자의 손소독에 가장 적당한 것은?**

① 생석회　　② 역성비누
③ 경성세제　　④ 승홍수

해설 조리자의 손소독에 사용되는 것은 역성비누이다.

정답
31 ③　32 ③　33 ②

중식 안전관리

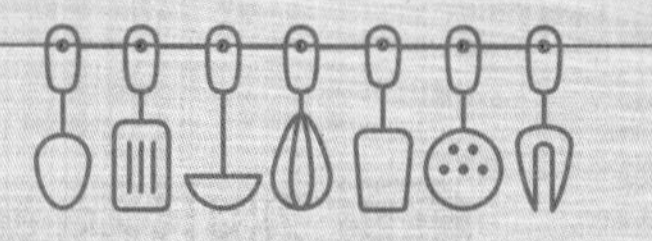

반드시 알아야 할 핵심개념

안전관리의 정의, 재난의 원인 4요소, 주방 내 안전사고 3요인, 안전교육의 목적, 응급상황 시 행동단계, 개인안전관리, 작업장 환경관리, 작업장 안전관리

안전관리는 개인안전관리, 장비·도구 안전작업, 작업환경 안전관리 등으로 조리사가 주방에서 일어날 수 있는 사고와 재해에 대하여 사전에 예측하여 안전기준 확인, 안전수칙준수 등으로 안전예방 활동을 하는 것이다.

① 주방에서 안전관리 대상은 개인안전, 주방 환경, 조리장비 및 기구, 가스, 위험물(가열된 기름, 뜨거운 물), 소화기, 전기 등이다.

② 안전지침은 조리작업에 수반하는 장비 및 수작업 등에 대한 안전사고 예방·사고발생 시 대처 방법이다.

참고

★① 재난의 원인 4요소 : 인간(Man), 기계(Machine), 매체(Media), 관리(Management)

★② 주방 내 안전사고 3요인 : 인적 요인, 물적 요인, 환경적 요인
- 인적 요인 : 정서적 요인, 행동적 요인, 생리적 요인
- 물적 요인 : 각종 기계, 장비, 시설물 등의 요인
- 환경적 요인 : 주방의 환경적 요인, 주방의 물리적 요인, 주방의 시설적 요인

③ 재해 발생의 원인
- 부적합한 지식
- 부적절한 태도와 습관
- 불충분한 기술
- 불안전한 행동
- 위험한 환경

★④ 안전교육의 목적 : 안전교육의 목적은 상해, 사망 또는 재산의 피해를 일으키는 불의의 사고를 예방하는 것이다.

⑤ 응급상황 발생 행동요령
- 호흡마비, 심장마비와 같은 응급상황은 5분이 생명과 직결되기 때문에 매우 중요(5분 내 응급조치 필요)
- 심각한 외상 발생 시 최초 1시간이 생명과 직결되기 때문에 상황이 발생한 현장에서 응급조치 필요

★⑥ 응급상황 시 행동단계 : 현장조사(check) → 119신고(call) → 처치 및 도움(care)

1 개인안전관리

(1) 개인안전사고 예방 및 사후 조치

① **안전풍토** : 근로자들이 작업환경에서 안전에 대해 갖고 있는 통일된 인식을 말하는데, 조지 구성원들의 행동 및 태도, 구성원 상호간의 의사소통, 교육 및 훈련, 개인의 책임감, 안전행동 사고율 등에 영향을 준다.

② **재해 발생의 원인** : 부적합한 지식과 태도의 습관, 불안전한 행동, 불충분한 기술, 위험한 작업환경

③ **안전사고 예방 과정** : 위험요인 제거 → 위험요인 차단 → 위험사건 오류 예방 → 위험사건 오류 교정 → 위험사건 발생 이후 재발방지 조치 제한(심각도)

(2) 작업안전관리

안전관리는 조리작업의 수행에 있어서 작업자는 물론 시설의 안전을 유지하고 관리하기 위하여 필요로 한다.

칼	칼 사용의 방법
사용안전	• 칼을 사용할 때는 정신 집중과 안정된 자세로 작업 • 칼을 실수로 떨어뜨렸을 때는 잡지 말고 피할 것 • 본래 목적 이외에 사용하지 말 것
이동안전	• 주방에서 칼을 들고 다른 장소로 옮기지 않을 것 • 만약, 옮길 경우에는 칼끝을 정면으로 하지 말고 지면을 향하게 할 것 • 칼날을 뒤로 가게 하여 옮길 것
보관안전	• 칼은 정해진 장소의 안전함에 넣어서 보관할 것 • 칼을 보이지 않는 곳, 싱크대 등에 두지 말 것

※ 주방에서의 안전장비는 조리복, 조리안전화, 앞치마, 조리모, 안전장갑 등이다.

2 장비·도구 안전작업

(1) 조리장비 · 도구 안전관리 지침

안전관리의 대상은 개인안전, 조리장비 및 기구, 주방환경, 전기, 소화기가스, 위험물(가열된 기름, 뜨거운 물) 등을 말한다.

① 조리장비 · 도구의 안전관리 지침

㉠ 사용방법을 숙지하고 전문가의 지시에 따라 사용해야 한다.

㉡ 조리장비, 도구에 무리가 가지 않도록 유의한다.

㉢ 이상이 생기면 즉시 사용을 중지하고 조치를 취한다.

㉣ 전기 사용 장비는 수분을 피하고 전기사용량, 사용법을 확인 후 사용한다.

㉤ 모터에 물, 이물질 등이 들어가지 않도록 하고 청결하게 관리한다.

㉥ 장비의 사용용도 이외에는 사용을 금한다.

㉦ 정기점검(년 1회 이상), 일상점검, 긴급(손상, 특별안전)점검을 한다.

② 조리도구

종류	준비도구	사용설명
준비도구	앞치마, 머릿수건(위생모), 채소바구니, 가위 등	재료손질과 조리준비에 필요
조리기구	솥, 냄비, 팬 등	준비된 재료를 조리하는 과정에 필요
보조도구	주걱, 국자, 뒤지개, 집게 등	준비된 재료를 조리하는 과정에 필요

③ 조리 장비 · 도구의 점검 방법

조리 장비명	용도	점검방법 및 관리
육절기	재료 혼합 및 갈아내는 용도	• 점검 시 전원을 끄고 칼날과 회전봉을 분해하여 중성세제와 이온수로 세척 • 물기 제거 후 원상태로 조립
음식절단기	식재료를 필요한 형태로 절단	• 전원 차단 후 분해하여 중성세제와 미온수로 세척 • 건조 후 원상태로 조립
그리들	볶음 용도로 두꺼운 철판으로 만들어짐	• 상판온도가 80℃ 정도가 되었을 때 오븐크리너로 세척 • 뜨거운 물로 깨끗하게 세척 • 세척이 끝난 면철판 위에 기름칠하여 보관
튀김기	튀김요리 용도	• 사용한 기름을 식힌 후 다른 용기로 이동 • 오븐크리너로 세척 • 기름때가 심한 경우 온수로 깨끗이 씻어 내고 마른 걸레로 물기를 완전히 제거
제빙기	얼음기계	• 세척 시 전원을 차단하고 기계를 정지시킨 후 뜨거운 물로 세척하고 중성세제로 깨끗하게 마무리 세척 • 마른 걸레로 깨끗하게 닦은 후 20분 정도 지난 후 작동
식기세척기	대량 세척기계	• 세척 시 탱크의 물을 빼고 세척제를 사용하여 브러시로 세척 • 모든 내부 표면, 배수로, 여과기, 필터를 주기적으로 세척

④ 조리 장비 · 도구 상태 평가기준

등급	상태	평가(조치)기준
A등급	당장은 문제가 없으나 정기점검이 필요한 상태	현재는 이상이 없는 시설
B등급	경미한 손상으로 양호한 상태로 간단한 보수정비 필요	지속적 관찰 필요
C등급	• 일부 손상이 있는 보통의 상태 • 일부 시설 대체 필요	• 보수, 보강이 이행되어야 할 시설 • 지속될 경우 주요부재의 결함 우려
D등급	주요부재에 진전된 노후화로 긴급한 보수 및 보강 필요	• 조속한 보수 필요 • 보강하면 기능을 회복할 수 있는 시설 • 사용제한 등의 안전조치 검토 필요
E등급	• 노후화 또는 손실이 발생하여 안전성에 위험이 있는 상태 • 즉시 사용금지	긴급 보강 등 응급조치와 사용금지

⑤ 조리 장비 · 도구 유지보수 관리기준

구분	유지보수 관리기준
유지관리 계획수립	• 시설물 유지관리 점검 및 진단팀 구성 • 안전 및 유지관리 계획서 수립 • 점검결과를 검토하여 이전 및 유지관리 계획서 작성
일상점검	• 일상점검 준비 • 현장조사 실시 후 보수가 필요한 사항을 판단하여 조사평가서 작성
정기점검	• 점검, 진단 계획서를 토대로 정기점검 준비 • 자체 및 외부기관을 통해 현장조사 실시 • 점검결과 보고서 작성
긴급점검	• 자연재해나 사고 등의 외부요인 발생 시 점검 • 손상 예상부위를 중심으로 특별 및 긴급점검 실시
일상 유지보수	보수, 보강 등 유지보수 계획서에 근거 산출내역서 작성
정기 유지보수	보수, 보강 등 유지보수 계획서에 근거 산출내역서 작성
긴급 유지보수	특별점검, 긴급점검 조사평가서 검토 후 문제점 발생 시 긴급 진행

3 작업환경 안전관리

(1) 작업장 환경관리

① 조리작업장의 권장 조도는 220Lux 이상으로 하여 식재료 검수와 조리 시 섬세하고 철저한 위생관리를 한다.

② 작업장 온도는 여름철에는 20~23℃ 정도, 겨울철에는 18~21℃ 정도를 유지하며 적정습도는 40~60% 정도를 유지한다. 특히 낮은 습도는 피부, 코 등의 건조를 일으키지만 높은 습도는 정신이상을 일으킬 수 있다.

③ 작업장 내 적정한 수준의 조명유지, 온도, 습도, 바닥의 물기 제거, 미끄럼 및 오염이 발생되지 않도록 한다.

- 산업안전보건법에서 표준조도는 초정밀작업(750Lux), 정밀작업(300Lux), 보통작업(150Lux) 및 그 밖의 작업(75Lux)으로 기준을 정하고 있다.
- 조리장의 조도는 급식실의 조도를 기준(검수대 기준 540Lux, 조리장 220Lux 이상)해 식재료 검수와 조리 시 섬세하고 철저한 위생관리를 하여야 한다.

※ NCS 안전관리 학습모듈에서는 조리작업장의 권장 조도는 161~143Lux이다.

(2) 작업장 안전관리

① 작업장 안전관리는 주방에서 조리작업을 수행하는 데 있어서 작업자와 시설의 안전기준을 확인하고, 안전수칙을 준수, 예방활동을 수행하는 데 있다.

② 안전관리시설 및 안전용품을 관리한다.

③ 작업장 주변의 정리정돈을 점검한다.

④ 작업장 안전관리 지침서를 작성한다.

⑤ 유해, 위험, 화학물질을 처리기준에 따라 관리한다.

⑥ 안전관리 책임자는 법정 안전교육을 실시한다.

⑦ 관리감독자의 지위에 있는 사람은 반기마다 8시간 이상 또는 연간 16시간 이상의 정기교육을 필한다.

사업장 내 안전 교육

안전관리 책임자는 법정 안전교육실시

교육과정	교육대상	교육시간
정기교육	사무직 종사 근로자	매월 1시간 이상 또는 매분기 3시간 이상
	관리감독자의 지위에 있는 사람	매반기 8시간 이상 또는 연간 16시간 이상
채용 시의 교육	일용근로자	1시간 이상
	일용근로자를 제외한 근로자	8시간 이상
작업내용 변경 시의 교육	일용근로자	1시간 이상
	일용근로자를 제외한 근로자 8시간	8시간 이상

교육과정	교육대상	교육시간
특별교육	특수 직무에 해당하는 작업에 종사하는 일용근로자	2시간 이상 • 16시간 이상(최초 작업에 종사하기 전 4시간 이상 실시하고 12시간은 3개월 이내에서 분할하여 실시 가능) • 단기간 작업 또는 간헐적 작업인 경우에는 2시간 이상

(3) 화재예방 및 조치방법

① 화재의 원인이 될 수 있는 곳을 사전에 점검하고 화재진압기를 배치, 사용한다.

② 인화성물질 적정보관 여부를 점검한다.

③ 소화기구의 화재안전기준에 따른 소화기 비치 및 관리, 소화전함 관리 상태 등을 점검한다.

⑤ 비상조명의 예비전원 작동상태를 점검한다.

⑥ 비상구, 비상통로 확보 상태를 확인한다.

⑦ 출입구, 복도, 통로 등의 적재물 비치 여부를 점검한다.

⑧ 자동확산 소화용구 설치의 적합성 등에 대하여 점검한다.

(4) 화재 시 대처요령

① 화재경보기를 울리고 큰소리로 주위에 알리기

② 해당 부서 및 119에 긴급 신고하기

③ 소화기, 소화전을 이용하여 불 끄기

④ 몸에 불이 붙지 않고 매연 등에 질식하지 않도록 하기

⑤ 안전하게 대피하기

화재대비 소화기 구별법

① 일반(A급)화재용 : 가연성 고체, 연소 후 재를 남기는 종류의 화재(목재, 종이, 섬유 등)
 예 흰색 바탕에 A 표시

② 유류(B급)화재용 : 인화성 액체, 연소 후 아무것도 남기지 않은 종류의 화재(식용유, 석유, 가스 등)
 예 노란색 바탕에 B 표시

③ 전기(C급)화재용 : 전기적 원인 전기 기계, 기구로 인한 화재(누전, 과열, 전기불꽃 등)
 예 청색 바탕에 C 표시

④ 금속(D)화재용 : 마그네슘과 같은 금속화재

※ A, B C 화재에 모두 사용 가능한 소화기를 ABC소화기라 한다.

CHAPTER 02 출제경향이 반영된 예상문제

01 안전사고 예방 과정으로 틀린 것은?

① 위험요인을 제거한다.
② 위험요인을 차단한다.
③ 위험사건 오류를 예방 및 교정한다.
④ 위험사건 발생 이후 개선조치보다는 대응을 한다.

해설 **안전사고 예방 과정**
- 위험요인 제거 : 위험요인의 원인을 제거한다.
- 위험요인 차단 : 안전방벽을 설치하여 위험요인을 차단한다.
- 예방(오류) : 초래할 수 있는 위험사건의 인적 · 기술적 · 조직적 오류 예방
- 교정(오류) : 초래할 수 있는 위험사건의 인적 · 기술적 · 조직적 오류 교정
- 제한(심각도) : 재발방지를 위하여 위험사건 발생 이후 대응 및 개선 조치를 한다.

02 주방 내 작업장 환경관리에 대한 설명으로 틀린 것은?

① 여름철 작업장 온도는 20.6~22.8℃가 적당하다.
② 겨울철 작업장 온도는 18.3℃~21.1℃가 적당하다.
③ 소음허용 기준은 90dB(A) 이하가 적당하다.
④ 적정한 상대습도는 40~60%가 적당하다.

해설
- 작업장 온도는 여름철에는 20~23℃, 겨울철에는 18~21℃ 정도가 적당하다.
- 상대습도는 40~60% 정도가 적당하며, 소음은 일반적으로 50dB(A) 정도 그 이상의 음이 발생하면 소음으로 간주하기 때문에 주방의 소음은 50dB(A)이하가 적당하다.
- 조리장의 조도는 급식실의 조도를 기준으로 검수대 기준 540Lux, 조리장 220Lux 이상으로 하여 식재료 검수와 조리 시 섬세하고 철저한 위생관리를 하여야 한다.

03 방사선 장애에 의해서 올 수 있는 대표적인 직업병은?

① 위암 ② 백혈병
③ 진폐증 ④ 골다골증

해설 방사선은 인체에 유익하지 않은 영향 중 하나이며, 일정 이상의 방사선에 전신이 노출될 경우에는 백혈구가 적어지면서 백혈병에 걸릴 확률이 높아진다.

04 규폐증과 관련된 직업으로 바르게 짝지어진 것은?

① 채석공, 페인트공 ② 인쇄공, 페인트공
③ X선 기사, 용접공 ④ 양석연마공, 채석공

해설 **규폐증**
진폐증 중 하나로, 광석 중 규소의 노출이 많이 되는 직업에서 많이 발생하는 병이다. 이러한 규폐증은 양석연마공, 채석공, 광부 등의 직업에서 많이 발생한다.

05 냉동실 사용 시 유의사항으로 맞는 것은?

① 해동시킨 후 사용하고 남은 것은 다시 냉동보관하면 다음에 사용할 때에도 위생상 문제가 없다.
② 액체류의 식품을 냉동시킬 때는 용기를 꽉 채우지 않도록 한다.
③ 육류의 냉동보관 시에는 냉기가 들어갈 수 있게 밀폐시키지 않도록 한다.
④ 냉동실의 서리와 얼음 등은 더운 물을 사용하여 단시간에 제거하도록 한다.

해설 액체류는 동결 시 부피가 팽창하므로 용기를 꽉 채우지 않는다.

정답 **01** ④ **02** ③ **03** ② **04** ④ **05** ②

06 집단급식소에서 효율적인 조리작업을 위한 조리기기의 조건으로 잘못된 것은?

① 복잡한 기계는 유지관리를 위하여 쉽게 분해되지 않아야 한다.
② 가능하면 용도가 다양하여야 한다.
③ 가격과 유지관리비가 경제적이어야 한다.
④ 기기는 디자인이 단순하고 사용하기에 편리하여야 한다.

해설 복잡한 조리기기는 쉽게 분리되어야 다루기가 용이하다.

07 실내 자연환기의 근본 원인이 되는 것은?

① 기온의 차이 ② 채광의 차이
③ 동력의 차이 ④ 조명의 차이

해설 실내외의 자연환기는 기온의 차에 의한다.

08 조리장의 관리에 대한 설명 중 부적당한 것은?

① 충분한 내구력이 있는 구조일 것
② 배수 및 청소가 쉬운 구조일 것
③ 창문이나 출입구 등은 방서·방충을 위한 금속망, 설비구조일 것
④ 바닥과 바닥으로부터 10cm까지의 내벽은 내수성 자재의 구조일 것

해설 조리장은 바닥과 바닥으로부터 1m까지의 내벽은 내수성 자재를 사용한다.

09 조리대를 배치할 때 동선을 줄일 수 있는 효율적인 방법 중 잘못된 것은?

① 조리대의 배치는 오른손잡이를 기준으로 생각할 때 일의 순서에 따라 우에서 좌로 배치한다.
② 조리대에는 조리에 필요한 용구나 기기 등의 설비를 가까이 배치한다.
③ 각 작업공간이 다른 작업의 통로로 이용되지 않도록 한다.
④ 식기와 조리용구의 세정 장소와 보관 장소를 가까이 두어 동선을 절약시킨다.

해설 조리대의 배치는 오른손잡이를 기준으로 일의 순서에 따라 좌에서 우로 배치한다.

10 조리실의 설비에 관한 설명으로 맞는 것은?

① 조리실 바닥의 물매는 청소 시 물이 빠지노록 1/10 정도로 해야 한다.
② 조리실의 바닥 면적은 창 면적의 1/2~1/5로 한다.
③ 배수관의 트랩의 형태 중 찌꺼기가 많은 오수의 경우 곡선형이 효과적이다.
④ 환기설비인 후드(Hood)의 경사각은 30°로 후드의 형태는 4방 개방형이 가장 효율적이다.

해설 조리장의 환기설비인 후드는 4방 개방형이 가장 효과적이다.

11 조리장의 설비 및 관리에 대한 설명 중 틀린 것은?

① 조리장 내에는 배수시설이 잘 되어야 한다.
② 하수구에는 덮개를 설치한다.
③ 폐기물 용기는 목재 재질을 사용한다.
④ 폐기물 용기는 덮개가 있어야 한다.

해설 폐기물 용기는 뚜껑이 있고, 내수성 재질로 된 것을 사용하는 것이 좋다.

12 집단급식시설의 작업장별 관리에 대한 설명으로 잘못된 것은?

① 개수대는 생선용과 채소용을 구분하는 것이 식중독균의 교차오염을 방지하는 데 효과적이다.
② 가열 조리하는 곳에는 환기장치가 필요하다.
③ 식품보관창고에 식품을 보관 시 바닥과 벽에 식품이 직접 닿지 않게 하여 오염을 방지한다.
④ 자외선 등은 모든 기구와 식품 내부의 완전살균에 매우 효과적이다.

해설 자외선 등은 완전살균에는 효과가 부족하다.

정답
06 ① 07 ① 08 ④ 09 ① 10 ④ 11 ③ 12 ④

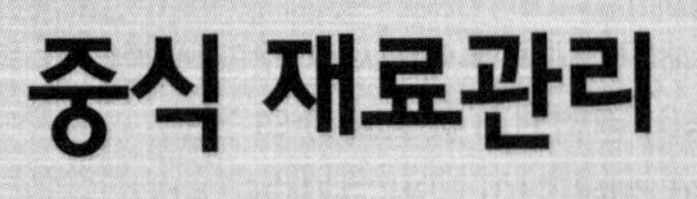

중식 재료관리

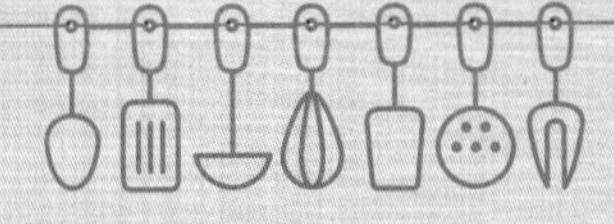

반드시 알아야 할 핵심개념

식품 재료의 성분, 자유수와 결합수, 식품의 색, 식품의 갈변, 식품의 유독성분

재료관리는 조리작업 수행에 필요한 재료의 특성을 고려하여 저장, 재고관리, 선입선출하여 재료를 효율적으로 관리하는 것이다.

저장 및 재료관리 요령

구분	내용
저장관리	• 식재료 원산지 표기, 식재료 위생법규 준수, 식재료 사용방법 준수 • 재료의 유통기한 준수 및 관리 • 재료의 신선도와 숙성상태 관리 • 제조일자, 시간에 따라 품목명과 네임텍 작성 관리 • 냉장고 용량의 70~80%만 재료를 보관 및 적정온도 유지 • 보관창고(15~20℃, 습도 50~60%), 냉장고(0~10℃), 냉동고(−18℃ 이하), 급냉동고(−50℃ 정도) • 적정온도는 1일 3회 이상 확인 및 관리 • 조리된 음식은 상단에 생 재료, 달걀은 하단에 저장관리(교차오염 방지) • 시장에서 들어온 비닐은 벗겨내고 투명한 비닐이나 규격 그릇에 보관 • 필요에 따라서 사용하기 편리하게 재료를 소분하여 저장관리 • 재료의 유실방지 및 보안관리
재고관리	• 큰 그릇의 남은 음식은 작은 그릇으로 옮기고, 반드시 뚜껑을 덮는다. • 공산품은 유통기한을 충분히 고려하여 구매하고 고춧가루, 통깨 등은 오래 보관하지 않고 필요에 따라 소분하여 냉장, 냉동실에 보관하는 것이 좋다. • 선입선출(First-In, First-Out : FIFO method)에 의한 출고 : 재고 물품의 손실, 신선도 유지를 위해 먼저 입고된 재료는 먼저 출고하여 사용하고 보관 시에는 나중에 입고된 것은 먼저 입고된 물품 뒤쪽에 보관한다. • 흐르는 물에 냉동품 해동 및 육수를 식히거나 고기의 핏물을 제거하기 위하여 물을 흘려 놓을 때에는 표시 또는 담당자에게 사전에 알린다. • 저장 시에는 품목별로 위치를 정해 입고관리하면 재고조사가 용이하다.
냉장·냉동관리	• 냉장·냉동고는 정기적으로 청소하고 성에가 생기지 않도록 관리 • 냉동고는 내용물 확인을 위하여 품목을 네임텍으로 구분 표시 또는 품목별로 위치를 정하여 관리한다. • 선입선출 및 장시간 저장하지 않도록 한다.

냉장·냉동관리	• 노로바이러스는 영하 20℃ 이하의 낮은 온도에서도 오래 생존하고 단 10개의 입자로도 감염될 수 있으므로 식품이 감염되지 않도록 주의 필요 • 1차 조리된 음식은 반드시 뚜껑, 랩을 덮어 관리(교차오염 방지) • 냉장고에 식품을 보관 시에는 뚜껑을 덮거나 래핑(wrapping)을 하여 바람이나 냉기에 마르지 않고, 위생적으로 안전하게 보관한다.

1 식품 재료의 성분

식품의 구성성분은 크게 일반성분과 특수성분으로 구분된다. 식품의 일반성분에는 식품의 영양적 가치가 있는 탄수화물, 단백질, 지방, 무기질, 비타민, 섬유소 등이 속하며, 식품의 특수성분에는 식품의 기호적 가치라 할 수 있는 식품의 색성분, 맛성분, 냄새, 효소, 유독성분 등이 포함된다.

참고

식품 중에 함유된 영양소

① 몸의 활동에 필요한 에너지 공급(열량소) : 탄수화물(당질), 지방, 단백질
② 몸의 발육을 위하여 몸의 조직을 만드는 성분 공급(구성소) : 단백질, 무기질, 지방
③ 체내의 각 기관이 순조롭게 활동하고 섭취된 것이 몸에 유효하게 사용되기 위해 보조적인 작용(조절소) : 무기질, 비타민, 물

(1) 수분

① 건강한 사람은 대개 1일 2~3ℓ 정도의 물이 배출되기 때문에 성인의 1일 권장섭취량 2~4ℓ 정도의 보충이 필요하며, 체중 비율로 보아 성인들보다 아이들이 보다 많은 수분을 필요로 한다.
② 기능 : 영양소 운반, 장기보호, 노폐물 방출, 소화액 구성요소, 체온조절, 윤활작용 등
③ 수분 부족 증상 : 체내의 정상적인 수분 양보다 10% 이상 줄어들면 열, 경련, 혈액순환장애 증상이 발생하며, 수분이 20% 이상 손실되면 사망에 이르게 된다.
④ 생물체나 식물체에 들어 있는 물은 유리수와 결합수 형태로 존재한다.

유리수(자유수, 일반적인 보통 물의 성분)	결합수
용질에 대해 용매로 작용	용매로 작용하지 않음.
건조에 의해서 쉽게 제거 가능	압력을 가해도 쉽게 제거되지 않음.
0℃ 이하에서 쉽게 동결	0℃ 이하의 낮은 온도(-30℃~-20℃)에서도 얼지 않음.
미생물의 생육번식에 이용	미생물의 번식에 이용하지 못함.
융점이 높고, 표면장력과 점성이 큼.	유리수보다 밀도가 큼.

㉠ 유리수(자유수, Free Water) : 식품 중에 유리상태로 존재하고 있는 물

㉡ 결합수(Bound Water) : 식품 중에 탄수화물이나 단백질 분자의 일부분을 형성하는 물

⑤ **수분활성도(Water Activity, Aw)** : 어떤 임의의 온도에서 식품이 나타내는 수증기압(P)을 그 온도의 순수한 물의 최대 수증기압으로 나눈 것이다.

$$AW = \frac{P(\text{식품의 수증기압})}{P_0(\text{순수한 물의 최대 수증기압})}$$

㉠ 순수한 물의 활성도는 1이다(물의 AW=1).

㉡ 수분활성도가 작다는 것은 그 식품 중에 미생물이 사용할 수 있는 자유수의 함량이 낮다는 것을 의미하므로, 미생물이 성장하기 힘든 조건이 되어 식품의 저장성을 높일 수 있다.

㉢ 일반식품의 수분활성도는 항상 1보다 작다(일반식품의 AW<1).

- 과일, 채소, 신선한 생선 : Aw=0.98~0.99
- 육류의 Aw=0.80 ~ 0.88
- 곡류·두류의 Aw=0.60 ~ 0.64

(2) 탄수화물

① 탄수화물의 특성

구성요소	C(탄소), H(수소), O(산소)
1g당 열량	4kcal
1일 총 섭취 열량/소화율	65%/98%
최종분해산물	포도당
소화효소	말타아제, 락타아제, 프티알린, 아밀롭신, 사카라아제

※ 탄수화물 과잉 섭취 시 간과 근육에 글리코겐으로 저장된다.

칼로리(열량)

① 식품의 성분 중 당질, 지방, 단백질(3대 열량소)이 칼로리의 급원이 되며, 이들이 체내에서 연소되어 열을 발생하여 체온을 유지한다.

② 칼로리는 열량을 재는 단위로서, 1kcal는 1ℓ의 물을 1℃ 높이는 데 필요한 열량이다.

③ 단백질·탄수화물 4kcal, 지방 9kcal, 알코올 7kcal의 열량을 낸다.

② **탄수화물의 분류** : 가수분해하여 생성된 당의 분자수에 따라 분류된다.

㉠ 단당류 : 탄수화물의 가장 간단한 구성단위로 더 이상 가수분해 또는 소화되지 않는다.

포도당 (Glucose)	탄수화물의 최종분해산물로 포유동물의 혈액에 0.1% 함유되어 있다.
과당 (Fructose)	특히 벌꿀에 많이 함유되어 있고 단맛이 가장 강하다.
갈락토오스 (Galactose)	단독으로 존재하지 못하고 유당에 함유되어 결합상태로만 존재하며, 젖당의 구성성분으로 포유동물의 유즙에 존재한다(우뭇가사리의 주성분).

※ **올리고당 (소당류) : 단맛이 나며, 충치를 만들지 않는다는 점이 일반당류와 다른 특징이다.**

㉡ 이당류 : 단당류 2개가 결합된 당이다.

맥아당 (Maltose, 엿당)	• 포도당 2분자가 결합된 것 • 엿기름에 많으며, 물엿의 주성분
서당 (Sucrose, 자당, 설탕)	• 설탕은 자당이라고도 부르며, 포도당과 과당이 결합된 것 • 서당을 160℃ 이상으로 가열하면 캐러멜화하여 갈색 색소인 캐러멜이 됨 (예 과일, 사탕수수, 사탕무에 함유).
유당 (Lactose, 젖당)	• 갈락토오스와 포도당으로 구성됨. • 포유류의 유즙에 존재하는 것으로 감미가 거의 없음. • 유산균과 젖산균의 정장작용 • 칼슘(Ca)의 흡수를 도움.

㉢ 다당류 : 단당류가 2개 이상 또는 그 이상이 결합된 것으로 분자량이 큰 탄수화물이며, 물에 용해되지 않고 단맛도 없다.

전분(Starch)	주로 곡류에 함유되어 있는 전분(식물성 전분)
글리코겐(Glycogen)	동물의 저장 탄수화물로 간이나 근육, 조개류에 함유되어 있음.
섬유소(Cellulose)	• 인간의 소화액 중에는 섬유소를 분해하는 효소가 없으므로 이를 소화하지 못함. • 장 점막을 자극해서 소화운동을 촉진시켜 변비를 예방함.
팩틴(Pectin)	• 소화되지 않는 다당류로 세포막과 세포막 사이에 있는 층에 주로 존재함. • 뜨거운 물에 풀리며 설탕과 산의 존재로 겔(gel)화될 수 있음(예 잼과 젤리). • 각종 과실류와 감귤류의 껍질 등에 그 함량이 많음.
이눌린(Inulin)	과당의 결합체로 다알리아에 많이 함유되어 있음(예 도라지).
갈락탄	한천에 들어 있는 소화되지 않는 다당류임.
덱스트린	• 뿌리나 채소즙에 많음. • 전분의 가수분해 과정에서 얻어지는 중간산물임.
아가(Agar)	우뭇가사리와 한천에 함유되어 있음.

- 백색 전분은 아밀로오즈가 20%, 아밀로팩틴이 80%이고, 찹쌀 전분은 아밀로팩틴이 100%이다.
- 전화당 : 설탕을 가수분해할 때 얻어지는 포도당과 과당의 혼합물이며, 벌꿀에 많다.

③ 탄수화물의 기능

㉠ 에너지 공급원(1g당 4kcal의 에너지가 발생함)으로 전체 열량의 65%를 당질에서 공급한다(지방 20%, 단백질 15% 공급하는 것이 가장 이상적임).

㉡ 단백질 절약작용을 한다.

㉢ 장내 운동성을 돕는다.

㉣ 지방의 완전연소에 관여한다.

④ 탄수화물의 과잉증과 결핍증

㉠ 과잉증 : 비만증, 소화불량 등

㉡ 결핍증 : 체중감소, 발육불량 등

당질의 감미도

과당>전화당>설탕>포도당>맥아당>갈락토오즈>젖당(유당)

(3) 지질

① 지질의 특성

구성요소	C(탄소), H(수소), O(산소)
1g당 열량	9kcal
1일 총 섭취 열량/소화율	20%/95%
최종분해산물	지방산과 글리세롤
소화효소	리파아제, 스테압신

② 지방산의 분류

㉠ 포화지방산 : 융점이 높아 상온에서 고체로 존재하며 이중결합이 없는 지방산을 말하며, 동물성 지방에 많이 함유되어 있고 팔미트산, 스테아르산이 있다.

㉡ 불포화지방산 : 융점이 낮아 상온에서 액체로 존재하며 이중결합이 있는 지방산을 말하며, 식물성 지방에 많이 함유되어 있고 올레산, 리놀레산, 리놀렌산, 아라키돈산 등이 있다.

㉢ 필수지방산 : 정상적인 건강을 유지하기 위해서 반드시 필요한 것으로 체내에서 합성되지 않으므로 식사를 통해 공급되어야 한다. 불포화지방산의 리놀레산, 리놀렌산, 아라키돈산으로 비타민 F라고 부르고 대두유, 옥수수유 등 식물성 기름에 다량 함유되어 있다.

참고

요오드가(Iodine Value)

식품의 유지 중에 불포화지방산의 양을 비교하는 값으로 유지 100g이 흡수하는 요오드의 g수

건조피막의 정도에 따른 분류

건성유(요오드가 130 이상)	들깨기름, 아마인유, 호두기름, 잣기름
반건성유(요오드가 100~130 이상)	대두유, 면실유, 채종유, 해바라기씨유, 참기름
불건성유(요오드가 100 이하)	땅콩기름, 동백기름, 올리브유

③ 지질의 종류

㉠ 단순지질 : 지방산과 글리세롤의 에스테르로써 중성지방이라고 하며, 지질 중에서 양이 제일 많다.

㉡ 복합지질 : 지방산과 글리세롤의 에스테르에 다른 화합물이 더 결합된 지질이다.

참고

- 인지질=인+단순지질
- 당지질=당+단순지질

㉢ 유도지질 : 단순지질, 복합지질의 가수분해로 얻어지는 지용성 물질

참고

스테로이드, 콜레스테롤, 에르고스테롤, 스콸렌

④ 지방의 영양 효과

㉠ 지용성 비타민의 흡수를 돕는다(지용성 비타민 : 비타민 A, D, E, K, F).

㉡ 발생하는 열량이 높다(1g당 에너지원 : 9kcal).

㉢ 고온 단시간 조리할 수 있으므로 영양분의 손실이 적다.

㉣ 콜레스테롤(세포막의 주성분)에 대한 효과가 있다.

㉤ 당질과 마찬가지로 활동력이나 체온을 발생하게 하는 에너지원이다.

⑤ 지방의 과잉증과 결핍증

㉠ 과잉증 : 비만증, 심장기능 약화, 동맥경화

㉡ 결핍증 : 신체쇠약, 성장부진

⑥ 지방의 산패 방지

㉠ 저온 저장하고 자외선을 피하고 산화방지제를 첨가한다.

㉡ 산소의 접촉을 막고 금속이나 금속화합물을 제거한다.

㉢ 저장온도를 너무 낮지 않게 한다(자동산화가 되어 산패가 발생함).

(4) 단백질

① 단백질의 특성

구성요소	C(탄소), H(수소), O(산소), N(질소)
1g당 열량	4kcal
1일 총 섭취 열량/소화율	15%/92%
최종분해산물	아미노산
소화효소	펩신, 트립신, 에렙신

② 아미노산의 종류

㉠ 필수 아미노산 : 체내에서 생성할 수 없어 음식물로 섭취해야 하는 아미노산

- 종류(8가지) : 발린, 루신, 이소루신, 트레오닌, 페닐알라닌, 트립토판, 메티오닌(황 함유), 리신
- 필수 아미노산(8가지)+성장기의 어린이는 아르기닌, 히스티딘이 추가해서 10가지

㉡ 불필수 아미노산 : 체내에서도 합성이 되는 아미노산

③ 단백질의 분류

㉠ 화학적 분류

단순단백질	아미노산으로 구성(알부민, 글로불린, 글루테닌, 프롤라민 등)
복합단백질	아미노산에 인, 당, 색소 등이 결합되어 구성(인단백질, 당단백질, 색소단백질, 지단백질)
유도단백질	변성단백질(젤라틴, 응고단백질), 분해단백질(펩톤)

㉡ 영양학적 분류

완전단백질	동물의 성장과 생명유지에 필요한 모든 필수 아미노산 8가지를 가지고 있는 단백질(우유의 카제인, 달걀의 알부민, 글로불린)
부분적 불완전단백질	필수 아미노산을 모두 가지고는 있으나 그 양이 충분치가 않거나 각 필수 아미노산들이 균형 있게 들어있지 않은 단백질로, 생명유지는 되지만, 성장은 되지 않는 아미노산(곡류의 리신)
불완전단백질	생명을 유지하거나 어린이들이 성장하기에 충분한 양의 필수 아미노산을 갖고 있지 못한 단백질로 불완전 단백질만 섭취해서는 동물의 성장과 유지가 어려움[옥수수(제인) → 트립토판 부족]

④ 단백질의 기능

㉠ 몸의 근육이나 혈액 생성의 주성분이다.

㉡ 성장 및 체조직의 구성에 관여한다(예 피부, 효소, 항체, 호르몬 구성, 저항력, 열량 유지 등).

단백질의 아미노산 보강

식품에서 부족한 아미노산을 다른 식품을 통해 보강함으로써 완전단백질로 영양가를 높이는 것

예 쌀(리신 부족)+콩(리신 풍부)=콩밥(완전한 단백질 공급)

⑤ 단백질 결핍증

㉠ 콰시오커(Kwashiorkor)증 : 어린이가 단백질이 장기간 부족되면 발생하는 병으로 성장 지연, 부종, 피부염 등의 증상이 발생한다.

참고

기초대사량

무의식적 활동(호흡, 심장박동, 혈액운반, 소화 등)에 필요한 열량을 기초대사량이라 하며, 수면 시에는 평상시보다 10% 정도 감소한다(성인남자의 기초대사량은 1,400~1,800kcal, 성인여자의 기초대사량은 1,200~1,400kcal).

- 기온이 낮으면 소요 열량이 큼.
- 체표면적이 클수록 소요 열량이 큼.
- 근육질인 사람이 지방질인 사람에 비해 소요 열량이 큼.
- 남자가 여자보다 소요 열량이 큼.

작업대사량

기초대사량 외에 활동하거나 식품을 소화·흡수하는 데 필요한 열량

(5) 무기질

① 무기질의 기능

㉠ 산과 염기의 평형 유지

㉡ 필수적 신체 구성성분

㉢ 신경의 자극 전달

㉣ 체조직의 성장

㉤ 생리적 반응을 위한 촉매

㉥ 수분의 평형 유지

㉦ 근육 수축성의 조절

② 무기질의 종류와 특성

무기질	특성
칼슘(Ca)	• 기능 : 무기질 중 가장 많고 골격과 치아를 구성, 비타민 K와 함께 혈액응고에 관여 • 급원식품 : 멸치, 우유 및 유제품, 뼈와 함께 먹는 생선 • 결핍증 : 골다공증, 골격과 치아의 발육 불량 • 비타민 D와 함께 섭취 시 칼슘의 흡수 촉진 • 수산은 칼슘 흡수를 방해하는 인자로 칼슘과 결합하여 결석 형성
인(P)	• 기능 : 인의 80%가 골격과 치아에 함유 • 급원식품 : 곡류 • 결핍증 : 골격과 치아의 발육 불량
철분(Fe)	• 기능 : 헤모글로빈(혈색소)을 구성하는 성분, 혈액 생성 시 중요 영양소 • 급원식품 : 간, 난황, 육류, 녹황색 채소류 • 결핍증 : 철분 결핍성 빈혈(영양 결핍성 빈혈)
구리(Cu)	• 기능 : 철분 흡수에 관여 • 성인남자 1일 2mg, 성인여자 18mg, 임산부 20mg • 결핍증 : 빈혈
마그네슘(Mg)	• 기능 : 신경의 자극 전달, 효소작용의 촉매 • 급원식품 : 견과류, 코코아, 대두, 통밀 • 결핍증 : 떨림증, 신경불안정, 근육의 수축
나트륨(Na)	• 기능 : 근육수축에 관여, 수분균형 유지 및 삼투압 조절, 산 · 염기 평형유지 • 급원식품 : 소금, 식품첨가물의 나트륨(Na) • 과잉증 : 고혈압, 심장병 유발(우리나라는 나트륨 과잉증이 문제)
칼륨(K)	• 기능 : 근육수축, 삼투압 조절과 신경의 자극전달에 작용, 세포내 액에 존재 • 급원식품 : 채소류(예 감자, 토마토류) • 결핍증 : 근육의 긴장 저하, 식욕 부진
코발트(Co)	• 비타민 B_{12}의 구성요소 • 급원식품 : 채소, 간, 어류 • 결핍증 : 악성빈혈

불소(F)	• 기능 : 골격과 치아를 단단하게 함. • 급원식품 : 해조류 • 부족증은 충치(우치), 과잉증은 반상치 • 음용수에 1ppm 정도 불소가 있으면 충치예방
요오드(I)	• 기능 : 갑상선 호르몬을 구성, 유즙 분비 촉진 • 급원식품 : 해조류(예 미역 · 갈조류), 어육 • 결핍증 : 갑상선종, 발육정지 • 과잉증 : 갑상선 기능항진증
아연(Zn)	• 기능 : 적혈구와 인슐린(부족 시 당뇨병)의 구성성분 • 급원식품 : 해산물, 달걀, 두류

참고

무기질의 종류에 따른 산성 식품과 알칼리성 식품

① 산성 식품 : 무기질 중 인(P), 황(S), 염소(Cl) 등은 체내에서 분해되어 산성이 되므로 이들 무기질을 많이 함유한 식품(곡류, 어류, 육류)

② 알칼리성 식품 : 무기질 중 칼슘(Ca), 나트륨(Na), 칼륨(K), 마그네슘(Mg), 철(Fe), 구리(Cu), 망간(Mn) 등은 체내에서 분해되어 알칼리성이 되므로 이들 무기질을 함유한 식품(과일, 채소, 해조류)

우유 : 동물성 식품이지만, Ca(칼슘)이 다량 함유되어 있어 알칼리성 식품에 분류된다.

(6) 비타민

① 비타민의 기능과 특성

㉠ 유기물질로 되어 있음.

㉡ 필수물질이 있으며, 인체에 미량이 필요함.

㉢ 에너지나 신체구성 물질로 사용하지 않음.

㉣ 대사작용 조절물질(보조효소의 역할)

㉤ 여러 가지 비타민 결핍증을 예방 또는 방지

㉥ 대부분 체내에서 합성되지 않으므로 음식물을 통해서 섭취

② 비타민의 분류

㉠ 지용성 비타민(비타민 A, D, E, F, K)

- 기름과 유지용매에 용해되는 비타민
- 섭취량이 필요량 이상이 되면 체내에 저장
- 섭취 시 배설되지 않음.
- 결핍증세가 천천히 나타남.

• 매일 식사에서 공급되지 않아도 됨.

구분	특징	급원식품	결핍증
비타민 A (레티놀)	• 상피세포 보호 • 눈의 작용을 좋게 함.	간, 난황, 버터, 당근, 시금치	야맹증, 안구건조증, 안염, 각막연화증, 결막염
비타민 D (칼시페롤)	• 칼슘의 흡수를 촉진 • 자외선에 의해 인체 내에서 합성	건조식품(말린 생선류, 버섯류)	구루병, 골연화증, 유아 발육 부족
비타민 E (토코페롤)	• 항산화성 · 항불임성 비타민 • 생식세포의 정상작용 유지	곡물의 배아, 푸른잎 채소, 식물성 기름, 상추	노화 촉진, 불임증, 근육 위축증
비타민 F	신체성장, 발육	식물성 기름	피부병, 피부건조, 성장 지연
비타민 K (필로퀴논)	• 혈액응고에 관여(지혈작용) • 장내세균에 의해 인체 내에서 합성	녹색채소, 콩, 달걀	혈액응고지연(혈우병)

㉡ 수용성 비타민

• 물에 용해되는 비타민
• 필요량만 체내에 보유
• 필요한 부분의 여분은 뇨로 배설됨.
• 결핍증세가 빠르게 나타남.
• 매일 식사에서 공급되어야 함.

구분	특징	급원식품	결핍증
비타민 B_1 (티아민)	• 탄수화물 대사에 필요 • 마늘의 알리신의 흡수율을 높인다.	돼지고기, 곡류의 배아	각기병, 식욕부진
비타민 B_2 (리보플라빈)	성장촉진, 피부점막 보호	우유, 간, 고기, 달걀	구순구각염, 설염, 백내장
비타민 B_6 (피리독신)	• 항피부염인자 • 장내세균에 의해 합성	간, 효모, 배아	피부병
비타민 B_{12} (시아노코발라민)	성장촉진, 조혈작용	살코기, 선지, 고등어	악성빈혈
비타민 C (아스코르브산)	• 체내 산화, 환원작용 • 알칼리에 약하고, 산화, 열에 불안정	신선한 과일, 채소	괴혈병
나이아신 (니코틴산)	탄수화물의 대사촉진	닭고기, 생선, 땅콩, 쌀겨	펠라그라 피부병

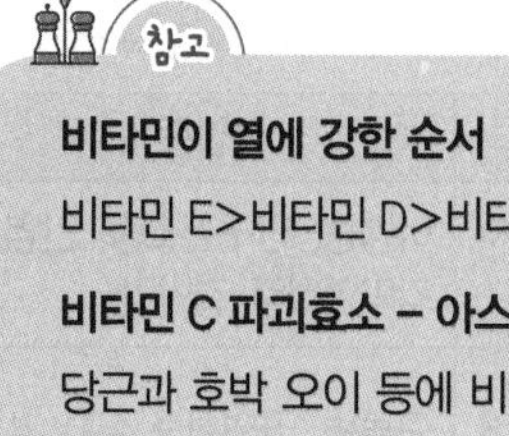

비타민이 열에 강한 순서

비타민 E>비타민 D>비타민 A>비타민 B>비타민 C

비타민 C 파괴효소 – 아스코르비나제

당근과 호박 오이 등에 비타민 C를 파괴하는 아스코르비나제라는 효소가 함유되어 있다. 당근에는 아스코르비나제가 많이 들어 있어서 무와 같이 섞어 방치하면 비타민 C를 파괴한다.

(7) 식품의 색

식품의 색은 크게 동물성 색소와 식물성 색소로 나뉜다.

식물성 색소	클로로필 색소	• 일반 녹색채소의 색, 마그네슘(Mg)을 함유하고 있다. • 열과 산(식촛물 : 녹갈색)에 불안정하며, 알칼리(소다 첨가 : 진한녹색)에 안정하다. 예 쑥을 데친 후 즉시 찬물에 담근다. 오이를 볶은 후 즉시 펼쳐 놓는다. 시금치 데칠 때 뚜껑을 열고 데친다.
	안토시안 색소	• 꽃, 과일 등의 적색, 자색 등의 색소이다(사과, 딸기, 포도, 가지). • 산성(촛물)일 때 → 적색 • 알칼리(소다 첨가)일 때 → 청색 • 중성일 때 → 보라색 • 수용성 색소로 가공 중에 쉽게 변색된다.
	플라보노이드 색소	• 색이 엷은 채소의 색소(예 무, 옥수수, 연근, 감자, 밀가루) • 산에 대해서는 안정하나 알칼리에 대해서는 불안정하다. • 산 : 흰색, 알칼리 : 진한 황색
	카로티노이드 색소	• 식물계에 널리 분포하며, 동물성 식품에도 일부 존재한다. • 황색, 적색, 주황색의 채소(예. 당근, 늙은 호박, 토마토에 함유되어 있는 색소) • 비타민 A의 기능도 있다. • 산이나 알칼리에 의하여 변화를 받지 않으나 광선에 민감하다.
동물성 색소	미오글로빈(육색소)	육류의 근육 속에 함유되어 있는 적자색, 철(F) 함유
	헤모글로빈(혈색소)	육류의 혈액 속에 함유되어 있는 적색
	일부 카로티노이드	연어나 송어살의 분홍색
	아스타산틴 (타로티노이드계)	새우, 가재, 게에 포함되어 있는 색소이다.
	헤모시아닌	연체동물에 포함되어 있는 색소로 익혔을 때 적자색으로 변함. 예 문어, 오징어를 삶으면 적자색으로 변한다.

(8) 식품의 갈변

① 효소적 갈변(페놀 화합물 → 멜라닌으로 전환) : 효소에 의해 식품이 갈변하는 것

예 사과(폴리페놀 산화효소, Polyphenol oxidase), 감자(티로시나아제, Tyrosinase) 절단면의 갈변

갈변현상의 방지

① 열처리(Blanching, 데치기)에 의한 효소의 불활성화
② 산소 제거하고 공기 대신 질소, 이산화탄소로 대체
③ −10℃ 이하로 하여 효소의 작용 억제
④ 철(Fe), 구리(Cu)로 된 용기나 기구의 사용
⑤ 설탕, 소금물에 담궈 보관
⑥ 효소의 최적 조건을 변화시키기 위해서 pH를 낮춤.

② 비효소적 갈변

㉠ 캐러멜화(Caramel) : 당류를 180℃로 가열하면 점조성을 띠는 적갈색 물질로 변하는 현상

㉡ 아미노-카르보닐(Amino-carboyl) 반응 : 마이야르 반응, 식빵, 간장, 된장의 갈변

㉢ 아스코르빈산(Ascorbic acid) 산화반응 : 오렌지, 감귤류 과일 쥬스(pH 낮을수록 갈변현상 큼)

(9) 식품의 맛과 냄새

① 식품의 맛

㉠ 헤닝(Henning)의 기본적인 맛

쓴맛
짠맛
신맛
단맛

• 단맛
  - 천연감미료 : 포도당, 과당, 젖당, 전화당, 유당, 맥아당
  - 인공감미료 : 사카린, 솔비톨, 아스파탐
• 신맛(산미료)
  - 산이 해리되어 생성된 수소이온의 맛으로 생성
  - 초산(식초), 젖산(요구르트), 사과산(사과), 주석산(포도), 구연산(딸기, 감귤류), 호박산(조개)
• 짠맛 : 식염(염화나트륨)
• 쓴맛 : 소량의 쓴맛은 식욕을 촉진한다.
  - 카페인 : 커피, 초콜릿
  - 모르핀 : 양귀비
  - 휴물론 : 맥주
  - 니코틴 : 담배
  - 데오브로민 : 코코아
  - 헤스페리딘 : 귤껍질
  - 큐커비타신 : 오이껍질

  ※ **쿠쿠르비타신 : 오이꼭지의 성분**

㉡ 기타의 맛

맛난맛	이노신산 : 가다랭이 말린 것, 멸치, 소고기 글루탐산 : 다시마, 된장, 간장 시스테인, 리신 : 육류, 어류 호박산 : 조개류 타우린 : 새우, 오징어, 문어, 조개류
매운맛	캡사이신 : 고추
떫은맛	탄닌 : 감
아린맛 (쓴맛+떫은맛)	두릅, 죽순, 고사리, 고비, 우엉, 토란(사용 전에 물에 담가 이 맛을 제거한 후 사용함)
금속맛	철, 은, 주석 등 금속이온의 맛(수저, 포크)

㉢ 맛의 현상

• 맛의 대비(강화) : 서로 다른 정미성분을 섞었을 때 주정미성분의 맛이 강화되는 현상(단맛에 소량의 짠맛이, 짠맛에 소량의 신맛이 존재할 경우 주성분이 강하게 느껴지는 현상)

예 설탕용액에 소금을 넣으면 단맛이 증가한다.

예 단팥죽에 소금을 넣었더니 팥의 단맛이 증가한다.

- 맛의 억제(손실현상) : 서로 다른 정미성분을 섞었을 때 주정미성분의 맛이 약화되는 현상

  예 커피에 설탕을 넣어주면 쓴맛이 단맛에 의해 억제된다.

- 맛의 변조 : 한 가지 정미성분을 맛본 직후 다른 정미성분이 정상적으로 느껴지지 않는 경우

  예 쓴 한약을 먹은 후 물을 마시면 물맛이 달게 느껴진다.

  예 오징어 먹은 후 귤을 먹으면 쓰게 느껴진다.

  ※ 미맹현상 : PTC는 극히 쓴 물질인데 이 용액의 쓴맛을 전혀 느끼지 못하는 사람을 지칭한다.

- 맛의 순응(피로) : 같은 정미성분을 계속 맛볼 경우 미각이 둔해져 역치가 높아지는 현상

- 맛의 상쇄 : 두 종류의 정미 성분이 섞여 있을 경우 각각의 맛보다는 조화된 맛을 느끼는 현상

  예 김치의 짠맛과 신맛, 청량음료의 단맛과 신맛의 조화

- 맛의 온도 : 일반적으로 혀의 미각은 10~40℃에서 잘 느낄 수 있고 30℃ 전후에서 가장 예민하게 느끼며, 온도의 상승에 따라 매운맛은 증가하고, 온도 저하에 따라 쓴맛은 심하게 감소한다.

종류	온도(℃)
단맛	20~50℃
짠맛	30~40℃
쓴맛	40~50℃
신맛	25~50℃
매운맛	50~60℃

② 기타 특수성분

㉠ 생선 비린내 성분 : 트리메틸아민(동물성 냄새)

㉡ 참기름 성분 : 세사몰

㉢ 고추의 매운맛 : 캡사이신

㉣ 후추의 매운맛 : 차비신, 피페린

ⓜ 와사비의 매운맛 : 아릴이소티오시아네이트

ⓑ 마늘의 매운맛 : 알리신

ⓢ 생강의 매운맛 : 진저론, 쇼가올

ⓞ 겨자의 매운맛 : 시니그린

③ 식품의 냄새(향)

구분	성분	식품
식물성 식품의 냄새	알코올 및 알데히드류	주류, 감자, 복숭아, 오이, 계피
	에스테르	주로 과일류
	황화합물	마늘, 양파, 파, 무, 고추, 부추
	테르펜류	녹차, 차잎, 레몬, 오렌지
※ 미르신 : 미나리 / 멘톨 : 박하 / 푸르푸릴알코올 : 커피향 성분 / 디아세틸 : 버터의 향미성분		
동물성 식품의 냄새	트리메틸아민	생선 비린내
	암모니아	홍어, 상어
	피페리딘	어류
	아민류, 인돌	아민류, 인돌식육

(10) 식품의 물성

① 식품의 물성이란 식품의 조리 및 가공으로 외부에서 힘이 가해졌을 때 물질이 반응하는 성질이다.

② 식품의 기호에 영향을 미치는 요인으로 냄새, 색감, 맛 이외에도 입안에서 느껴지는 청각, 촉감이 중요한데, 이것이 식품의 물리적 성질이다.

③ 식품과 관계된 물성은 교질성과 텍스처이다.

④ 교질의 종류

분산매	분산질(분산상)	분산계(교질상)	식품의 예
고체	고체	고체 졸	사탕
	액체	겔(Gel)	밥, 두부, 양갱, 젤리, 치즈
	기체	거품(포말질)	빵, 과자, 케이크
액체	고체	졸(Sol)	된장국, 달걀흰자, 수프, 전분액
	액체	유화액(에멀전)	우유, 마요네즈, 버터, 마가린, 크림
	기체	거품(포말질)	난백의 기포, 맥주

⑤ 교질의 특성

종류	특성
졸(Sol)	• 졸은 분산매가 액체이고 분산질이 고체이거나 액체로 전체적인 분산계가 액체 상태일 때를 졸(Sol)이라고 한다. 즉, 액체 중에 콜로이드 입자가 분산하고 유동성을 가지고 있는 계를 말한다. • 대표적인 졸(Sol) 상태의 식품에는 된장국, 달걀흰자, 수프 등이 있다.
겔(Gel)	• 졸(Sol)이 냉각하여 응고되거나 물의 증발로 분산매가 줄어 반고체 상태로 굳어지는 것을 겔(Gel)이라고 한다. 즉, 콜로이드 분산계가 유동성을 잃고 고화된 상태이다. • 대표적인 겔(Gel) 상태의 식품에는 밥, 두부, 묵, 어묵, 삶은 달걀 등이 있다.
유화(Emulsion)	유화는 분산질인 액체가 분산매인 다른 액체에 녹지 않고 미세하게 균형을 이루며, 잘 섞여있는 상태를 의미한다. • 유중수적형 : 버터, 마가린 등 • 수중유적형 : 우유, 아이스크림, 마요네즈 등
거품(Foam)	분산매인 액체에 기체가 분산되어 있는 교질 상태이다. 거품은 기체의 특성상 액체 속에서 위로 떠오르기 때문에 기포제와 흡착되어야 안정화가 된다. 대표적인 거품의 상태의 식품에는 난백의 기포가 있다.

⑥ 리올로지(Rheology)

㉠ 흐름, 물질의 변형에 관한 학문으로 외부의 힘에 의한 물질의 변형 및 흐름의 특성을 규명하고, 그 정도를 정량으로 표현하는 학문이다.

㉡ 식품의 물리학적 미각을 연구하는 학문을 리올로지라 한다.

⑦ 리올로지의 특성

종류	리올로지의 특성
탄성(Elasticity)	• 외부에서 힘을 받으면 모습이 변형되고, 외부에서 받은 힘이 사라지면 원래의 모습으로 되돌아가는 성질이다. • 탄성을 지닌 식품은 묵, 양갱, 어묵, 두부, 곤약 등이 있다.
소성(Plasticity)	• 외부에서 힘을 가하면 모양은 변하지만, 힘이 사라져도 원상복구가 불가능한 것을 의미한다. • 소성을 지닌 식품은 생크림, 버터, 마가린, 쇼트닝 등이 있다.
점성(Viscosity)	• 보통 액상음식을 저을 때 느껴지는 저항감을 점성이라고 한다. • 액체의 경우는 온도가 높아지면 점성이 감소하고, 압력이 늘어나면 점성이 상승한다. • 점성을 지닌 식품은 토마토퓨레, 수프, 꿀, 물엿 등이 있다.
점탄성(Viscoelasticity)	• 점탄성은 점성과 탄성의 성질을 모두 가지고 있고 동시에 점성과 탄성의 성질이 같이 나타나는 것을 의미한다. 대체적으로 음식에 점탄성 성질에 관한 예시가 많지만 점탄성을 측정하는 것은 어렵다. • 점탄성 지닌 식품은 인절미. 밀가루 반죽, 껌 등이 있다.

⑧ 텍스처(Texture) : 식품의 텍스처는 식품을 입에 넣었을 때 식품의 질감이 물리적 자극에 대한 촉각의 반응으로 느껴지는 식품의 물리적 성질을 의미한다.

(11) 식품의 유독성분

구분	내용
자연식품의 독성물질	① 식물성 식품의 독성물질 • 프로테아제(Protease) 저해물질(원인물질 : 대두) : 대두에 함유된 트립신 저해제(Trypsin Inhibitor)가 있지만, 이 물질은 가열처리로 무독화 가능 • 청산 배당체(원인물질 : 덜 익은 청매실, 살구씨, 복숭아씨) : 아미그달린(Amygdalin)이 있으며, 효소에 의해 가수분해되면 시안산(청산, HCN)을 생성하여 독작용을 나타내기 때문에 미리 가열 처리해서 불활성화하는 것이 좋다. • 헤마글루티닌(Hemmaglutinin, 원인물질 : 콩과 식물) : 두류에 함유된 유해 단백질이며, 적혈구를 응집시키는 독작용이 있지만 가열에 의해서 무독화 가능 • 솔라닌(Solanine, 원인물질 : 감자의 순) : 감자의 속보다는 껍질 쪽에 많으며, 특히 싹이 튼 감자나 햇빛을 받아서 녹색을 띠는 감자 등에 함량이 많다. 예방대책으로 감자의 순 제거와 서늘한 곳에 보관이 있다. • 고시폴(Gossypol, 원인물질 : 목화씨) : 목화씨(Cotton Seed) 중에 존재하는 독성물질이며, 유지의 산패를 억제하는 항산화 작용이 있으나 독작용으로 인하여 정제 과정에서 제거된다. • 시쿠톡신(Cicutoxin, 원인물질 : 독미나리) : 독미나리는 식용미나리와 비슷하여 잘못 섭취하여 독작용이 일어날 수 있다. 주로 지하경(地下莖)에 들어 있으며, 예방대책으로 가열처리 후 조리한다. ② 동물성 식품의 독성물질 • 테트로도톡신(Tetrodotoxin, 원인물질 : 복어 내장의 난소, 간장, 피 등) : 복어의 독성분으로 테트로도톡신은 5~6월의 산란기에 함량이 많아져 복어 내장의 난소, 간장, 피 등에 강한 독성을 가지게 된다. 숙련된 복어자격증 취득 전문가만이 손질을 해야 한다. • 조개류의 독성물질 : 모시조개의 독성물질 베네루핀(Venerupin)은 가열하면 파괴되고, 대합조개의 독성물질인 삭시톡신(Saxitoxin)은 마비성 조개중독으로 중독되면 입술, 혀, 얼굴 등이 마비되고 곧 전신마비로 사망한다.
가공 처리 중 생성된 독성물질	① 유지의 산패 생성 : 체내 지방의 산화를 촉진하며, 또 일부의 산화·분해 생성물은 동물의 성장을 억제하는 독성을 나타낸다. ② 발색제 아질산과의 반응 생성물 : 아질산은 식품 중의 아민과 반응해서 발암물질인 니트로소아민을 생성하여 독작용을 일으킨다.
미생물에 의한 독성물질	① 곰팡이에 의한 독성물질 미코톡신(Mycotoxin) • 맥각독 : 맥류에 존재하는 곰팡이의 균핵(Sclerotium)을 맥각(麥角, Ergot)이라고 한다. 맥각은 의약품으로 사용되기도 하지만, 사용량이 많으면 독성을 일으킨다. 이 맥각에 의한 중독을 맥각병(Ergotism)이라고 하며, 맥각의 독성분 중 주성분은 알칼로이드에 속하므로 맥각 알칼로이드라고 부른다. • 아플라톡신(Aflatoxin) : 곡류와 두류에 번식한 Aspergillus Oryzae가 생산한 독성 대사산물로 강력한 발암물질이며, 특히 간암을 유발한다. 이 곰팡이는 토양균이어서 널리 분포되어 있고 약 13종의 아플라톡신이 알려져 있으며, 모두 발암성이 강하다. • 황변미독(黃變米毒) : 저장 중의 쌀에 곰팡이가 기생하여 발생하며, 독성물질은 신경세포 기능 억제를 일으킨다.

미생물에 의한 독성물질	② 식중독 세균의 독소 • 포도상구균 : 이 식중독의 원인식품은 대부분이 살균처리된 우유이며, 식품 중에 증식하여 독소(Enterotoxin)를 생성하여 식중독을 일으킨다. 120℃에서 20분간 가열하여도 완전히 파괴되지 않는 독소이다. • 보툴리너스균(Botulinus) : 혐기성 세균이고 내열성이며, 맹독성의 독소를 생산한다. 주로 햄, 소시지, 과일의 병조림, 생선 가공식품 등에 발생한다.
환경 오염물에 의한 독성물질	① 중금속 : 중금속들이 식품에 오염되는 것은 산업폐수, 대기오염, 농약 살포로 인한 토양오염 등의 환경오염이 원인이다. 무기염의 형태로 존재할 때는 수용성이어서 체외로 배설되기 쉬우나 유기염의 형태일 때는 지용성이기 때문에 체내의 중요 지방조직에 축적되어 강한 독성을 나타낸다. • 유기수은(CH_3Hg) : 미나마타(Minamata)병은 바로 유기수은(Methyl Mecury) 중독으로, 공장폐수에서 흘러나온 무기수은이 물고기의 체내에서 유기수은으로 변하여 축적되고 이 물고기를 먹은 사람에게 발생한다. • 카드뮴(Cd) : 카드뮴은 광산의 폐수, 토양에 의해 농산물과 축산물에 유입된다. 축적성이 매우 큰 독성물질로 중독증상은 골다골증, 골연화증, 빈혈, 발암 등이다. • 납(Pb) : 자동차 배기가스, 공장폐수로 인해서 과일, 채소, 음용수 등이 오염되어 사람에게 중독을 일으킨다. 성인은 흡수율은 10%이지만, 어린이는 50%까지 흡수되어 어린이 피해가 크고 성인의 경우 불면증, 빈혈, 경련, 혼수, 사망까지 일으킨다.

2 효소

(1) 식품과 효소

1) 소화

체내로 흡수되기 쉬운 상태로 음식물을 분해하는 과정을 소화라고 한다.

① **입에서의 소화효소** : 프티알린(아밀라아제) $\xrightarrow{\text{전분}}$ 맥아당

② 위에서의 소화효소

㉠ 말타아제 : 맥아당 → 포도당

㉡ 레닌 : 우유단백질(카제인) → 응고

㉢ 리파아제 : 지방 → 지방산+글리세롤

㉣ 펩신 : 단백질 → 펩톤

③ 췌장에서 분비되는 소화효소

㉠ 트립신 : 단백질과 펩톤 → 아미노산

㉡ 스테압신 : 지방 → 지방산+글리세롤

④ 장에서의 소화효소

㉠ 수크라아제 : 서당 → 포도당+과당

㉡ 말타아제 : 엿당 → 포도당+포도당

㉢ 락타아제 : 젖당 → 포도당+갈락토오스

㉣ 리파아제 : 지방 → 지방산+글리세롤

2) 흡수

소화된 영양소들은 작은창자(소장)에서 인체 내로 흡수되고, 큰창자(대장)에서는 물 흡수가 일어난다.

① **탄수화물** : 단당류로 분해되어 흡수

② **지방** : 지방산과 글리세롤로 분해되어 위와 장에서 흡수

③ **단백질** : 아미노산으로 분해되어 장에서 흡수

④ **지용성 영양소** : 림프관으로 흡수

⑤ **수용성 영양소** : 소장벽 융털의 모세혈관으로 흡수(물은 대장에서 흡수)

참고

- 담즙(쓸개즙)은 지방을 소화되기 쉬운 형태로 유화시켜 준다.
- 효소 반응에 온도(30~40℃ 정도), pH(4.5~8.0 정도)가 영향을 준다.

3 식품과 영양

※ 기초식품

① 식품의 정의 : 사람에게 필요한 영양소를 한 가지 또는 그 이상 함유하고, 유해한 물질을 함유하지 않는 천연물 또는 가공품을 말한다.

※ 식품위생법상의 식품 : 모든 음식물을 말한다(다만, 의약으로 섭취하는 것은 제외).

② 영양 : 생물체가 필요한 물질을 외부로부터 섭취해서 건강을 유지하는 모든 현상을 말한다.

③ 영양소 : 영양을 유지하기 위하여 외부로부터 섭취하는 물질을 말한다.

㉠ 3대 영양소 : 탄수화물(당질), 단백질, 지방(지질)

㉡ 5대 영양소 : 탄수화물, 단백질, 지방, 무기질, 비타민

㉢ 6대 영양소 : 탄수화물, 단백질, 지방, 무기질, 비타민, 물(수분)

④ 식품의 구비조건

㉠ 영양적 가치 : 식품을 섭취하는 목적은 영양을 공급하는 데 있다.

㉡ 위생적 가치 : 인체에 위해가 되지 않도록 안전하게 공급되어야 한다.

㉢ 기호적 가치 : 식욕을 증진시켜 소화율을 높일 수 있어야 한다.

㉣ 경제적 가치 : 영양이 우수한 식품을 저렴하게 구입할 수 있어야 한다.

⑤ 기초식품군 : 식생활에서 균형 잡힌 식생활을 위하여 먹어야 하는 식품들을 구분하여 식품에 들어 있는 영양소의 종류를 중심으로 6가지 기초식품군을 정하고 있다.

㉠ 곡류 및 전분류

㉡ 고기, 생선, 달걀, 콩류

㉢ 채소류

㉣ 과일류

㉤ 우유 및 유제품

㉥ 유지, 견과 및 당류

(1) 영양소의 기능 및 영양소 섭취기준

① 영양소(5가지 기초 식품군)

구별	구성	주요 식품군	급원식품
1군	단백질	육류, 어류, 알류, 콩류	쇠고기, 돼지고기, 닭고기, 생선, 조개, 콩, 두부, 달걀 등
2군	칼슘	우유 및 유제품, 뼈째 먹는 생선	멸치, 뱅어포, 잔생선, 새우, 우유, 분유 등
3군	비타민, 무기질	채소류 및 과일류	시금치, 쑥갓, 당근, 상추, 배추, 사과, 딸기, 김 등
4군	탄수화물	곡류 및 감자류	쌀, 보리, 콩, 팥, 밀, 감자, 고구마, 토란, 과자, 빵 등
5군	지방	유지류	면실유, 참기름, 들기름, 쇼트닝, 버터, 마가린, 호두 등

② 영양섭취기준 : 한국인의 건강을 최적의 상태로 유지하고 질병을 예방하는 데 도움이 되도록 필요한 영양소 섭취 수준을 제시하는 기준이다. 한국인 영양섭취기준에서는 만성질환이나 영양소의 과다 섭취에 관한 우려와 예방의 필요성을 고려하여 다음 4가지의 섭취기준을 제시하였다.

㉠ 평균필요량(EAR) : 대상집단을 구성하는 건강한 사람들의 절반에 해당하는 사람들의 일일필요량을 충족시키는 영양소의 값이다.

㉡ 권장섭취량(RI) : 평균필요량에 표준편차의 2배를 더하여 정한 영양소의 값이다.

㉢ 충분섭취량(AI) : 영양소 필요량에 대한 정확한 자료가 부족하거나 필요량의 중앙값 및 표준편차를 구하기 어려워 권장섭취량을 산출할 수 없는 경우 제시한다.

㉣ 상한섭취량(UL) : 인체 건강에 유해영향이 나타나지 않는 최대 영양소 섭취 수준으로서, 과량 섭취 시 건강에 악영향의 위험이 있다는 자료가 있는 경우에 설정이 가능하다.

[한국인 영양섭취기준(KDRIs)의 에너지 적정 비율]

영양소	1~2세	3~19세	20세
탄수화물	50~70%	55~70%	55~70%
단백질	7~20%	7~20%	7~20%
지방	20~35%	15~30%	15~25%
n-3 불포화지방산	0.5~1.0%	0.5~1.0%	0.5~1.0%
n-6 불포화지방산	4~8%	4~8%	4~8%

③ 식단 작성

㉠ 식단 작성의 의의와 목적

의의	사람에게 필요한 영양을 균형적으로 보급하며, 영양의 필요량에 알맞은 음식을 준비하여 합리적인 식습관과 영양지식을 기초로 한 식사의 계획
목적	• 알맞은 영양의 공급 • 시간과 노력의 절약 • 식품비의 조절과 절약 • 바람직한 식습관의 형성 • 기호의 충족

㉡ 식단 작성의 필요조건

영양면	식사 구성안의 식품군을 고루 이용하고, 영양필요량에 알맞은 식품과 양을 정한다.
경제면	신선하고 값이 저렴한 식품 등의 선택으로 각 가정의 경제사정을 참작한다.
기호면	편식 교정을 위하여 광범위한 식품 또는 조리를 선택하고 적당한 조미료를 사용한다.
능률면	음식의 종류, 조리법은 주방의 시설과 설비 및 조리기구 등을 고려해서 선택하고, 인스턴트식품이나 가공식품을 효율적으로 이용한다.
지역적인 면	지역 실정에 맞추어 그 지역에서 생산되는 재료를 충분히 활용한다.

CHAPTER 03 출제경향이 반영된 예상문제

1. 식품 재료의 성분

01 자유수와 결합수의 설명으로 맞는 것은?

① 결합수는 용매로서 작용한다.

② 자유수는 4℃에서 비중이 제일 크다.

③ 자유수는 표면장력과 점성이 작다.

④ 결합수는 자유수보다 밀도가 작다.

해설 결합수는 용매로서 작용을 하지 않으며, 자유수는 표면장력이 크다. 결합수는 자유수보다 밀도가 크다.

02 식품이 나타내는 수증기압이 0.9기압이고, 그 온도에서 순수한 물의 수증기압이 1.5기압일 때 식품의 수분활성도(Aw)는?

① 0.6　　② 0.65

③ 0.7　　④ 0.8

해설 $\text{수분활성도} = \dfrac{\text{식품이 나타내는 수증기압}}{\text{순수한 물의 최대 수증기압}} = \dfrac{0.9}{1.5} = 0.6$

03 다음 중 5탄당에 해당하는 것은?

① 갈락토오스(Galactose)

② 만노오스(Mannose)

③ 크실로오스(Xylose)

④ 프룩토오스(Fructose)

해설 • 5탄당 : 크실로오스, 아라비노오스, 리보오스

• 6탄당 : 갈락토오스, 만노오스, 프룩토오스

04 다음 중 단당류에 해당하는 것은?

① 포도당　　② 유당

③ 맥아당　　④ 전분

해설 단당류에는 포도당, 과당, 갈락토오스가 있다.

05 게, 가재, 새우 등의 껍질에 다량 함유된 키틴(Chitin)의 구성 성분은?

① 다당류　　② 단백질

③ 지방질　　④ 무기질

해설 키틴은 갑각류의 껍질을 단단하게 하는 다당류이다.

06 동물성 식품(육류)의 대표적인 색소 성분은?

① 미오글로빈(Myoglobin)

② 페오피틴(Pheophytin)

③ 안토크산틴(Anthoxanthin)

④ 안토시아닌(Anthocyanin)

해설 미오글로빈은 동물성 육류 색소이다.

07 1일 총 급여 열량 2,000kcal 중 탄수화물 섭취 비율을 65%로 한다면, 하루 세 끼를 먹을 경우 한 끼당 쌀 섭취량은 약 얼마인가? (단, 쌀 100g당 371kcal)

① 98g　　② 107g

③ 117g　　④ 125g

해설 1일 총 급여 열량 중 탄수화물 섭취 비율은 65%

2,000kcal×0.65=1,300kcal

1,300kcal÷3끼=433kcal

100g : 371kcal=χ : 433kcal　　χ =116.7g

정답 01 ② 02 ① 03 ③ 04 ① 05 ① 06 ① 07 ③

08 다음 중 단맛의 강도가 가장 강한 당류는?

① 설탕　　② 젖당
③ 포도당　　④ 과당

해설 단맛의 강도 순서 : 과당>전화당>자당>포도당>맥아당>갈락토오스>유당

09 다음의 조건에서 당질 함량을 기준으로 감자 140g을 보리쌀로 대치하면 보리쌀은 약 몇 g이 되는가?

- 감자 100g의 당질 함량 14.4g
- 보리쌀 100g의 당질 함량 68.4g

① 29.5g　　② 37.6g
③ 46.3g　　④ 54.7g

해설 $\text{대체식품의 양} = \frac{\text{본 식품량} \times \text{본 식품 영양소량}}{\text{대치식품 영양소량}} = \frac{140 \times 144}{684}$
$= 29.473 = \text{약 } 29.5g$

10 올리고당의 특징이 아닌 것은?

① 장내 균총의 개선효과
② 변비의 개선
③ 저칼로리당
④ 충치 촉진

해설 올리고당은 충치를 만들지 않는 것이 일반 당류와 구분되는 특징이다.

11 감자 100g이 72kcal의 열량을 낼 때, 감자 450g은 얼마의 열량을 공급하는가?

① 234kcal　　② 284kcal
③ 324kcal　　④ 384kcal

해설 100 : 72 = 450 : χ
450×72÷100 = 324kcal

12 전분을 구성하는 주요 원소가 아닌 것은?

① 탄소(C)　　② 수소(H)
③ 질소(N)　　④ 산소(O)

해설 전분의 최종분해산물은 포도당으로 탄소(C), 수소(H), 산소(O)로 이루어져 있다.

13 알코올 1g당 열량 산출기준은?

① 0kcal　　② 4kcal
③ 7kcal　　④ 9kcal

해설 알코올은 1g당 7kcal의 열량을 낸다.

14 다음 중 유도지질(Derived Lipids)은?

① 왁스(Wax)
② 인지질(Phospholipid)
③ 지방산(Fatty Acid)
④ 단백지질(Proteolipid)

해설 유도지질은 단순지질과 복합지질의 가수분해 과정에서 생기는 것으로 지방산과 스테롤 등이 있다.

15 다음 중 필수지방산이 아닌 것은?

① 리놀레산(Linoleic Acid)
② 스테아르산(Stearic Acid)
③ 리놀렌산(Linolenic Acid)
④ 아라키돈산(Arachidonic Acid)

해설 필수지방산에는 리놀레산, 리놀렌산, 아라키돈산이 있다.

16 다음 식품 성분 중 지방질은?

① 프롤라민(Prolamin)
② 글리코겐(Glycogen)
③ 카라기난(Carrageenan)
④ 레시틴(Lecithin)

해설 프롤라민(소맥, 옥수수, 대맥의 단백질), 글리코겐(산이나 근육에 저장되는 동물성 탄수화물), 카라기난(홍조류 속의 복합 다당류)

정답
08 ④ 09 ① 10 ④ 11 ③ 12 ③ 13 ③ 14 ③ 15 ② 16 ④

17 요오드값(Iodine Value)에 의한 식물성유의 분류로 맞는 것은?

① 건성유 – 올리브유, 우유 유지, 땅콩기름
② 반건성유 – 참기름, 채종유, 면실유
③ 불건성유 – 아마인유, 해바라기유, 동유
④ 경화유 – 미강유, 야자유, 옥수수유

해설 • 건성유 : 들깨, 아마인유, 호두기름 등
• 반건성유 : 대두유, 면실유, 유채기름, 해바라기씨기름, 참기름 등
• 불건성유 : 낙화생유, 동백기름, 올리브유 등
• 경화유 : 마가린, 쇼트닝 등

18 중성지방의 구성 성분은?

① 탄소와 질소
② 아미노산
③ 지방산과 글리세롤
④ 포도당과 지방산

해설 지방은 글리세롤과 지방산의 에스테르 결합을 이루고 있다.

19 어류의 지방함량에 대한 설명으로 옳은 것은?

① 흰살생선은 5% 이하의 지방을 함유한다.
② 흰살생선이 붉은살생선보다 함량이 많다.
③ 산란기 이후 함량이 많다.
④ 등쪽이 배쪽보다 함량이 많다.

해설 어류의 지방함량은 붉은살생선이 흰살생선보다, 산란기 직전이 산란기 이후보다 많고 배쪽의 살이 등쪽의 살보다 많다.

20 유지의 산패를 차단하기 위해 상승제(Synergist)와 함께 사용하는 물질은?

① 보존제 ② 발색제
③ 항산화제 ④ 표백제

해설 유지의 산패를 막기 위해서는 항산화제를 사용해야 한다.

21 감자를 썰어 공기 중에 놓아두면 갈변되는데, 이 현상과 가장 관계가 깊은 효소는?

① 아밀라아제(Amylase)
② 티로시나아제(Tyrosinase)
③ 얄라핀(Jalapin)
④ 미로시나제(Myrosinase)

해설 감자의 갈변현상은 티로시나아제에 의해 일어난다.

22 요오드가(Iodine value)가 높은 지방은 어느 지방산의 함량이 높은가?

① 라우린산(Kauric Acid)
② 팔미틴산(Palmitic Acid)
③ 리놀렌산(Linolenic Acid)
④ 스테아르산(Stearic Acid)

해설 요오드가가 높다는 말은 불포화 지방산이 많다는 의미이며, 리놀렌산은 필수지방산이기도 하다.

23 변형된 단백질 분자가 집합하여 질서정연한 망상구조를 형성하는 단백질의 중요한 기능성과 관계가 가장 먼 식품은?

① 두부 ② 어묵
③ 빵 반죽 ④ 북어

해설 북어는 명태를 동건법을 이용하여 만든 수산물 가공품이다.

24 불건성유에 속하는 것은?

① 참기름 ② 땅콩기름
③ 콩기름 ④ 옥수수기름

해설 불건성유 : 땅콩기름, 동백유, 올리브유 등이다.

25 다음 중 열량 산출에서 가장 격심한 활동에 속하는 것은?

① 모내기, 등산 ② 빨래, 마루닦이
③ 다림질, 운전 ④ 요리하기, 바느질

해설 열량 산출이 가장 격심한 활동은 모내기와 등산이다.

정답
17 ② 18 ③ 19 ① 20 ③ 21 ② 22 ③ 23 ④ 24 ② 25 ①

26 꽁치 160g의 단백질 양은? (단, 꽁치 100g당 단백질 양 24.9g)

① 28.7g　② 34.6g
③ 39.8g　④ 43.2g

해설 꽁치 100g당 단백질량은 24.9g

꽁치 160g은 $24.9 \times \frac{160}{100} = 39.84g$

27 기초대사량에 대한 설명으로 옳은 것은?

① 단위 체표면적에 비례한다.
② 정상 시보다 영양상태가 불량할 때 더 크다.
③ 근육조직의 비율이 낮을수록 더 크다.
④ 여자가 남자보다 대사량이 더 크다.

해설 기초대사량은 단위 체표면적이 클수록, 남자가 여자보다 크고 근육질인 사람이 지방질인 사람보다 크며, 발열이 있는 사람이나 기온이 낮으면 소요 열량이 커진다.

28 카제인(Casein)은 어떤 단백질에 속하는가?

① 당단백질　② 지단백질
③ 유도단백질　④ 인단백질

해설 우유의 카제인은 인단백질이다.

29 다음 중 황함유 아미노산에 해당되는 것은?

① 메티오닌　② 플로린
③ 글리신　④ 트레오닌

해설 유황 아미노산은 메티오닌이다.

30 식품의 단백질이 변성되었을 때 나타나는 현상이 아닌 것은?

① 소화효소의 작용을 받기 어려워진다.
② 용해도가 감소한다.
③ 점도가 증가한다.
④ 폴리펩티드(Polypeptide) 사슬이 풀어진다.

해설 단백질이 변성되면 효소작용을 받기가 쉬워져 소화율이 높아진다.

31 다음 중 성인의 필수아미노산이 아닌 것은?

① 트립토판(Tryptophan)
② 리신(Lysine)
③ 메티오닌(Methionine)
④ 티로신(Tyrosine)

해설 성인에게 필요한 8가지 필수아미노산에는 이소루신, 루신, 트레오닌, 리신, 발린, 트립토판, 페닐알라닌, 메티오닌이 있다.

32 육류, 생선류, 알류 및 콩류에 함유된 주된 영양소는?

① 단백질　② 탄수화물
③ 지방　④ 비타민

해설 단백질은 육류, 생선류, 알류 및 콩류에 함유된 주요 영양소이다.

33 각 식품에 대한 설명 중 틀린 것은?

① 쌀은 라이신, 트레오닌 등의 필수아미노산이 부족하다.
② 당근은 비타민 A의 급원식품이다.
③ 우유는 단백질과 칼슘의 급원식품이다.
④ 육류는 알칼리성 식품이다.

해설 육류는 산성식품이다.

34 알칼리성 식품에 대한 설명 중 옳은 것은?

① Na, K, Ca, Mg이 많이 함유되어 있는 식품
② S, P, Cl이 많이 함유되어 있는 식품
③ 당질, 지질, 단백질 등이 많이 함유되어 있는 식품
④ 곡류, 육류, 치즈 등의 식품

해설 인·황·염소 등을 많이 함유하고 있는 곡류, 육류, 어류는 산성 식품이며, 칼슘·나트륨·칼륨·철·구리·망간·마그네슘을 많이 함유하고 있는 과일, 채소는 알칼리성 식품이다.

정답
26 ③　27 ①　28 ④　29 ①　30 ①　31 ④　32 ①　33 ④　34 ①

35 식품의 산성 및 알칼리성을 결정하는 기준 성분은?

① 필수지방산 존재 여부
② 필수아미노산 존재 유무
③ 구성 탄수화물
④ 구성 무기질

해설 인·황·염소 등을 많이 함유하고 있는 식품은 산성 식품, 칼슘·나트륨·칼륨·철·구리·망간·마그네슘을 많이 함유하고 있는 식품은 알칼리성 식품이다.

36 다음 중 어떤 비타민이 결핍되면 야맹증이 발생될 수 있는가?

① 비타민 D ② 비타민 A
③ 비타민 K ④ 비타민 F

해설 시금치, 홍당무에 많은 비타민 A는 결핍 시 야맹증, 각막 건조증, 결막염, 시력 저하를 유발할 수 있다.

37 다음의 식단에서 부족한 영양소는?

밥, 시금칫국, 삼치조림, 김구이, 사과

① 단백질 ② 지질
③ 칼슘 ④ 비타민

해설 칼슘은 우유 및 유제품, 뼈째 먹는 생선에 많이 함유되어 있다.

38 칼슘(Ca)의 기능이 아닌 것은?

① 골격, 치아의 구성 ② 혈액의 응고작용
③ 헤모글로빈의 생성 ④ 신경의 전달

해설 헤모글로빈의 생성은 철분의 주기능이다.

39 비타민 B_2가 부족하면 어떤 증상이 생기는가?

① 구각염 ② 괴혈병
③ 야맹증 ④ 각기병

해설 구각염, 설염은 비타민 B_2의 결핍증이다.

40 다음 중 물에 녹는 비타민은?

① 레티놀(Retinol)
② 토코페롤(Tocopherol)
③ 리보플라빈(Riboflavin)
④ 칼시페롤(Calciferol)

해설 지용성 비타민은 비타민 A(레티놀), 비타민 D(칼시페롤), 비타민 E(토코페롤), 비타민 K(필로퀴논)가 있고, 리보플라빈은 비타민 B_2로 수용성 비타민이다.

41 다음 중 비타민 B_{12}가 많이 함유되어 있는 급원식품은?

① 사과, 배, 귤 ② 소간, 난황, 어육
③ 미역, 김, 우뭇가사리 ④ 당근, 오이, 양파

해설 비타민 B_{12}는 동물의 내장·육류·난황·해조류 등이 있다.

42 카로틴(Carotene)은 동물 체내에서 어떤 비타민으로 변하는가?

① 비타민 D ② 비타민 B_1
③ 비타민 A ④ 비타민 C

해설 카로틴은 체내에 흡수되면 비타민 A의 효력을 갖게 된다.

43 영양소와 급원식품의 연결이 옳은 것은?

① 동물성 단백질 – 두부, 쇠고기
② 비타민 A – 당근, 미역
③ 필수지방산 – 대두유, 버터
④ 칼슘 – 우유, 뱅어포

해설 동물성 단백질(쇠고기, 돼지고기, 달걀 등에 함유), 비타민 A(간, 난황, 시금치, 당근 등에 함유), 필수지방산(대두유, 옥수수유, 생선의 간유 등에 함유)

44 지용성 비타민의 결핍증이 틀린 것은?

① 비타민 A – 안구 건조증, 안염, 각막연화증
② 비타민 D – 골연화증, 유아발육 부족
③ 비타민 K – 불임증, 근육 위축증
④ 비타민 F – 피부염, 성장 정지

해설 비타민 K의 결핍증은 혈액응고지연(혈우병)이다.

정답 35 ④ 36 ② 37 ③ 38 ③ 39 ① 40 ③ 41 ② 42 ③ 43 ④ 44 ③

2. 효소

01 고구마 가열 시 단맛이 증가하는 이유는?

① Protease가 활성화되어서
② Sucrase가 활성화되어서
③ α-amylase가 활성화되어서
④ β-amylase가 활성화되어서

해설 고구마는 가열하게 되면 β-아밀라아제가 활성화되어 단맛이 증가한다.

02 쓰거나 신 음식을 맛본 후 금방 물을 마시면 물이 달게 느껴지는데 이는 어떤 원리에 의한 것인가?

① 맛의 변조현상
② 맛의 대비효과
③ 맛의 순응현상
④ 맛의 억제현상

해설 한 가지 맛을 본 후 다른 맛을 보았을 때 원래 식품의 맛이 다르게 느껴지는 현상을 맛의 변조현상이라 한다.

03 다음 중 고추의 매운맛 성분은?

① 무스카린(Muscarine)
② 캡사이신(Capsaicin)
③ 테트로도톡신(Tetrodotoxin)
④ 모르핀(Morphine)

해설 무스카린(독버섯 성분), 테트로도톡신(복어독 성분), 모르핀(아편 성분)

04 건조된 갈조류 표면의 흰가루 성분으로 단맛을 나타내는 것은?

① 만니톨　② 알긴산
③ 클로로필　④ 피코시안

해설 갈조류 감칠맛의 주성분은 글루탐산, 호박산, 만니톨 등이 있다.

05 조개류에 들어 있으며 독특한 국물맛을 나타내는 유기산은?

① 젖산　② 초산
③ 호박산　④ 피트산

해설 조개류에 들어 있는 호박산은 독특한 국물맛을 내는 유기산이다.

06 딸기 속에 많이 들어 있는 유기산은?

① 사과산　② 호박산
③ 구연산　④ 주석산

해설 사과산(사과, 배), 호박산(조개), 주석산(포도)

07 오이의 녹색 꼭지부분에 함유된 쓴맛 성분은?

① 이포메아마론(Ipomeamarone)
② 카페인(Caffeine)
③ 테오브로민(Theobromine)
④ 쿠쿠르비타신(Cucurbitacin)

해설 오이 꼭지의 쓴맛 성분은 쿠쿠르비타신이다.

08 해리된 수소이온이 내는 맛과 가장 관계 깊은 것은?

① 신맛　② 단맛
③ 매운맛　④ 짠맛

해설 해리된 수소이온이 내는 맛은 신맛이다.

09 다음 중 난황에 함유되어 있는 색소는?

① 클로로필　② 안토시아닌
③ 카로티노이드　④ 플라보노이드

해설 클로로필(녹색), 안토시아닌(적색), 플라보노이드(흰색)

10 시금치를 오래 삶으면 갈색이 되는데, 이때 변화되는 색소는 무엇인가?

① 클로로필　② 카로티노이드
③ 플라보노이드　④ 안토크산틴

해설 시금치와 같은 녹색채소에는 클로로필이 함유되어 있다.

정답

01 ④ 02 ① 03 ② 04 ① 05 ③ 06 ③ 07 ④ 08 ① 09 ③ 10 ①

11 클로로필에 대한 설명으로 틀린 것은?

① 산을 가해주면 Pheophytin이 생성된다.
② Chlorophyllase가 작용하면 Chlorophyllide가 된다.
③ 수용성 색소이다.
④ 엽록체 안에 들어 있다.

해설 클로로필은 지용성 색소이다.

12 생강을 식초에 절이면 적색으로 변하는데, 이 현상에 관계되는 물질은?

① 안토시안　② 세사몰
③ 진저론　④ 아밀라아제

해설 안토시안 색소는 산성에서는 적색, 중성에서는 자색, 알칼리에서는 청색을 띤다.

13 녹색 채소 조리 시 중조($NaHCO_3$)를 가할 때 나타나는 결과에 대한 설명으로 틀린 것은?

① 진한 녹색으로 변한다.
② 비타민 C가 파괴된다.
③ 페오피틴(Pheophytin)이 생성된다.
④ 조직이 연화된다.

해설 녹색 채소에 산을 첨가하였을 때 페오피틴이 생성되어 갈색이 된다.

14 철과 마그네슘을 함유하는 색소를 순서대로 나열한 것은?

① 안토시아닌, 플라보노이드
② 카로티노이드, 미오글로빈
③ 클로로필, 안토시아닌
④ 미오글로빈, 클로로필

해설 미오글로빈(육색소 – 철), 클로로필(녹색채소 – 마그네슘)

15 다음 중 동물성 색소인 것은?

① 클로로필　② 안토시안
③ 미오글로빈　④ 플라보노이드

해설 미오글로빈은 동물성 육류 색소이다.

16 열무김치가 시어졌을 때 클로로필이 변색되는 이유는 김치가 익어감에 따라 어떤 성분이 증가하기 때문인가?

① 단백질　② 탄수화물
③ 칼슘　④ 유기산

해설 클로로필 색소는 김치가 익어감에 따라 증가하는 유기산에 의해 누렇게 변하게 된다.

17 짠맛에 소량의 유기산이 첨가되면 나타나는 현상은?

① 떫은맛이 강해진다.　② 신맛이 강해진다.
③ 단맛이 강해진다.　④ 짠맛이 강해진다.

해설 짠맛에 소량의 유기산이 첨가되면 짠맛이 강해진다.

18 다음 냄새 성분 중 어류와 관계가 먼 것은?

① 트리메틸아민(Trimethylamine)
② 암모니아(Ammonia)
③ 피페리딘(Piperidine)
④ 디아세틸(Diacetyl)

해설 디아세틸(버터의 향미 성분)

19 다음 색소 중 동물성 색소는?

① 헤모글로빈(Hemoglobin)
② 클로로필(Chlorophyll)
③ 안토시안(Anthocyan)
④ 플라보노이드(Flavonoid)

해설 헤모글로빈은 혈액 속에 들어 있는 혈색소이다.

20 마늘에 함유된 황화합물로 특유의 냄새를 가지는 성분은?

① 알리신(Allicin)
② 디메틸설파이드(Dimethyl sulfide)
③ 머스타드 오일(Mustard oil)
④ 캡사이신(Capsaicin)

해설 마늘의 매운맛과 향은 알리신 때문이다.

정답
11 ③　12 ①　13 ③　14 ④　15 ③　16 ④　17 ④　18 ④　19 ①　20 ①

21 생선의 조리방법에 관한 설명으로 옳은 것은?

① 선도가 낮은 생선은 양념을 담백하게 하고 뚜껑을 닫고 잠깐 끓인다.
② 지방함량이 높은 생선보다는 낮은 생선으로 구이를 하는 것이 풍미가 더 좋다.
③ 생선조림은 오래 가열해야 단백질이 단단하게 응고되어 맛이 좋아진다.
④ 양념간장이 끓을 때 생선을 넣어야 맛 성분의 유출을 막을 수 있다.

해설 양념간장이 끓을 때 생선을 넣어야 살이 흐트러지지 않고 맛 성분의 유출도 막을 수 있다.

22 금속을 함유하는 색소끼리 짝을 이룬 것은?

① 안토시아닌, 플라보노이드
② 카로티노이드, 미오글로빈
③ 클로로필, 안토시아닌
④ 미오글로빈, 클로로필

해설 클로로필(마그네슘, Mg), 미오글로빈(철, Fe)

23 식품의 냄새성분과 소재식품의 연결이 잘못된 것은?

① 미르신(Myrcene) – 미나리
② 멘톨(Menthol) – 박하
③ 푸르푸릴 알코올(Furfuryl Alcohol) – 커피
④ 메틸메르캡탄(Methyl mercaptan) – 후추

해설 후추의 매운 맛 성분은 차비신(Chavicine)이다.

24 효소적 갈변반응에 의해 색을 나타내는 식품은?

① 분말 오렌지 ② 간장
③ 캐러멜 ④ 홍차

해설 비효소적 갈변에는 마이야르 반응(간장), 캐러멜화 반응, 아스코르빈산 산화반응이 있다.

25 과일의 갈변을 방지하는 방법으로 바람직하지 않은 것은?

① 레몬즙, 오렌지즙에 담가둔다.
② 희석된 소금물에 담가둔다.
③ −10℃ 온도에서 동결시킨다.
④ 설탕물에 담가둔다.

해설 과일의 갈변은 효소적 갈변으로 방지하는 방법에는 가열처리, 염장법, 당장법, 산장법, 아황산 침지 등이 있다.

26 과실 중 밀감이 쉽게 갈변되지 않는 가장 주된 이유는?

① 비타민 A의 함량이 많으므로
② Cu, Fe 등의 금속이온이 많으므로
③ 섬유소 함량이 많으므로
④ 비타민 C의 함량이 많으므로

해설 밀감에는 비타민 C의 함량이 많아 갈변을 억제한다.

27 다음 식품의 변화에 관한 설명 중 옳은 것은?

① 일부 유지가 외부로부터 냄새를 흡수하지 않아도 이취현상을 갖는 것은 산패이다.
② 원인의 단백질이 물리·화학적 작용을 받아 고유의 구조가 변하는 것은 변향이다.
③ 당질은 180~200℃의 고온으로 가열하였을 때 갈색이 되는 것은 효소적 갈변이라 한다.
④ 멜라드 반응, 캐러멜화 반응 등은 비효소적 갈변이다.

해설 유지가 효소, 자외선, 금속, 수분, 온도, 미생물 등에 의해 변하는 현상을 산패라고 하며, 단백질이 화학적 작용으로 변하는 것은 변성이라고 한다. 당질이 갈색으로 변하는 반응은 캐러멜화 반응으로 비효소적 갈변이다.

28 침(타액)에 들어 있는 소화효소의 작용은?

① 전분을 맥아당으로 변화시킨다.
② 단백질을 펩톤으로 분해시킨다.

정답
21 ④ 22 ④ 23 ④ 24 ④ 25 ③ 26 ④ 27 ④ 28 ①

③ 설탕을 포도당과 과당으로 분해시킨다.

④ 카제인을 응고시킨다.

해설 침에 있는 소화효소는 프티알린으로 전분을 맥아당으로 분해시킨다.

29 효소에 대한 일반적인 설명으로 틀린 것은?

① 기질 특이성이 있다.

② 최적온도는 30~40℃ 정도이다.

③ 100℃에서도 활성은 그대로 유지된다.

④ 최적 pH는 효소마다 다르다.

해설 효소는 일반적으로 40℃ 이상의 고온, 강산이나 강알칼리성에서 활성을 잃어버려 불활성이 된다.

30 영양소와 해당 소화효소의 연결이 잘못된 것은?

① 단백질 – 트립신(Trypsin)

② 탄수화물 – 아밀라아제(Amylase)

③ 지방 – 리파아제(Lipase)

④ 설탕 – 말타아제(Maltase)

해설 설탕의 소화효소는 사카라아제이다.

31 다음 보기의 조리과정은 공통적으로 어떠한 목적을 달성하기 위하여 수행하는 것인가?

- 팬에서 오이를 볶은 후 즉시 접시에 펼쳐놓는다.
- 시금치를 데칠 때 뚜껑을 열고 데친다.
- 쑥을 데친 후 즉시 찬물에 담근다.

① 비타민 A의 손실을 최소화하기 위함이다.

② 비타민 C의 손실을 최소화하기 위함이다.

③ 클로로필의 변색을 최소화하기 위함이다.

④ 안토시아닌의 변색을 최소화 하기 위함이다.

해설 오이, 시금치, 쑥은 모두 클로로필 색소를 가지고 있으며, 보기와 같은 조치로 클로로필의 변색을 최소화할 수 있다.

32 소화효소의 주요 구성 성분은?

① 알칼로이드

② 단백질

③ 복합지방

④ 당질

해설 소화효소는 단백질로 만들어진다.

33 영양소의 소화효소가 바르게 연결된 것은?

① 단백질–리파아제

② 탄수화물–아밀라아제

③ 지방–펩신

④ 유당–트립신

해설
- 지방 : 리파아제
- 단백질 : 펩신과 트립신

3. 식품과 영양

01 영양소에 대한 설명 중 틀린 것은?

① 영양소는 식품의 성분으로 생명현상과 건강을 유지하는 데 필요한 요소이다.

② 건강은 신체적, 정신적, 사회적으로 건전한 상태를 말한다.

③ 물은 체조직 구성요소로서 보통 성인 체중의 2/3를 차지하고 있다.

④ 조절소는 열량을 내는 무기질과 비타민을 말한다.

해설 열량소는 탄수화물, 단백질, 지방이 있으며, 무기질과 비타민은 열량을 내지 않는다.

정답 29 ③ 30 ④ 31 ③ 32 ② 33 ② ■ 01 ④

02 체온 유지 등을 위한 에너지 형성에 관계하는 영양소는?

① 탄수화물, 지방, 단백질
② 물, 비타민, 무기질
③ 무기질, 탄수화물, 물
④ 비타민, 지방, 단백질

해설 열량소에는 탄수화물, 단백질, 지방이 해당된다.

03 식품과 함유된 주요 영양소가 바르게 짝지어진 것은?

① 뱅어포 – 당질, 비타민 B_1
② 밀가루 – 지방, 지용성 비타민
③ 사골 – 칼슘, 비타민 B_2
④ 두부 – 지방, 철분

해설 • 뱅어포 – 단백질, 칼슘
• 밀가루 – 탄수화물
• 두부 – 단백질

04 다음 식품의 분류 중 곡류에 속하지 않는 것은?

① 보리 ② 조
③ 완두 ④ 수수

해설 완두는 두류에 속한다.

05 5대 영양소의 기능에 대한 설명으로 틀린 것은?

① 새로운 조직이나 효소, 호르몬 등을 구성한다.
② 노폐물을 운반한다.
③ 신체대사에 필요한 열량을 공급한다.
④ 소화·흡수 등의 대사를 조절한다.

해설 인체의 노폐물 운반은 물의 기능이다.

06 인체에 필요한 직접 영양소는 아니지만 식품에 색, 냄새, 맛 등을 부여하여 식욕을 증진시킨 것은?

① 단백질식품 ② 인스턴트식품
③ 기호식품 ④ 건강식품

해설 기호식품의 종류에는 차, 커피, 코코아, 알코올음료, 청량음료 등이 있다.

07 영양섭취기준 중 권장섭취량을 구하는 식은?

① 평균필요량 + 표준편차 × 2
② 평균필요량 + 표준편차
③ 평균필요량 + 충분섭취량 × 2
④ 평균필요량 + 충분섭취량

해설 권장섭취량 = 평균필요량 + 표준편차 × 2

08 식단작성의 순서가 바르게 연결된 것은?

A. 영양필요량 산출	B. 식품량 산출
C. 3식 영양배분	D. 식단표 작성

① B – C – A – D ② D – A – B – C
③ A – B – C – D ④ C – D – A – B

해설 표준식단의 작성순서 : 영양기준량의 산출 → 식품섭취량의 산출 → 3식의 배분 결정 → 음식수 및 요리명 결정 → 식단작성주기 결정 → 식량배분계획 → 식단표 작성

09 다음의 식단 구성 중 편중되어 있는 영양가의 식품군은?

완두콩밥, 된장국, 장조림, 명란알 찜, 두부조림, 생선구이

① 탄수화물군 ② 단백질군
③ 지방군 ④ 비타민 · 무기질군

해설 된장국, 장조림, 명란알찜, 두부조림, 생선구이는 단백질 식품에 속한다.

정답
02 ① 03 ③ 04 ③ 05 ② 06 ③ 07 ① 08 ③ 09 ②

중식 구매관리

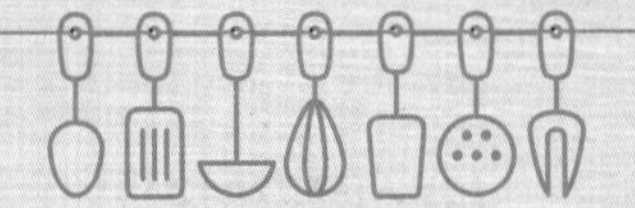

반드시 알아야 할 핵심개념

시장조사, 구매관리, 원가의 3요소, 원가의 종류, 원가의 계산법

구매관리는 조리에 필요한 고품질의 조리기구, 장비, 식재료를 적절한 시기에 공급하고 최소한의 비용으로 효율적으로 구입하는 것이다.

1 시장조사 및 구매관리

(1) 시장조사

① 구매활동에 필요한 자료를 수집하고 품목의 공급선 파악, 재료의 종류와 품질, 수량 산정 가능

② 재료수급이나 가격변동에 의한 신자재 개발 및 공급처 대체 가능

③ 구매방침결정, 비용절감, 이익증대 도모 가능

시장조사의 원칙

조사 계획성의 원칙, 비용 경제성의 원칙, 조사 적시성의 원칙, 조사 탄력성의 원칙, 조사 정확성의 원칙

시장조사의 목적

- 시장가격을 기초로 구매예정가격의 결정 가능
- 합리적인 구매계획의 수립 가능
- 신제품의 설계 가능
- 제품개량 가능

시장조사의 내용

품목, 품질, 가격, 수량, 시기, 구매조건, 구매거래처

(2) 식품구매관리

1) 식품 구입 시 고려할 점

① 예정된 재료를 경제적인 가격으로 구입(예 대량구입, 공동구입)

② 가식부(식용이 가능 한 부분)가 많고 연하며, 맛이 좋은 식품으로 선택

③ 지방별 특산물을 활용하고, 구입이 용이한 것으로 선택

④ 우량식품군표와 대치식품군표 활용

⑤ 재고량을 확인하고 필요량 구입

⑥ 계량과 규격에 유의하고, 가공식품은 제조일과 유통기한 확인

⑦ 상품에 대한 지식 및 식품 생산과 유통정보 수집

2) 식품 구입 시 유의할 점

① 식품구입을 계획할 때 특히 고려해야 할 점 : 식품의 가격과 출회표

② 소고기(육류) 구입 시 유의할 점 : 중량과 부위

③ 곡류, 건어물 등 부패성이 적은 식품 : 일정 한도 내 일시 구입을 원칙으로 1개월분을 한꺼번에 구입

④ 생선, 과채류 등은 필요에 따라 수시로 구입

⑤ 소고기는 냉장시설이 갖추어져 있으면 1주일분을 한꺼번에 구입

참고

※ 식품 단가는 1개월에 2회 점검한다.

식품구매 담당자의 업무

시장조사, 식품구매관리 업무총괄, 구매방법 결정, 구매 식재료 결정, 원가관리, 공급업체관리(업체등록, 발주, 대금지급 등), 고객관리 등

(3) 식품재고관리

재고관리를 위한 결정요인으로 저장시설의 규모와 최대 가능 용량, 발주빈도와 평균사용량, 재고가치 및 공급자의 최소 공급량 등을 들 수 있다.

2 검수관리

(1) 식재료의 품질 확인 및 선별

식품군	식품명	감별점(외관)
농산물	쌀	• 완전히 건조된 것(손바닥에 붙는 쌀의 양을 기입) • 착색되지 않는 쌀 • 쌀 고유의 냄새 이외 곰팡이 냄새나 이상한 냄새가 없을 것 • 백색이면서 광택이 나며, 형태는 타원형이고 굵고 입자가 고른 것
과일류	생과일	• 제철의 것으로 신선하고 청결한 것이 좋다. • 반점이나 해충 등이 없고 과일의 색과 향이 있는 것이 좋다. • 상처가 없는 것으로 건조되지 않고 신선할 것
난류	달걀	• 무게나 중량으로 신선함을 판단하기는 어려움. • 껍질(표면)이 까칠하고 광택이 없는 것(외관법) • 빛을 쬐었을 때 안이 밝게 보이는 것(투시법) • 알의 뾰족한 끝은 차갑게 느껴지고 둥근 쪽은 따뜻하게 느껴지는 것 • 6%의 소금물에 담가 가라앉는 것 • 난백은 점괴성이고, 난황은 구형으로 불룩하며 냄새가 없는 것 • 난황계수 0.375 이상, 난백계수 0.14~0.16 사이의 것이 신선한 것
유제품	우유	• 용기 뚜껑이 위생적으로 처리된 것, 제조일이 오래되지 않은 것 • 고유의 크림색일 것(유백색, 독특한 향) • 중탕 시 윗부분이 응고되는 것 • 비중은 1.028~1.034(물보다 무거운 것)으로 침전현상이 없을 것
저장식품	통조림, 병조림	• 병뚜껑이 돌출되거나 들어가지 않는 것 • 두드렸을 때 맑은 소리가 나는 것 • 통조림의 상 · 하면이 부풀어 있는 것은 내용물이 부패한 것 • 통이 변형되거나 가스가 새어나오는 것은 불량
어패류 및 가공품	생어류	• 생선의 눈이 맑고 눈알이 외부로 약간 나와 있는 것(돌출) • 비늘은 광택이 있고 육질은 탄력이 있는 것 • 뼈에 단단히 붙어 있고 이상한 냄새가 나지 않는 것 • 사후경직 중의 생선은 탄력성이 있어서 꼬리가 약간 올라가 있으며, 시간이 경과함에 따라 차차 누그러진다. • 아가미가 선홍색이며 닫혀 있을 것
	패류	• 산란 시기가 지난 겨울철이 더 맛이 좋다. • 입을 벌리고 있는 것은 죽어 있는 것이므로 주의
	어육 연제품	• 표면에 점액물질이 발생된 것은 좋지 않음. • 살균 불충분에 의해 부패하므로 반으로 잘라 외측부와 내측부에 대하여 탄력성, 색, 조직 등을 관찰 · 비교할 것 • 어두운 곳에서 인광을 발하는 것은 발광균이 발육한 것으로 불량

식품의 발주와 검수

① 발주 : 재료는 식단표에 의하여 1~10단위로 발주를 한다.

② 검수 : 납품 시 식품의 품질, 양, 형태 등이 주문한 것과 일치하는 지를 엄밀히 검수하여야 한다.

- 가식률 = 100 − 폐기율
- 총발주량 = $\frac{\text{정미중량} \times 100}{100 - \text{폐기율}} \times$ 인원수
- 필요비용 = 식품필요량 × $\frac{100}{\text{가식부율}}$ × 1kg당 단가

(2) 조리기구 및 설비 특성과 품질 확인

① 필러(Peeler) : 감자, 당근, 무 등의 껍질을 벗기는 기기

② 절단기

㉠ 커터(Cutter) : 식재료를 자르는 기기

㉡ 초퍼(Chopper) : 식재료를 다지는 기기

㉢ 휘퍼(Whipper) : 거품을 내는 기기

㉣ 슬라이서(Slicer) : 일정한 두께로 잘라내는 기기

㉤ 혼합기(Mixer) : 식품의 혼합, 교반 등에 사용되는 기기

㉥ 그리들(Griddle) : 두꺼운 철판 밑으로 열을 가열하여 철판을 뜨겁게 달구어 조리하는 기기로, 전이나 햄버거, 부침요리에 사용

㉦ 살라만다(Salamander) : 가스 또는 전기를 열원으로 하는 구이용 기기(생선구이, 스테이크 구이용)

㉧ 브로일러(Broiler) : 복사열을 직·간접으로 이용하여 구이요리를 할때 적합하며 석쇠에, 구운 모양을 나타내는 시각적 효과로 스테이크 등의 메뉴에 이용

㉨ 인덕션(Induction) : 자기전류가 유도코일에 의하여 발생하여 상부에 놓은 조리기구와 자기마찰에 의해 가열이 되는 기기(상부에 놓이는 조리기구는 금속성 철을 함유한 것이어야 함)

※ 배식하기 전 음식이 식지 않도록 보관하는 온장고 내의 유지 온도 : 65~70℃

(3) 검수를 위한 설비 및 장비 활용 방법

① 검수대의 조도는 540Lux 이상을 유지한다.

② 검수공간을 충분하게 확보한다.

③ 검수대에 공산품, 육류, 농산물, 수산물 등을 구분할 수 있도록 설비한다.

④ 냉장, 냉동품을 바로 보관할 수 있도록 설비한다.

⑤ 검수대는 위생적으로 안전하도록 청결하게 관리하고 세척, 소독을 실시한다.

⑥ 검수에 필요한 저울, 계량기, 칼, 개폐기 등 검수를 위한 필요한 장비 및 기기를 구비하여 활용한다.

3 원가

(1) 원가의 의의 및 종류

1) 원가의 정의

① 원가는 제품의 제조·판매·봉사의 제공을 위해서 소비된 경제가격이며, 음식에 있어서의 원가란 음식을 만들어 제공하기 위해 소비된 경제가격을 말한다.

② 원가계산의 기간

㉠ 정의 : 원가계산 실시의 시간적 단위를 말한다.

㉡ 원칙 : 1개월을 원칙으로 하나, 경우에 따라 3개월 또는 1년에 한 번씩 실시하기도 한다.

③ **원가계산의 목적** : 적정한 판매가격을 결정하고 경영능률을 증진시키는 데 목적이 있다.

㉠ 가격결정의 목적 : 제품의 판매가격을 결정할 목적으로 원가를 계산한다.

㉡ 원가관리의 목적 : 원가의 절감을 위해 원가관리의 기초자료 제공을 위하여 원가를 계산한다.

㉢ 예산편성의 목적 : 예산편성에 따른 기초자료 제공을 위하여 원가를 계산한다.

㉣ 재무제표의 작성 : 기업의 외부 이해관계자에게 보고하기 위한 기초자료 제공을 위하여 원가를 계산하여 재무제표를 작성한다.

2) 원가의 3요소

① **재료비** : 제품의 제조를 위해 소비되는 물품의 원가(예 집단급식에서는 급식 재료비를 의미)

② **노무비** : 제품의 제조를 위해 소비되는 노동의 가치(예 임금, 급료, 잡금, 상여금)

③ **경비** : 제품의 제조를 위해 소비되는 경비 중 재료비와 노무비를 제외한 가치(예 수도 광열비, 전력비, 감가상각비, 보험료)

3) 원가의 종류

① 직접원가=직접재료비+직접노무비+직접경비(특정 제품에 직접 부담시킬 수 있는 것)

② 간접원가(제조간접비)=간접재료비+간접노무비+간접경비(여러 제품에 공통적·간접적으로 소비되는 것으로 각 제품에 인위적으로 적절히 부담)

③ 제조원가=직접원가+제조간접비

④ 총원가=제조원가+판매관리비

⑤ 판매원가=총원가+이익

<table>
<tr><td></td><td></td><td></td><td></td><td>원가</td></tr>
<tr><td></td><td></td><td></td><td>판매관리비</td><td rowspan="5">총원가</td></tr>
<tr><td></td><td></td><td>제조간접비</td><td rowspan="4">제조원가</td></tr>
<tr><td>간접재료비</td><td>직접재료비</td><td rowspan="3">직접원가</td></tr>
<tr><td>간접노무비</td><td>직접노무비</td></tr>
<tr><td>간접경비</td><td>직접경비</td></tr>
<tr><td>제조간접비</td><td>직접원가</td><td>제조원가</td><td>총원가</td><td>판매원가(판매가격)</td></tr>
</table>

제조원가 요소

① 직접비
- 직접재료비 : 주요 재료비
- 직접노무비 : 임금 등
- 직접경비 : 외주가공비 등

② 간접비
- 간접재료비 : 보조재료비(집단급식 시설에서는 조미료, 양념 등)
- 간접노무비 : 급료, 급여수당, 상여금 등
- 간접경비 : 감가상각비, 보험료, 가스비, 수도·광열비, 수리비, 통신비 등

4) 실제원가, 예정원가, 표준원가

① **실제원가** : 제품이 제조된 후 실제 소비된 원가를 산출한 것

② **예정원가** : 제품의 제조 이전에 제품제조에 소비될 것으로 예상되는 원가

③ **표준원가** : 기업이 이상적으로 제조활동을 할 경우에 예상되는 원가로 경영능률을 최고로 올렸을 때의 최소원가 예정을 말하며, 실제원가는 통제하는 기능을 가짐.

5) 원가계산의 3단계

① 요소별 원가계산

② 부문별 원가계산

③ 제품별 원가계산

(2) 원가 분석 및 계산

① **원가관리의 개념** : 원가를 통제함으로서 가능한 원가를 합리적으로 절감하려는 경영기법이다.

② **표준원가계산** : 과학적이고 통계적인 방법에 의하여 미리 표준이 되는 원가를 설정하고 이를 실제원가와 비교·분석하기 위하여 실시하는 원가계산의 가장 효과적인 방법이다.

③ 고정비와 변동비

고정비	제품의 제조 · 판매 수량의 증감에 관계없이 고정적으로 발생하는 비용
변동비	제품의 제조 · 판매 수량의 증감에 따라 비례적으로 증감하는 비용

④ **손익분기점(수입=총비용)** : 손익분기도표에 의한 수익과 총비용이 일치하는 점으로, 이점에서는 이익도 손실도 발생하지 않는다. 손익분기점을 기준으로 수익이 그 이상으로 증대하면 이익, 반대로 그 이하로 감소되면 손실이 발생하게 된다.

참고

감가상각

고정자산은 감가를 일정한 내용연수에 일정 비율로 할당하여 비용으로 계산하는 절차로 이때 감가된 비용을 감가상각비라고 한다.

감가상각의 3요소

① 기초가격 : 구입가격(취득원가)

② 내용연수 : 취득한 고정자산이 유효하게 사용될 수 있는 기간(사용한 연수)

③ 잔존가격 : 고정자산이 내용연수에 도달했을 때 매각 시 얻을 수 있는 추정가격(기초가격의 10%)

감가상각의 계산법

① 정액법 : 고정자산의 감가총액을 내용연수에 균등하게 할당하는 방법이다.

② 정률법 : 기초가격에서 감가상각비 누계를 차감한 미상각액에 대하여 매년 일정률을 곱하여 산출한 금액을 상각하는 방법이다.

$$\text{감가상각액} = \frac{\text{기초가격} - \text{잔존가격}}{\text{내용연수}}$$

CHAPTER 04 출제경향이 반영된 예상문제

1. 시장조사 및 구매관리

01 급식인원이 1,000명인 집단급식소에서 점심급식으로 닭조림을 하려고 한다. 닭조림에 들어가는 닭 1인 분량은 50g이며, 닭의 폐기율이 15%일 때 발주량은 약 얼마인가?

① 50kg ② 60kg
③ 70kg ④ 80kg

해설 총발주량 $= \frac{\text{정미중량} \times 100}{100-\text{폐기율}} \times \text{인원수} = \frac{50 \times 100}{100-15} \times 1{,}000$
$= 58.82\text{kg} \fallingdotseq$ 약 60kg

02 가식부율이 80%인 식품의 출고계수는?

① 1.25 ② 2.5
③ 4 ④ 5

해설 식품의 출고계수 $= \frac{100}{100-\text{폐기율}} = 1.25$

03 재고관리 시 주의점이 아닌 것은?

① 재고회전율치 계산은 주로 한달에 1회 산출한다.
② 재고회전율이 표준치보다 낮으면 재고가 과잉임을 나타내는 것이다.
③ 재고회전율이 표준치보다 높으면 생산지연 등이 발생할 수 있다.
④ 재고회전율이 표준치보다 높으면 생산비용이 낮아진다.

해설 재고회전율이 높아지면 재고와 관련한 이자비용과 재고 취급 및 보관비용을 줄일 수 있다.

04 집단급식소에서 식수인원 500명의 풋고추조림을 할 때 풋고추의 총 발주량은 약 얼마인가? (단, 풋고추 1인분 30g, 풋고추의 폐기율 6%)

① 15kg ② 16kg
③ 20kg ④ 25kg

해설 총발주량 = (정미중량 × 100) ÷ (100 − 폐기율) × 인원수 = (30 × 100) ÷ (100 − 6) × 500 = 약 16kg

05 시금치나물을 조리할 때 1인당 80g이 필요하다면, 식수인원 1,500명에 적합한 시금치 발주량은? (단, 시금치 폐기율은 4%이다)

① 100kg ② 110kg
③ 125kg ④ 132kg

해설 총발주량 $= \frac{\text{정미중량} \times 100}{100-\text{폐기율}} \times \text{인원수} = \frac{80 \times 100}{100-4} \times 1{,}500$
$= 125{,}000\text{g} = 125\text{kg}$

06 집단급식에서 식품을 구매하고자 할 때 식품단가는 최소한 어느 정도 점검해야 하는가?

① 1개월에 2회
② 2개월에 1회
③ 3개월에 1회
④ 4개월에 2회

해설 식품단가는 1개월에 2회 점검한다.

정답
01 ② **02** ① **03** ④ **04** ② **05** ③ **06** ①

2. 검수관리

01 식품을 구입할 때 식품감별이 잘못된 것은?

① 과일이나 채소는 색깔이 고운 것이 좋다.
② 육류는 고유의 선명한 색을 가지며 탄력성이 있는 것이 좋다.
③ 어육 연제품은 표면에 점액질의 액즙이 없는 것이 좋다.
④ 토란은 겉이 마르지 않고 잘랐을 때 점액질이 없는 것이 좋다.

해설 토란은 겉이 마르지 않고 잘랐을 때 끈적거리는 점액질이 있어야 신선하다.

02 식품감별 중 아가미 색깔이 선홍색인 생선은?

① 부패한 생선
② 초기 부패의 생선
③ 점액이 많은 생선
④ 신선한 생선

해설 신선한 생선은 아가미의 색이 선홍색이다.

03 어류의 신선도에 관한 설명으로 틀린 것은?

① 어류는 사후경직 전 또는 경직 중이 신선하다.
② 경직이 풀려야 탄력이 있어 신선하다.
③ 신선한 어류는 살이 단단하고 비린내가 적다.
④ 신선도가 떨어지면 조림이나 튀김 조리가 좋다.

해설 신선한 생선은 눈알이 돌출되어 있으며 아가미의 색은 선홍색이어야 한다. 비늘은 고르게 잘 밀착되어 있어야 하며, 광택이 있고 눌렀을 때 탄력이 있으며 냄새가 나지 않아야 한다.

04 식품의 감별법으로 옳은 것은?

① 돼지고기는 진한 분홍색으로 지방이 단단하지 않은 것
② 고등어는 아가미가 붉고 눈이 들어가고 냄새가 없는 것
③ 달걀은 껍데기가 매끄럽고 광택이 있는 것
④ 쌀은 알갱이가 고르고 광택이 있으며, 경도가 높은 것

해설 신선한 돼지고기의 색은 담홍색이며, 생선은 눈이 튀어나오고 냄새가 없으며, 아가미는 선홍색인 것이 좋다. 달걀은 껍데기가 까칠까칠한 것이 신선하다.

05 다음 중 신선하지 않은 식품은?

① 생선 : 윤기가 있고 눈알이 약간 튀어나온 듯한 것
② 고기 : 육색이 선명하고 윤기 있는 것
③ 달걀 : 껍질이 반들반들하고 매끄러운 것
④ 오이 : 가시가 있고 곧은 것

해설 신선한 달걀은 껍데기 표면이 까칠까칠하다.

3. 원가

01 총비용과 총수익(판매액)이 일치하여 이익도 손실도 발생되지 않는 기점은?

① 매상선점
② 가격결정점
③ 손익분기점
④ 한계이익점

해설 손익분기점은 총수익과 총비용이 일치하는 지점, 이익도 손실도 발생하지 않는 지점, 판매총액이 모든 원가와 비용만 만족시킨 지점이다.

정답
01 ④ 02 ④ 03 ② 04 ④ 05 ③ ■ 01 ③

02 제품의 제조수량 증감에 관계없이 매월 일정액이 발생하는 원가는?

① 고정비 ② 비례비
③ 변동비 ④ 체감비

해설 고정비란 항상 일정한 비용이 들어가는 것으로 인건비, 감가상각비, 보험료 등이 있다.

03 가공식품, 반제품, 급식 원재료 및 조미료 등 급식에 소요되는 모든 재료에 대한 비용은?

① 관리비 ② 급식재료비
③ 소모품비 ④ 노무비

해설 급식에 소요되는 모든 재료의 비용을 급식재료비라 한다.

04 급식부분의 원가요소 중 인건비는 어디에 해당하는가?

① 제조간접비 ② 직접재료비
③ 직접원가 ④ 간접원가

해설 인건비는 노무비에 해당되며 직접원가에 해당한다.

05 일정 기간 내에 기업의 경영활동으로 발생한 경제가치의 소비액을 의미하는 것은?

① 손익 ② 비용
③ 감가상각비 ④ 이익

해설 일정한 기간 내에 기업의 경영활동으로 발생한 경제가치의 소비액을 비용이라 한다.

06 원가에 대한 설명으로 틀린 것은?

① 원가의 3요소는 재료비, 노무비, 경비이다.
② 간접비는 여러 제품의 생산에 대하여 공통으로 사용되는 원가이다.
③ 직접비에 제조 시 소요된 간접비를 포함한 것은 제조원가이다.
④ 제조원가에 관리비용만 더한 것은 총 원가이다.

해설 총원가 = 제조원가 + 판매 및 일반관리비

07 직접원가에 속하지 않는 것은?

① 직접재료비
② 직접노무비
③ 직접경비
④ 일반관리비

해설 직접원가 = 직접재료비 + 직접노무비 + 직접경비

08 냉동식품에 대한 보관료 비용이 다음과 같을 때 당월 소비액은? (단, 당월 선급액과 전월 미지급액은 고려하지 않는다)

- 당월 지급액 : 60,000원
- 전월 지급액 : 10,000원
- 당월 미지급액 : 30,000원

① 70,000원 ② 80,000원
③ 90,000원 ④ 100,000원

해설 전월 지급액 + 당월 지급액 + 당월 미지급액 = 10,000 + 60,000 + 30,000 = 100,000원

09 10월 한 달간 과일통조림의 구입 현황이 다음과 같고, 재고량이 모두 13캔인 경우 선입선출법에 따라 재고금액은?

날짜	구입량(병)	단가(원)
10월 1일	20	1,000
10월 10일	15	1,050
10월 20일	25	1,150
10월 25일	10	1,200

① 14,500원 ② 15,000원
③ 15,450원 ④ 16,000원

해설 입고가 먼저된 것부터 순차적으로 출고하여 출고단가를 결정하는 방법은 선입선출법이다. 재고량은 13캔 = (10월 20일 − 3캔) + (10월 25일 − 10캔) = (1,150 × 3) + (1,200 × 10) = 15,450원

정답
02 ① 03 ② 04 ③ 05 ② 06 ④ 07 ④ 08 ④ 09 ③

10 100인분의 멸치조림에 소요된 재료의 양이라면 총 재료비는 얼마인가?

재료	사용 재료량(g)	1kg 단가(원)
멸 치	1,000	10,000
풋고추	2,000	7,000
기 름	100	2,000
간 장	100	2,000
깨소금	100	5,000

① 17,900원 ② 24,900원
③ 26,000원 ④ 33,000원

해설 재료비=재료소비량×소비단가
(1,000g×10원)+(2,000g×7원)+(100g×2원)+(100g×2원)+(100g×5원)=24,900원

11 다음 자료로 계산한 제조원가는 얼마인가?

- 직접재료비 ₩180,000
- 간접재료비 ₩50,000
- 직접노무비 ₩100,000
- 간접노무비 ₩30,000
- 직접경비 ₩10,000
- 간접경비 ₩100,000
- 판매관리비 ₩120,000

① ₩590,000 ② ₩470,000
③ ₩410,000 ④ ₩290,000

해설 제조원가=직접원가(직접재료비+직접노무비+직접경비)+간접원가(제조간접비)이므로, 180,000+100,000+10,000+50,000+30,000+100,000=470,000원이다.

12 어떤 음식의 직접원가는 500원, 제조원가는 800원, 총원가는 1,000원이다. 이 음식의 판매관리비는?

① 200원 ② 300원
③ 400원 ④ 500원

해설 총원가=제조원가+판매관리비이므로, 1,000−800=200

13 구매한 식품의 재고관리 시 적용되는 방법 중 최근에 구입한 식품부터 사용하는 것으로 가장 오래된 물품이 재고로 남게 되는 것은?

① 선입선출법(First-in, First-out)
② 후입선출법(Last-in, First-out)
③ 총 평균법
④ 최소-최대관리법

해설 최근에 구입된 재료부터 먼저 사용한다는 가정 아래 재료 소비가격을 계산하는 방법이다.

정답
10 ② 11 ② 12 ① 13 ②

중식 기초조리실무

반드시 알아야 할 핵심개념

전분의 호화, 전분의 노화, 달걀의 신선도 판정법, 식품의 저장법

기초조리실무는 기본적으로 칼을 다루는 기술과 주방에서 업무수행에 필요한 조리의 기본기능, 기본 조리방법을 습득하고 활용하는 것이다.

1 조리준비

(1) 조리의 정의 및 기본 조리조작

① 조리의 정의 : 식품을 위생적으로 처리한 후 식품의 특성을 살려 먹기 좋고 소화되기 쉽도록 하고, 식욕이 나도록 만드는 가공 조작과정을 말한다.

② 조리의 목적

㉠ 기호성 : 식품 맛과 외관을 좋게 하여 식욕을 돋게 한다.

㉡ 영양성 : 소화를 용이하게 하여 식품의 영양효율을 증가시킨다.

㉢ 안전성 : 안전한 음식을 만들기 위해 조리한다.

㉣ 저장성 : 식품의 저장성을 높인다.

1) 조리의 준비조작

① 계량

㉠ 조리를 합리적이고 능률적으로 하기 위해서는 적절한 계량이 필요하다. 즉, 분량을 정확히 재어야 하고 조리시간과 가열온도를 정확히 측정하여야 한다.

㉡ 사용해야 하는 조리 계량기구는 저울, 온도계, 시계, 계량컵, 계량스푼 등으로 양, 부피, 온도, 시간의 측정을 한다. 반드시 비치하여 정확한 식품 및 조미료의 양, 조리온도와 시간 등을 측정하면 편하다.

② 계량단위

㉠ 1컵(C)=240cc(㎖)=8온스(oz)

- 30cc×8온스=240cc(계량스푼)
- 우리나라의 경우 : 1컵(C)=200cc(㎖)

㉡ 1온스(oz ; ounce)=30㎖(※ 미국 29.57㎖, 영국 28.41㎖)

㉢ 1국자=100㎖

㉣ 1큰술(Ts, Table spoon)=15cc(㎖)=3작은술(ts)

㉤ 1작은술(ts, tea spoon)=5cc(㎖)

㉥ 1파인트(pint)=16온스(oz)

㉦ 1쿼터(quart)=32온스(oz)

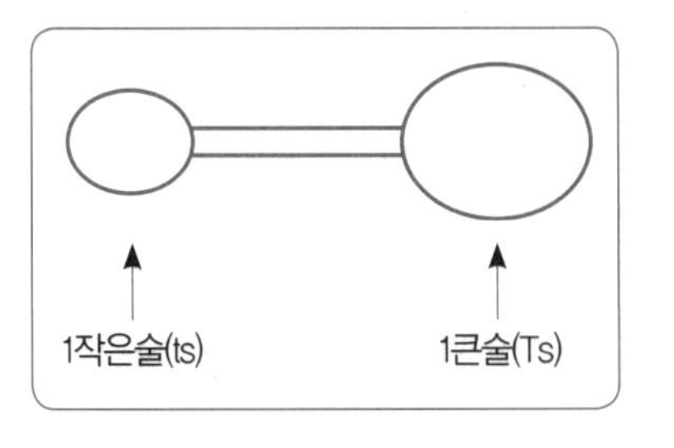

③ 정확한 계량법

㉠ 액체 : 원하는 선까지 부은 다음 눈높이를 맞추어 측정눈금을 읽는다.

㉡ 지방 : 버터, 마가린, 쇼트닝 등의 고형지방은 실온에서 부드러워졌을 때 스푼이나 컵에 꼭꼭 눌러 담은 후 윗면을 수평이 되도록 하여 계량한다.

㉢ 설탕 : 흰설탕을 측정할 때는 계량용기에 충분히 채워 담아 위를 평평하게 깎아 계량하고, 흑설탕은 설탕입자 표면이 끈끈하여 서로 붙어 있으므로 손으로 꾹꾹 눌러 담은 후 수평으로 깎아 계량한다.

㉣ 밀가루 : 입자가 작은 재료로 저장하는 동안 눌러 굳어지므로 계량하기 전에 반드시 체에 1~2회 정도 쳐서 계량한다. 체에 친 밀가루는 계량용기에 누르지 말고 수북하게 가만히 부어 담아 스패츌러(Spatula)로 평면을 수평으로 깎아 계량한다.

④ 음식의 적온

음식의 종류	적정 온도	음식의 종류	적정 온도
전골	95~98℃	밥, 우유	40~45℃
커피, 국, 달걀찜	70~75℃	빵 발효	25~30℃
식혜, 발효술	55~60℃ (아밀라제 최적온도)	맥주, 물	7~10℃
청국장 발효, 겨자	40~45℃	청량음료, 음료수	2~5℃

2) 조리과학에 이용되는 기초단위

① 열효율

㉠ 열량=발열량×열효율

㉡ 연료의 경제성=발열량×열효율÷연료의 단가

열효율의 크기

전기(65%)>가스와 석유(50%)>연탄(40%)>숯(30%)

② **효소** : 효소의 본체는 단백질로 각종 화학반응에 촉매작용을 한다.

③ **잠열** : 증발·융해 등 물질상태 변화에 의해 열을 흡수 또는 방출하는 작용이다.

④ **점성** : 식품이 액체 상태에서 가지고 있는 끈끈함의 정도를 말하며, 점성이 클수록 액체가 끈끈해지며, 온도가 낮아져도 점성이 높아진다.

⑤ **표면장력** : 액체가 스스로 수축하여 표면적을 가장 작게 가지려는 힘을 말한다.

㉠ 온도가 감소할수록 표면장력은 증가한다.

㉡ 표면장력을 증가시키는 것은 설탕이며, 낮추는 것은 지방·알코올·단백질이다.

㉢ 표면장력이 작을수록 거품이 잘 일어난다(맥주 거품).

⑥ **콜로이드** : 어떤 물질에 0.1~0.001μ 정도의 미립자가 녹지 않고 분산되어 있는 상태이다.

㉠ 졸(Sol) : 액체 상태로 분산(흐를 수 있는 것) 예 우유, 된장즙, 잣죽, 마요네즈 등

㉡ 겔(Gel) : 반고체 상태로 분산(흐름성이 없는 것) 예 어묵, 두부, 도토리묵, 족편 등

⑦ **수소이온** : 농도 pH 7을 기준으로 하여 그 보다 낮은 수는 산성이고 높은 수는 알칼리성이며, pH 7은 중성이다.

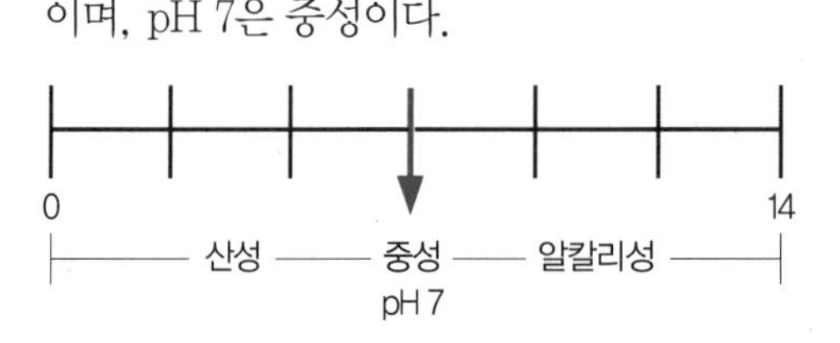

⑧ 삼투압

㉠ 농도가 다른 두 액체, 즉 진한 용액과 엷은 용액 사이에는 항상 같은 농도가 되려는 성질이 있는데, 이때 생기는 압력이 삼투압이다.

㉡ 농도가 낮은 곳에서 높은 곳으로 이동되는 현상을 말한다.

㉢ 채소, 생선절임, 김치 등에 삼투압을 이용한다.

삼투압에 따른 조미순서

설탕>소금>간장>식초

⑨ 용해도

㉠ 용액 속에 녹을 수 있는 물질의 농도

㉡ 용해속도는 온도 상승에 따라 증가하고, 용질의 상태, 결정의 크기, 삼투, 교반 등에 영향 받음.

⑩ 팽윤·용출·확산

㉠ 팽윤 : 수분을 흡수하여 몇 배로 불어나는 현상

㉡ 용출 : 재료 중의 성분이 용매로 녹아 나오는 현상

㉢ 확산 : 용액의 농도가 부분에 따라 다르면 이동이 일어나서 자연히 농도가 같아지는 현상

⑪ 폐기량과 정미량

㉠ 폐기량 : 조리 시 식품에 있어서 버리는 부분의 중량

㉡ 폐기율 : 식품의 전체 중량에 대한 폐기량을 퍼센트(%)로 표시한 것

㉢ 정미량 : 식품에서 폐기량을 제외한 부분으로 가식부위(먹을 수 있는 부위)를 중량으로 나타낸 것

㉣ 폐기부 이용 : 생선의 내장 등은 살코기부분보다 단백질, 비타민 A, 비타민 B_1, 비타민 B_2가 많음.

(2) 기본조리법 및 대량조리기술

1) 기계적 조리

저울에 달기, 씻기, 담그기, 썰기, 갈기, 자르기, 누르기 등의 조리조작

① **생식품 조리** : 열을 사용하지 않고 식품 그대로의 감촉과 맛을 느끼기 위해 하는 조리법으로 채소나 과일을 생식함으로써 비타민과 무기질의 파괴를 줄일 수는 있으나 기생충에 오염될 우려가 있다.

② **생식품 조리의 특징**

㉠ 성분의 손실이 적으며, 수용성 비타민의 이용률이 높다.

㉡ 식품을 생으로 먹을 때는 식품의 조직과 섬유가 부드럽고 신선해야 한다.

㉢ 조리가 간단하고 조리시간이 절약된다.

2) 가열적 조리

① 풍미(불미성분 제거, 조미료, 향신료, 지미성분의 침투), 소화흡수율이 증가한다.

② 병원균, 부패균, 기생충알을 살균하여 안전한 음식을 조리할 수 있다.

③ 지방이 융해, 단백질의 변성, 결합조직이 연화, 전분의 호화되어 식품이 조직이나 성분이 변화한다.

④ 가열적 조리방법의 종류

㉠ 습열 조리 : 끓이기, 찜, 삶기, 조림(스튜)

㉡ 건열 조리 : 굽기, 튀기기, 베이킹

㉢ 전자레인지에 의한 조리 : 초단파를 이용한 조리

[습열에 의한 조리(물) : 끓이기, 삶기, 찜, 조림(스튜)]

<table>
<tr><td rowspan="4">끓이기
(Boiling)</td><td colspan="2">액체에다 식품을 가열하는 동안 맛이 들며 재료가 연해지고 조직이 연화되어 맛이 증가한다.</td></tr>
<tr><td>장점</td><td>• 한 번에 많은 음식을 조리할 수 있어 편리하다.
• 식품이 눌러 붙거나 탈 염려가 적고 고루 익는다.</td></tr>
<tr><td>단점</td><td>• 수용성 성분이 녹아 나오므로 수용성 영양소가 손실될 염려가 있다.
• 조리시간이 길다(뚜껑을 덮고 조리하면 연료와 시간을 절약할 수 있음).</td></tr>
<tr><td colspan="2">• 국 : 건더기가 1/3이고, 국물이 2/3이다(소금 농도 1%).
• 찌개 : 건더기가 2/3이고, 국물이 1/3이다(소금 농도 2%).
• 생선(구울 때) → 2~3%의 소금을 넣는다.</td></tr>
<tr><td rowspan="2">삶기와 데치기
(Blanching)</td><td colspan="2">• 식품의 불미성분을 제거한다.
• 식품조직의 연화, 탈수는 색을 좋게 한다.
• 단백질의 응고, 식품의 소독이 삶기의 목적이다.
• 미생물의 번식 억제(살균 효과)
• 효소의 불활성화(효소 파괴 효과)
• 식품의 산화반응 억제
• 식재료의 부피 감소 효과</td></tr>
<tr><td colspan="2">• 푸른채소 데치기 : 1%의 소금물에 뚜껑 열고, 단시간에 데친다.
• 갑각류 : 2%의 소금물에 삶기 → 적색으로 변한다(색소 : 아스타산틴).</td></tr>
<tr><td rowspan="3">찜
(Steaming)</td><td colspan="2">수증기의 잠열(1g당 539kcal)에 의하여 식품을 가열하는 조리법이다.</td></tr>
<tr><td>장점</td><td>• 식품의 모양이 흩어지지 않는다.
• 식품의 수용성 물질의 용출이 끓이는 조작보다 적게 된다.
• 식품이 탈 염려가 없다.</td></tr>
<tr><td>단점</td><td>끓이는 것보다 조리시간이 많이 소요된다.</td></tr>
<tr><td>조림
(Stew)</td><td colspan="2">재료에 소량의 물과 간장, 설탕을 넣고 국물이 거의 줄어들 때까지 조려 음식이 짭짤해지는 조리법이다.</td></tr>
</table>

[건열에 의한 조리(불) : 볶기, 튀기기, 굽기]

볶기 (Roosting)	고온의 냄비나 철판에 적당량의 기름을 충분히 가열해서 물기가 없는 재료를 강한 불에 볶는 요리로 구이와 튀김의 중간 조리법에 해당한다. **장점** • 영양상 지용성 비타민(A, D, E, K, F)의 흡수에 좋다. • 고온 단시간의 처리로 비교적 식품의 비타민 손실이 적다.
튀기기 (Frying)	• 튀김용기는 얇으면 비열이 낮아 온도가 쉽게 변하므로 두꺼운 용기를 사용한다. • 기름의 비열은 0.47이며, 열용량이 적기 때문에 온도의 변화가 심하므로 재료의 분량, 불의 가감 등에 주의하여 적정온도를 유지하도록 해야 한다. • 튀김 시 기름의 적온은 160~180℃, 크로켓은 190℃에서 튀긴다. **장점** 식품을 고온에서 단시간 처리하므로 영양소(특히 비타민 C)의 손실이 가장 적다 ↔ 끓이기(비타민 C의 손실이 가장 크다) • 주의사항 : 오래된 기름은 산패 · 중합에 의해 점조도가 증가하여 튀길 때 깔끔하게 튀겨지지 않으며 설사 등의 중독증상을 일으킬 수도 있다. • 튀김옷은 냉수(얼음물)에 달걀을 넣고 잘 푼 다음 밀가루를 넣어 젓지 않고 젓가락으로 톡톡 찌르는 방법으로 가볍게 섞어 사용한다. • 튀김용 기름으로는 면실유, 콩기름, 채종유, 옥수수유 등의 발연점이 높은 식물성 기름이 좋다. • 동물성 기름은 융점이 높아 튀김에 부적당하다. • 튀김옷으로는 글루텐 함량이 적은 박력분이 적당하다. • 박력분이 없으면 중력분에 전분을 10~13% 정도 혼합하여 사용한다.
굽기 (Grilling)	• 식품에 수분 없이 열을 가하여 굽는 것으로 식품 중의 전분은 호화되고, 단백질은 응고하여 수분을 침출시키고 동시에 식품조직이 열을 받아 익으므로 식품이 연화된다. • 직접구이 : 재료에 직접 화기를 닿게 하여 복사열이나 전도열을 이용하여 굽는 방법(석쇠구이, 산적구이) • 간접구이 : 프라이팬이나 철판 등의 매체를 이용하여 간접적인 열로 조리하는 방법(베이킹)

※ 전자레인지에 의한 조리 : 초단파(전자파) 이용한 간편한 조리방법

⑤ 화학적 조리 : 효소(분해)작용, 알칼리 물질(연화 및 표백작용), 알코올(탈취 및 방부작용), 금속(응고작용)을 이용한 조리

※ 빵, 술, 된장 등은 3가지 조리조작을 병용하여 만드는 것이다.

중국요리의 특성

중국요리는 지역적인 특색에 따라 북경요리, 남경요리, 남동요리, 사천요리를 4대 요리라고 부른다.

중국 칼의 종류

- 채도(菜刀, cài dāo, 차이 다오) : 채소를 손질할 때 사용하는 칼
- 딤섬도(點心刀, dian sin dāo, 디엔 신 다오) : 딤섬 종류의 소를 넣을 때 사용하는 칼
- 조각도(雕刻刀, diāo kèdāo, 띠아오 커 다오) : 조각칼

중국 조리의 기본 썰기 방법

- 조(條, tiáo, 티아오) : 채썰기
- 곤도괴(滾刀塊, dāo kuài, 다오 콰이) : 재료를 돌리면서 도톰하게 썰기
- 니(泥, nì, 니) : 잘게 다지기
- 미(粒, lì, 리)/입(未, wèi, 웨이) : 쌀알 크기 정도로 썰기
- 정(丁, dīng, 띵) : 깍둑썰기
- 편(片, piàn, 피엔) : 편썰기
- 사(絲, sī, 쓰) : 가늘게 채썰기

(3) 조리기구의 종류와 용도

구분	용도
중화팬	음식을 볶을 때 사용하는 프라이팬으로 무쇠로 만들어져 있다.
편수팬	프라이팬 모양으로, 구멍이 뚫려 있어 식재료를 물이나 기름에서 건져낼 때 사용한다.
국자	식재료를 볶을 때뿐만 아니라 식재료를 덜어 사용할 때에도 이용한다.
도마	식재료를 자를 때 칼과 함께 사용한다.
제면기	면을 뽑거나 만두피를 밀 때 사용한다.
대나무 찜기	식재료나 딤섬을 쪄서 낼 때 사용한다.

(4) 식재료 계량방법

① 조리에 사용되는 계량의 단어와 약자

계량 단위		용량	1ts 기준 환산
1작은술(1 tea spoon, 1ts)		5㎖	1작은술
1큰술(1 Table spoon, 1Ts)		15㎖	3작은술
1컵(cup)	미터법*	200㎖	13작은술
1컵(cup)	쿼트법*	240㎖	16작은술

* 미터법은 길이의 단위를 미터로 하고 질량의 단위를 킬로그램으로 하며 십진법을 사용하는 도량형법이다.

* 쿼트는 야드파운드법과 미국 단위계에서 부피를 재는 단위이다.

② 조리에 사용되는 온도 계산법

㉠ 화씨를 섭씨로 고치는 공식 : ℃=(℉−32)/1.8

㉡ 섭씨를 화씨로 고치는 공식 : ℉=(1.8×℃)+32

참고

조리에서 대표적으로 사용되는 온도의 구분

구분	섭씨(℃)	화씨(℉)
냉동고	−18℃	0℉
물이 어는 온도	0℃	32℉
냉장고	4℃	40℉
데치기	82℃	180℉
끓이기	100℃	212℉
튀기기	180℃	356℉

③ 물을 계량하는 법(미국식 계량법 기준 1cup=240ml)

컵(cup)	파인트(pint)	쿼트(quart)	온스(ounce)
1/2cup	1/4pint	1/8quart	4.15ounce
1cup	1/2pint	1/4quart	8.3ounce
2cup	1pint	1/2quart	16.62ounce
4cup	2pint	1quart	33.24ounce

※ 1파운드는 453g이다.

(5) 조리장의 시설 및 설비관리

1) 조리장의 시설

① 조리장의 위치

㉠ 통풍, 채광 및 급수와 배수가 용이하고 소음, 악취, 가스, 분진, 공해 등이 없는 곳

㉡ 화장실 쓰레기통 등에서 오염될 염려가 없을 정도로 떨어져 있는 곳

㉢ 물건 구입 및 반출입이 편리하고 종업원의 출입이 편리한 곳

㉣ 음식을 배선, 운반하기 쉬운 곳

㉤ 비상시 출입문과 통로에 방해되지 않는 곳

② 조리장의 면적 및 형태

㉠ 조리장의 면적 : 식당 면적의 1/3

취식자 1인당 취식 면적

- 일반 급식소 : 취식자 1인당 1.0m²
- 병원 급식소 : 침대 1개당 0.8~1.0m²
- 학교 급식소 : 아동 1인당 0.3m²
- 기숙사 : 1인당 0.3m²
- 호텔 : 연회석 수와 침대 수의 합에 1.0m²를 곱한 것

㉡ 식기 회수공간 : 취식면적의 10%

㉢ 1인당 급수량

- 일반급식소 : 6~10 ℓ
- 병원 : 10~20 ℓ
- 학교 : 4~6 ℓ
- 기숙사 : 7~15 ℓ

㉣ 조리장의 구조 : 직사각형 구조가 능률적임.

㉤ 조리장의 길이 : 조리장 폭의 2~3배가 적당

③ 작업대 배치 순서

㉠ 준비대 – 개수대 – 조리대 – 가열대 – 배선대

㉡ 작업대 높이 : 신장의 52%, 높이 80~85cm, 너비 55~60cm

작업대의 종류

① ㄷ자형 : 동선이 짧으며, 넓은 조리장에 사용
② ㄴ자형 : 동선이 짧으며, 조리장이 좁은 경우에 사용
③ 병렬형 : 180℃ 회전을 필요로 하므로, 피로하기 쉬움.
④ 일렬형 : 조리장이 굽은 경우 사용되며, 비능률적임.

2) 설비관리

① 조리 설비의 3원칙

㉠ 위생 : 식품의 오염을 방지할 수 있어야 하고 환기와 통풍, 배수와 청소가 용이해야 한다.

㉡ 능률 : 식품의 구입, 검수, 저장 등이 쉽고 기구, 기기 등의 배치가 능률적이어야 한다.

㉢ 경제 : 내구성이 있고 경제적이어야 한다.

② 조리장의 설비 조건

㉠ 충분한 내구력이 있는 구조일 것

㉡ 객실 및 객석과는 구획의 구분이 분명할 것

㉢ 통풍, 채광, 배수 및 청소가 쉬울 것

㉣ 조리장의 바닥과 바닥으로부터 1m까지의 내벽은 타일, 콘크리트 등 내수성 자재를 사용할 것

㉤ 조명시설은 식품위생법상 기준 조명은 객석은 30lux, 조리실은 50lux 이상이어야 한다.

㉥ 객실면적이 $33m^2$(10평) 미만의 대중음식점, 간이주점, 찻집은 별도로 구획된 조리장을 갖추지 않을 수 있다.

㉦ 환기시설 : 팬과 후드를 설치하여 환기를 하고, 후드의 경우 4방형이 가장 효율이 좋다.

㉧ 트랩(Trap) : 하수도로부터 악취, 해충의 침입을 방지하는 장치이다.

※ 수조형 트랩이 효과적이고, 지방이 하수관 내로 들어가는 것을 막을 때는 그리스(Grease) 트랩이 좋다.

㉨ 방충망 : 30메시 이상[mesh : 가로, 세로 1인치(inch) 크기의 구멍 수]

2 식품의 조리원리

참고

전분의 조리원리

① 전분의 호화(α화)

㉠ 가열하지 않은 천연상태의 날녹말에 물을 넣고 가열하여 α전분의 상태로 변하는 현상이다.

예 쌀이 떡이나 밥되는 것, 밀가루가 빵이 되는 현상

㉡ 호화되어진 전분은 소화가 잘 됨.

㉢ 전분의 호화에 영향을 끼치는 인자

- 온도 : 가열온도가 높을수록 빨리 호화
- 수분 : 물이 많을수록 빨리 호화

- pH : pH가 높을수록(알칼리성일 때) 빨리 호화
- 전분입자 : 전분입자의 크기가 작을수록 빨리 호화
- 당류 설탕의 농도가 높아지면 빨리 호화
- 도정률 : 쌀의 도정이 높을수록 빨리 호화

※ 전분은 물보다 비중이 무거워 침전하는 성질이 있다.

- 아밀로오스는 호화되기 쉬우며 아밀로펙틴은 호화되기 어렵다

전분의 호화(α화, Gelatinization)

보통 생 전분을 β–전분이라고 하고 미셀이 파괴된 상태의 호화된 전문을 α–전분이라고 하는데, β–전분이 α–전분으로 변화되는 현상을 호화라고 한다.

β전분(날 전분) —수분(물)+열(가열)→ α전분(익은 전분)

쌀 —호화→ 밥

② **전분의 노화(β화)**

㉠ α화된 전분, 즉 호화된 전분(밥, 떡, 빵, 찐 감자 등)을 그냥 내버려두면 단단하게 굳어지고 딱딱해지는 현상(예 밥이 식으면 굳어지는 것, 빵이 딱딱해지는 것)

㉡ 전분의 노화 촉진에 관계하는 요인

- 온도 : 2 ~ 5℃
- 수분함량 : 30~60%
- 수소이온 첨가 : 다량
- 전분입자의 종류 : 아밀로오스>아밀로펙틴

멥쌀	아밀로펙틴(80%)+아밀로오스(20%) 예 주식
찹쌀	아밀로펙틴(100%)+아밀로오스(0%) 예 찰떡, 인절미

③ **전분의 노화 억제방법**

㉠ α전분을 80℃ 이상으로 유지하면서 급속 건조시킴.

㉡ 0℃ 이하로 얼려 급속 탈수한 후 수분함량을 15% 이하로 유지

㉢ 설탕이나 환원제, 유화제를 다량 첨가

전분의 노화(β–화, Retrogradation)

α–전분이 β–전분으로 변하는 것

α–전분(익은 전분) —냉장온도, 실온→ β–전분(날 전분)

밥, 떡 —노화→ 굳어짐

④ **전분의 호정화(덱스트린화)**

㉠ 전분에 물을 넣지 않고 160~170℃ 정도 고온에서 익힌 것으로서 물에 녹일 수도 있고 오랫동안 저장 가능[예 볶은 곡류, 미숫가루, 팝콘, 뻥튀기 등]

㉡ 호화와 호정화의 차이 : 호화는 물리적 상태의 변화이지만, 호정화는 물리적 상태의 변화에 화학적 변화가 수반되는 것이다.

> **전분의 호정화(덱스트린화, Dextrinization)**
> 보전분에 물을 가하지 않고 160~170℃ 정도로 가열하면 여러 단계의 가용성 전분을 거쳐 호정(糊精, Dextrin)으로 분해되는 현상
>
> β전분(날 전분) ——160℃ 이상 가열——▶ 호정(덱스트린, Dextrin)

※ 반응온도 : 아미노카르보닐화 반응(155℃), 캐러멜화 반응(160~180℃), 전분의 호정화(160℃)

(1) 농산물의 조리 및 가공·저장

1) 쌀

① **벼의 구조** : 벼의 낟알 비율은 현미 80%, 왕겨 20%로써 현미는 벼를 탈곡하여 왕겨층을 벗겨낸 것으로 호분층, 종피, 과피, 배아, 배유로 구성되어 있고, 호분층과 배아에 단백질, 지질, 비타민이 많이 함유되어 있다.

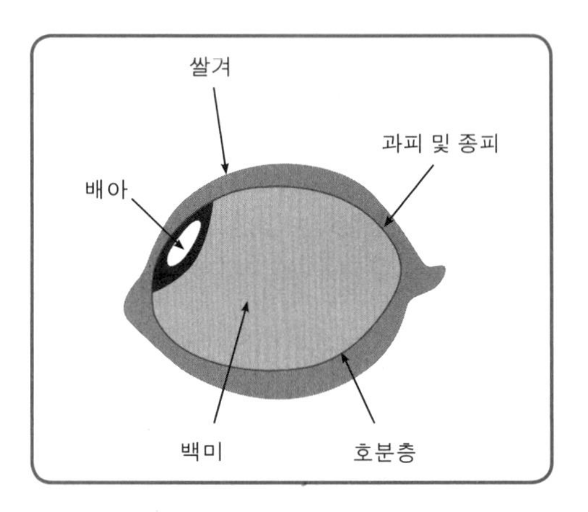

② 쌀의 종류

㉠ 현미 : 쌀에서 왕겨만 벗겨낸 것으로 영양은 좋으나 섬유소를 포함하고 있어 소화·흡수율이 낮다.

㉡ 백미 : 우리가 주로 사용하는 일반쌀로 현미를 도정하여 배유만 남은 것을 말하며, 섬유소의 제거로 소화율은 높지만 배아의 손실로 영양가는 낮다.

- 백미의 소화율 : 현미의 소화율이 90%인데 비해 백미는 98%로 소화율이 더 높다.
- 백미의 분도 : 쌀에서 깎여지는 부분(단백질, 지방, 섬유 및 비타민 B_1, B_2 감소됨)

[도정에 의한 분류]

도정도	도정률(%)	도감률(%)	소화율(%)
현미	100	0	90
5분 도미(쌀겨층의 50% 제거)	96	4	90
7분 도미(쌀겨층의 70% 제거)	94	6	97
10분 도미(백미)	92	8	98

※ 현미에서 10분 도미로 도정도가 높아질수록 영양가는 낮아지고 소화율, 당질의 양은 증가한다.

③ **쌀의 수분함량** : 쌀의 수분함량은 14~15%이며, 최대흡수율은 20~30%로 밥을 지었을 경우 수분 함량은 65% 정도이다.

※ 밥 짓기 : 밥맛을 좋게 하기 위하여 0.03% 정도의 소금을 넣으며 밥맛이 좋아진다.

④ **쌀 종류에 따른 물의 분량** : 물의 분량은 쌀의 종류와 수침 시간에 따라 다르며 잘된 밥의 양은 쌀의 2.5배 정도가 된다.

쌀의 종류	쌀의 중량에 따른 물의 양	쌀의 부피에 따른 물의 양
백미(보통)	쌀 중량의 1.5배	쌀 부피의 1.2배
햅쌀	쌀 중량의 1.4배	쌀 부피의 1.1배
찹쌀	쌀 중량의 1.1~1.2배	쌀 부피의 0.9~1.0배
불린 쌀	쌀 중량의 1.2배	쌀 부피와 1.0배 동량

※ 쌀 불리는 시간 : 찹쌀 50분, 멥쌀 30분
※ 밥 뜸들이는 시간 : 5~15분(15분 정도가 가장 좋다)

⑤ 쌀의 가공품

㉠ 건조쌀(Alpha Rice) : 뜨거운 쌀밥을 고온건조시켜 수분함량을 10% 정도로 한 것으로 여행 시나 비상식량으로 사용한다.

㉡ 팽화미(Popped Rice) : 고압의 용기에 쌀을 넣고 밀폐시켜 가열하면 용기 속의 압력이 올라간다. 이때 뚜껑을 열면 압력이 급히 떨어져서 수배로 쌀알이 부풀게 되는데 이것을 튀긴쌀 또는 팽화미라고 한다(튀밥, 뻥튀기).

㉢ 인조미 : 고구마 전분, 밀가루, 쇄미 등을 5 : 4 : 1의 비율로 혼합한 것이다.

㉣ 종국류 : 감주, 된장, 술 제조에 쓰이고, 그 밖에 증편, 식혜, 조청 등을 만드는 데 사용한다.

㉤ 주조미 : 미량의 쌀겨도 남기지 않고 도정한 쌀이다.

※ 쌀의 저장 정도 : 백미 → 현미 → 벼(저장하기가 가장 좋음)

⑥ 정맥

㉠ 압맥 : 보리쌀의 수분을 14～16%로 조절하여 예열통에 넣고 간접적으로 60~80℃로 가열시킨 후 가열증기나 포화증기로써 수분을 25～30%로 하고 롤러로 압축한 쌀

㉡ 할맥 : 보리의 골에 들어 있는 섬유소를 제거한 쌀

㉢ 맥아

단맥아	고온에서 발아시켜 싹이 짧은 것(맥주 양조용에 사용)
장맥아	비교적 저온에서 발아시킨 것[식혜나 물엿(소포제) 제조에 사용]

2) 서류

① 감자

㉠ 감자의 갈변 : 감자에 함유되어 있는 티로신(Tyrosin)이 티로시나아제(Tyrosinase)에 의해 산화되어 멜라닌을 생성하기 때문에 감자를 썰어 공기 중에 놓아두면 갈변한다.

㉡ 티로신은 수용성이므로 물에 넣어두면 감자의 갈변을 억제할 수 있다.

㉢ 전분함량에 따른 감자의 전분

점질감자	감자를 찌거나 구울 때 부서지지 않고, 기름을 써서 볶는 요리에 적당하다(조림, 샐러드).
분질감자	감자를 굽거나 찌거나 으깨어 먹는 요리에 적당하다(매시드 포테이토).

※ 매시드 포테이토 : 감자를 삶아서 으깨어 우유, 버터, 소금으로 맛을 낸 요리

② **고구마** : 단맛이 강하며 수분이 적고 섬유소가 많다.

③ **토란** : 주성분은 당질로 특유의 토란 점질물이 있으며, 토란의 점질물은 열전달을 방해하고, 조미료의 침투를 어렵게 하므로 물을 갈아가면서 삶아야 이를 방지할 수 있다.

④ **마** : 마의 점질물은 글로불린(Globulin) 등의 단백질과 만난(Manan)이 결합된 것으로, 마를 가열하면 점성이 없어진다. 생식하면 효소를 많이 함유하고 있으므로 소화가 잘 된다.

3) 두류

① 두류의 성분

㉠ 대두, 낙화생

- 단백질과 지방의 함량이 많아 식용유지의 원료로 이용
- 대두는 단백질 함량이 40% 정도로 두부 제조에 이용
- 대두의 주 단백질은 완전 단백질인 글리시닌(Glycinin)임.
- 비타민 B군 다량 함유
- 무기질로는 칼륨과 인이 많음.

㉡ 팥, 녹두, 강낭콩, 동부(강두)

- 단백질과 전분 함량이 많음.
- 떡이나 과자의 소·고물로 이용

㉢ 풋완두, 껍질콩

- 채소의 성질을 갖음.
- 비타민 C의 함량이 비교적 높음.

② 두류의 가열에 의한 변화

㉠ 독성물질의 파괴 : 대두와 팥에는 사포닌(Saponin)이라는 용혈 독성분이 있지만 가열하면 파괴된다.

㉡ 단백질 이용률과 소화율의 증가 : 날콩 속에는 단백질의 소화액인 트립신(Trypsin)의 분비를 억제하는 안티트립신(Antitrypsin ; 단백질의 소화를 방해하는 효소)이 들어 있어서 소화가 잘 되지 않지만 가열하면 파괴된다.

㉢ 콩을 삶을 때 알칼리성 물질인 중조(식용소다)를 첨가하면 빨리 무르게 되지만 비타민 B_1(티아민)의 손실이 커지게 된다.

③ 두부의 제조

㉠ 제조 : 콩을 갈아서 70℃ 이상으로 가열하고 응고제를 첨가하여 단백질(주로 글리시닌)을 응고시키는 방법

㉡ 응고제 : 염화마그네슘($MgCl_2$), 황산칼슘($CaSO_4$), 염화칼슘($CaCl_2$), 황산마그네슘($MgSO_4$)

㉢ 제조방법

콩을 2.5배가 될 때까지 불림(겨울 24시간, 봄·가을 12~15시간, 여름 6~8시간).
↓
소량의 물을 첨가하여 마쇄함.
↓
마쇄한 콩의 2~3배의 물을 넣어 30~40분간 가열함.
↓
비지와 두유로 분리 후 두유의 온도가 65~70℃가 되면 간수를 2~3회로 나누어 첨가
↓
착즙
↓
두부 완성

㉣ 유부 : 두부의 수분을 뺀 뒤 기름에 튀긴 것이다.

④ 장류의 제조방법

㉠ 된장 제조

재래식 된장	간장을 담가서 장물을 떠내고 건더기를 쓰는 것
개량식 된장	메주에 소금물을 알맞게 부어 장물을 떠내지 않고 먹는 것

㉡ 간장 제조 : 콩과 볶은 밀을 마쇄하여 혼합시키고 황국균을 뿌려 국균을 만든 후 소금물에 담가 발효시켜 짠 것

㉢ 청국장 제조 : 콩을 삶아서 60℃까지 식힌 후 납두균을 40~45℃에서 번식시켜 양념을 가미한 것

※ 두류를 이용한 발효식품으로는 간장, 된장, 고추장 등이 있다.

- 코지(Koji) : 곡물, 콩 등에 코지 곰팡이를 번식시킨 것
- 간장 달이는 목적 : ① 농축, ② 살균, ③ 미생물을 불활성화시킴.
- 간장색깔이 변하는 이유 : 아미노카르보닐 반응(착색현상)
- 납두균 : 청국장의 끈끈한 점질물로 내열성이 강한 호기성균

4) 소맥분(밀가루) 조리

① **소맥(밀)** : 밀알 그대로는 소화가 어렵고 정백해도 소화율이 80% 정도로서 백미의 소화율이 98%인 것에 비해 아주 나쁜 편이며, 밀을 제분하면 소화율이 백미와 거의 비슷하다.

② **글루텐의 형성** : 밀가루에 물을 조금씩 넣어가며 반죽을 하게 되면 글리아딘과 글루테닌이 물과 결합하여 글루텐을 형성한다.

㉠ 밀가루의 숙성 : 만들어진 제분을 일정기간 동안 숙성시키면 흰 빛깔을 띠게 된다.

㉡ 소맥분 계량제 : 과산화벤조일, 브롬산칼륨, 과붕산나트륨, 이산화염소, 과황산암모늄 등

㉢ 글루텐 : 밀에는 다른 곡류에는 없는 특수한 성분인 글루텐이 있는데, 이것은 단백질로서 점탄성이 있기 때문에 빵이나 국수 제조에 적당하다.

㉣ 밀가루의 종류(글루텐 함량에 의해 결정)

종류	글루텐 함량	사용 용도
강력분	13% 이상	식빵, 마카로니, 스파게티면
중력분	10~13%	만두피, 국수
박력분	10% 이하	케이크, 과자류, 튀김

③ 제빵

㉠ 밀가루

- 밀가루는 가루가 곱고 흰색일수록 좋다.
- 밀가루를 체에 치는 이유 : 불순물 및 밀기울 제거, 산소의 공급, 가루입자의 균일화

㉡ 팽창제

발효법	이스트의 발효로 생긴 이산화탄소(CO_2)를 이용하여 만드는 법(발효빵)
비발효법	베이킹파우더에 의해서 생긴 이산화탄소(CO_2)를 이용하여 만드는 법(무발효빵)

㉢ 설탕 : 첨가하면 단맛이 나며 효모의 영양원이며, 캐러멜화 반응으로 갈색이 된다.

㉣ 소금 : 단것에 소금을 첨가하면 단맛을 강하게 하며, 점탄성 증가, 노화 억제 및 잡균 번식을 억제한다.

㉤ 지방, 우유 : 제빵 시 빵을 부드럽게 해준다(연화작용).

㉥ 달걀 : 기포성을 좋게 한다.

④ 제면

㉠ 국수에 소금을 첨가하는 것은 프로테아제(Protease, 단백질 분해 효소)의 작용을 억제시켜 국수가 절단되는 것을 방지한다.

㉡ 당면 : 전분(고구마, 녹두 등)을 묽게 반죽해서 선상으로 끓는 물에 넣어 삶은 다음 동결건조한다.

⑤ 밀가루 반죽 시 글루텐에 영향을 주는 물질

㉠ 팽창제 : 탄산가스(CO_2)를 발생시켜 밀가루 반죽을 부풀게 한다.

이스트(효모)	밀가루의 1~3%, 최적온도 30%, 반죽온도는 25~30℃일 때 이스트 작용을 촉진한다.
베이킹파우더(B.P)	밀가루 1C에 베이킹파우더 1ts가 적당하다.
중조(중탄산나트륨)	밀가루에는 플라보노이드 색소가 있어 중조(알칼리)를 넣으면 황색으로 변화되는 단점이 있고, 특히 비타민 B_1, B_2의 손실을 가져온다.

㉡ 지방 : 층을 형성하여 부드럽고 바삭하게 만든다(파이).

㉢ 설탕 : 열을 가했을 때 음식의 표면에 착색시켜 보기 좋게 만들지만 글루텐을 분해하여 반죽을 구웠을 때 부풀지 못하게 한다.

㉣ 소금 : 글루텐의 늘어나는 성질이 강해져 반죽이 잘 끊어지지 않게 한다.

㉤ 달걀 : 밀가루 반죽의 형태를 형성하는 것을 돕지만 달걀을 지나치게 많이 사용하면 음식이 질겨지므로 주의하고, 튀김 반죽할 때는 심하게 젓거나 오래두고 사용하지 않도록 한다.

5) 과채류 가공과 저장

① 채소 및 과일 가공 시 주의점

㉠ 과채류의 비타민 C 손실과 향기성분의 손실이 적도록 주의한다.

㉡ 과채류 가공 시 조리기구에 의한 풍미와 색 등의 변화에 주의한다.

② **과일 가공품** : 과일의 펙틴(Pectin)의 응고성을 이용하여 만든다.

㉠ 젤리화의 3요소 : 펙틴(1.0~1.5%), 산(pH 3.2) 0.3%, 당분 62~65%

㉡ 펙틴과 산이 많은 과일 : 사과, 포도, 딸기 등

※ 감, 배는 펙틴의 함량이 적어서 응고되지 않으므로 잼을 만드는 원료로 적당하지 않다.

㉢ 잼의 온도는 103~104℃, 수분 27%, 당도 70%가 적당하다.

㉣ 가공품

잼(Jam)	과육을 그대로 설탕 60%를 첨가하여 농축한 것
젤리	과즙에 설탕 70%를 첨가하여 농축한 것
마멀레이드	과육 · 과피(껍질)에 설탕을 첨가하여 가열 · 농축한 것(오렌지, 레몬껍질)
프리저브	시럽에 넣고 조리하여 연하고 투명하게 된 과일

㉤ 과일의 저장 : 가스저장법(CA 저장 : 과채류의 호흡 억제작용), 냉장 보존

㉥ 건조과일 : 건조 정도는 수분 24%로 말린다(곶감, 건포도, 건조사과 등).

※ 건조과일 과정 : 원료 조제 → 알칼리 처리 또는 황 훈증 → 건조

[과채류 저장 시 적온]

종류	저장온도	종류	저장온도	종류	저장온도
바나나	13~15℃	토마토	4~10℃	양파	0℃
고구마	10~13℃	귤	4~7℃	양배추	0℃
호박	10~13℃	사과	-1~11℃	당근	0℃
파인애플	5~7℃	복숭아	4℃	-	-

후숙과일

수확한 후 호흡작용이 특이하게 상승되므로 미리 수확하여 저장하면서 호흡작용을 인공적으로 조절할 수 있는 과일류(예 바나나, 키위, 파인애플, 아보카도, 사과 등)

과일의 갈변 방지

과일의 갈변은 효소적 갈변으로 방지하는 방법에는 가열처리, 염장법, 당장법, 산장법, 아황산 침지 등이 있다.

③ 토마토 가공품

㉠ 토마토퓨레(Tomato Puree) : 토마토를 으깨어 걸러서 씨와 껍질을 제거한 후 과육과 과즙을 농축한 것

㉡ 토마토페이스트 : 토마토퓨레를 고형물이 25% 이상이 되도록 농축시킨 것

㉢ 토마토케첩 : 토마토퓨레에 여러 조미료를 넣어 조린 것

④ **채소 및 과일 조리** : 채소는 수분 함량이 70~90% 정도이며, 알칼리성 식품으로 비타민과 무기질이 풍부하다.

㉠ 채소류의 분류

종류	사용방법	예
엽채류	잎을 식용으로 하는 채소	상추, 시금치, 쑥갓, 근대, 양배추, 부추, 미나리
경채류	줄기를 식용으로 하는 채소	아스파라거스, 샐러리, 죽순
과채류	열매를 식용으로 하는 채소	오이, 가지, 호박, 풋고추, 토마토, 오크라
근채류	뿌리를 식용으로 하는 채소	우엉, 무, 당근, 감자, 고구마, 비트
화채류	꽃을 식용으로 하는 채소	브로콜리, 콜리플라워, 아티초크

㉡ 조리 시 채소의 변화

• 채소를 데칠 때는 충분한 양의 물과 높은 온도에서 짧은 시간에 데쳐야 한다.

물을 많이 넣어 데치는 경우	채소의 푸른색을 유지할 수 있다.
물을 적게 넣어 데치는 경우	채소의 영양소 파괴를 줄 일 수 있다.

• 푸른색 채소는 반드시 뚜껑을 열고 고온 단시간에 데치며, 특히 시금치, 근대, 아욱은 수산이 존재하므로 반드시 뚜껑을 열어 데쳐서 수산을 날려 보낸다. 수산은 체내의 칼슘 흡수를 저해하며, 신장 결석을 일으킨다.

• 우엉, 연근, 토란, 죽순 등은 쌀뜨물이나 식초물에 데쳐야 채소의 빛깔이 깨끗하다.

• 인삼, 더덕, 도라지는 사포닌 같은 쓰고 떫은맛이 있는데 이들 성분은 수용성 성분이라 물에서 삶던가 물에 충분히 담갔다 조리를 하면 떫은맛을 적게 할 수 있다.

• 녹색 채소를 데치면 채소의 색이 더욱 선명해지는데 이것은 채소의 조직에서부터 공기가 제거되므로 밑에 있는 엽록소가 더 선명하게 보이기 때문이다.

• 엽채류 중 녹색이 진할수록 비타민 A, C가 많다.

• 김치에 달걀껍질을 넣어두면 달걀껍질의 칼슘이 산을 중화시켜 김치가 시어지는 것을 방지할 수 있다.

※ **연부현상 : 김치의 호기성 미생물이 작용하여 펙틴 분해효소를 생성하기 때문에 김치가 짓물러진 것처럼 된다. 김치가 국물에 잠겨 있으면 연부현상이 잘 일어나지 않는다.**

• 신김치로 찌개를 했을 때 배춧잎이 단단해지는 것은 섬유소가 산에 의해 단단해지기 때문이다.

천일염

굵은 소금이라고 하며, 김장배추를 절이는 용도로 사용한다.

㉢ 조리에 의한 색 변화

구분	사용방법
클로로필 (Chlorophyll, 엽록소)	• 녹색 채소에 들어 있는 녹색 색소이다. • 산에 약하므로 식초를 사용하면 누런 갈색이 된다(예 시금치에 식초를 넣으면 누런색). • 알칼리 성분인 황산 등이나 중탄산소다로 처리하면 안정된 녹색을 유지한다.
안토시안 (Anthocyan) 색소	• 식품의 꽃, 과일의 색소로, 산성에서는 적색, 중성에서는 보라색, 알칼리에서는 청색을 띤다. • 비트, 적양배추, 딸기, 가지, 포도, 검정콩에 함유되어 있다. • 가지를 삶을 때 백반을 넣으면 안정된 청자색을 보존할 수 있다.
플라보노이드 (Flavonoid) 색소	• 쌀, 콩, 감자, 밀, 연근 등의 흰색이나 노란색 색소이다. • 산에 안정하여 흰색을 나타내고, 알칼리에서는 불안정하여 황색으로 변한다.
카로티노이드 (Carotenoid) 색소	• 황색이나 오렌지색 색소로 당근, 고구마, 호박, 토마토 등 등황색, 녹색 채소에 들어 있다. • 조리 과정이나 온도에 크게 영향을 받지 않지만 산화되어 변화한다. • 카로티노이드는 지용성이므로 기름을 사용하여 조리하면 흡수율이 높다(예 당근볶음).
베타시아닌 (Betacyanin)	• 붉은 사탕무, 근대, 아마란사스의 꽃 등에서 발견되는 수용성의 붉은 색소 • 베타닌(betanin)은 열에 불안정, PH 4~6에 안정
갈변 색소	무색이나 엷은색을 띠는 식품을 조리하는 과정에서 갈색으로 변색되는 반응

(2) 축산물의 조리 및 가공·저장

1) 육류의 가공과 저장

① 축육의 도살 후 사후 변화 순서

사후강직 → 자기소화 → 부패

㉠ 사후강직 : 축육은 도살 후 젖산이 생성되기 때문에 pH가 저하된다. 근육 수축이 일어나 질긴 상태의 고기가 된다. 미오신이 액틴과 결합된 액토미오신이 사후강직의 원인 물질이다.

㉡ 자기소화(숙성) : 근육 내의 효소작용에 의해서 근육조직이 분해되는 과정으로 육질이 연해지고 풍미가 향상된다.

※ 소고기 : 5℃에서 7~8일, 10℃에서 4~5일, 15℃에서 2~3일이 소요

㉢ 부패 : 오랫동안 숙성을 시키면 고기 근육에 존재하던 미생물과 외부의 미생물에 의해 변질이 일어난다.

참고

육류의 사후강직 시간

닭고기 : 6~12시간, 소고기 : 72시간, 말고기 : 12~24시간, 돼지고기 : 3시간

② 육류의 저장

㉠ 건조 : 조직 내 수분활성의 감소 예 육포

㉡ 냉장 : 0~4℃에서 단시일 동안 저장

㉢ 냉동 : −18℃ 이하에서 저장하면, 소고기 6~8개월, 돼지고기 3~4개월 저장이 가능하며, 냉동 시 급속냉동은 근섬유의 수축과 변형을 적게 함.

③ 육류의 가공품

㉠ 햄(Ham) : 돼지고기의 뒷다리를 사용하여 식염, 설탕, 아질산염, 향신료 등을 섞어 훈제한 것

㉡ 베이컨(Bacon) : 돼지고기의 기름진 배 부위(삼겹살)의 피를 제거한 후 햄과 같은 방법으로 만든 것

㉢ 소시지 : 햄과 베이컨을 가공하고 남은 고기에 기타 잡고기를 섞어 조미한 후 동물의 창자나 인공 케이싱(Casing)에 채운 다음 가열이나 훈연 또는 발효시킨 것

참고

가공육 제품 내포장재인 케이싱(Casing)의 종류

- 가식성 콜라겐 케이싱(동물의 콜라겐을 가공하여 만든 인조 케이싱)
- 셀룰로오스 · 파이브로스(식물성 섬유로 만든 인조 케이싱)
- 플라스틱 케이싱(비가식성 인조 케이싱)

2) 육류의 조리 특징

① 고기는 근육의 결대로 썰면 근수축이 크고 질기나 근육결을 꺾어서 썰면 근수축이 적고 연하다.

② 고기의 맛은 단백질의 응고점(75~80℃) 부근에서 익혀야 맛이 좋다.

③ 소고기나 양고기는 기름의 융점이 높아 뜨거운 요리에 적합하고 돼지고기, 닭고기, 오리고기는 융점이 낮아 햄이나 소시지 같은 가공품으로 제조할 수 있다.

④ 편육은 끓는 물에 삶고, 생강은 고기가 익은 후에 넣는 것이 좋다.

3) 육류의 연화법

① **기계적 방법** : 고기를 근육결 반대로 썰거나, 칼로 다지거나, 칼집을 넣는 방법

② **단백질 분해효소(연화효소) 첨가** : 배즙, 생강의 프로테아제(Protease), 파인애플의 브로멜린(Bromelin), 무화과의 피신(Ficin), 파파야의 파파인(Papain)

③ **육류 동결** : 고기를 얼리면 세포의 수분이 단백질보다 먼저 얼어서 팽창하여 세포가 터지게 되어 고기가 부드러워진다.

④ **육류의 숙성** : 숙성기간을 거치면 단백질 분해효소의 작용으로 고기가 연해진다.

⑤ **설탕 첨가** : 설탕을 첨가 시 육류 단백질을 연화시킨다.

⑥ **육류의 가열** : 결체조직이 많은 고기는 장시간 물에 끓이면 연해진다.

※ 상강육(Marbling) : 고기의 근육 속에 지방이 서리가 내린 것처럼 얼룩 형태로 산재한 것(예 안심, 등심, 채끝살)

참고

육류의 숙성

① 저온숙성(Aging) : 0~3℃ 온도, 85~100% 상대습도에서 6~11일간 저장 숙성하면 근육 내 단백질 분해효소들에 의한 자가소화 과정을 통해, 14~22%의 연도향상 효과(도축 및 냉장유통 시스템이 열악하면 장기간의 저장성 숙성이 어려움)

② 고온숙성(지연냉장) : 10~20℃ 온도에서 도살 후 10시간까지 숙성하면 저온단축을 방지하고, 단백질 분해효소들에 의한 자가소화를 통해, 7~47%의 연도 향상 효과(도축장 시설 및 작업자의 철저한 위생관리가 필요)

※ 소 도체의 경우 냉도체 등급판정으로 적용 어려움

4) 가열에 의한 고기의 변화

① 단백질의 응고, 고기의 수축 분해

② **결합조직의 연화** : 장시간 물에 넣어 가열했을 때 고기의 콜라겐·젤라틴으로 변화된다.

③ **지방의 융해** : 지방에 열이 가해지면 융해된다.

④ **색의 변화** : 가열에 의해 미오글로빈은 공기 중의 산소와 결합하여 옥시미로글로빈이 된다(고기의 선홍색 → 회갈색).

⑤ **맛의 변화** : 고기를 가열하면 구수한 맛을 내는 전구체가 분해되어 맛을 낸다.

⑥ **영양의 변화** : 열에 민감한 비타민들은 가열 중에 손실이 크다.

5) 육류의 조리방법

습열 조리	찜, 국, 조림(장정육, 양지육, 사태육, 업진육, 중치육)
건열 조리	구이, 산적(등심, 갈비, 안심, 홍두깨살, 대접살, 채끝살)

6) 고기의 가열정도와 내부 상태

가열 정도	내부 온도	내부 상태
레어(Rare)	55~65℃	고기의 표면을 살짝 구워 자르면 육즙이 흐르고, 내부는 생고기에 가깝다.
미디움(Medium)	65~70℃	고기 표면의 색깔은 회갈색이나 내부는 연한 붉은색 정도이며, 자른 면에 약간의 육즙이 있다.
웰던(Well-done)	70~80℃	고기의 표면과 내부 모두 갈색으로 육즙은 거의 없다.

7) 축산 가공학

① 우유의 가공과 저장

㉠ 우유를 데울 때 : 뚜껑을 열고 저어가며 이중냄비에 데우기(중탕)

㉡ 크림 : 우유에서 유지방만을 분리해낸 것

㉢ 버터 : 우유에서 유지방을 모아 굳힌 것으로 지방 85% 이하, 수분 18% 이하, 유당 무기질 등으로 구성된 것(크림성)

㉣ 분유 : 우유를 농축하여 건조(분무식 건조법)시킨 것(전지분유, 탈지분유, 조제분유)

㉤ 치즈 : 우유를 젖산균에 의하여 발효시키고 레닌(Rennin)을 가하여 응고시킨 후, 유청을 제거한 것

㉥ 요구르트 : 우유가 젖산 발효에 의하여 응고된 것

㉦ 아이스크림 : 우유 및 유제품에 설탕, 향료와 버터, 달걀, 젤라틴, 색소 등 기타 원료를 넣어 저어가면서 동결시켜 만든 것

8) 달걀의 조리

① **달걀의 구성** : 달걀은 껍질, 난황(노른자), 난백(흰자)으로 구성되어 있으며, 난백은 90%가 수분이고 나머지는 단백질이 많다. 난황은 단백질, 다량의 지방과 인(P)과 철(Fe)이 들어 있으며 약 50%가 고형분이다. 난백은 농후난백과 수양난백으로 나뉘며, 달걀의 1개 무게는 50~60g 정도이다.

② **녹변현상** : 달걀은 너무 오래 삶거나 뜨거운 물속에 담가두면 달걀노른자 주위가 암녹색 띠를 형성하게 되는데, 이러한 현상을 녹변현상이라고 한다. 이것은 난백에서 유리된 황화수소(H2S)가 난황 중의 철분(Fe)과 결합하여 황화제1철(FeS)을 만들기 때문에 나타나는 현상이다.

달걀의 녹변현상이 잘 일어나는 조건
- 달걀 가열시간이 길수록
- 달걀 가열온도가 높을수록
- 신선한 달걀이 아닐 경우
- 삶은 후 찬물에 담그지 않은 경우

③ 난백의 기포성

㉠ 오래된 달걀(농후한 난백보다 수양성인 난백이 거품이 잘 일어남)일수록 기포가 잘 일어난다.

㉡ 난백은 30℃에서 거품이 잘 일어난다(실온에서 보관한 달걀).

㉢ 약간의 산(오렌지주스, 식초, 레몬즙)을 첨가하면 기포 형성에 도움을 주지만 기름과 우유는 기포력을 저해한다(설탕은 거품을 완전히 낸 후 마지막 단계에서 넣어주면 거품이 안정됨).

㉣ 밑이 좁고 둥근 바닥을 가진 그릇이 기포력을 돕는다.

㉤ 달걀의 기포성을 이용한 조리 : 스펀지케이크, 머랭, 케이크의 장식

④ 난황의 유화성

㉠ 난황의 레시틴(Lecithin)이 유화제로 작용

㉡ 달걀의 유화성을 이용한 음식 : 마요네즈(대표적인 음식), 프렌치드레싱, 크림스프, 케이크반죽, 잣 미음

※ 마요네즈 : 분리된 마요네즈를 재생시킬 때는 노른자를 넣어가며 저어준다.

⑤ 달걀의 신선도 판정방법

㉠ 비중법 : 신선한 달걀의 비중은 1.06 ~ 1.09이다. 물 1C에 식염 1큰술(6%)을 녹인 물에 달걀을 넣었을 때 가라앉으면 신선한 것이고, 위로 뜨면 오래된 것이다.

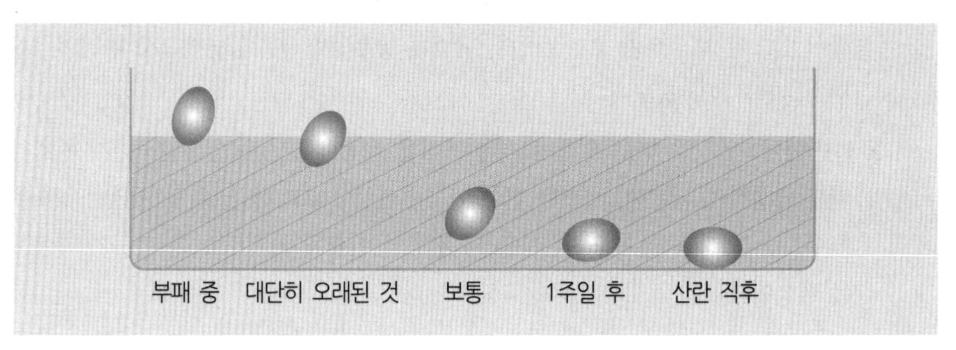

㉡ 난황계수와 난백계수 측정법

- 난황계수 : 0.36 이상이면 신선한 달걀
- 난백계수 : 0.14 이상이면 신선한 달걀

참고

- 난황계수 = $\frac{\text{평판상 난황의 높이}}{\text{평판상 난황의 직경}}$ = 0.375 이상(신선한 것)
- 난백계수 = $\frac{\text{난백의 높이}}{\text{난백의 직경}}$ = 0.14~0.16(신선한 것)

㉢ 할란 판정법 : 달걀을 깨어 내용물을 평판 위에 놓고 신선도를 평가한다. 달걀의 노른자와 흰자의 높이가 높고 적게 퍼지면 좋은 품질이다.

㉣ 투시법 : 빛에 쪼였을 때 안이 밝게 보이는 것은 신선하다.

㉤ 기타

- 껍질이 거칠수록 신선하고, 광택이 나는 것은 오래된 것이다.
- 알의 뾰족한 끝이 혓바닥으로 차갑게 느껴지고 둥근 쪽은 따뜻하게 느껴지면 신선한 것이며, 오래된 것은 양쪽 다 따뜻하게 느껴진다.
- 난백은 점괴성이고, 난황은 구형으로 불룩하며 냄새가 없는 것이 신선한 것이다.
- 오래된 달걀일수록 난황·난백계수는 작아지고, pH는 높아지며, 기실은 커져서 달걀을 흔들었을 때 소리가 난다.

④ 달걀의 가공과 저장

㉠ 달걀의 열에 의한 응고

- 달걀흰자 : 58℃에서 응고되기 시작하여 80℃에서 완전히 굳어진다.
- 달걀노른자 : 70℃에서 응고되기 시작하여 100℃에서 완전히 굳어진다(반숙 65~68℃).

- 설탕을 넣으면 달걀의 응고온도가 높아지고 소금, 우유, 산을 넣으면 응고를 촉진시킨다.
- 달걀은 100℃에서 3분 가열하면 난백만 응고되고, 5~7분이면 반숙이 되고, 10~15분이면 완숙이 된다.

달걀 조리별 소화시간

반숙(1시간 30분) → 완숙(2시간 30분) → 생달걀(2시간 45분) → 달걀프라이(3시간 15분)

㉡ 달걀가공품

- 건조달걀 : 달걀흰자와 노른자의 수분을 증발시켜 건조하여 만든 것
- 마요네즈 : 달걀노른자에 샐러드유를 넣어가며 저어서 식초 및 여러 가지 조미료와 향신료를 첨가하여 만든 것
- 피단(송화단) : 소금 및 알칼리 염류를 달걀 속에 침투시켜 저장을 겸한 조미달걀(침투작용, 응고작용, 발효작용을 이용)

㉢ 달걀의 성질

- 달걀흰자의 기포성 : 빵 제조 시 팽창제로 사용한다.
- 달걀노른자의 유화력 : 마요네즈 제조 시 난황의 레시틴(Lecithin)이 유화성분으로 사용된다.

㉣ 달걀의 저장 : 냉장법, 가스저장법, 표면도포법, 침지법(소금물), 간이저장법, 냉동법, 건조법

(3) 수산물의 조리 및 가공·저장

1) 어류의 종류

붉은살생선은 흰살생선보다 자기소화가 빨리 오고(쉽게 부패되고), 담수어(민물고기)는 해수어(바닷고기)보다 낮은 온도에서 자기소화가 일어난다.

흰살생선	붉은살생선
지방이 적다	지방이 많다.
바다 하층	바다 상층
도미, 민어, 광어, 조기	꽁치, 고등어, 정어리, 참치
전유어	구이, 조림

2) 어취(비린내) 및 제거방법

① 어취 : 생선의 비린내는 어체 내에 있는 트리메틸아민 옥사이드(Trimethylamine Oxide, TMAO)라는 성분이 생선에 붙은 미생물에 의해 환원되어 트리메틸아민(Trimethylamine, TMA)으로 되어 나는 냄새를 말한다.

② 어취 제거방법

㉠ 물로 씻는다.

㉡ 간장, 된장, 고추장류를 첨가한다.

㉢ 파, 생강, 마늘, 고추, 술(청주), 후추 등 향신료를 강하게 사용한다.

㉣ 식초, 레몬즙 등의 산을 첨가한다.

㉤ 우유에 재워두었다가 조리하면 우유에 든 단백질인 카제인이 트리메틸아민을 흡착하여 비린내를 약하게 한다.

㉥ 생선을 조릴 때 처음 수 분간은 뚜껑을 열어 비린내를 날려보낸다.

3) 어패류의 특징

① 고기는 자기소화된 상태가 연하고 맛이 좋지만, 생선은 사후강직일 때 신선하고 맛이 좋다.

② 생선은 고기와 마찬가지로 사후강직을 일으키고 자기소화와 부패가 일어나는데 생선의 경우 자기소화와 부패가 동시에 일어나기도 한다.

③ 생선은 산란기에 접어들기 바로 직전일 때가 맛과 영양이 풍부하다.

④ 생선은 80%의 불포화지방산, 20%의 포화지방산으로 구성되어 있다.

⑤ 생선 비린내(어취)는 담수어가 강하고 생선껍질의 점액에서 많이 난다.

4) 어패류의 조리법

① 생선의 단백질은 가열하면 콜라겐이 젤라틴으로 되므로 조리 시 칼집을 넣어주어야 한다.

② 생선을 조릴 때는 처음 몇 분간은 뚜껑을 열고 비린내 휘발성 물질을 날려버리는 것이 효과적이다.

③ 신선하지 않은 생선은 양념을 강하게 조미하는 것이 좋다.

④ 생선의 단백질은 열, 소금, 간장, 산(식초)에 의해 응고한다.

⑤ 생선을 소금에 절이는 경우 생선 무게의 2% 정도 소금에 절이는 것이 적당하다.

⑥ 조개류는 물을 넣어 가열하면 호박산에 의해 시원한 맛을 낸다.

⑦ 새우, 게, 가재 등의 갑각류는 가열하여 익으면 변색한다.

5) 어패류의 가공

① 연제품

㉠ 생선묵과 같이 겔(Gel)화가 되도록 전분, 조미료 등을 넣고 으깨서 찌거나 굽거나 튀긴 것

㉡ 소금 농도 3%로 흰살생선(동태, 명태, 광어, 도미 등) 이용

㉢ 어묵의 제조 원리 : 미오신(Myosin), 근육의 구조 단백질이 소금(탄력성)에 용해되는 성질이 있어 풀과 같이 되므로 가열하면 굳어짐.

② **훈제품** : 어패류를 염지하여 적당한 염미를 부여한 후 훈연한 것

③ **건제품** : 어패류와 해조류를 건조시켜 미생물이 번식하지 못하도록 수분함량을 10~14% 정도로 하여 저장성을 높인 것

④ **젓갈** : 소금농도는 20~25%로 젓갈을 절인 것

6) 해조류의 가공

① 해조류의 분류

㉠ 녹조류 : 청태, 청각, 파래

㉡ 갈조류 : 미역, 다시마, 톳

㉢ 홍조류 : 우뭇가사리, 김

② 김

㉠ 탄수화물인 한천이 가장 많이 들어 있고 비타민 A를 다량 함유하고 있다.

㉡ 감미와 지미를 가진 아미노산의 함량이 높아 감칠맛을 낸다.

㉢ 저장 중에 색소가 변화되는 것은 피코시안(Phycocyan, 청색)이 피코에리트린(Phycoerythrin, 홍색)으로 되기 때문이며, 햇빛에 의해 더욱 영향을 받는다.

③ 한천

㉠ 우뭇가사리 등 홍조류를 삶아서 그 즙액을 젤리모양으로 응고·동결시킨 후 수분을 용출시켜서 건조한 해조 가공품이다.

㉡ 양갱이나 양장피의 원료로 사용된다.

㉢ 장의 연동운동을 높여 정장작용 및 변비를 예방한다.

㉣ 한천의 응고온도 : 38~40℃

㉤ 조리 시 한천의 농도 : 0.5~3%

㉥ 물에 담그면 흡수·팽윤하며, 팽윤한 한천을 가열하면 쉽게 녹는다.

ⓢ 한천에 설탕을 넣으면 탄력과 점성, 투명감이 증가한다. 또한 설탕 농도가 높을수록 겔의 농도가 증가한다.

젤라틴

- 동물의 가죽, 뼈에 다량 존재하는 단백질인 콜라겐(Collagen)의 가수분해로 생긴 물질이다.
- 조리에 사용한 젤라틴의 응고 온도는 13℃ 이하(냉장고와 얼음을 이용), 농도는 3~4%이다.
- 젤라틴을 이용하여 만든 음식은 젤리, 족편, 마시멜로, 아이스크림이 있다.

(4) 유지 및 유지가공품

1) 유지의 종류와 특징

① 상온에서 액체인 것 : 참기름, 대두유, 면실유

② 상온에서 고체인 것 : 쇠기름, 돼지기름(라드), 버터

③ 튀김 시 온도는 160~180℃가 일반적이고, 튀김할 때 기름의 흡유량은 15~20%이다.

예 양념튀김(가라아게) 150~160℃ 정도, 채소류 170~180℃ 정도, 어패류 180~190℃ 정도

④ 튀김은 높은 온도에서 단시간에 조리가 가능하므로 비타민류의 손실이 적다.

⑤ 튀김용 기름은 발연점이 높은 식물성 기름이 좋으며 튀김할 때 온도는 기름 그릇의 한가운데서 측정하도록 한다(바닥면이나 기름에 적게 접하는 면보다 기름이 충분한 곳에서 측정하는 것이 좋다).

발연점(열분해 온도)

① 기름을 끓는점 이상으로 계속 가열할 때 청백색의 연기(아크롤레인)가 나기 시작하는 온도를 말한다.

② 정제된 기름일수록 발연점이 높으며 발연점이 높은 식물성 기름이 튀김에 적당하다.

유지의 발연점

옥수수기름(265℃)>콩기름(257℃)>포도씨유(250℃)>땅콩기름(225℃)>면실유(215℃)>올리브유(190℃)>라드(190℃)

아크롤레인

유지의 고온가열에 의해서 발생하며 튀김할 때 기름에서 나오는 자극적인 냄새 성분의 하나이다.

튀김용 기름의 요건

① 발연점이 높아야 한다.

② 유리지방산 함량은 낮아야 한다(유리지방산 함량이 높은 기름은 발연점이 낮음).

③ 기름 이외에 이물질이 없어야 한다(기름이 아닌 다른 물질이 섞여있으면 발연점이 낮아짐).

※ 튀김 그릇의 표면적이 좁아야 한다(넓은 그릇은 발연점이 낮아진다).

2) 유지의 산패에 영향을 끼치는 인자

① 온도가 높을수록 반응속도 증가

② 광선 및 자외선은 산패를 촉진

③ 수분이 많으면 촉매작용 촉진

④ 금속류는 유지의 산화 촉진

⑤ 불포화도가 심하면 유지의 산패 촉진

3) 유지 채취법

압착법	원료에 기계적인 압력을 가하여 기름을 채취하는 방법으로 식물성 원료의 착유에 이용된다(올리브유, 참기름).
용출법	원료를 가열하여 유지를 녹아 나오게 하는 방법으로 동물성 원료의 착유에 이용된다.
추출법	원료를 휘발성 유지 용매에 녹여서 그 용매를 휘발시켜 유지를 채취하는 방법으로 불순물이 많이 섞인 물질에서 기름을 채취할 때 이용된다(식용유).

4) 유화성 이용

수중유적형(O/W)	물속에 기름이 분산된 형태(예 우유, 아이스크림, 마요네즈, 크림스프, 프렌치드레싱)
유중수적형(W/O)	기름에 물이 분산된 형태(예 버터, 마가린)

5) 연화작용

① 밀가루 반죽에 지방을 넣으면 글루텐 표면을 둘러싸서 음식이 부드럽고 연해지는 현상을 말하며, 쇼트닝화라고도 한다.

② 지방을 너무 많이 넣어서 반죽을 하게 되면 글루텐이 형성되지 못하여 튀길 때 풀어지게 된다.

6) 크리밍성

교반에 의해서 기름 내부에 공기를 품는 성질을 말한다.

7) 가공유지(경화유) 제조원리

불포화지방산에 수소(H)를 첨가하고 촉매제로 니켈(Ni), 백금(Pt)을 사용하여 액체유를 포화지방산 형태의 고체유로 만든 유지(예 쇼트닝, 마가린)

우유의 조리

① 우유의 주성분 : 단백질과 칼슘

② 우유의 단백질 : 카제인(Casein)은 산(Acid)이나 레닌(Rennin)에 의해 응고된다. 이를 이용해 만든 것이 치즈이다.

> **가공치즈(Processed Cheese)**
> 자연치즈(Natural Cheese)를 이용하여 만든 것으로 식품위생법이 인정하는 식품첨가물을 첨가하여 분쇄, 혼합, 가열한 후 녹여서 유화한 것을 말한다.

③ 조리

- 우유의 미세한 지방구와 카제인은 여러 가지 냄새를 흡착한다.
- 단백질의 겔(Gel) 강도를 높이므로 커스터드푸딩을 만들 때 이용된다.
- 유당은 열에 약하여 갈변반응을 쉽게 일으킨다(예 빵, 케이크, 과자의 표면의 갈색).

※ 우유를 데우는 방법 : 낮은 온도(60℃)에서 이중냄비(중탕)에 가끔씩 저으면서 데운다.

> **유청단백질**
> 60~65℃에서 우유를 가열하면 단백질과 지질, 무기질이 서로 흡착되어 엷은 피막이 생겨 용기바닥이나 옆면에 눌어붙는다.

> **강화우유**
> 우유에 비타민 D나 기타 영양소를 첨가한 우유를 말한다.

④ 유제품의 종류

- 버터 : 우유의 지방분을 모아 가열·살균한 후 젖산균을 넣어 발효시키고 소금으로 간을 한 것을 말한다(크림성).
- 크림 : 우유를 장시간 방치하여 생긴 황백색의 지방층을 거두어 만든 것이다(커피크림, 휘핑크림).
- 치즈 : 우유 단백질 카제인을 레닌으로 응고시킨 것으로 우유보다 단백질과 칼슘이 풍부하다.
- 분유 : 우유의 수분을 제거하여 분말상태로 한 것이다(전지분유, 탈지분유, 가당분유, 조제분유).
- 연유(농축유) : 우유에 16%의 설탕을 첨가하여 약 1/3의 부피로 농축시킨 가당연유와 우유를 그대로 1/3의 부피로 농축시킨 무당연유가 있다.
- 요구르트 : 탈지유를 1/2로 농축시켜 8%의 설탕에 넣고 가열·살균한 후 젖산 발효시킨 것으로, 정장작용을 한다.
- 탈지유 : 우유에서 지방을 뺀 것이다.

(5) 냉동식품의 조리

1) 냉동식품의 저장방법

냉동식품의 저장은 −18℃ 이하의 저온에서 주로 축산물과 수산물의 장기저장에 이용이 되며, 식품의 품질 저하를 막기 위해서는 급속동결법을 주로 사용한다.

2) 해동방법

① **육류, 어류** : 높은 온도에서 해동하면 조직이 상해서 드립(Drip)이 많이 나오므로 냉장고에서 자연해동하는 것이 가장 좋다. 또는 비닐봉지에 담아 냉수에 녹인다.

② **채소류** : 냉동 전에 가열처리되어 있으므로 조리 시 지나치게 가열하지 말고 동결된 채로 단시간에 조리한다.

③ **과일류** : 먹기 직전에 포장된 채로 흐르는 물에서 해동하거나 반동결된 상태로 먹는다.

④ **튀김** : 동결된 상태로 높은 온도에서 튀기거나 오븐에 데운다.

⑤ **빵, 케이크** : 자연해동이나 오븐에 데운다.

⑥ **조리 냉동식품** : 플라스틱 필름으로 싼 것은 끓는 물에서 그대로 약 10분간 끓이고, 알루미늄에 넣은 것은 오븐에서 약 20분간 데운다.

(6) 조미료와 향신료

1) 조미료

① **소금** : 음식의 맛을 내는 기본 조미료로서 음식의 간을 맞추고 식품을 절이는 데 쓰인다.

② **간장** : 간장의 성분은 아미노산과 당이 있고 유기산이 들어 있어 향미를 준다.

③ **식초** : ㉠ 입맛을 돋우고 생선의 살을 단단하게 하기도 한다.
㉡ 작은 생선에 소량 첨가하면 뼈까지 부드러워진다.
㉢ 생강에 넣으면 적색이 되고, 난백의 응고를 돕는다(수란).

④ **설탕** : 음식에 단맛을 주고 고농도에서는 방부성이 있고 근육섬유를 분해하는 성질이 있어 고기의 육질을 부드럽게 한다.

⑤ **기름** : 기름은 음식에 고소함과 부드러운 맛을 준다.

참고

조미료의 첨가 순서
설탕 → 소금 → 간장 → 된장 → 식초 → 참기름

2) 향신료

① **후추** : 후추의 매운맛을 내는 조미료로 차비신(Chavicine) 성분이 생선의 비린내와 육류의 누린내를 감소시킨다.

② **고추** : 매운맛을 내는 캡사이신(Capsaicin)이 소화와 혈액순환을 촉진하며 방부작용도 한다.

③ **겨자** : 매운맛 성분인 시니그린(Sinigrin)이 분해되어 자극성이 강하며 특유의 향을 가지고 있고, 40℃에서 매운맛을 내므로 따뜻한 곳에서 발효를 시키는 것이 좋다.

④ **생강** : 생강의 매운맛은 진저론(Zingerone)으로 생선과 고기의 비린내, 누린내를 없애는 데 많이 사용되며, 살균효과도 있어 생선회와 함께 곁들이기도 한다. 생선요리 시에는 생선살이 익은 후에 생강을 넣어야 어취 제거 효과가 있다.

⑤ **파** : 파의 매운맛은 황화아릴로서 휘발성 자극의 방향과 매운맛을 갖고 있다.

⑥ **마늘** : 알리신(Allicin) 성분이 독특한 냄새와 매운맛을 내며 자극성과 살균력이 강하다.

⑦ **기타** : 깨소금, 계피, 박하, 카레, 월계수잎 등이 사용된다.

참고

염장법
소금에 절이는 방법으로 삼투압 작용을 이용한다(소금 농도 10% 이상으로 20~25% 적당 예 해산물, 채소, 육류)

당장법
진한 설탕 용액 중에 담그는 방법(설탕 농도 50% 이상)으로, 약간의 산을 첨가해 주면 저장이 더 잘된다. 예 젤리, 잼, 가당연유

산저장법
초산, 젖산, 구연산 등을 이용하여 식품을 저장하는 방법으로, 미생물의 생육에 필요한 pH 범위를 벗어나게 하는 것이다. 예 보통 식초(초산 농도 3~4% 함유)

가스저장법(CA저장)
숙성을 늦추기 위하여 식품을 이산화탄소(CO_2)나 질소(N) 등 산소가 적은 기체 속에 저장하여 호흡작용을 억제하고, 호기성 부패세균의 번식을 저지하는 저장법이다. 예 과일, 채소, 알류 등의 저장

방사선 조사에 의한 저장
방사선 조사는 코발트(^{60}C), 세슘(^{137}CS) 등 방사선 동위원소에서 나오는 감마선, X선, 전자선 등을 각종 농수축산물과 가공식품에 쬐어 변질 또는 부패를 일으키는 미생물, 효소, 곤충 등을 사멸 또는 불활성화해서 식품을 보존하는 방법이다. 예 코발트(^{60}C), 세슘(^{137}CS), 선

종합처리에 의한 조리방법

① 훈연법

- 훈연에서 사용하는 나무 : 수지가 적은 나무(떡갈나무, 참나무, 벚나무)
- 훈연에 사용 부적절한 나무 : 전나무, 향나무, 소나무
- 훈연법 시 발생하는 연기성분 : 페놀, 포름알데히드, 개미산
- 대표적 식품 : 소세지, 햄, 베이컨, 훈제연어

② 염건법 : 소금 첨가 후 건조한 식품(굴비)

③ 조미법 : 소금이나 설탕을 첨가하여 가열처리한 조미 가공품

④ 밀봉법 : 수분 증발, 수분 흡수, 해충의 침범, 공기(산소)의 차단(통조림, 레토르트파우치, 진공포장)

발효처리에 의한 방법

- 세균, 효모에 의한 응용 : 김치, 요구르트, 청국장, 식초, 주류, 빵 등
- 곰팡이의 응용 : 간장, 된장

통조림 저장법

① 통조림의 특징

㉠ 오래 저장할 수 있다.

㉡ 저장과 운반, 수송이 편리하며 대량 생산이 가능하다.

㉢ 위생적이며 값이 저렴하다.

㉣ 내용물을 조리·가공하지 않고 그대로 먹을 수 있다.

② 통조림 깡통의 특징

㉠ 철판에 3%의 주석을 도금해서 만든다[깡통 : 납, 주석/옹기독(항아리) : 납, 카드뮴].

㉡ 내용물을 쉽게 식별할 수 없어서 외관상의 변질만 알아볼 수 있다.

㉢ 용기와 식품 간의 화학적 반응이 있을 수 있다.

㉣ 수송이 간편하며 땜질로 완전차단하기 때문에 식품의 변질없이 오랫동안 보관이 가능하다.

㉤ 한 번 사용하면 재사용할 수 없다.

③ 통조림 가공순서

㉠ 탈기용기 : 용기 안의 공기를 제거하는 방법

㉡ 밀봉용기 : 용기 안을 진공으로 유지시켜 내용물의 변질 방지

㉢ 살균 : 클로스트리디움 보툴리누스균을 고온 장시간 살균법으로 살균

- 저온살균 : 60~85℃에서 15~30분간 살균(예 잼, 주스, 소스, 맥주, 가당우유)
- 가압살균 : 100℃ 정도에서 살균(예 닭고기, 쇠고기, 소라, 고등어)

㉣ 냉각 : 물에 넣어 40℃ 정도로 냉각시키어 내용물의 품질과 빛깔의 변화를 방지한다.

㉤ 포장 : 내용물이 든 통조림을 포장한다.

④ 통조림의 검사법

㉠ 외관검사 : 외상이나 녹이 슬었는지 확인한다.

㉡ 타관검사 : 타검봉으로 두드렸을 때 맑은 소리가 나는 것이 좋다.

㉢ 가온검사 : 세균의 증식상태와 화학변화를 확인한다.

㉣ 세균검사 : 식품을 100배 희석해서 세균의 발육상태를 본다.

⑤ 통조림의 변질

㉠ 외관상 변질

- 팽창 : 살균 부족으로 미생물이 번식하면서 발생하는 가스로 통조림 외관이 팽창하는 현상
  - 하드 스웰(Hard Swell) : 통조림의 양면이 강하게 팽창되어 손가락으로 눌러도 전혀 들어가지 않는 현상
  - 소프트 스웰(Soft Swell) : 통조림의 부푼 상태를 힘으로 누르면 다소 원상에 복귀되기는 하나 정상적인 상태를 유지할 수 없는 상태
- 스프링거(Springer) : 내용물이 과다한 양일 때 통조림의 뚜껑 한쪽이 팽창되는 현상으로 손가락으로 누르면 반대쪽이 튀어나오는 현상
- 플리퍼(Flipper) : 탈기가 불충분할 때 통조림의 끝이 약간 팽창하여 누르면 되돌아오지 않는 상태로 팽창의 정도가 스프링거보다 작은 상태
- 리커(Leaker) : 깡통이 불안전하여 침식된 것으로 액즙이 유출되는 현상

㉡ 통조림 내용물의 변질 : 플랫사우어(Flat sour) : 불충분한 가열 등으로 남아 있던 미생물이 번식하여 통은 팽창시키지 않고 내용물만 신맛이 나게 하는 현상(예 채소 통조림)

레토르트 파우치(Retort Pouch) 식품

플라스틱 주머니에 밀봉·가열한 식품으로 통조림, 병조림과 같은 저장성을 가진 식품이다.
(예 즉석밥)

- 냉동할 필요가 없다.
- 방부제 없이 장기간 저장이 가능하다.
- 통조림보다 살균시간이 단축된다.
- 색깔, 조직, 풍미 및 영양가의 손실이 적다.

⑥ 통조림의 제조연월일 표기

(단, 10월은 O, 11월은 N, 12월은 D로 표시하며, 1~9월은 01~09로 표시)

CHAPTER 05 출제경향이 반영된 예상문제

1. 조리준비

(1) 조리의 정의 및 기본 조리조작

01 다음 중 조리를 하는 목적으로 적합하지 않은 것은?

① 소화흡수율을 높여 영양효과를 증진
② 식품 자체의 부족한 영양성분을 보충
③ 풍미, 외관을 향상시켜 기호성을 증진
④ 세균 등의 위해요소로부터 안전성 확보

해설 조리는 식품의 영양효율을 증가시키지만, 부족한 영양성분을 보충해 주지는 않는다.

02 튀김을 할 때 두꺼운 용기를 사용하는 가장 큰 이유는?

① 기름의 비중이 작아 물 위에 쉽게 뜨므로
② 기름의 비중이 커서 물 위에 쉽게 뜨므로
③ 기름의 비열이 작아 온도가 쉽게 변화되므로
④ 기름의 비열이 커서 온도가 쉽게 변화되므로

해설 기름의 비열은 0.47 정도로 낮아 온도변화가 심하므로, 두꺼운 용기를 사용하여 온도의 변화를 가급적 적게 해주어야 한다.

03 가열조리 중 건열조리에 속하는 조리법은?

① 찜 ② 구이
③ 삶기 ④ 조림

해설 찜, 삶기, 조림 – 습열조리

(2) 기본조리법 및 대량조리기술

01 식품의 계량방법으로 옳은 것은?

① 흑설탕은 계량컵에 살살 퍼담은 후 수평으로 깎아서 계량한다.
② 밀가루는 체에 친 후 눌러 담아 수평으로 깎아서 계량한다.
③ 조청, 기름, 꿀과 같이 점성이 높은 식품은 분할된 컵으로 계량한다.
④ 고체지방은 냉장고에서 꺼내어 액체화한 후 계량컵에 담아 계량한다.

해설 흑설탕은 꼭꼭 눌러 계량하고, 밀가루는 체로 쳐서 누르지 말고 수북하게 담아 수평으로 깎아서 계량한다. 고체지방(버터, 마가린)은 냉장 온도보다 실온일 때 계량컵에 꼭꼭 눌러 담고 수평으로 깎아서 계량한다.

02 다음 중 식품의 손질방법이 잘못된 것은?

① 해파리를 끓는 물에 오래 삶으면 부드럽게 되고 짠맛이 잘 제거된다.
② 청포묵의 겉면이 굳었을 때는 끓는 물에 담갔다 건져 부드럽게 한다.
③ 양장피는 끓는 물에 삶은 후 찬물에 헹구어 조리한다.
④ 도토리묵에서 떫은맛이 심하게 나면 따뜻한 물에 담가두었다가 사용한다.

해설 해파리는 끓는 물에 삶으면 오그라들기 때문에 살짝 삶은 후 찬물에 담가둔다.

정답
01 ② 02 ③ 03 ② ■ 01 ③ 02 ①

03 채소의 무기질, 비타민의 손실을 줄일 수 있는 조리방법은?

① 데치기　　② 끓이기
③ 삶기　　④ 볶음

해설 고온에서 단시간 조리하기 때문에 영양소의 손실을 줄일 수 있는 조리방법은 볶음이다.

04 식품을 삶는 방법에 대한 설명으로 틀린 것은?

① 연근을 엷은 식촛물에 삶으면 하얗게 삶아진다.
② 가지를 백반이나 철분이 녹아 있는 물에 삶으면 색이 안정된다.
③ 완두콩은 황산구리를 적당량 넣은 물에 삶으면 푸른빛이 고정된다.
④ 시금치를 저온에서 오래 삶으면 비타민 C의 손실이 적다.

해설 녹색 채소를 데칠 때는 끓는 물에서 뚜껑을 열고 단시간에 조리한다.

05 침수 조리에 대한 설명으로 틀린 것은?

① 곡류, 두류 등은 조리 전에 충분히 침수시켜 조미료의 침투를 용이하게 하고 조리시간을 단축시킨다.
② 불필요한 성분을 용출시킬 수 있다.
③ 간장, 술, 식초, 조미액, 기름 등에 담가 필요한 성분을 침투시켜 맛을 좋게 해준다.
④ 당장법, 염장법 등은 보존성을 높일 수 있고, 식품을 장시간 담가둘수록 영양성분이 많이 침투되어 좋다.

해설 침수 조리는 건조식품의 조리 시 식품을 불리게 되면 조직이 연화되어 조미료의 침투가 용이해지며 맛을 증가시켜 준다. 불미성분의 제거에도 효과적이다.

06 튀김 조리 시 흡유량에 대한 설명으로 틀린 것은?

① 흡유량이 많으면 입안에서의 느낌이 나빠진다.
② 흡유량이 많으면 소화속도가 느려진다.
③ 튀김시간이 길어질수록 흡유량이 많아진다.
④ 튀기는 식품의 표면적이 클수록 흡유량은 감소한다.

해설 튀김의 흡유량은 기름온도, 가열시간, 재료의 성분과 성질, 식재료의 표면적의 영향을 받는다.

(3) 조리장의 시설 및 설비관리

01 총 고객수 900명, 좌석수 300석, 1좌석당 바닥면적 1.5m^{2}일 때, 필요한 식당의 면적은?

① 300m^2　　② 350m^2
③ 400m^2　　④ 450m^2

해설 필요한 식당 면적 : 1.5m^2×300명=450m^2

02 작업장에서 발생하는 작업의 흐름에 따라 시설과 기기를 배치할 때 작업의 흐름이 순서대로 연결된 것은?

㉠ 전처리	㉡ 장식 및 배식
㉢ 식기 세척·수납	㉣ 조리
㉤ 식재료의 구매·검수	

① ㉤ → ㉠ → ㉣ → ㉡ → ㉢
② ㉠ → ㉡ → ㉢ → ㉣ → ㉤
③ ㉤ → ㉣ → ㉡ → ㉠ → ㉢
④ ㉢ → ㉠ → ㉣ → ㉤ → ㉡

해설 작업의 흐름 순서
식재료의 구매·검수 → 전처리 → 조리 → 장식·배식 → 식기세척·수납

03 다음 중 배식하기 전 음식이 식지 않도록 보관하는 온장고 내의 유지온도로 가장 적합한 것은?

① 15~20℃　　② 35~40℃
③ 65~70℃　　④ 105~110℃

해설 온장고의 온도는 65~70℃가 적당하다.

정답
03 ④　04 ④　05 ④　06 ④　■ 01 ④　02 ①　03 ③

04 다음의 조건에서 1회에 750명을 수용하는 식당의 면적을 구하면?

피급식자 1인당 필요면적은 1.0m²이며, 식기회수공간은 필요면적의 10%, 통로의 폭은 1.0~1.5m이다.

① $750m^2$　② $760m^2$
③ $825m^2$　④ $835m^2$

해설 • 1인당 필요면적 : $1.0m^2 \times 750명 = 750m^2$
• 식기회수공간 : 필요면적의 10%이므로, $750 \times 0.1 = 75m^2$
• 식당의 면적 : $750m^2 + 75m^2 = 825m^2$

05 식품의 위생적인 준비를 위한 조리장의 관리로 부적합한 것은?

① 조리장의 위생해충은 약제사용을 1회만 실시하면 영구적으로 박멸된다.
② 조리장에 음식물과 음식물 찌꺼기를 함부로 방치하지 않는다.
③ 조리장의 출입구에 신발을 소독할 수 있는 시설을 갖춘다.
④ 조리사의 손을 소독할 수 있도록 손소독기를 갖춘다.

해설 조리장의 위생해충에 대한 구제는 정기적으로 실시한다.

06 인공조명 시 고려해야 할 사항으로 틀린 것은?

① 작업하기 충분한 조명도를 유지해야 한다.
② 균등한 조명도를 유지해야 한다.
③ 조명 시 유해가스가 발생되지 않아야 한다.
④ 가급적 직접조명이 되도록 해야 한다.

해설 가급적 간접조명이 좋다.

07 조리장 내에서 사용되는 기기의 주요 재질별 관리방법으로 부적합한 것은?

① 알루미늄제 냄비는 거친 솔을 사용하여 알칼리성 세제로 닦는다.
② 주철로 만든 국솥 등은 수세 후 습기를 건조시킨다.
③ 스테인리스 스틸제의 작업대는 스펀지를 사용하여 중성세제로 닦는다.
④ 철강제의 구이 기계류는 오물을 세제로 씻고 습기를 건조시킨다.

해설 알루미늄제 냄비는 스펀지를 사용하여 중성세제로 닦아야 한다.

08 조리실의 후드(Hood)는 어떤 모양이 가장 배출효율이 좋은가?

① 1방형　② 2방형
③ 3방형　④ 4방형

해설 조리실의 후드는 4방 개방형이 가장 효율이 높다.

2. 식품의 조리원리

01 각 식품의 보관요령으로 틀린 것은?

① 냉동육은 해동·동결을 반복하지 않도록 한다.
② 건어물은 건조하고 서늘한 곳에 보관한다.
③ 달걀은 깨끗이 씻어 냉장 보관한다.
④ 두부는 찬물에 담갔다가 냉장시키거나 찬물에 담가 보관한다.

해설 달걀을 씻어 보관하면 표면의 큐티클이 벗겨져 미생물이 침입하게 된다.

02 다음 중 발효식품이 아닌 것은?

① 두유　② 김치
③ 된장　④ 맥주

해설 두유는 콩을 갈아 만든 대두의 가공품이다.

정답
04 ③ 05 ① 06 ④ 07 ① 08 ④ ■ 01 ③ 02 ①

03 미숫가루를 만들 때 건열로 가열하면 전분이 열분해 되어 덱스트린이 만들어진다. 이 열분해 과정을 무엇이라고 하는가?

① 호화　② 노화
③ 호정화　④ 전화

해설 전분의 호정화는 전분에 물을 가하지 않고 160℃ 이상으로 가열하여 덱스트린으로 분해되는 것을 말한다.

04 아미노카르보닐화 반응, 캐러멜화 반응, 전분의 호정화가 가장 잘 일어나는 온도의 범위는?

① 20~50℃
② 50~100℃
③ 100~200℃
④ 200~300℃

해설 적정 반응온도 : 아미노카르보닐화 반응(155℃), 캐러멜화 반응(160~180℃), 전분의 호정화(160℃)

05 수확한 후 호흡작용이 특이하게 상승되므로 미리 수확하여 저장하면서 호흡작용을 인공적으로 조절할 수 있는 과일류와 거리가 가장 먼 것은?

① 아보카도　② 사과
③ 바나나　④ 레몬

해설 후숙 과정이 있는 과일에는 바나나, 키위, 파인애플, 아보카도, 사과 등이 있다.

06 두류의 조리 시 두류를 연화시키는 방법으로 틀린 것은?

① 1% 정도의 식염용액에 담갔다가 그 용액으로 가열한다.
② 초산용액에 담근 후 칼슘, 마그네슘 이온을 첨가한다.
③ 약알칼리성의 중조수에 담갔다가 그 용액으로 가열한다.
④ 습열 조리 시 연수를 사용한다.

해설 칼슘과 마그네슘 이온은 두류의 응고제로 사용된다.

07 전분의 이화학적 처리 또는 효소 처리에 의해 생산되는 제품이 아닌 것은?

① 가용성 전분　② 고과당 옥수수시럽
③ 덱스트린　④ 사이클로덱스트린

해설 덱스트린은 유산균에 의해 생성된 식이섬유소이다.

08 전분에 대한 설명으로 틀린 것은?

① 찬물에 쉽게 녹지 않는다.
② 달지는 않으나 온화한 맛을 준다.
③ 동물 체내에 저장되는 탄수화물로 열량을 공급한다.
④ 가열하면 팽윤되어 점성을 갖는다.

해설 글리코겐은 동물의 체내에 저장이 되는 다당류이다.

09 멥쌀과 찹쌀에 있어 노화 속도 차이의 원인 성분은?

① 아밀라아제(Amylase)
② 글리코겐(Glycogen)
③ 아밀로펙틴(Amylopectin)
④ 글루텐(Gluten)

해설 찹쌀에는 아밀로펙틴 함량이 많아 노화가 늦게 일어난다.

10 알칼리성 식품에 해당하는 것은?

① 육류　② 곡류
③ 해조류　④ 어류

해설 • 알칼리성 식품 : 주로 해조류, 채소류 등
• 산성 식품 : 주로 곡류, 육류 등.

11 전분을 160~170℃의 건열로 가열하여 가루로 볶으면 물에 잘 용해되고 점성이 약해지는 성질을 가지게 되는데, 이는 어떤 현상 때문인가?

① 가수분해　② 호정화
③ 호화　④ 노화

해설 전분에 물을 가하지 않고 160℃ 이상으로 가열하면 덱스트린으로 분해되는데, 이것을 전분의 호정화라 한다.

정답
03 ③　04 ③　05 ④　06 ②　07 ③　08 ③　09 ③　10 ②　11 ②

12 잼 또는 젤리를 만들 때 설탕의 양으로 가장 적합한 것은?

① 20~25% ② 40~45%
③ 60~65% ④ 80~85%

해설 잼이나 젤리를 만들 때 당분의 농도 60~65%이다.

13 밀가루를 반죽할 때 연화(쇼트닝)작용과 팽화작용의 효과를 얻기 위해 넣는 것은?

① 소금 ② 지방
③ 달걀 ④ 이스트

해설 소금(점성·탄성 증가), 달걀(영양성 증가, 색깔·향기·맛 증가), 이스트(팽창제)

14 전분의 호화에 필요한 요소만으로 짝지어진 것은?

① 물, 열 ② 물, 기름
③ 기름, 설탕 ④ 열, 설탕

해설 전분에 물과 열을 가하여 완전히 팽창하여 점성이 높은 콜로이드 상태를 호화라고 한다.

15 노화가 잘 일어나는 전분은 다음 중 어느 성분의 함량이 높은가?

① 아밀로오스(Amylose)
② 아밀로펙틴(Amylopectin)
③ 글리코겐(Glycogen)
④ 한천(Agar)

해설 전분의 노화는 아밀로오스의 함량이 높을수록 잘 일어난다.

16 마멀레이드(Marmalade)에 대하여 바르게 설명한 것은?

① 과일즙에 설탕을 넣고 가열·농축한 후 냉각시킨 것이다.
② 과일의 과육을 전부 이용하여 점성을 띠게 농축한 것이다.
③ 과일즙에 설탕, 과일의 껍질, 과육의 얇은 조각을 섞어 가열·농축한 것이다.
④ 과일을 설탕시럽과 같이 가열하여 과일이 연하고 투명한 상태로 된 것이다.

해설 과일즙에 설탕, 껍질, 얇은 과육 조각을 섞어 가열·농축한 것을 마멀레이드라고 한다.

17 밀가루를 물로 반죽하여 면을 만들 때 반죽의 점성에 관계하는 주성분은?

① 글로불린(Globulin)
② 글루텐(Gluten)
③ 아밀로펙틴(Amylopectin)
④ 덱스트린(Dextrin)

해설 밀가루 안의 글리아딘과 글루테닌이 합쳐져 글루텐을 형성한다.

18 밥 짓기 과정의 설명으로 옳은 것은?

① 쌀을 씻어서 2~3시간 푹 불리면 맛이 좋다.
② 햅쌀은 묵은 쌀보다 물을 약간 적게 붓는다.
③ 쌀은 80~90℃에서 호화가 시작된다.
④ 묵은 쌀인 경우 쌀 중량의 약 2.5배 정도의 물을 붓는다.

해설 쌀은 씻어서 오래 불리면 좋지 않으며 여름에는 30분, 겨울에는 2시간 정도가 좋다. 쌀의 전분은 65~67℃에서 호화가 시작되며, 햅쌀의 경우에 물의 양은 쌀 중량의 1.4배를, 묵은 쌀의 경우 햅쌀보다 약간 많이 부어 밥을 짓는다.

19 전분의 노화에 영향을 미치는 인자의 설명 중 틀린 것은?

① 노화가 가장 잘 일어나는 온도는 0~5℃이다.
② 수분함량 10% 이하인 경우 노화가 잘 일어나지 않는다.
③ 다량의 수소이온은 노화를 저지한다.
④ 아밀로오스의 함량이 많은 전분일수록 노화가 빨리 일어난다.

해설 다량의 수소이온은 전분의 노화를 촉진시킨다.

정답 12 ③ 13 ② 14 ① 15 ① 16 ③ 17 ② 18 ② 19 ③

20 브로멜린(Bromelin)이 함유되어 있어 고기를 연화시키는 데 이용되는 과일은?

① 사과　　② 파인애플
③ 귤　　④ 복숭아

해설 고기를 연화시키는 데 이용되는 과일은 파인애플, 무화과, 파파야다.

21 육류를 저온숙성(Aging)할 때 적합한 습도와 온도범위는?

① 습도 85~90%, 온도 1~3℃
② 습도 70~85%, 온도 10~15℃
③ 습도 65~70%, 온도 10~15℃
④ 습도 55~60%, 온도 15~21℃

해설 저온숙성은 온도 1~3℃, 습도 85~100%에서 6~11일 저장·숙성하고, 고온숙성은 10~20℃에서 도살 후 10시간까지 숙성시키는 방법이다.

22 육류의 결합조직을 장시간 물에 넣어 가열했을 때의 변화는?

① 콜라겐이 젤라틴으로 된다.
② 액틴이 젤라틴으로 된다.
③ 미오신이 콜라겐으로 된다.
④ 엘라스틴이 콜라겐으로 된다.

해설 콜라겐은 장시간 가열하면 젤라틴이 된다.

23 냉동 중 육질의 변화가 아닌 것은?

① 육내의 수분이 동결되어 체적 팽창이 이루어진다.
② 건조에 의한 감량이 발생한다.
③ 고기 단백질이 변성되어 고기의 맛을 떨어뜨린다.
④ 단백질 용해도가 증가된다.

해설 용해도는 고온처리를 하게 되면 증가된다.

24 가공 육제품의 내포장재인 케이싱(Casing)에 대한 설명으로 옳은 것은?

① 가식성 콜라겐(Collagen) 케이싱은 동물의 콜라겐을 가공하여 튜브상으로 제조된 인조 케이싱이다.
② 셀룰로오스(Cellulose) 케이싱은 목재의 펄프와 목화의 식물성 셀룰로오스를 가공하여 다양한 크기로 만든 것으로 천연의 가식성 케이싱이다.
③ 파이브로스(Fibrous) 케이싱은 비교적 큰 직경의 육제품에 이용되는 것으로 셀룰로오스를 주재료로 가공한 천연 케이싱이다.
④ 플라스틱(Plastic) 케이싱은 훈연제품에 이용되는 가식성 케이싱이다.

해설 가식성 콜라겐 케이싱(동물의 콜라겐을 가공하여 만든 인조 케이싱), 셀룰로오스·파이브로스(식물성 섬유로 만든 인조 케이싱), 플라스틱 케이싱(비가식성 인조 케이싱)

25 육류 사후강직의 원인 물질은?

① 액토미오신(Actomyosin)
② 젤라틴(Gelatin)
③ 엘라스틴(Elastin)
④ 콜라겐(Collagen)

해설 미오신이 액틴과 결합되어진 액토미오신이 사후강직의 원인물질이다.

26 축육의 결합조직을 장시간 물에 넣어 가열했을 때의 변화는?

① 콜라겐이 젤라틴으로 된다.
② 액틴이 젤라틴으로 된다.
③ 미오신이 젤라틴으로 된다.
④ 엘라스틴이 젤라틴으로 된다.

해설 콜라겐은 가열에 의해 젤라틴으로 변화한다.

정답
20 ② 21 ① 22 ① 23 ④ 24 ① 25 ① 26 ①

27 분리된 마요네즈를 재생시키는 방법으로 가장 적합한 것은?

① 새로운 난황에 분리된 것을 조금씩 넣으며, 한 방향으로 저어준다.
② 기름을 더 넣어 한 방향으로 빠르게 저어준다.
③ 레몬즙을 넣은 후 기름과 식초를 넣어 저어준다.
④ 분리된 마요네즈를 양쪽 방향으로 빠르게 저어준다.

해설 분리된 마요네즈를 재생시킬 때는 노른자를 넣고 저어준다.

28 어류를 가열 조리할 때 일어나는 변화와 거리가 먼 것은?

① 결합조직 단백질인 콜라겐의 수축·용해
② 근육섬유단백질의 응고·수축
③ 열응착성 약화
④ 지방의 용출

해설 어류를 가열 조리하게 되면 열응착성이 강해져 잘 달라붙게 된다.

29 각 조리법의 유의사항으로 옳은 것은?

① 떡이나 빵을 찔 때 너무 오래 찌면 물이 생겨 형태와 맛이 저하된다.
② 멸치국물을 낼 때 끓는 물에 멸치를 넣고 끓여야 수용성 단백질과 지미성분이 빨리 용출되어 맛이 좋아진다.
③ 튀김 시 기름의 온도를 측정하기 위하여 소금을 떨어뜨리는 것은 튀김기름에 영향을 주지 않으므로 온도계를 사용하는 것보다 더 합리적이다.
④ 물오징어 등을 삶을 때 둥글게 말리는 것은 가열에 의해 무기질이 용출되기 때문이므로 내장이 있는 안쪽 면에 칼집을 넣어준다.

해설 멸치국물을 낼 때는 끓기 시작하면 불을 세게 하여 끓여야 하며, 튀김 시 기름의 온도 측정은 온도계로 하는 것이 가장 좋다. 물오징어는 삶을 때 칼집을 넣어 삶는다.

30 생선의 육질이 육류보다 연한 주된 이유는?

① 콜라겐과 엘라스틴의 함량이 적으므로
② 미오신과 액틴의 함량이 많으므로
③ 포화지방산의 함량이 많으므로
④ 미오글로빈 함량이 적으므로

해설 어패류는 육류에 비해 결합조직(콜라겐, 엘라스틴)이 적어 육질이 연하다.

31 한천에 대한 설명으로 틀린 것은?

① 겔은 고온에서 잘 견디므로 안정제로 사용된다.
② 홍조류의 세포벽 성분인 점질성의 복합 다당류를 추출하여 만든다.
③ 30℃ 부근에서 굳어져 겔화된다.
④ 일단 겔화되면 100℃ 이하에서는 녹지 않는다.

해설 한천의 응고 온도는 38~40℃이다.

32 다음 중 홍조류에 속하는 해조류는?

① 김 ② 청각
③ 미역 ④ 다시마

해설 홍조류에는 김, 우뭇가사리 등이 있다.

33 오징어에 대한 설명으로 틀린 것은?

① 오징어는 가열하면 근육섬유와 콜라겐 섬유 때문에 수축하거나 둥글게 말린다.
② 오징어의 살이 붉은색을 띠는 것은 색소포에 의한 것으로 신선도와는 상관이 없다.
③ 신선한 오징어는 무색투명하며, 껍질에는 짙은 적갈색의 색소포가 있다.
④ 오징어의 근육은 평활근으로 색소를 가지지 않으므로 껍질을 벗긴 오징어는 가열하면 백색이 된다.

해설 오징어는 오래되면 검은 반점이 터져 살이 붉은색을 띠게 된다.

정답 27 ① 28 ③ 29 ① 30 ① 31 ④ 32 ① 33 ②

34 유지의 산패에 영향을 미치는 인자에 대한 설명으로 맞는 것은?

① 유지의 저장온도가 0℃ 이하가 되면 산패가 방지된다.
② 광선은 산패를 촉진하나 그 중 자외선은 산패에 영향을 미치지 않는다.
③ 구리, 철은 산패를 촉진하나 납, 알루미늄은 산패에 영향을 미치지 않는다.
④ 유지의 불포화도가 높을수록 산패가 활발하게 일어난다.

해설 저장온도가 낮아도 자동산화가 진행되어 산패가 발생하며, 빛이나 금속은 산패를 촉진시키거나 영향을 준다.

35 다음 중 지방의 산패 촉진인자가 아닌 것은?

① 빛 ② 지방분해효소
③ 비타민 E ④ 산소

해설 유지의 산패 촉진원인은 습기·열·산소·광선·금속·효소이다.

36 기름을 오랫동안 저장하여 산소, 빛, 열에 노출되었을 때 색깔, 맛, 냄새 등이 변하게 되는 현상은?

① 발효 ② 부패
③ 산패 ④ 변질

해설 지방의 산패는 효소·자외선·금속·수분·온도·미생물 등에 의해 변하는 현상이다.

37 다음 중 발연점이 가장 높은 것은?

① 옥수수유 ② 들기름
③ 참기름 ④ 올리브유

해설 들기름, 참기름, 올리브유는 발연점이 낮고, 발연점이 높은 기름으로는 면실유, 해바라기씨유, 카놀라유, 대두유, 옥수수유 등이 있다.

38 지방의 경화에 대한 설명으로 옳은 것은?

① 물과 지방이 서로 섞여 있는 상태이다.
② 불포화지방산에 수소를 첨가하는 것이다.
③ 기름을 7.2℃까지 냉각시켜서 지방을 여과하는 것이다.
④ 반죽 내에서 지방층을 형성하여 글루텐의 형성을 막는 것이다.

해설 경화유는 불포화지방산에 수소를 첨가하고 니켈을 촉매로 사용하여 포화지방산의 형태로 변화시킨 것이다(마가린, 쇼트닝).

39 유지의 발연점이 낮아지는 원인이 아닌 것은?

① 유리지방산의 함량이 낮은 경우
② 튀김하는 그릇의 표면적이 넓은 경우
③ 기름에 이물질이 많이 들어 있는 경우
④ 오래 사용하여 기름이 지나치게 산패된 경우

해설 유지는 가열횟수가 많거나 유리지방산의 양이 많을수록 발연점이 낮아지게 된다.

40 불포화지방산을 포화지방산으로 변화시키는 경화유에는 어떤 물질이 첨가되는가?

① 산소 ② 수소
③ 질소 ④ 칼슘

41 유지를 구성하고 있는 불포화지방산의 이중결합에 수소 등을 첨가하여 녹는점이 높은 포화지방산의 형태로 변화시킨 고체지방을 이용한 유지제품은?

① 마가린 ② 돼지기름
③ 버터 ④ 쇠기름

해설 마가린은 식물성 기름에 수소를 첨가하여 고체지방으로 만든 것으로, 버터의 대용품이다.

42 동결 중 식품에 나타나는 변화가 아닌 것은?

① 단백질 변성 ② 지방의 산화
③ 탄수화물 호화 ④ 비타민 손실

해설 탄수화물의 호화는 동결 시 나타나는 변화가 아니다.

정답
34 ④ 35 ③ 36 ③ 37 ② 38 ② 39 ① 40 ② 41 ① 42 ③

43 조리에 사용하는 냉동식품의 특성이 아닌 것은?

① 완만동결하여 조직이 좋다.
② 장기간 보존이 가능하다.
③ 저장 중 영양가 손실이 적다.
④ 비교적 신선한 풍미가 유지된다.

해설 급속냉동을 하게 되면 식품의 세포나 조직의 파괴가 거의 일어나지 않는다.

44 냉동육에 대한 설명으로 틀린 것은?

① 냉동육은 일단 해동 후에는 다시 냉동하지 않는 것이 좋다.
② 냉동육의 해동 방법에는 여러 가지가 있으나 냉장고에서 해동하는 것이 좋다.
③ 냉동육은 해동 후 조리하는 것이 조리시간을 단축시킬 수 있다.
④ 냉동육은 신선한 고기보다 더 좋은 맛과 질감을 갖는다.

해설 냉동육보다 신선한 고기가 더 좋은 맛과 질감을 갖는다.

45 냉동어의 해동법으로 가장 좋은 방법은?

① 저온에서 서서히 해동시킨다.
② 얼린 상태로 조리한다.
③ 실온에서 해동시킨다.
④ 뜨거운 물속에 담가 빨리 해동시킨다.

해설 냉동식품 해동법 중 가장 좋은 방법은 저온에서 서서히 해동하는 것이다.

46 단백질과 탈취작용의 관계를 고려하여 돼지고기나 생선의 조리 시 생강을 사용하는 가장 적합한 방법은?

① 처음부터 생강을 함께 넣는다.
② 생강을 먼저 끓여낸 후 고기를 넣는다.
③ 고기나 생선이 거의 익은 후에 생강을 넣는다.
④ 생강즙을 내어 물에 혼합한 후 고기를 넣고 끓인다.

해설 고기나 생선 조리 시 생강은 고기나 생선이 거의 익은 후에 넣어야 효과적이다.

47 MSG(MonoSodium Glutamate)의 설명으로 틀린 것은?

① 아미노산계 조미료이다.
② pH가 낮은 식품에는 정미력이 떨어진다.
③ 흡습력이 강하므로 장기간 방치하면 안 된다.
④ 신맛과 쓴맛을 완화시키고 단맛에 감칠맛을 부여한다.

해설 MSG는 아미노산계 조미료로 pH가 낮은 식품에는 정미력이 떨어지며, 신맛과 쓴맛을 완화시키고 단맛과 감칠맛을 부여한다.

48 다음 중 간장의 지미성분은?

① 포도당(Glucose)
② 전분(Starch)
③ 글루탐산(Glutamic acid)
④ 아스코르빈산(Ascorbic acid)

해설 간장, 된장, 다시마의 맛은 글루탐산이다.

49 식품과 유지의 특성이 잘못 짝지어진 것은?

① 버터크림 – 크림성 ② 쿠키 – 점성
③ 마요네즈 – 유화성 ④ 튀김 – 열매체

해설 쿠키를 반죽 시 유지를 첨가하면 지방이 글루텐을 짧게 끊어주는 역할을 하는데, 이를 연화(쇼트닝성)라고 한다.

50 장기간의 식품보존방법과 가장 관계가 먼 것은?

① 소금절임(염장) ② 건조
③ 설탕절임(당장) ④ 찜요리

해설 염장법, 당장법, 건조는 식품의 장기간 보존법에 속한다.

51 조미료의 침투속도를 고려한 사용 순서로 옳은 것은?

① 소금 → 설탕 → 식초 ② 설탕 → 소금 → 식초
③ 소금 → 식초 → 설탕 ④ 설탕 → 식초 → 소금

해설 조미료의 침투속도를 고려한 사용 순서 : 설탕 → 소금 → 식초

정답
43 ① 44 ④ 45 ① 46 ③ 47 ③ 48 ③ 49 ② 50 ④ 51 ②

52 젓갈의 숙성에 대한 설명으로 틀린 것은?

① 농도가 묽으면 부패하기 쉽다.

② 새우젓의 용염량은 60% 정도가 적당하다.

③ 자기소화 효소작용에 의한 것이다.

④ 세균에 의한 작용도 많다.

해설 염장법 소금의 농도는 20~25%가 적당하다.

53 훈연 시 발생하는 연기성분에 해당하지 않는 것은?

① 페놀(Phenol)

② 포름알데히드(Formaldehyde)

③ 개미산(Formic acid)

④ 사포닌(Saponin)

해설 훈연 시 발생하는 연기성분에는 포름알데히드, 개미산, 메틸알코올, 페놀 등이 있으며, 이 연기성분은 살균작용을 한다.

54 다음은 식품 등의 표시기준상 통조림 제품의 제조연월일 표시방법이다. (　　) 안에 알맞은 것을 순서대로 나열하면?

> 통조림 제품에 있어서 연의 표시는 (　　)만을, 10월, 11월, 12월의 월 표시는 각각 (　　)로, 1일 내지 9일까지의 표시는 바로 앞에 0을 표시할 수 있다.

① 끝 숫자, O.N.D　　② 끝 숫자, M.N.D

③ 앞 숫자, O.N.D　　④ 앞 숫자, F.N.D

해설 통조림의 제조연도 표시는 끝자리 숫자만을 표기, 10월은 O, 11월은 N, 12월은 D로 표시한다.

55 인덕션(Induction) 조리기기에 대한 내용으로 틀린 것은?

① 조리기기 상부의 표면은 매끈한 세라믹 물질로 만들어져 있다.

② 자기전류가 유도 코일에 의하여 발생되어 상부에 놓인 조리기구와 자기마찰에 의한 가열이 되는 것이다.

③ 상부에 놓이는 조리기구는 금속성 철을 함유한 것이어야 한다.

④ 가열속도가 빠른 반면 열의 세기를 조절할 수 없는 단점이 있다.

해설 인덕션 조리기기는 고효율의 조리기기로 열의 세기도 쉽게 조절 가능하다.

56 중국요리의 지역적 특색에 따른 4대 요리로 틀린 것은?

① 북경요리　　② 사천요리

③ 남북요리　　④ 남동요리

해설 중국요리는 지역적인 특색에 따라 북경요리, 남경요리, 남동요리, 사천요리를 4대 요리라 부른다.

57 소금이 밀가루 반죽에 영향을 주는 요인으로 틀린 것은?

① 글루텐　　② 맛

③ 삼투압　　④ 보존력 향상

해설 밀가루 반죽에서는 삼투압 작용이 일어나지 않는다.

58 중국 조리의 기본 썰기 방법으로 틀린 것은?

① (條) 티아오 – (조) 채썰기

② (滾刀塊) 다오콰이 – (곤도괴) 재료를 돌리면서 도톰하게 썰기

③ (丁) 띵 – (정) 깍둑썰기

④ (片) 피엔 – (편) 가늘게 채썰기

해설 • (片) 피엔 – (편) 편썰기
• (絲) 쓰 – (사) 가늘게 채썰기

59 중식 칼의 종류 및 설명으로 틀린 것은?

① 채도(菜刀, cài dāo, 차이 다오) : 채소를 손질할 때 사용하는 칼이다.

② 곤도(滾刀塊, dāo kuài, 다오 콰이) : 재료를 돌리면서 도톰하게 써는 칼이다.

③ 딤섬도(點心刀, dian sin dāo, 디엔 신 다오) : 딤섬 종류의 소를 넣을 때 사용하는 칼이다.

④ 조각도(雕刻刀, diāo kèdāo, 띠아오 커 다오) : 조각하는 칼이다.

해설 곤도괴(滾刀塊, dāo kuài, 다오 콰이)
재료를 돌리면서 도톰하게 써는 중국 조리의 기본 썰기 방법이다.

정답

52 ②　53 ④　54 ①　55 ④　56 ③　57 ③　58 ④　59 ②

중식 절임 · 무침 조리

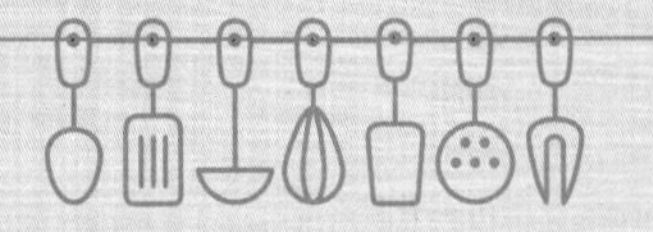

(1) 절임 · 무침 준비

① 절임 · 무침 조리는 절임, 무침에 적합한 식재료를 선택하여 절이거나 무침을 하여 요리에 곁들이는 것이다.

② 절임이란 저장성이 강한 식재료에 소금, 식초, 설탕 등을 넣어 진공 상태로 보존하는 조리법이다.

③ 무침이란 염도, 산도, 당도가 높은 재료를 이용하여 저장성을 높인 절임류나 해초류, 채소류를 양념하여 무친 반찬류를 말한다.

참고

절임 · 무침 재료, 향신료 종류

종류	내용
절임 · 무침 채소류	향차이(芫荽), 자차이(榨菜), 팔각, 청경채, 배추, 양배추, 무, 당근, 양파, 마늘, 고추, 땅콩 등
절임류	무절임, 배추절임, 양배추절임, 양파절임, 피망절임, 적채절임, 마늘절임 등
무침류	자차이(짜사이)무침, 땅콩무침, 감자채무침, 오이무침, 마른두부무침, 목이버섯무침 등
향신료	장(생강, 姜), 총(파, 蔥), 쏸(마늘, 蒜), 화자오(산초씨), 띵샹(정향, 丁香), 팔각(八角), 따후이(대회향, 大茴), 샤오후이(회향, 小香), 천피(귤껍질), 계피(桂皮) 등
조미료	간장, 굴소스, 고추기름, 흑조, 막장, 해선장, 겨자장, 새우간장, 설탕(흰, 붉은, 얼음), 순두부, 버터, 고추장, 풋고추, 파기름, 참기름, 소기름, 돼지기름, 새우기름, 고추, 소금, 식초, 대파, 양파, 생강 등

(2) 절임류 만들기

절임식품은 수산물, 채소류, 식물류, 과일류, 향신료를 재료로 하여 소금, 식초, 당류, 장류 등을 사용해 절인 다음 그대로 또는 다른 식품을 첨가하여 가공한 절임류 및 당절임을 말한다.

절임류 만드는 방법

① 재료를 선택할 때 수입 및 국산재료를 체크한다.
② 절임 재료는 크기에 따라 절임시간을 조절한다.
③ 절임 소금은 다른 화학약품이 첨가되지 않은 것으로 사용한다.
④ 계량컵 또는 저울을 사용한다.
⑤ 땅콩절임 등은 물에 충분히 불려서 잘 절여지게 해야 한다.
⑥ 향신료는 너무 과도하게 사용하면 안 된다.
⑦ 피클류의 절임식초는 끓인 후에 사용해야 한다.
⑧ 고추절임은 청양고추를 사용하면 매운맛이 강해지고, 숙성을 하면 입맛을 돋궈준다.
⑨ 절이는 방법은 절임 재료에 식초, 간장, 설탕 등을 부어 주는 것이 일반적이다.
⑩ 배합초는 기본적으로 식초 1 : 설탕 1 : 물 2의 비율이 보통이다.

(3) 무침류 만들기

① 채소절임의 채소는 양파, 당근, 무, 양배추, 오이 등 다양하게 사용한다.
② 절임 후 무치는 채소는 소금으로 숨을 죽여서 사용한다.
③ 자차이(榨菜)는 대파, 오이, 양파를 함께 무쳐도 좋다.
④ 자차이(榨菜)는 식초를 사용해 신맛을 주어도 좋다.
⑤ 다양한 채소, 해산물, 육류를 이용할 수 있다.

(4) 절임 보관 무침 완성

① 식품의 저장 원리 : 영양적 가치, 위생적 가치, 기호적 가치 등을 포함한 식품의 품질을 변하지 않게 보존하는 것

절임 무침의 저장원리

원인	요인	대책
물리적 요인	빛	차광
	온도	냉장보관, 냉동보관, 급냉동보관
	수분	건조

원인	요인	대책
생물학적 요인	동물	약제, 기계적 방제
	효소	가열, pH 조절, 저온
	곤충	훈증
	미생물	가열, 보존료, 수분조절, 냉동
화학적 요인	금속이온	사용억제
	pH	완충제(산성, 알칼리)
	식품 성분 반응	가열
	공기	진공, 산화제, 수분조절

② 식품의 변질을 방지하는 원리

㉠ 수분 활성 조절 : 탈수 건조, 농축, 당장, 염장

㉡ 온도 조절 : 냉장보관, 냉동보관, 급냉동보관

㉢ pH 조절 : 식초에 절임

㉣ 가열 살균 : 병조림 ,통조림, 레토르트 식품

㉤ 산소 제거 : 가스 치환(CA 저장), 진공포장, 달산소제 사용

㉥ 광선 조사 : 자외선 조사, 방사선 조사

③ 식품저장방법

건조법	태양열과 자연통풍을 이용하는 자연건조법과 인공적으로 하는 분무건조법, 진공건조법, 터널건조법 등이 있다.
발효와 초절임	미생물은 조건이 갖춰지면 산소와 알코올을 이용하여 발효하며, 절임저장 같은 효과를 준다.
훈연법	어류나 육류를 소금에 절인 후 목재를 태워 목재에서 나오는 화학성분을 식재료의 표면에 침투 혹은 접촉하게 하여 건조시키는 방법이다.
당장법	소금 대신 설탕을 넣어 삼투압 작용을 활성화시켜 미생물의 생육을 저지하게 만들어 보존하는 방법이다.
염장법	소금의 삼투압 작용에 의해 식품의 수분이 빠져나와 세균이 살아가는 것에 필요한 수분이 감소되고, 식품에 붙어있던 균도 삼투압 현상에 의해 미생물의 생육이 억제되는 것을 이용한 방법이다.
움저장법	땅을 판 후 식품을 그대로 혹은 가공하여 보관하는 방법이다.

점검문제 06 • 중식 절임·무침 조리

01 어류나 육류를 소금에 절인 후 목재를 태워 목재에서 나오는 화학성분을 식재료의 표면에 침투 혹은 접촉하게 하여 건조시키는 방법으로 옳은 것은?

① 염장법　　② 당장법
③ 훈연법　　④ 움저장법

02 다음 중 절임 무침의 저장 원리에서 화학적 요인에 의한 저장관리로 틀린 것은?

① 금속이온　　② 식품 성분 반응
③ 온도　　④ 공기

해설 온도는 물리적 요인이다.

정답
01 ③　02 ③

중식 육수 · 소스 조리

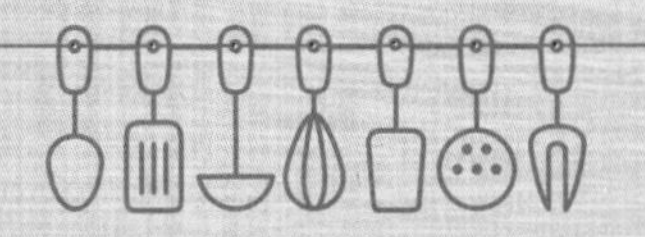

육수·소스 조리는 육류, 가금류, 채소류를 이용하여 끓이거나 양념류와 향신료를 배합하여 조리하는 것이다.

(1) 육수·소스 준비

① 육수의 재료 뼈의 종류

종류	특징
닭뼈	중식에서 대중적으로 사용되는 육수로, 뼈를 절단해서 육수를 내기도 하고 통째로 넣고 끓여 육수를 만든다.
소뼈	소와 송아지 뼈에는 힘살과 연골이 있는데, 이것을 물과 함께 가열하면 콜라겐에서 젤라틴으로 변하게 된다. 소뼈를 사용한 육수는 단백질과 무기질이 함유되어 있어 고소하다.
갑각류	랍스터, 꽃게 등 갑각류를 이용해 향신료를 넣고 육수를 뽑는다.
돼지뼈	뼈에서 특유의 잡내가 날 수 있으므로, 향신료와 채소를 사용해 냄새를 잡아준다.

(2) 육수·소스 만들기

① 육수 만들기

㉠ 육수 재료를 전처리하여 사용한다.

㉡ 육수의 종류와 양에 따라 그릇을 선택한다.

㉢ 조리법에 따라 불의 세기를 조절한다.

㉣ 육수는 찬물에 재료를 충분히 잠기게 하여 시작한다.

㉤ 센 불로 시작하여 육수의 온도가 섭씨 약 90℃를 유지하게 약한 불로 은근하게 끓여 준다.

㉥ 거품 및 불순물을 제거해 준다.

㉦ 육수를 걸러내고 냉각 및 저장하여 사용한다.

② 소스 만들기

㉠ 소스 재료를 전처리하여 사용한다.

㉡ 소스 종류와 양에 따라 그릇을 선택한다.

㉢ 소스 조리법에 따라 맛, 향, 농도를 조절한다.

㉣ 소스의 농도와 광택, 색채 등 모든 요소가 잘 조화를 이루게 한다.

㉤ 소스의 맛은 인공적이지 않고, 주재료의 순한 맛을 느낄 수 있어야 한다.

㉥ 소스의 색감은 주재료와 담는 그릇과 조화를 잘 이루어야 한다.

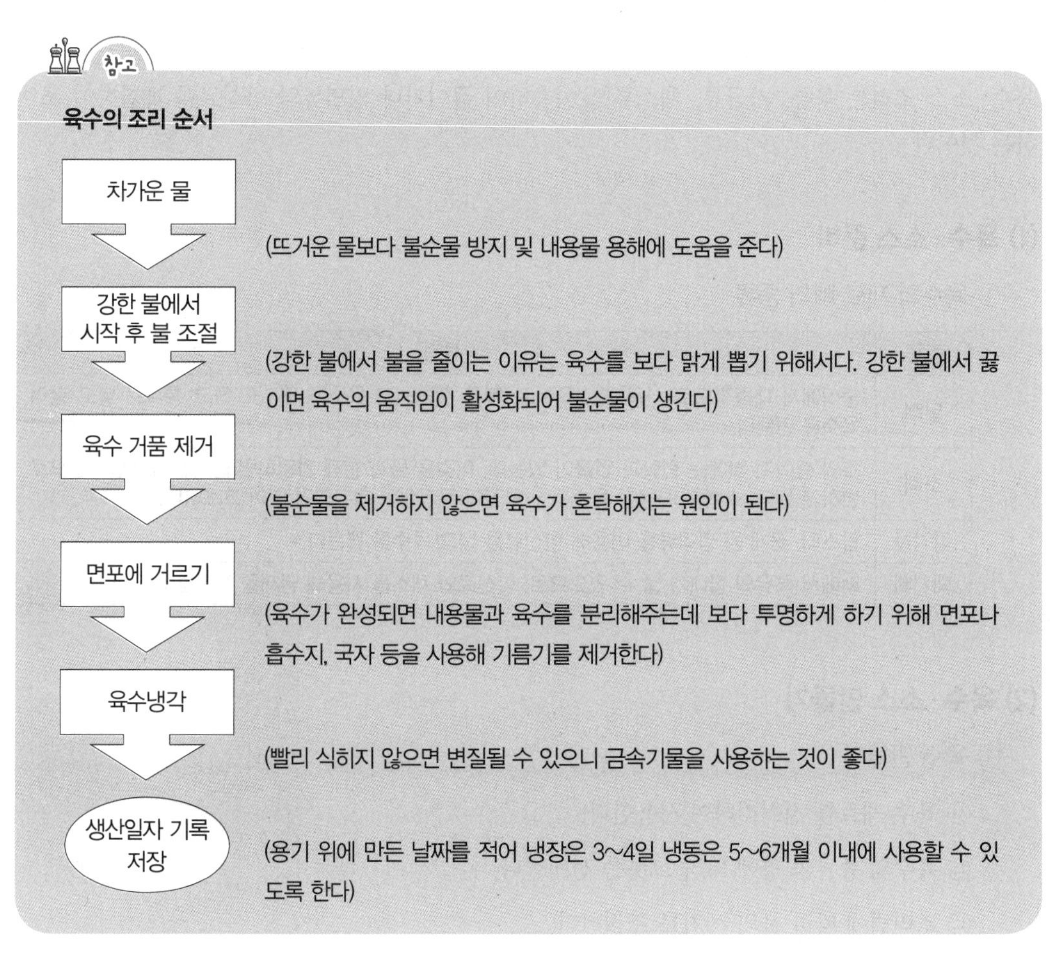

참고
육수의 조리 순서
차가운 물
(뜨거운 물보다 불순물 방지 및 내용물 용해에 도움을 준다)
강한 불에서 시작 후 불 조절
(강한 불에서 불을 줄이는 이유는 육수를 보다 맑게 뽑기 위해서다. 강한 불에서 끓이면 육수의 움직임이 활성화되어 불순물이 생긴다)
육수 거품 제거
(불순물을 제거하지 않으면 육수가 혼탁해지는 원인이 된다)
면포에 거르기
(육수가 완성되면 내용물과 육수를 분리해주는데 보다 투명하게 하기 위해 면포나 흡수지, 국자 등을 사용해 기름기를 제거한다)
육수냉각
(빨리 식히지 않으면 변질될 수 있으니 금속기물을 사용하는 것이 좋다)
생산일자 기록 저장
(용기 위에 만든 날짜를 적어 냉장은 3~4일 냉동은 5~6개월 이내에 사용할 수 있도록 한다)

(3) 육수·소스 완성 및 보관

① 육수·소스 관리하기

㉠ 육수와 소스를 만들고 난 후에는 되도록 빠른 시간에 사용하도록 한다.

㉡ 보관해야 할 경우에는 빠른 시간에 냉각하여 냉장·냉동보관을 하여야 한다.

㉢ 냉장보관에서는 3~4일 정도, 냉동보관에서도 5~6개월이 넘지 않도록 주의한다.

② 육수·소스 보관 시 관리사항

㉠ 온도 관리

- 온도에 의해 세균이 증식 및 사멸되기도 한다.
- 세균은 0℃ 이하, 80℃ 이상에서 증식이 어렵다.
- 대체로 고온보다는 저온에서 증식하기 쉽다.
- 요리를 만든 후 60~65℃ 이상으로 가열해준 후 4℃ 이하로 냉각시켜 보관한다.

㉡ pH 관리

- 세균은 중성 혹은 알칼리성에서 잘 증식한다.
- 곰팡이는 산성에서 잘 증식한다.
- pH 범위 안에서는 세균이 사멸되지 않고 존재한다.
- pH 6.6~7.5 사이에서 증식이 왕성하다.
- pH 4.6 이하로 떨어지면 증식이 정지된다.
- 산성 재료인 식초, 레몬주스, 토마토 주스는 세균이 증식이 되지 않는 환경이다.

점검문제 07 • 중식 육수·소스 준비

01 세균이 사멸되는 pH 농도로 옳은 것은?

① pH 9.1 ② pH 5.4
③ pH 5.0 ④ pH 4.3

해설 세균이 사멸하는 농도는 pH 4.6 이하이다.

02 중식에서 대중적으로 사용되는 육수로 옳은 것은?

① 닭뼈 ② 소뼈
③ 돼지뼈 ④ 갑각류

해설 닭뼈는 대중적으로 사용되는 육수로, 뼈를 절단해서 육수를 내기도 하고 통째로 넣고 끓여 육수를 만들기도 한다.

정답
01 ④ 02 ①

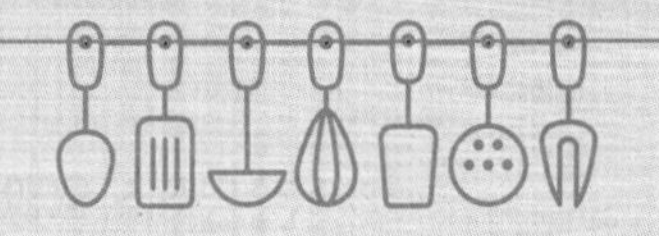

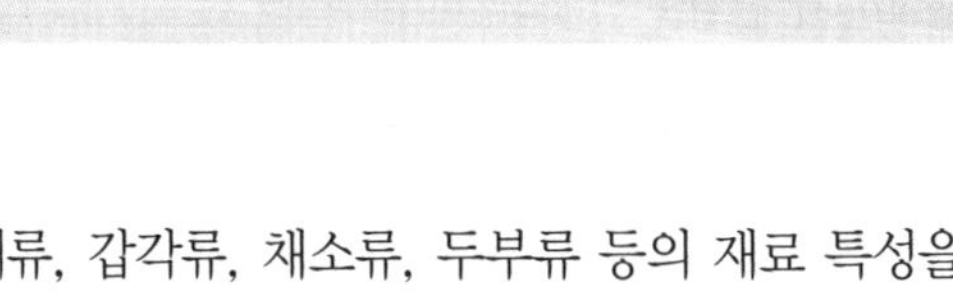

중식 튀김 조리

육류, 어패류, 갑각류, 채소류, 두부류 등의 재료 특성을 이해하고, 손질하여 기름에 튀겨내는 조리법이다.

(1) 튀김 준비

① 레시피 및 튀김의 성질을 고려하여 재료를 선정하고, 준비된 주재료·부재료를 쓰임새에 맞게 준비한다.

② 버섯류, 채소류, 달걀, 설탕, 간장, 소홍주, 후춧가루, 소금, 참기름, 굴 소스, 두반장, 파기름, 고추기름 등을 준비한다.

식용 유지의 정의

식용 유지는 유지를 가지고 있는 식물 또는 동물로부터 얻는 원유를 제조 혹은 가공한 기름을 말한다. 그 종류에는 콩기름(대두유), 카놀라기름, 해바라기씨유, 팜유, 목화씨유, 땅콩기름, 옥수수유, 포도씨유, 올리브유, 참기름, 들기름 등이 있다.

유지	천연유지	식물성 유지	식물성 기름	건성유 : 잣기름, 들기름, 호두기름, 아마인유(아마기름, 아마유)
				반건성유 : 콩기름(대두유), 옥수수유, 목화씨유, 참기름
				불건성유 : 올리브유, 피마자유, 땅콩기름
			식물지방	코코아유, 야자유(팜유)
		동물성 유지	동물성 기름	해산 동물유 : 어유, 간유, 고래유
				담수어 동물유 : 잉어유, 붕어유
				육산 동물유 : 우지, 양지
			동물지방	체지방 : 소기름, 돼지기름
				우유지방 : 버터
	가공 유지 : 마가린(버터 대용), 쇼트닝(라드의 대용품) – 빵, 쿠키, 케이크 등에 사용			

(2) 튀김 조리

① 기름을 이용한 중식 조리법

초(炒)	일정한 크기와 모양으로 만든 재료들을 기름에 살짝 넣고 불의 세기를 조절해가며 짧은 시간 동안 뒤섞으며 익히는 조리법
폭(爆)	1.5cm 정육면체로 썰거나 재료에 칼집을 준 후 육수나 기름 혹은 뜨거운 물로 열처리한 후에 강한 불에서 빠르게 볶아내는 조리법
전(煎)	열을 가한 팬에 기름을 살짝 두른 후 손질한 재료들을 팬 위에 펼쳐 중간 불이나 약한 불에서 한쪽 면 혹은 양쪽을 지져서 익히는 조리법
류(熘)	향신료 또는 조미료에 재운 재료들을 녹말이나 밀가루를 입혀 삶거나 찌거나 튀긴 후 조미료들을 사용해 소스를 만들어 재료 위에 부어주거나 버무려서 내는 조리법
첩(貼)	보통 세 가지 재료를 사용하며 한 가지는 곱게 다져 편을 낸 재료 위에 올리고 남은 한 재료로 덮은 후 편으로 썬 재료를 닿게 하여 바삭하게 지진 후 물을 부어 수증기로 익히는 조리법
작(炸)	팬에 기름을 넉넉하게 넣고 손질한 재료를 넣어 튀기는 조리법
팽(烹)	적당한 크기로 썰은 재료들을 밑간하여 지지거나 튀기거나 볶은 후 부재료와 조미료를 넣어 뒤섞으며 국물을 재료에 흡수시키는 조리법

※ 중식 튀김 조리법에는 작(炸)과 팽(烹)이 있다.

(3) 튀김 완성

① 중식 튀김요리의 종류

㉠ 육류튀김 ; 소고기튀김, 탕수육 등

㉡ 가금류튀김 ; 깐풍기, 유림기 등

㉢ 갑각류튀김 : 왕새우튀김, 깐쇼새우, 게살튀김 등

㉣ 어패류튀김 : 굴튀김, 관자튀김, 탕수생선, 오징어튀김 등

㉤ 채소류튀김 : 가지튀김, 채소춘권튀김, 고구마튀김 등

㉥ 두부류튀김 : 가상두부, 비파두부 등

튀김요리에 어울리는 식품조각

중식에서 많이 사용하는 식품조각은 음식을 돋보이게 하기 위해서 사용된다.

② 식품 조각 도법의 종류

각도법(刻刀法)	주도를 이용하여 재료를 깎을 때 사용하는 도법으로 가장 많이 사용된다.
착도법(戳刀法)	재료를 찔러서 조각하는 방법으로 새 날개, 옷 주름, 꽃 조각, 생선비늘 조각에 사용하는 방법이다.
절도법(切刀法)	큰 재료의 형태를 깎을 때 사용하는 도법으로, 위에서 아래로 썰기할 때 또는 돌려 깎을 때 이용하는 도법이다.
선도법(旋刀法)	칼을 사용해 타원을 그리며 재료를 깎을 때 사용하는 도법이다.
필도법(筆刀法)	칼을 사용해 그림을 그리듯 재료 표면에 외형을 그릴 때 사용하는 도법이다.

③ 중식 그릇의 분류

㉠ 위엔판(圓形盘子, 둥근 접시) : 지름 13~65cm 정도인 둥근 접시로, 수분이 없거나 전분을 사용해 농도가 있는 음식을 담는 것에 사용된다. 중식에서 가장 많이 사용된다.

㉡ 챵야오판(椭圆形盘子, 타원형 접시) : 가장 긴축이 17~65cm 정도인 접시로, 음식이 길면서 둥근 모양이나 긴 음식을 담는 것에 쓰인다. 생선이나 동물의 머리, 꼬리, 오리 등을 담을 때 사용한다.

㉢ 완(碗, 사발) : 지름 3.3~50cm 정도로 다양한 그릇이 있으며, 주로 탕(湯)이나 갱(羹)을 담을 때 사용하지만 크기에 따라 식사류나 소스 등을 담는 것에 사용한다.

점검문제 08 ● 중식 튀김 조리

01 기름을 넉넉히 두르고 팬을 달군 다음 손질한 재료를 넣어 튀기는 조리법으로 옳은 것은?

① 전 ② 작
③ 류 ④ 팽

해설 • 전 : 열을 가한 팬에 기름을 살짝 두른 후 손질한 재료들을 팬 위에 펼쳐 중간불이나 약불에서 한쪽 면 혹은 양쪽을 지져서 익히는 조리법
• 류 : 향신료 또는 조미료에 재운 재료들을 녹말이나 밀가루를 입혀 삶거나, 찌거나, 튀긴 후 조미료들을 사용해 소스를 만들어 재료 위에 부어주거나 버무려서 내는 조리법
• 팽 : 적당한 크기로 썬 재료들을 밑간하여 지지거나, 튀기거나, 볶은 후 부재료와 조미료를 넣어 뒤섞으면서 국물을 재료에 흡수시키는 조리법

02 중식 식품 조각의 도법으로 설명이 틀린 것은?

① 착도법(戳刀法) : 재료를 찔러서 조각하는 방법으로 새 날개, 옷 주름, 꽃 조각, 생선비늘 조각에 사용하는 방법이다.
② 각도법(刻刀法) : 주도를 이용하여 재료를 깎을 때 사용하는 도법이다.
③ 절도법(切刀法) : 큰 재료의 형태를 깎을 때 사용하는 도법으로, 위에서 아래로 썰기를 할 때 또는 돌려 깎을 때 이용하는 도법이다.
④ 필도법(筆刀法) : 필요한 곳에만 칼을 넣기 위해 사전 작업 후 식품 조각을 하는 방법이다.

해설 필도법(筆刀法)
칼을 사용해 그림을 그리듯 재료 표면에 외형을 그릴 때 사용하는 도법이다.

정답
01 ② 02 ④

중식 조림 조리

육류, 생선류, 채소류, 두부 등에 각종 양념과 소스를 이용하여 조림을 하는 조리법이다.

참고

조림의 정의

식재료를 팬에 담아 불에 올려 양념류를 넣으면서 불 조절을 하고, 졸여서 자박하게 끓여내는 것을 조림이라고 한다.

① 홍소(紅燒, 홍샤오, hong shao) : 육류, 생선류, 갑각류, 가금류, 해삼류를 끓는 물이나 기름에 데친다. 그 후 부재료와 함께 볶은 후 간장소스를 넣고 졸여준다.

② 민(燜, 먼, men) : "뜸을 들이다"라는 뜻으로, 뚜껑을 닫고 약한 불에 오래 끓이거나 졸이는 조리법이다.

(1) 조림 준비

육류를 이용한 조림, 어류를 이용한 조림, 두부를 이용한 조림, 채소를 이용한 조림 등 조림의 종류에 맞게 재료·부재료를 준비한다.

참고

조림요리의 종류

① 육류 조림 : 돼지족발조림, 닭발조림, 난자완즈 등

② 생선(어)류 : 홍쇼도미(간장도미조림), 홍먼도미(매운도미조림) 등

③ 채소류 : 오향땅콩조림 등

④ 두부류 : 홍쇼두부 등

※ 홍쇼(紅燒)는 육(고기)류, 생선(어)류, 가금류, 갑각류, 해삼류를 뜨거운 기름이나 끓는 물에 데친 후 부재료와 함께 볶아 간장소스에 조린 것이다.

(2) 조림 조리

① 중식 조림요리 방법

㉠ 생선의 비린 맛을 감소시키기 위해서 뚜껑을 열고 조린다.

㉡ 처음에는 뚜껑을 열고 조림을 하고, 비린 맛이 휘발되면 뚜껑을 덮고 서서히 끓여도 무방하다.

㉢ 생강, 마늘은 거의 익은 상태에서 넣는다.

㉣ 너무 오래 가열하면 생선의 수분이 빠져 질겨지고, 육질이 단단해질 수 있다.

㉤ 생선 자체의 맛 성분이 외부로 빠져나가지 않게 조린다.

㉥ 생선 내부까지 맛이 잘 들게 조린다.

㉦ 생선은 93~95% 정도 익힌 후 불을 끄고 잔열로 익힌다.

㉧ 그릇에 담아낼 때는 생선과 국물을 같이 담아낸다.

② 조림 조리법

조리법	설명
팽(peng, 펑)	알맞게 썬 재료를 밑간한 후 튀기기, 볶기 등을 한 후 부재료를 넣고 간을 한 후 강한 불에서 국물을 졸이는 조리법이다.
소(shao, 샤오)	튀기기, 볶기, 찌기 중 한 가지 방법으로 익힌 후 조미료, 육수를 넣고 불에 끓여 조리한 후 약한 불에서 푹 삶는 조리법이다.
배(ba, 바)	소(shao, 샤오)와 비슷한 요리로 전분을 풀어 맛이 부드럽고, 국물이 많은 편이다.
민(men, 먼)	약한 불에서 오래도록 익혀주는 조리법이다.
와(wei, 웨이)	질긴 재료들을 물에 데친 다음 강한 불에서 끓이다가 약한 불에서 오랫동안 국물을 졸이는 조리법이다.
돈(dun, 뚠)	가열방식에 따라 청돈, 과돈, 격수돈으로 나눈다. • 청돈 : 물에 살짝 데친다. • 과돈 : 재료에 전분가루나 밀가루를 입힌 후 달걀물을 묻혀 지져준다. • 격수돈 : 물에 데친 재료를 육수에 넣은 후 뚜껑을 닫고 익히거나 증기로 익히는 조리법이다.
자(zhu, 쮸)	고기를 작게 썰어 국에 넣고 강한 불에서 삶다가 약한 불로 줄여주는 조리법이다.

(3) 조림 완성

① 그릇은 사기, 에나멜, 유리, 범랑 용기, 철제 용기 등 가능하다.

② 중식에서 조림을 담는 그릇은 보통 오목하게 들어가 있는 그릇이 좋다.

③ 조림의 특성상 주재료, 부재료, 소스를 함께 담을 수 있는 그릇이 사용된다.

④ 장식물이 요리보다 크거나 식용 불가인 것을 올리면 안 된다.

⑤ 주재료와 부재료의 비율을 파악하고 크기, 모양, 색감을 파악하여 담는다.

⑥ 눈에 띄는 식재료를 장식용으로 위로 올려 식감을 증가시킨다.

⑦ 대파, 실파, 고추, 지단, 깨 등을 고명으로 올릴 수 있다.

⑧ 제공 시에는 음식을 너무 작은 크기나 형태가 부서지지 않도록 주의하고 한입 크기 정도로 잘라 제공한다.

점검문제 09 ● 중식 조림 조리

01 조림을 할 때 생선이 어느 정도 익은 후 잔열로 익히면 좋은 온도는?

① 70~72%

② 80~82%

③ 85~90%

④ 93~95%

해설 생선은 93~95% 정도 익힌 후 불을 끄고, 잔열로 익힌다.

2. 조림에 대한 설명으로 틀린 것은?

① 민(燜)–먼(men)이란 뚜껑을 닫고 약한 불에 오래 끓이거나 졸이는 조리법이다.

② 조림은 생선 내부까지 맛을 잘 배기게 졸여주고 생선 자체의 맛 성분이 외부로 빠져나가지 않게 졸여야 한다.

③ 장식물은 그릇보다 너무 크지 않아야 하며 식용 불가능한 것도 크지만 않으면 괜찮다.

④ 조림은 가운데가 들어가 있는 질그릇의 형태가 많이 쓰인다.

해설 식용이 불가능한 것을 장식물로 사용하지 않는 것이 좋다.

정답
01 ④ **02** ③

중식 밥 조리

중식 밥 조리는 쌀로 지은 밥을 이용하여 각종 밥요리를 하는 것이다.

(1) 밥 준비

① 밥 조리의 종류

㉠ 덮밥류 : 송이덮밥, 마파두부덮밥, 잡채밥, 잡탕밥 등

㉡ 볶음밥류 : 새우볶음밥, 게살볶음밥, 삼선볶음밥, 카레볶음밥, XO볶음밥 등

※ XO소스는 마른관자, 마른새우, 마른오징어, 고추기름 등의 양념을 혼합하여 조리한 중식 해산물 소스이다.

② 중식에서 사용되는 곡류

㉠ 쌀 : 아시아 동남부가 원산지이다. 보리나 밀에 비해 늦게 재배를 하였으나 현재는 전 세계 사람들의 40%가 주식으로 이용하고 있다.

㉡ 옥수수 : 옥수수는 세계 3대 곡류이며, 쌀 다음으로 많이 생산된다. 옥수수는 탄수화물과 지방, 단백질, 무기질을 다량 함유하지만, 필수 아미노산인 트립토판이 부족하므로 다른 단백질과 함께 섭취가 필요하다.

※ 옥수수는 필수아미노산인 트립토판이 부족하여 양질의 단백질을 같이 섭취하지 않으면 단백질 결핍증 또는 나이아신 결핍으로 인하여 펠라그라에 걸리기 쉽다.

㉢ 보리 : 보리는 단백질 9.4%, 지질 1.2%를 함유하고 있고, 전분 함량은 65% 정도이다.

㉣ 밀 : 밀은 경질밀, 중간밀, 연질밀의 세 종류로 분류된다. 경질밀은 단백질 함량 13%이상, 연질밀은 단백질 함량 9% 이하, 중간밀은 두 경질밀과 연질밀의 중간 정도의 단백질 함량을 가지고 있다.

쌀의 종류 및 특징

쌀의 종류	재배 지역 및 기후	쌀의 특징
인디카형 (장립종)	• 인도, 인도네시아, 베트남, 태국, 미얀마, 필리핀, 방글라데시, 중국 남부, 미 대륙, 브라질 등 • 고온 • 다습한 열대 및 아열대 지역	• 세계 쌀 생산량 대부분을 해당 지역에서 생산 • 세포벽이 두꺼워 밥을 지어도 세포벽이 파괴되지 않음. • 끈기가 적고 푸슬푸슬한 느낌
자바니카형 (중립종)	• 자바섬, 동남아시아, 스페인, 이탈리아, 중남미 등 • 아열대 지역	• 생산량은 많지 않음. • 맛은 담백하며, 크기가 큰 편임. • 가열 시 끈기가 생김.
자포니카형 (단립종)	• 한국, 중국 동북부, 대만 북부, 일본, 미국 서해안 등 • 온난한 지역	• 세계 쌀 생산량의 약 20% 정도 • 짧고 둥글둥글한 형태 • 물을 넣고 가열하면 끈기가 생김.

(2) 밥 짓기

① 밥의 물은 기본적으로 물에 불린 쌀은 쌀과 물 1 : 1 비율이 되게 하고, 안 불린 쌀은 1 : 1.2 비율로 맞추는데, 볶음밥용은 물을 좀 더 적게 한다.

② 쌀의 종류와 특징, 건조량에 따라 물의 양을 조절할 수 있어야 한다.

③ 조리법에 따라 불의 세기를 조절하여 가열시간을 조절하거나 뜸을 들일 수 있어야 한다.

(3) 요리별 조리하여 완성

① 메뉴에 따라 볶음과 튀김요리를 함께 낼 수 있어야 한다.

② 불의 세기를 조절해 가면서 볶음밥을 할 수 있어야 한다.

③ 메뉴 구성을 생각하면서 국물요리를 곁들여 낼 수 있어야 한다.

④ 메뉴에 따라 장식을 할 수 있어야 한다.

점검문제 10 • 중식 밥 조리

01 쌀의 종류로 틀린 것은?

① 자포니카쌀　② 자메이카쌀
③ 자바니카쌀　④ 인디카쌀

해설 쌀의 종류에는 인디카형, 자바니카형, 자포니카형이 있다.

02 밥 조리에서 중식 덮밥류로 틀린 것은?

① 송이덮밥　② 마파두부덮밥
③ 유산슬덮밥　④ XO덮밥

해설 볶음밥류에는 새우볶음밥, 게살볶음밥, 삼선볶음밥, 카레볶음밥, XO볶음밥 등이 있다.

정답
01 ②　02 ④

중식 면 조리

- 중식 면 조리는 밀가루의 특성을 이해하고 반죽하여 면을 뽑아 각종 면요리를 하는 조리이다.
- 면이란, 전분 또는 곡분을 원료로 하여 열처리·건조 등을 통해 가공하여 국수, 당면, 냉면, 파스타 등을 만든 것이다. 원료의 종류와 제조방법 등에 따라 여러 가지 종류가 있다.

(1) 면 준비

① **밀가루** : 밀가루는 식용 밀을 사용하여 공정을 통해 얻은 분말에 식품 또는 식품첨가품을 첨가한 것을 말한다.

② **소금** : 면에 사용 시 대부분 밀가루 기준으로 2~6%의 비율로 넣고 사용한다. 면에 소금을 넣으면 글루텐과 점탄성을 증가시켜 주며, 보존력을 늘리고 맛과 풍미도 늘려주며 삶는 시간을 줄여준다.

③ **물** : 면을 제조할 때 원료분과 물이 100 : 35 비율 정도로 되게 반죽한다.

(2) 반죽하여 면 뽑기

① 면의 종류

세면	실국수라고도 하며, 면발의 굵기가 제일 가늘어 세면이라고 한다. 중국, 일본에서 요리 재료로 사용한다.
소면	잔치국수나 비빔면 등에 쓰이며, 세면보다는 약간 굵은 면을 말한다.
중화면	자장면, 짬뽕 등의 중화요리나 일본의 라멘 등에 사용되는 면이다.
칼국수면	주로 칼국수요리에 많이 쓰이며, 요리에 따라 면발의 두께는 차이가 있다.
우동면	우동요리에 쓰이며, 칼국수 면보다 더 굵은 면발이다.

② 면 뽑기 수행순서

㉠ 중식 메뉴별로 적합한 면 쓰임새를 파악하여 기계, 수타면, 칼 등을 선정

㉡ 면발을 뽑을 때 달라붙지 않게 주의사항 숙지

㉢ 면을 뽑기 전 기계 도구세척

㉣ 면 뽑는 방법에 따라 칼이나 기계사용

㉤ 기계면, 수타면, 도삭면 뽑기

(3) 면 삶아 담기

① 면 삶을 물이 충분히 끓고 있는지 확인

② 면을 익힌 후 바로 씻어줄 찬물이 있는지 확인

③ 완성된 면요리와 맞는 그릇이 있는지 확인

④ 면을 끓는 물에 넣고 엉겨붙지 않게 돌려가며 익히기

⑤ 면의 종류(기계면, 수타면)에 따라 익히는 시간 조절하기

⑥ 면이 익으면 준비한 찬물에 전분질 잘 씻기

⑦ 물을 2~3회 이상 갈아 주면서 씻기

⑧ 냉면은 차게 온면은 따뜻하게 준비

(4) 요리별 조리하여 완성

① 메뉴에 따라 국물이나 소스를 만든다.

② 요리별 조리법에 의해 맛, 향기, 온도, 농도, 양 등을 고려해 소스나 국물을 만든다.

③ 메뉴에 따라 장식을 한다.

중식 면요리의 종류

종류	면요리	요리의 특징
온면	자장면	돼지고기, 해산물, 양파, 생강 등을 다져 기름에 볶아 춘장과 육수를 넣고 익힌 후 물전분으로 농도를 조절하여 삶은 면 위에 얹은 요리
	유니자장면	곱게 다진 돼지고기, 양파, 양배추를 식용유에 볶아 춘장과 육수를 넣고 익힌 후 물전분으로 농도를 정하고 삶은 면 위에 얹은 요리
	짬뽕	해산물, 양파, 양배추, 고춧가루, 고추기름, 마늘, 육수 등으로 매운 국물을 만들어 삶은 국수 위에 부어 완성한 요리
	울면	오징어, 홍합 등의 해산물을 넣고 끓인 국물에 물녹말을 걸쭉하게 풀어 면을 넣어 먹는 요리

	기스면	닭가슴살, 닭육수, 대파, 마늘, 생강 등에 양념하여 맑은 닭 육수와 삶아 찢은 닭가슴살을 함께 삶은 국수에 부어 만든 요리
	사천탕면	해산물, 죽순, 양파, 배추, 대파, 마늘, 생강, 육수, 청주, 후추, 참기름 등으로 국물을 만들어 삶은 국수 위에 부어 만든 요리
냉면	냉짬뽕	닭육수에 해산물을 데쳐내 냉짬뽕의 육수로 사용하고 파, 마늘, 양파, 호박, 죽순 등과 준비한 육수로 짬뽕국물을 만들고 차게 식힌다. 데쳐낸 해산물과 채썬 오이를 삶은 국수 위에 얹고 찬육수를 부어 만든 요리
	중국식 냉면	삶은 국수 위에 손질한 해산물, 삶은 고기, 오이, 시원한 냉면 육수를 부어 만든 요리

점검문제 11 ● 중식 면 조리

01 면 삶아 담기의 과정 중 틀린 것은?

① 면 삶은 물이 충분히 끓여졌는지 확인한다.
② 면을 익힌 후 바로 씻어줄 찬물이 있는지 확인한다.
③ 면의 종류(기계면, 수타면)의 종류에 따라 익히는 시간이 다르다.
④ 면이 익으면 준비한 찬물에 한 번 씻는다.

해설 면이 익으면 준비한 찬물에 전분질이 어느 정도 씻겨 나갈 때까지 씻어주어야 한다.

02 면을 반죽할 때 필요한 재료가 아닌 것은?

① 소금 ② 조미료
③ 물 ④ 밀가루

해설 밀가루(중력분), 소금, 물, 탄산수소나트륨 등이 필요하다.

정답
01 ④ 02 ②

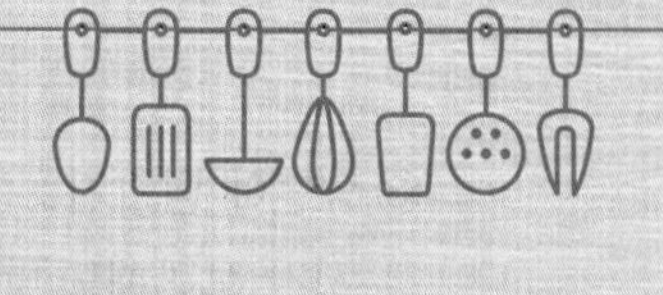

중식 냉채 조리

맨 처음에 차갑게 나가는 전채요리로, 메뉴의 특성에 맞는 적합한 재료를 이용하여 조리하는 것이다.

냉채(冷菜)의 정의 및 특징

- 지역에 따라서 냉반(冷盤), 량반(凉盤), 냉훈(冷燻)이라고 부른다.
- 중식에서는 맨 처음 요리는 4℃ 정도로 차갑게 해서 나가는데 이것을 냉채라고 한다.
- 냉채는 처음으로 먹기 때문에 고객들이 소화가 잘 되게 메뉴 구성을 해야 한다.
- 이후에 나오는 요리에 대해서도 기대감을 가지게 해야 하기 때문에 중요한 요리이다.
- 냉채를 만드는 재료는 매우 신선해야 한다.
- 냉채는 입에 넣고 오래 씹을수록 더 맛있게 느껴진다.

(1) 냉채 준비

① 냉채 만들 도구들과 냉채에 들어갈 재료, 양념, 담을 그릇 준비

② 장식을 할 무, 당근, 오이, 양파 등을 준비하고 조각할 칼과 장갑 준비

③ 베이스 국물에 양념들을 넣고 끓일 준비 및 양념에 담을 준비

④ 돼지껍질과 젤라틴을 준비한 후 수정처럼 만들 준비

⑤ 설탕, 찻잎, 쌀 등을 준비하고 훈제할 준비

(2) 냉채 조리

① 무치기 : 냉채 조리법 중 가장 기본적인 것으로 재료에 따라 생으로 무쳐도, 익혀서 무쳐도 되며 둘을 섞어서 무쳐도 된다. 맛은 상큼하고 뒷맛이 깔끔한 맛이 남도록 하는 것이 좋다.

② 장국물에 끓이기

㉠ 국물에 냉채에 사용할 재료를 향신료나 양념을 넣어서 끓이는 조리법이다.

㉡ 재료를 장국물에 넣고 끓일 때 불을 약하게 조절하여 장시간 가열한다.

㉢ 재료가 푹 잠기도록 여유 있게 장국물을 넣어 중간에 뚜껑을 열고, 장국물을 다시 붓지 않도록 한다.

③ **양념에 담그기** : 간장, 술, 설탕, 소금, 식초 등을 이용해 재료를 담가서 만드는 방법으로, 장시간 보관해도 맛이 잘 변하지 않기 때문에 장시간 보관 시 사용한다.

④ **수정처럼 만들기** : 돼지껍질이나 생선살, 닭고기 등 아교질 성분이 많은 것들을 끓인 후 차갑게 만들면 수정처럼 응고되는데, 그 원리를 이용해 냉채를 만든다.

⑤ **훈제하기** : 재료를 삶거나, 찌거나, 튀기는 방법을 이용하여 익힌 후 향신료나 찻잎, 설탕 등을 넣고 솥에 넣어 냉채에서 그 향이 나게 하는 방법이다.

(3) 냉채 완성

① **봉긋하게 쌓기** : 썰어 놓은 재료들을 한 번 데친 다음 냉채를 담는다. 가운데가 봉긋하게 올라오도록 담아준다.

② **평편하게 펴놓기** : 냉채에 사용하는 재료를 다 썰어준 다음 그릇에 평평하게 펴준다.

③ **쌓기** : 계단형태로 그릇에 쌓아 준다.

④ **두르기** : 재료를 썬 후 접시에 둘러주는 방식으로 올린다. 대부분 꽃 모양으로 둘러주고 꽃과 같은 장식을 해주기도 한다.

⑤ **형상화 하기** : 재료들을 이용해 동물이나 어떤 개체를 표현하기 위해 담는 방법이다. 오랜 시간이 소요될 수 있어 재료의 변질에 주의해야 한다.

참고

냉채 조리의 구분

냉채(양 차이)는 재료의 종류와 방법에 따라 구분된다.

① 고기류 : 오향장육, 쇼끼(산동식 닭고기 냉채), 빵빵지(사천식 닭고기 냉채)
② 해물류 : 오징어냉채, 해파리냉채, 전복냉채, 관자냉채, 왕새우냉채, 삼선냉채, 삼품냉채, 오품냉채 등
③ 채소류, 버섯류 : 봉황냉채

※ 냉채요리에 어울리는 기초 장식은 오이 등을 이용하여 만들 수 있다.

점검문제 12 • 중식 냉채 조리

01 중식 냉채 조리의 방법 중 국물에 냉채에 사용할 재료를 향신료나 양념을 넣어서 끓이는 조리법으로 옳은 것은?

① 수정처럼 만들기 ② 양념에 담그기
③ 장국물에 끓이기 ④ 무치기

해설 재료가 푹 잠기도록 여유 있게 장국물을 넣어 끓인다.

02 냉채 담는 방법에서 해파리냉채를 담기에 가장 옳은 것은?

① 평편하게 펴놓기 ② 쌓기
③ 봉긋하게 쌓기 ④ 형상화하기

해설 썰어 놓은 재료들을 한번 데친 다음 냉채를 봉긋하게 올라오도록 담는데, 해파리냉채를 담을 때 주로 사용된다.

정답
01 ③ **02** ③

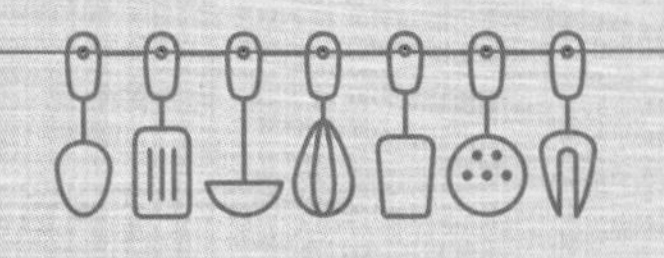

중식 볶음 조리

중식 볶음 조리는 육류·생선류·채소류·두부류에 각종 양념과 소스를 이용하여 볶음요리를 하는 것이다.

- 볶음의 정의 : 볶음이란 육류, 해산물, 채소류, 두부 등에 양념과 소스를 활용하여 볶는 것이다. 중식에서는 전분을 사용한 볶음요리와 전분을 사용하지 않는 볶음요리가 있다.
- 전분을 사용한 볶음요리와 전분을 사용하지 않는 볶음요리

전분 사용구분	중국어 표현	요리명
전분을 사용하지 않는 볶음류	초채 (炒菜, chaocai, 차오차이)	고추잡채(칭지아오러우시), 부추잡채(소구차이), 당면잡채, 토마토달걀볶음 등
전분을 사용하는 볶음류	류채(熘菜, liucai, 리우차이)	라조육, 마파두부, 채소볶음, 류산슬, 전가복, 새우케첩볶음(깐쇼하인), 하인완스(새우완자), 란화우육(브로콜리소고기볶음), 마라우육, 부용게살 등

(1) 볶음 준비

주재료	육류(소고기, 돼지고기), 가금류(닭고기, 오리고기) 해물류, 채소류, 두부류 등
부재료	향신료(오향분, 화산조, 산조분, 회향), 채소류, 조미료 등

(2) 볶음 조리

볶음 조리는 음식의 재료를 미리 손질해 놓고 짧은 시간 안에 볶아낸다.

① 볶음 음식의 특징

㉠ 정확한 불 조절과 화력을 나누어서 사용

㉡ 식재료, 조리법, 맛내기가 다양하고 풍부함.

㉢ 향신료, 조미료의 향을 잘 활용

㉣ 완성 후 참기름, 후추 등으로 풍미 추가

㉤ 재료 고유의 색, 맛, 향을 살려서 화려함.

② 볶음요리 조리법

볶음요리 조리법	대표요리	설명
초(炒, 차오)	부추볶음, 당면잡채	• '재료를 볶는다'는 뜻 • 팬에 기름을 넣고 센 불이나 중간 불에서 짧은 시간에 조리 • 비타민이나 영양소의 손실을 최소화 • 재료와 조미료의 맛이 어우러지게 요리
류(溜, 려우)	라조기, 류산슬	• 재료에 조미료를 재워둔 후 기름에 튀기거나, 삶거나, 찌는 요리 • 조미료를 사용해 걸쭉한 소스를 만들어 만든 요리 위에 부어주거나 버무려서 내는 요리
작(炸, zhà)	자장면	기름을 넉넉하게 넣고 센 불에 튀기듯이 하는 조리
폭(爆, 빠오)	궁보계정	• 재료를 1.5cm의 정육면체로 가늘게 채썰거나 꽃 모양으로 준비 • 칼집을 낸 재료들을 뜨거운 기름이나 물, 탕, 기름 등으로 빠른 속도로 솥에서 섞어 부드럽고 아삭한 질감을 살리는 조리법
전(煎, jiān)	난젠완쯔	• 팬에 기름을 두른 후 지지는 조리법 • 한국의 전과 같은 조리법인데, 전보다는 기름을 더 많이 씀.

참고

오방색과 중국음식

- 그 사상이 음식에도 반영되어 다섯 가지 색깔 위주로 만들어졌고, 맛도 다섯 가지로 구분하여 역할을 나타냈다.
- 오색은 청(靑), 적(赤), 황(黃), 백(白), 흑(黑), 즉 청색, 빨간색, 노란색, 흰색, 검은색이다.

(3) 볶음 완성

① **볶음요리에 맞는 그릇 준비** : 볶음요리는 뜨거운 상태로 손님에게 제공되는 경우가 많기 때문에 온장고에서 따뜻하게 유지한다. 볶음요리에 맞는 형태의 그릇을 준비한다.

② **국자를 이용하여 담기** : 조리 후 손님의 수와 용도에 따라 알맞은 사이즈의 그릇에 요리를 담는다. 담는 법은 한 국자 퍼서 그릇에 담은 후 그 위에 한 번 더 음식을 담아 모양을 잡는다.

③ **완성된 음식 장식하기** : 그릇에 담아 완성된 요리들은 손님에게 나가기 전 모양이나 맛을 더하기 위해 장식을 한다. 장식들은 먹을 수 있는 것을 사용한 간단한 장식들이 좋다.

④ **볶음요리 서빙하기** : 담은 요리는 식기 전 손님이 먹기 좋은 온도를 유지하여 서빙해야 한다. 음식을 손님의 요구사항에 맞춰 조정하면서 서빙해야 한다.

점검문제 13 • 중식 볶음 조리

01 볶음과 관련된 조리법 중 전(煎, jia⁻n)에 대한 설명은?

① 기름을 넉넉하게 넣고 센 불에 튀기듯이 하는 조리법
② 재료에 조미료를 재워둔 후 기름에 튀기거나 삶거나 찌는 방식으로 만드는 요리법
③ 팬에 기름을 두른 후 지지는 조리법
④ 뜨거운 기름이나 물이나 탕, 기름 등으로 빠른 속도로 솥에서 섞어서 부드럽고 아삭한 질감을 살리는 조리법

해설 ①은 작(炸, zha), ②는 류(溜, 려우), ④는 폭(爆, 빠오)에 대한 설명이다.

02 재료에 조미료를 재워둔 후 기름에 튀기거나, 삶거나, 찌는 방식의 볶음요리 조리법으로 옳은 것은?

① 작(炸, zhà) ② 폭(爆, 빠오)
③ 류(溜, 려우) ④ 전(煎, jiān)

정답 01 ③ 02 ③

중식 후식 조리

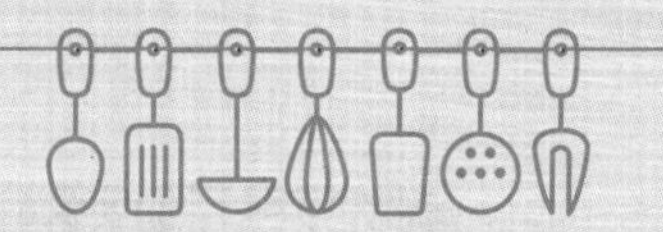

디저트(Dessert)라고도 하는데, 후식(後食) 조리는 주요리와 어울릴 수 있는 더운 후식류나 찬 후식류를 조리하는 것이다.

- 프랑스어로 '식사를 마치다', '식탁을 치우다'라는 뜻이 있다.
- 더운 후식(디저트)은 푸딩, 수플레 등이 있다.
- 찬 후식(디저트)은 냉차, 아이스크림 등이 있다.
- 더운 것을 먼저 내고 찬 것을 후에 낸다.

① 중식 후식의 종류

종류	메뉴
더운 후식류	사과빠스, 고구마빠스, 옥수수빠스, 바나나빠스, 딸기빠스, 은행빠스, 찹쌀떡빠스, 지마구(찹쌀떡깨무침) 등
찬 후식류	행인두부(杏仁豆腐), 메론시미로, 망고시미로, 홍시아이스 등

※ 과일은 수분 85%, 탄수화물 10%로 비타민과 무기질의 함량이 다른 식품에 비해 높기 때문에 영양적으로 좋아 후식으로 많이 이용된다.

※ 무스류(딸기무스케이크, 단호박무스케이크 등), 과일류 파이도 후식으로 이용된다.

② 중식 디저트 용어

㉠ 빠스(拔絲) : 누에고치에서 실을 뽑는 모양에서 유래되었으며, 설탕이 녹을 수 있는 온도에서 설탕 시럽을 만들어 튀긴 주재료를 버무려 제공하는 대표적인 중식 후식이다.

※ 빠스에서 설탕이 녹아 액체로 변하는 온도를 설탕의 융점이라 한다.

㉡ 행인두부(杏仁豆腐) : 행인(살구씨)과 우유, 한천을 이용하여 만든 디저트이다.

㉢ 시미로(西米露) : 타피오카전분으로 만든 펄을 "시미로"라 말하며, 감, 홍시, 복숭아, 메론, 망고 등을 이용한 셔벗디저트이다.

(1) 후식 준비

① 후식 재료는 다양하게 선택한다.

② 후식 재료는 엄격하게 선택한다.

③ 썰기는 요리에 맞게 세밀하고 정교하게 자른다.

④ 단맛, 신맛, 쓴맛, 매운맛, 짠맛의 오미(五味)를 기본으로 한다.

⑤ 다양하고도 광범위한 맛을 낸다.

⑥ 화력 조절로 촉감, 감촉을 최대한 느끼도록 한다.

(2) 더운 후식류 조리

① 고구마, 은행, 바나나, 옥수수 등이 주재료이다.

② 후식은 모양과 향에도 신경을 쓰며 여러 식재료를 사용해 부드럽고 달콤한 맛을 내도록 한다.

③ 모든 식재료를 이용하여 대부분 더운 후식류를 만들 수 있다.

④ 식후에 먹기 때문에 부담스럽지 않게 양을 많지 않게 한다.

더운 후식류 조리 수행순서

① 후식을 조리하기 위해 튀김기를 선정하고 기름을 붓고 밑 준비를 한다.

② 후식의 재료를 선택하여 올바르게 손질을 한다.

③ 손질한 주재료들을 튀긴다.

④ 버무릴 시럽을 만들고 튀긴 재료들을 같이 버무려 접시에 담아 완성한다.

(3) 찬 후식류 조리

① 모든 식재료를 이용하여 대부분 찬 후식류를 만들 수 있다.

② 찬 후식의 대표 격은 행인두부, 시미로, 과일 등이다.

참고

찬 후식류 조리 수행순서

① 후식을 만들기 위해 냉장고와 쿨링 머신 등을 확인하고 정비한다.

② 각 요리에 맞는 레시피대로 소금물, 설탕물, 식초물 등에 담가 산화를 방지한다.

③ 후식류의 재료들을 믹서에 갈아서 잘라준 후 냉장고나 쿨링 머신에 넣는다.

④ 찬 후식류에 나가는 소스를 만들고 주재료와 함께 접시에 담는다.

⑤ 찬 후식류에 가니시하여 마무리한다.

(4) 후식류 완성

① 후식요리의 종류와 모양에 따라 알맞은 그릇을 선택한다.

② 조리법에 따라 소스를 만든다.

③ 종류에 따라 알맞게 담아낸다.

④ 따뜻한 후식요리는 온도와 시간을 조절하여 따뜻한 빠스요리를 만든다.

점검문제 14 · 중식 후식 조리

01 중식 후식용 음식으로 탕을 녹인 후 시럽을 만들어 여러 가지 재료에 입히는 후식으로 옳은 것은?

① 빠쓰(拔丝)　② 시미로
③ 무스　④ 파이

02 중식 디저트의 종류로 틀린 것은?

① 시미로(西米露)
② 행인두부(杏仁豆腐)
③ 빠스(拔絲)
④ 류채(熘菜)

해설 류채(熘菜)는 전분을 사용하는 볶음류에 속한다.

03 누에고치에서 실을 뽑는 모양에서 유래된 중식 후식으로 옳은 것은?

① 시미로(西米露)
② 행인두부(杏仁豆腐)
③ 빠스(拔絲)
④ 류채(熘菜)

해설 빠스(拔絲)
누에고치에서 실을 뽑는 모양에서 유래되었으며, 설탕이 녹을 수 있는 온도에서 설탕 시럽을 만들어 튀긴 주재료를 버무려 제공하는 대표적인 중식 후식이다.

정답
01 ① 02 ④ 03 ③

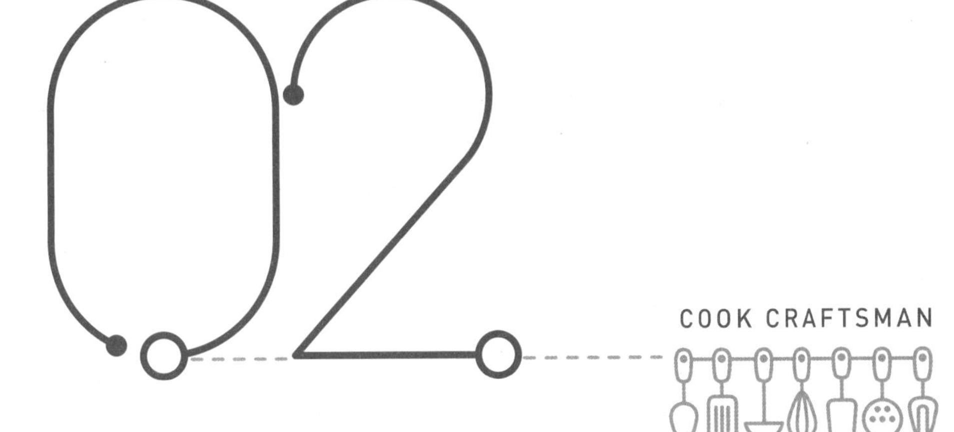

모의고사 (중식)

중식

1회 모의고사

01 식품의 부패 시 생성되는 물질과 거리가 먼 것은?

① 암모니아(Ammonia)
② 트리메틸아민(Trimethylamine)
③ 글리코겐(Glycogen)
④ 아민(Amine)

해설 탄수화물을 과다섭취하면 글리코겐으로 변하며, 간과 근육에 저장된다. 글리코겐은 식품의 부패생성물질과 관계없다.

02 어패류의 신선도 판정 시 초기부패의 기준이 되는 물질은?

① 삭시톡신(Saxitoxin)
② 베네루핀(Venerupin)
③ 트리메틸아민(Trimethylamine)
④ 아플라톡신(Aflatoxin)

해설 생선의 비린내는 트리메틸아민에 의한 것이다.

03 물로 전파되는 수인성 감염병에 속하지 않는 것은?

① 장티푸스
② 홍역
③ 세균성 이질
④ 콜레라

해설 홍역은 호흡기를 통해 감염되는 호흡기계 감염병이다.

04 경구감염병으로 주로 신경계에 증상을 일으키는 것은?

① 폴리오
② 장티푸스
③ 콜레라
④ 세균성 이질

해설 중추신경계의 손상으로 영구적인 마비를 일으키는 경구감염병은 폴리오(소아마비)이다.

05 다음 중 감염병을 관리하는 데 있어 가장 관리가 어려운 대상은?

① 급성 감염병환자
② 만성 감염병환자
③ 건강보균자
④ 식중독환자

해설 건강보균자는 질병의 병원체를 지니고 있으나 증상이 나타나지 않아 가장 관리하기가 어렵다.

06 다음 중 기생충과 중간숙주와의 연결이 틀린 것은?

① 간흡충 – 쇠우렁이, 참붕어
② 요꼬가와흡충 – 다슬기, 은어
③ 폐흡충 – 다슬기, 게
④ 광절열두조충 – 돼지고기, 쇠고기

해설 광절열두조충의 제1중간숙주는 물벼룩, 제2중간숙주는 연어, 송어이다.

정답
01 ③ 02 ③ 03 ② 04 ① 05 ③ 06 ④

07 폐흡충증의 제1, 2중간숙주가 순서대로 옳게 나열된 것은?

① 왜우렁이, 붕어　② 다슬기, 참게
③ 물벼룩, 가물치　④ 왜우렁이, 송어

해설 폐디스토마(폐흡충) : 다슬기 → 민물 게·가재 → 사람

08 다음 중 다슬기가 중간숙주인 기생충은?

① 무구조충　② 유구조충
③ 폐디스토마　④ 간디스토마

해설 폐흡충의 제1중간숙주는 다슬기, 제2중간숙주는 가재와 게이다.

09 소독제의 살균력을 비교하기 위해서 이용되는 소독약은?

① 석탄산(Phenol)　② 크레졸(Cresol)
③ 과산화수소(H_2O_2)　④ 알코올(Alcohol)

해설 석탄산계수는 살균력 비교 시 이용된다.

10 우유의 저온장시간살균법에서 처리온도와 시간은?

① 50~55℃에서 50분간
② 63~65℃에서 30분간
③ 76~78℃에서 15초간
④ 130℃에서 1초간

해설 저온장시간살균법은 60~65℃에서 30분간 살균하는 방법을 말한다.

11 다음 식품첨가물 중 영양강화제는?

① 비타민류, 아미노산류
② 검류, 락톤류
③ 에테르류, 에스테르류
④ 지방산류, 페놀류

해설 영양강화에 사용되는 첨가물에는 비타민, 무기질, 아미노산 등이 있다.

12 다음 식품첨가물 중 주요목적이 다른 것은?

① 과산화벤조일
② 과황산암모늄
③ 이산화염소
④ 아질산나트륨

해설
- 과산화벤조일, 과황산암모늄, 이산화염소 : 소맥분 개량제
- 아질산나트륨 : 육류발색제

13 다음 식품첨가물 중 유해한 착색료는?

① 아우라민(Auramine)
② 둘신(Dulcin)
③ 롱가릿(Rongalite)
④ 붕산(Boric acid)

해설 둘신(유해 감미료), 롱가릿(유해 표백제), 붕산(유해 보존료)

14 우리나라에서 식품첨가물로 허용된 표백제가 아닌 것은?

① 무수아황산
② 차아황산나트륨
③ 롱가릿
④ 과산화수소

해설 롱가릿은 피부나 눈의 염증 등을 일으켜 현재 우리나라에서는 식품에 사용이 금지되어 있다.

15 다음 중 당 알코올로 충치예방에 가장 적당한 것은?

① 맥아당　② 글리코겐
③ 펙틴　④ 소르비톨

해설 소르비톨은 당 알코올로 충치예방에 효과가 있다.

정답 07 ② 08 ③ 09 ① 10 ② 11 ① 12 ④ 13 ① 14 ③ 15 ④

16 다음의 정의에 해당하는 것은?

> 식품의 원료관리, 제조·가공·조리·유통의 모든 과정에서 위해한 물질이 식품에 섞이거나 식품이 오염되는 것을 방지하기 위하여 각 과정을 중점적으로 관리하는 기준

① 식품안전관리인증기준(HACCP)
② 식품 Recall제도
③ 식품 CODEX기준
④ ISO 인증제도

해설 HACCP 관리의 수행단계
위해요소 분석 → 중요관리점 결정 → 한계기준 설정 → 모니터링체계 확립 → 개선조치방법 수립 → 검증 절차 및 방법 수립 → 문서화 및 기록유지

17 기존 위생관리방법과 비교하여 HACCP의 특징에 대한 설명으로 옳은 것은?

① 주로 완제품 위주의 관리이다.
② 위생상의 문제 발생 후 조치하는 사후적 관리이다.
③ 시험분석방법에 장시간이 소요된다.
④ 가능성 있는 모든 위해요소를 예측하고 대응할 수 있도록 한다.

해설 HACCP은 식품의 생산, 유통, 소비의 전 과정을 지속적으로 관리하여 식품의 안전성을 확보하고 보증하는 것이다.

18 일반 가열 조리법으로 예방하기에 가장 어려운 식중독은?

① 살모넬라에 의한 식중독
② 웰치균에 의한 식중독
③ 포도상구균에 의한 식중독
④ 병원성 대장균에 의한 식중독

해설 포도상구균 식중독의 독소인 엔테로톡신은 내열성이며, 120℃에서 20분간 가열하여도 파괴되지 않는다.

19 식품접객업소의 조리 판매 등에 대한 기준 및 규격에 의한 조리용 칼·도마, 식기류의 미생물 규격은? (단, 사용 중인 것은 제외한다)

① 살모넬라 음성, 대장균 양성
② 살모넬라 음성, 대장균 음성
③ 황색포도상구균 양성, 대장균 음성
④ 황색포도상구균 음성, 대장균 양성

해설 조리용 칼·도마, 식기류의 미생물 기준은 살모넬라와 대장균 모두 음성이어야 한다.

20 주로 부패한 감자에 생성되어 중독을 일으키는 물질은?

① 셉신(Sepsine)
② 아미그달린(Amygdalin)
③ 시큐톡신(Cicutoxin)
④ 마이코톡신(Mycotoxin)

해설 감자가 썩기 시작할 때 생기는 독성물질은 셉신이다.

21 다음 중 식품과 자연독의 연결이 잘못된 것은?

① 독버섯 – 무스카린(Muscarine)
② 감자 – 솔라닌(Solanine)
③ 살구씨 – 파세오루나틴(Phaseolunatin)
④ 목화씨 – 고시폴(Gossypol)

해설 파세오루나틴은 두류에 들어 있는 유독성분이며, 살구씨의 경우에는 아미그달린이 들어 있다.

22 다음 중 식중독을 일으키는 버섯의 독성분은?

① 아마니타톡신(Amanitatoxin)
② 엔테로톡신(Enterotoxin)
③ 솔라닌(Solanine)
④ 아트로핀(Atropine)

해설 엔테로톡신(포도상구균), 솔라닌(감자의 독성분), 아트로핀(미치광이풀의 독성분)

정답
16 ① **17** ④ **18** ③ **19** ② **20** ① **21** ③ **22** ①

23 화학적 식중독에 대한 설명으로 틀린 것은?

① 체내 흡수가 빠르다.
② 중독량에 달하면 급성 증상이 나타난다.
③ 체내 분포가 느려 사망률이 낮다.
④ 소량의 원인물질 흡수로도 만성 중독이 일어난다.

해설 화학적 식중독은 독성물질의 체내 흡수와 분포가 빠르다.

24 곰팡이독소(Mycotoxin)에 대한 설명으로 틀린 것은?

① 곰팡이가 생산하는 2차 대사산물로 사람과 가축에 질병이나 이상 생리작용을 유발하는 물질이다.
② 온도 24~35℃, 수분 7% 이상의 환경조건에서는 발생하지 않는다.
③ 곡류, 견과류와 곰팡이가 번식하기 쉬운 식품에서 주로 발생한다.
④ 아플라톡신(Aflatoxin)은 간암을 유발하는 곰팡이 독소이다.

해설 곰팡이 독소 생육의 최적조건은 수분 16% 이상, 습도 85%, 온도는 25~29℃이다.

25 식품위생법으로 정의한 "기구"에 해당하는 것은?

① 식품의 보존을 위해 첨가하는 물질
② 식품의 조리 등에 사용하는 물건
③ 농업의 농기구
④ 수산업의 어구

해설 농업과 수산업에서 식품을 채취하는 데에 쓰는 기계나 기구는 식품위생법으로 정의한 '기구'에 포함되지 않는다.

26 다음 중 무상수거대상 식품에 해당하지 않는 것은?

① 출입검사의 규정에 의하여 검사에 필요한 식품 등을 수거할 때
② 유통 중인 부정·불량식품 등을 수거할 때
③ 도·소매업소에서 판매하는 식품 등을 시험검사용으로 수거할 때
④ 수입식품 등을 검사할 목적으로 수거할 때

해설 국민보건 위생상 필요하다고 판단되어 검사에 필요한 식품, 유통 중인 부정·불량식품, 검사할 목적의 수입식품 등을 수거할 때는 무상수거가 가능하다.

27 음식류를 조리·판매하는 영업으로서 식사와 함께 부수적으로 음주행위가 허용되는 영업은?

① 휴게음식점영업 ② 단란주점영업
③ 유흥주점영업 ④ 일반음식점영업

해설 일반음식점은 음식류를 조리·판매하는 영업으로 식사와 함께 음주행위가 허용되는 영업이다.

28 영업허가를 받거나 신고를 하지 않아도 되는 경우는?

① 주로 주류를 조리·판매하는 영업으로서 손님이 노래를 부르는 행위가 허용되는 영업을 하려는 경우
② 총리령이 정하는 식품 또는 식품첨가물의 완제품을 나누어 유통을 목적으로 재포장·판매하려는 경우
③ 방사선을 쬐어 식품의 보존성을 물리적으로 높이려는 경우
④ 식품첨가물이나 다른 원료를 사용하지 아니하고 농산물을 단순히 껍질을 벗겨 가공하려는 경우

해설 영업허가를 받아야 하는 업종은 식품첨가물 제조업, 식품조사 처리업, 단란주점영업, 유흥주점영업이 있다.

정답
23 ③ 24 ② 25 ② 26 ③ 27 ④ 28 ④

29 C.E.A. Winslow의 공중보건의 정의에서 말한 3대 내용은?

① 질병예방, 수명연장, 건강증진
② 질병치료, 건강증진, 수면연장
③ 수명연장, 질병치료, 질병예방
④ 질병치료, 질병예방, 건강증진

해설 질병을 예방하고 수명을 연장하며 육체적, 정신적 건강 효율을 증진시키는 기술과 과학을 공중보건이라 한다.

30 공중보건의 사업범주에서 제외되는 부분은?

① 보건교육
② 개인의료
③ 모자보건
④ 보건행정

해설 공중보건은 개인의 의료와는 관련이 없다.

31 자외선이 인체에 주는 작용이 잘못된 것은?

① 살균작용
② 구루병 예방
③ 일사병 예방
④ 피부색소침착

해설 자외선은 일사병과는 관련이 없다.

32 다수인이 밀집한 장소에서 발생하며 화학적 조성이나 물리적 조성의 큰 변화를 일으켜 불쾌감, 두통, 권태, 현기증, 구토 등의 생리적 이상을 일으키는 군집독의 원인이 아닌 것은?

① 산소 부족
② 유해가스 및 취기
③ 일산화탄소 증가
④ 환기

해설 군집독의 예방법이 환기이다.

33 대기오염 물질로 산성비의 원인이 되며 달걀이 썩는 자극성 냄새가 나는 기체는?

① 일산화탄소(CO) ② 이산화황(SO_2)
③ 이산화질소(NO_2) ④ 이산화탄소(CO_2)

해설 산성비의 원인물질은 자동차에서 배출한 질소산화물과 공장이나 가정에서 사용하는 연료가 연소되면서 발생되는 황산화물이다.

34 가정하수, 공장폐수, 유수를 모두 한꺼번에 배제하기 위해 설치한 관은?

① 오수관 ② 우수관
③ 합류관 ④ 복규관

해설 비나 눈, 생활하수, 공장폐수를 모두 한 번에 해결하는 관을 합류관이라고 한다.

35 주방 폐기물을 매립할 때 가장 많이 발생하는 가스는?

① 이산화탄소 ② 질소가스
③ 암모니아가스 ④ 수소가스

해설 음식물 쓰레기는 암모니아가스를 많이 발생시킨다.

36 다음 중 수질검사항목과 거리가 먼 것은?

① 화학적 검사 ② 자외선검사
③ pH 검사 ④ 세균검사

해설 수질검사항목과 자외선검사는 관련이 없다.

37 수질오염 중 부영양화 현상에 대한 설명으로 틀린 것은?

① 혐기성 분해로 인한 냄새가 난다.
② 물의 색이 변한다.
③ 수면에 엷은 피막이 생긴다.
④ 용존산소가 증가한다.

해설 부영양화는 강, 바다, 호수와 같은 수중생태계의 영양물질이 증가되어 조류가 급격하게 증식하는 것을 말하며, 이때 용존산소의 양은 줄어들게 된다.

정답
29 ① 30 ② 31 ③ 32 ④ 33 ② 34 ③ 35 ③ 36 ② 37 ④

38 질병을 매개하는 위생해충과 그 질병의 연결이 틀린 것은?

① 모기 – 사상충증, 말라리아
② 파리 – 장티푸스, 콜레라
③ 진드기 – 유행성 출혈열, 쯔쯔가무시증
④ 이 – 페스트, 재귀열

해설 이(발진티푸스, 재귀열), 쥐(페스트)

39 기생충과 중간숙주와의 연결이 잘못된 것은?

① 간흡충 – 쇠우렁, 참붕어
② 요꼬가와흡충 – 다슬기, 은어
③ 폐흡충 – 다슬기, 게
④ 광절열두조충 – 돼지고기, 쇠고기

해설 광절열두조충(물벼룩 → 농어, 연어)

40 다음 중 급속여과법에 해당되는 것은?

① 넓은 면적이 필요하다.
② 사면대치를 한다.
③ 역류세척을 한다.
④ 보통 침전법을 한다.

해설 급속여과법은 약품 침전 시 사용하며 역류세척을 한다. 사면대치법은 완속여과에 사용한다.

41 감염병과 감염경로의 연결이 틀린 것은?

① 성병 – 직접 접촉　② 폴리오 – 공기 감염
③ 결핵 – 개달물 감염　④ 파상풍 – 토양 감염

해설 폴리오는 소화기계를 통하여 감염된다.

42 감염병의 예방대책에 속하지 않은 것은?

① 병원소의 제거　② 환자의 격리
③ 식품의 저온보존　④ 감염력의 감소

해설 식품의 저온보존은 감염병 전염경로에 대한 대책에 속한다.

43 수혈을 통하여 감염되기 쉬우며 감염률이 높은 것은?

① 홍역
② 유행성 간염
③ 백일해
④ 두창

해설 수혈을 통해 감염이 쉬운 것은 유행성 간염이다.

44 우리나라의 보건정책 방향과 거리가 먼 것은?

① 출산 및 자녀양육을 위한 사회적 기반 조성
② 국민건강증진을 위한 사후적 보건서비스 강화
③ 아동 · 장애인 등 취약계층 지원 강화
④ 미래사회 변화에 대응한 사회투자적 서비스 확대

해설 우리나라 보건정책 방향과 사후적 보건서비스 강화와는 거리가 멀다.

45 다음 중 결합수의 특성이 아닌 것은?

① 수증기압이 유리수보다 낮다.
② 압력을 가해도 제거하기 어렵다.
③ 0℃에서 매우 잘 언다.
④ 용질에 대해서 용매로서 작용하지 않는다.

해설 결합수는 0℃에서 얼지 않는다.

46 영양결핍 증상과 원인이 되는 영양소의 연결이 잘못된 것은?

① 빈혈 – 엽산
② 구순구각염 – 비타민 B_{12}
③ 야맹증 – 비타민 A
④ 괴혈병 – 비타민 C

해설 비타민 B_2의 결핍증은 구순구각염이며, 비타민 B_{12}의 결핍증은 악성빈혈이다.

정답
38 ④　39 ④　40 ③　41 ②　42 ③　43 ②　44 ②　45 ③　46 ②

47 다음 원가요소에 따라 산출한 총 원가로 옳은 것은?

- 직접재료비 : 250,000원
- 제조간접비 : 120,000원
- 직접노무비 : 100,000원
- 판매관리비 : 80,000원
- 직접경비 : 40,000원
- 이익 : 100,000원

① 390,000원 ② 510,000원
③ 590,000원 ④ 610,000원

해설
- 총원가=제조원가+판매관리비
- 총원가=직접원가+제조간접비+판매관리비
- 총원가=직접재료비+직접노무비+직접경비+제조간접비+판매관리비

∴ 총원가=250,000원+100,000원+40,000원+120,000원+80,000원=590,000원

48 끓이는 조리법의 단점은?

① 식품의 중심부까지 열이 전도되기 어려워 조직이 단단한 식품의 가열이 어렵다.
② 영양분의 손실이 비교적 많고 식품의 모양이 변형되기 쉽다.
③ 식품의 수용성분이 국물 속으로 유출되지 않는다.
④ 가열 중 재료식품에 조미료의 충분한 침투가 어렵다.

해설 식품을 끓이게 되면 수용성 영양소의 손실이 많고 모양이 변형되기 쉽다.

49 구이에 의한 식품의 변화 중 틀린 것은?

① 살이 단단해진다.
② 기름이 녹아 나온다.
③ 수용성 성분의 유출이 매우 크다.
④ 식욕을 돋우는 맛있는 냄새가 난다.

해설 수용성 성분의 유출은 끓이기의 단점이다.

50 조리작업장의 위치선정 조건으로 가장 거리가 먼 것은?

① 보온을 위해 지하인 곳
② 통풍이 잘 되고 밝고 청결한 곳
③ 음식의 운반과 배선이 편리한 곳
④ 재료의 반입과 오물의 반출이 쉬운 곳

해설 조리작업장은 통풍, 채광, 배수가 잘 되고, 악취, 먼지가 없는 곳이어야 한다.

51 전분을 주재료로 이용하여 만든 음식이 아닌 것은?

① 도토리묵 ② 크림스프
③ 두부 ④ 죽

해설 두부는 콩단백질인 글리시닌이 무기염류(염화마그네슘, 염화칼슘, 황산마그네슘, 황산칼슘)에 의해 응고되는 성질을 이용하여 만들어진다.

52 고구마 등의 전분으로 만든 얇고 부드러운 전분피로 냉채 등에 이용되는 것은?

① 양장피 ② 해파리
③ 한천 ④ 무

해설 양장피는 고구마 전분으로 만들며, 중국요리의 냉채에 사용된다.

53 전분의 호정화에 대한 설명으로 옳지 않은 것은?

① 호정화란 화학적 변화가 일어난 것이다.
② 호화된 전분보다 물에 녹기 쉽다.
③ 전분을 150~190℃에서 물을 붓고 가열할 때 나타나는 변화이다.
④ 호정화되면 덱스트린이 생성된다.

해설 전분의 호정화는 전분에 물을 가하지 않고 160℃ 이상으로 가열하여 덱스트린으로 분해되는 것을 말한다.

정답
47 ③ 48 ② 49 ③ 50 ① 51 ③ 52 ① 53 ③

54 일반적으로 비스킷 및 튀김의 제품 적성에 가장 적합한 밀가루는?

① 박력분 ② 중력분
③ 강력분 ④ 반강력분

해설 박력분은 글루텐 함량 10% 이하로 케이크, 튀김옷, 카스텔라, 약과 등을 만들 때 사용된다.

55 과일의 숙성에 대한 설명으로 잘못된 것은?

① 과일류의 호흡에 따른 변화를 되도록 촉진시켜 빠른 시간 내에 과일을 숙성시키는 방법으로 가스저장법(CA)이 이용된다.
② 과일류 중 일부는 수확 후에 호흡작용이 특이하게 상승되는 현상을 보인다.
③ 호흡 상승현상을 보이는 과일류는 적당한 방법으로 호흡작용을 조절하여 저장 기간을 조절하면서 후숙시킬 수 있다.
④ 호흡 상승현상을 보이지 않는 과일류는 수확하여 저장하여도 품질이 향상되지 않으므로 적당한 시기에 수확하여 곧 식용 또는 가공하여야 된다.

해설 CA저장법은 과채류의 호흡작용을 억제시켜 저장성을 높이는 방법이다.

56 녹색채소를 데칠 때 소다를 넣을 경우 나타나는 현상이 아닌 것은?

① 채소의 질감이 유지된다.
② 채소의 색을 푸르게 고정시킨다.
③ 비타민 C가 파괴된다.
④ 채소의 섬유질을 연화시킨다.

해설 녹색 채소를 데칠 때 소다를 넣게 되면 녹색은 선명하게 유지되지만 질감이 물러지고 비타민 C가 파괴된다.

57 신선한 달걀의 난황계수(Yolk Index)는 얼마 정도인가?

① 0.14~0.17 ② 0.25~0.30
③ 0.36~0.44 ④ 0.55~0.66

해설 신선한 달걀의 난황계수는 0.36~0.44이다.

58 밀가루 반죽에 달걀을 넣었을 때 달걀의 작용으로 틀린 것은?

① 반죽에 공기를 주입하는 역할을 한다.
② 팽창제의 역할을 해서 용적을 증가시킨다.
③ 단백질 연화작용으로 제품을 연하게 한다.
④ 영양, 조직 등에 도움을 준다.

해설 제품의 연화는 지방의 역할이다.

59 생선의 자기소화 원인으로 옳은 것은?

① 세균의 작용 ② 단백질 분해효소
③ 염류 ④ 질소

해설 자기소화는 단백질 분해효소에 의하여 일어난다.

60 생선을 조릴 때 어취를 제거하기 위하여 생강을 넣는다. 이때 생선을 미리 가열하여 열변성시킨 후에 생강을 넣는 주된 이유는?

① 생강을 미리 넣으면 다른 조미료가 침투되는 것을 방해하기 때문에
② 열변성되지 않은 어육단백질이 생강의 탈취 작용을 방해하기 때문에
③ 생선의 비린내 성분이 지용성이기 때문에
④ 생강이 어육단백질의 응고를 방해하기 때문에

해설 생선살이 익은 후에 생강을 넣는 것이 어취제거에 효과가 있다.

정답
54 ① 55 ① 56 ① 57 ③ 58 ③ 59 ③ 60 ②

중식 NCS 기반

조리기능사·산업기사 필기실기문제

중식조리기능사 · 산업기사 시험안내

1 실기시험 진행방법 및 유의사항

① 정해진 실기시험 일자와 장소, 시간을 정확히 확인한 후 시험 30분 전 수검자 대기실에 도착하여 시험 준비요원의 지시를 받는다.

② 가운과 앞치마, 모자 또는 머리수건을 단정히 착용한 후 준비요원의 호명에 따라(또는 선착순으로) 수험표와 주민등록증을 확인하고, 등번호를 교부받아 실기시험장으로 향한다.

③ 자신의 등번호가 위치해 있는 조리대로 가서 실기시험문제를 확인한 후 준비해 간 도구 중 필요한 도구를 꺼내 정리한다.

④ 실기시험장에서는 감독의 허락 없이 시작하지 않도록 하고, 주의사항을 경청하여 실기시험에 실수하지 않도록 한다.

⑤ 지급된 재료를 재료 목록표와 비교, 확인하여 부족하거나 상태가 좋지 않은 재료는 즉시 지급 받는다(재료는 1회에 한하여 지급되며 재지급되지 않는다).

⑥ 주어진 과제의 요구사항을 꼼꼼히 읽은 후 시험에서 요구하는 대로 작품을 만들어 정해진 시간 안에 등번호와 함께 정해진 위치에 제출한다.

⑦ 작품을 제출할 때는 반드시 시험장에서 제시된 그릇에 담아낸다.

⑧ 정해진 시간 안에 작품을 제출하지 못했을 경우 시간 초과로 채점 대상에서 제외된다.

⑨ 요구 작품이 2가지인 경우 1가지 작품만 만들었을 때에는 미완성으로 채점 대상에서 제외된다.

⑩ 시험에 지급된 재료 이외의 재료를 사용하거나, 작업 도중 음식의 간을 보면 감점 처리된다.

⑪ 불을 사용하여 만든 조리작품이 불에 익지 않은 경우에는 미완성으로 채점 대상에서 제외된다.

⑫ 중식조리기능사의 경우 가스렌지 화구 2개 이상 사용한 경우는 채점 대상에서 제외된다.

⑬ 시험 중 시설 · 장비(칼, 가스레인지 등) 사용 시 감독위원 및 타수험자의 시험 진행에 위협이 될 것으로 감독위원 전원이 합의하여 판단한 경우 실격 처리된다.

⑭ 작품을 제출한 후 테이블, 세정대 및 가스레인지 등을 깨끗이 청소하고, 사용한 기구들도 제자리에 배치한다.

2 실기시험 준비물

① 수험표, 신분증 : 수험표와 신분증(주민등록증 또는 학생증, 운전면허증, 여권 중 1개)을 반드시 지참한다.

② 위생복(가운, 앞치마) : 반드시 흰색의 무늬 없는 것을 착용하도록 하며, 깨끗하게 다려서 구김이 가지 않도록 하고, 소매는 접어서 걷고, 단추는 모두 채운다.

③ 위생모(머리수건) : 모자는 종이로 된 것이나 천으로 된 것 모두 사용 가능하나 반드시 흰색의 조리용 모자를 착용해야 한다. 머리수건을 착용할 때는 머리카락이 밖으로 나오지 않도록 하며, 머리카락이 긴 경우에는 망으로 깨끗이 마무리한다.

④ 칼 : 좋은 칼, 비싼 칼보다는 자신의 손에 편안하게 느껴지는 칼을 선택하여 몸의 일부처럼 느껴질 만큼

익숙하게 한다. 너무 가벼운 것보다는 약간의 무게가 느껴지며 칼날이 지나치게 두껍지 않은 것으로 선택한다. 시험장에서는 새것을 가져가는 것보다는 평소 사용하던 칼을 잘 갈아 한 두 번 정도 사용한 후 가져가는 것이 작업에 유리하다.

⑤ 수저 세트 : 조리용으로 보통 집에서 사용하는 것이면 되고, 젓가락은 대나무 젓가락, 스테인리스 젓가락을 모두 준비해 가는 것이 좋다.

⑥ 나무주걱 : 밑 부분이 지나치게 일직선으로 된 것은 재료를 볶거나 할 때에 불편하므로 가장자리를 둥글게 다듬어 사용하는 것이 좋다.

⑦ 계량컵, 계량스푼 : 스테인리스나 플라스틱으로 된 것 모두 사용 가능하나 스테인리스가 사용하기 편하며, 계량컵은 200ml, 계량스푼은 15ml, 5ml 정도의 용량이면 좋다.

⑧ 소창 : 한 겹보다는 두 겹으로 된 것이 좋으며, 한 번도 사용하지 않은 것은 수분을 흡수하기 어려우므로 반드시 빨아서 반듯하게 접어 가져가며 색은 무늬 없는 흰색을 원칙으로 한다.

⑨ 행주 : 타월로 된 것이 좋으며, 반드시 흰색의 깨끗한 것으로 여러 장 가져간다.

⑩ 키친타올 : 종이로 되어 있으나 물에 녹지 않아 사용하기 편리하다. 적은 양의 수분이나 기름기를 제거할 때 또는 프라이팬을 닦는 데 사용하면 좋다.

⑪ 냄비 : 손잡이가 하나 달린 알루미늄 냄비가 가장 사용하기 편리하다. 뚜껑도 같이 가져간다.

⑫ 프라이팬 : 코팅이 잘 되어 있는 것으로 가져가도록 하고, 쇠로 된 기구를 사용하면 코팅이 벗겨지므로 반드시 나무주걱이나 나무젓가락을 사용하도록 한다.

⑬ 그릇 : 접시, 대접, 공기 등을 2~3개 정도에서 필요한 만큼 골고루 가져가는 것이 좋다.

⑭ 체 : 스테인리스로 된 것이 좋으며 국물을 거르거나 체에 내릴 때, 튀김을 할 때 등 다양하게 사용된다.

※ 위의 준비물들은 시험장에 준비되어 있는 것들도 있으나, 평소 사용하던 기구를 가져가는 것이 더 편리하다.

중식 실기시험 준비물

순번	목록	수량	순번	목록	수량
1	위생복(상의 백색, 하의 긴바지), 앞치마(백색)	각 1벌	9	계량스푼(사이즈별)	1세트
2	위생모(머리수건)	1개	10	냄비	1개
3	수험표, 신분증	각 1개	11	랩, 호일	1개
4	조리용 칼(칼집 포함)	1개	12	체(쇠조리)	1개
5	숟가락(스테인레스)	1개	13	그릇(공기, 국대접)	각 1개
6	위생타올, 소창(면보)	각 1장	14	가위(조리용)	1개
7	젓가락(나무 또는 쇠)	1벌	15	프라이팬(소형)	1개
8	계량컵(200ml)	1개	16	종이컵, 종이(A4용지)	1개

※ 지참 준비물 추가 : 손가락 골무, 밴드 등(상비의약품)

※ 길이를 추정할 수 있는 눈금 표시가 있는 조리도구 지참 불가(사용 불가함)

예 칼, 계량스푼 등

3 개인위생상태 및 안전관리 세부기준 안내

(1) 개인위생상태 세부기준

순번	구분	세 부 기 준
1	위생복	• 상의 : 흰색, 손목까지 오는 긴소매(※ 티셔츠는 위생복에 해당하지 않음) • 하의 : 색상무관, 긴바지 • 짧은 소매, 긴 가운, 반바지, 짧은 치마, 폭넓은 바지 등 안전과 작업에 방해가 되는 모양이 아니어야 하며, 조리용으로 적합할 것
2	위생모 (머리수건)	• 흰색 • 일반 조리장에서 통용되는 위생모
3	앞치마	• 흰색 • 무릎아래까지 덮이는 길이
4	위생화 또는 작업화	• 색상 무관 • 위생화, 작업화, 발등이 덮이는 깨끗한 운동화 • 미끄러짐 및 화상의 위험이 있는 슬리퍼류, 작업에 방해가 되는 굽이 높은 구두, 속 굽 있는 운동화가 아닐 것
5	장신구	• 착용 금지 • 시계, 반지, 귀걸이, 목걸이, 팔찌 등 이물, 교차오염 등의 식품위생 위해 장신구는 착용하지 않을 것
6	두발	• 단정하고 청결할 것 • 머리카락이 길 경우, 머리카락이 흘러내리지 않도록 단정히 묶거나 머리망 착용할 것
7	손톱	• 길지 않고 청결해야 하며 매니큐어, 인조손톱부착을 하지 않을 것

※ 위생복 미착용 → 실격(채점대상 제외) 처리
유색의 위생복 착용 : "위생상태 및 안전관리" 항목 배점 0점 처리

※ 개인위생, 조리도구 등 시험장 내 모든 개인물품에는 기관 및 성명 등의 표시가 없어야 함

(2) 안전관리 세부기준

① 조리장비 · 도구의 사용 전 이상 유무 점검
② 칼 사용(손 빔) 안전 및 개인 안전사고 시 응급조치 실시
③ 튀김기름 적재장소 처리 등

4 실기시험 합격자 등록안내

(1) 합격자 발표

공고일로부터 60일 이내

(2) 최종 합격자 자격수첩 교부

실기시험 최종 합격자는 한국산업인력공단 각 지방사무소에 준비물(수검표, 증명사진 1매, 수수료, 주민등록증)을 지참하여 조리기능사, 조리산업기사 자격수첩을 교부 받는다.

(3) 재교부

자격수첩 분실자 및 훼손자에 대하여 자격수첩을 재교부하는 것을 말하며, 재교부 신청시는 당초 발급받은 사무소에 신청하면 당일 교부되며, 타 지방사무소에 신청하면 등록사항 조회기간만큼 지연된다.

한국산업인력공단 : www.hrdkorea.or.kr/www.q-net.or.kr

1. 고객센터 : 1644-8000, 실기시험수험사항 공고, 기타 검정일정, 직업교육훈련, 인력관리안내 등
2. 합격자 자동응답안내 : 060-700-2009

중식조리기능사 · 산업기사 출제기준

중식조리기능사 출제기준(실기)

<table>
<tr><td>직무분야</td><td>음식 서비스</td><td>중직무분야</td><td>조리</td><td>자격종목</td><td>중식조리기능사</td><td>적용기간</td><td>2020.1.1.~2022.12.31</td></tr>
<tr><td colspan="8">• 직무내용 : 중식메뉴 계획에 따라 식재료를 선정, 구매, 검수, 보관 및 저장하며 맛과 영양을 고려하여 안전하고 위생적으로 음식을 조리하고 조리기구와 시설관리를 수행하는 직무이다.
• 수행준거 : 1. 중식조리작업 수행에 필요한 위생관련지식을 이해하고 주방의 청결상태와 개인위생 · 식품위생을 관리하여 전반적인 조리작업을 위생적으로 수행할 수 있다.
2. 중식 기초 조리작업 수행에 필요한 조리 기능 익히기를 활용할 수 있다.
3. 적합한 식재료를 절이거나 무쳐서 요리에 곁들이는 음식을 조리할 수 있다.
4. 육류나 가금류 · 채소류를 이용하여 끓이거나 양념류와 향신료를 배합하여 조리할 수 있다.
5. 육류 · 갑각류 · 어패류 · 채소류 · 두부류 재료 특성을 이해하고 손질하여 기름에 튀겨 조리할 수 있다.
6. 육류 · 생선류 · 채소류 · 두부에 각종 양념과 소스를 이용하여 조림을 할 수 있다.
7. 쌀로 지은 밥을 이용하여 각종 밥요리를 할 수 있다.
8. 밀가루의 특성을 이해하고 반죽하여 면을 뽑아 각종 면요리를 할 수 있다.</td></tr>
<tr><td colspan="2">실기검정방법</td><td colspan="2">작업형</td><td colspan="2">시험시간</td><td colspan="2">70분 정도</td></tr>
</table>

▶ 실기과목명 : 중식조리 실무

<table>
<tr><th>주요항목</th><th>세부항목</th><th>세세항목</th></tr>
<tr><td rowspan="3">1. 중식 위생관리</td><td>1. 개인위생 관리하기</td><td>1. 위생관리기준에 따라 조리복, 조리모, 앞치마, 조리안전화 등을 착용할 수 있다
2. 두발, 손톱, 손 등 신체청결을 유지하고 작업수행 시 위생습관을 준수할 수 있다.
3. 근무 중의 흡연, 음주, 취식 등에 대한 작업장 근무수칙을 준수할 수 있다.
4. 위생관련법규에 따라 질병, 건강검진 등 건강상태를 관리하고 보고할 수 있다.</td></tr>
<tr><td>2. 식품위생 관리하기</td><td>1. 식품의 유통기한 · 품질 기준을 확인하여 위생적인 선택을 할 수 있다.
2. 채소 · 과일의 농약 사용여부와 유해성을 인식하고 세척할 수 있다.
3. 식품의 위생적 취급기준을 준수할 수 있다.
4. 식품의 반입부터 저장, 조리과정에서 유독성, 유해물질의 혼입을 방지할 수 있다.
5. 시설 및 도구의 노후상태나 위생상태를 점검하고 관리할 수 있다.
6. 식품이 조리되어 섭취되는 전 과정의 주방 위생 상태를 점검하고 관리할 수 있다.
7. HACCP적용업장의 경우 HACCP관리기준에 의해 관리할 수 있다.</td></tr>
<tr><td>3. 주방 위생관리하기</td><td>1. 식품의 유통기한 · 품질 기준을 확인하여 위생적인 선택을 할 수 있다.
2. 채소 · 과일의 농약 사용여부와 유해성을 인식하고 세척할 수 있다.
3. 식품의 위생적 취급기준을 준수할 수 있다.
4. 식품의 반입부터 저장, 조리과정에서 유독성, 유해물질의 혼입을 방지할 수 있다.</td></tr>
</table>

주요항목	세부항목	세세항목
2. 중식 안전관리	1. 개인안전관리하기	1. 안전관리 지침서에 따라 개인 안전관리 점검표를 작성할 수 있다. 2. 개인안전사고 예방을 위해 도구 및 장비의 정리정돈을 상시 할 수 있다. 3. 주방에서 발생하는 개인 안전사고의 유형을 숙지시키고 예방을 위한 안전수칙을 교육할 수 있다. 4. 주방 내 필요한 구급품이 적정 수량 비치되었는지 확인하고 개인 안전 보호 장비를 정확하게 착용하여 작업하는지 확인할 수 있다. 5. 개인이 사용하는 칼에 대해 사용안전, 이동안전, 보관안전을 수행할 수 있다. 6. 개인의 화상사고, 낙상사고, 근육팽창과 골절사고, 절단사고, 전기기구에 인한 전기 쇼크 사고, 화재사고와 같은 사고 예방을 위해 주의사항을 숙지하고 실천할 수 있다. 7. 개인 안전사고 발생 시 신속 정확한 응급조치를 실시하고 재발 방지 조치를 실행할 수 있다.
	2. 장비 · 도구 안전작업하기	1. 조리장비 · 도구에 대한 종류별 사용방법에 대해 주의사항을 숙지할 수 있다. 2. 조리장비 · 도구를 사용 전 이상 유무를 점검할 수 있다. 3. 안전 장비 류 취급 시 주의사항을 숙지하고 실천할 수 있다. 4. 조리장비 · 도구를 사용 후 전원을 차단하고 안전수칙을 지키며 분해하여 청소할 수 있다. 5. 무리한 조리장비 · 도구 취급은 금하고 사용 후 일정한 장소에 보관하고 점검할 수 있다. 6. 모든 조리장비 · 도구는 반드시 목적 이외의 용도로 사용하지 않고 규격품을 사용할 수 있다.
	3. 작업환경 안전관리하기	1. 작업환경 안전관리 시 작업환경 안전관리 지침서를 작성할 수 있다. 2. 작업환경 안전관리 시 작업장주변 정리 정돈 등을 관리 점검할 수 있다. 3. 작업환경 안전관리 시 제품을 제조하는 작업장 및 매장의 온 · 습도관리를 통하여 안전사고요소 등을 제거할 수 있다. 4. 작업장내의 적정한 수준의 조명과 환기, 이물질, 미끄럼 및 오염을 방지할 수 있다. 5. 작업환경에서 필요한 안전관리시설 및 안전용품을 파악하고 관리할 수 있다. 6. 작업환경에서 화재의 원인이 될 수 있는 곳을 자주 점검하고 화재진압기를 배치하고 사용할 수 있다. 7. 작업환경에서의 유해, 위험, 화학물질을 처리기준에 따라 관리할 수 있다. 8. 법적으로 선임된 안전관리책임자가 정기적으로 안전교육을 실시하고 이에 참여할 수 있다.

주요항목	세부항목	세세항목
3. 중식 기초 조리실무	1. 기본 칼 기술 습득하기	1. 칼의 종류와 사용용도를 이해할 수 있다. 2. 칼을 숫돌을 이용해 칼날을 세울 수 있다. 3. 칼을 정확하게 쥐고서 다양한 식자재를 썰 수 있다. 4. 요리와 조리법에 따라 재료의 크기, 두께, 굵기를 일정하게 썰 수 있다. 5. 중식 조리작업에 사용한 칼을 일정한 장소에 정리정돈할 수 있다.
	2. 기본 기능 습득하기	1. 조리기물의 종류 및 용도에 대하여 이해하고 습득할 수 있다. 2. 조리에 필요한 조리도구를 사용하고 종류별 특성에 맞게 적용할 수 있다. 3. 계량법을 이해하고 활용할 수 있다. 4. 중식 기본 재료와 전처리 방법, 활용방법에 대한 지식을 이해하고 습득할 수 있다. 5. 중식조리의 요리별 육수 및 소스를 용도에 맞게 만들 수 있다. 6. 중식 조리작업에 사용한 조리도구와 주방을 정리정돈할 수 있다.
	3. 기본 조리법 습득하기	1. 중국요리의 기본 조리방법의 종류와 조리원리를 이해할 수 있다. 2. 중식 기본 조리법과 조리원리에 대한 지식을 이해하고 습득할 수 있다. 3. 식재료의 정확한 계량방법을 습득할 수 있다. 4. 조리 업무 전과 후의 상태를 점검하고 정리할 수 있다.
4. 중식 절임 · 무침 조리	1. 절임 무침 준비하기	1. 곁들임 요리에 필요한 절임 양과 종류를 선택할 수 있다. 2. 곁들임 요리에 필요한 무침의 양과 종류를 선택할 수 있다. 3. 표준 조리법에 따라 재료를 전처리하여 사용할 수 있다.
	2. 절임류 만들기	1. 재료의 특성에 따라 절임을 할 수 있다. 2. 절임 표준조리법에 준하여 산도, 염도 및 당도를 조절할 수 있다. 3. 절임의 용도에 따라 절임 기간을 조절할 수 있다.
	3. 무침류 만들기	1. 메뉴 구성을 고려하여 무침류 재료를 선택할 수 있다. 2. 무침 용도에 적합하게 재료를 썰 수 있다. 3. 무침 재료의 종류에 따라 양념하여 무칠 수 있다.
	4. 절임 보관 무침 완성하기	1. 절임류를 위생적으로 안전하게 보관할 수 있다. 2. 무침류를 위생적으로 안전하게 보관할 수 있다. 3. 절임이나 무침을 담을 접시를 선택할 수 있다.
5. 중식 육수 · 소스 조리	1. 육수 · 소스 준비하기	1. 육수의 종류에 따라서 도구와 재료를 준비할 수 있다. 2. 소스의 종류에 따라서 도구와 재료를 준비할 수 있다. 3. 필요에 맞도록 양념류와 향신료를 준비할 수 있다. 4. 가공 소스류를 특성에 맞게 준비할 수 있다.
	2. 육수 · 소스 만들기	1. 육수 재료를 손질할 수 있다. 2. 육수와 소스의 종류와 양에 맞는 기물을 선택할 수 있다. 3. 소스 재료를 손질하여 전처리할 수 있다. 4. 육수 표준조리법에 따라서 끓이는 시간과 화력의 강약을 조절할 수 있다. 5. 소스 표준조리법에 따라서 향, 맛, 농도, 색상의 정도를 조절할 수 있다.
	3. 육수 · 소스 완성 보관하기	1. 육수를 필요에 따라 사용할 수 있는 상태로 보관할 수 있다. 2. 소스를 필요에 따라 사용할 수 있는 상태로 보관할 수 있다. 3. 메뉴선택에 따라 육수와 소스를 다시 끓여 사용할 수 있다.

주요항목	세부항목	세세항목
6. 중식 튀김 조리	1. 튀김 준비하기	1. 튀김의 특성을 고려하여 적합한 재료를 선정할 수 있다. 2. 각 재료를 튀김의 종류에 맞게 준비할 수 있다. 3. 튀김의 재료에 따라 온도를 조정할 수 있다.
	2. 튀김 조리하기	1. 재료를 튀김요리에 맞게 썰 수 있다. 2. 용도에 따라 튀김옷 재료를 준비할 수 있다. 3. 조리재료에 따라 기름의 종류, 양과 온도를 조절할 수 있다. 4. 재료 특성에 맞게 튀김을 할 수 있다. 5. 사용한 기름의 재사용 또는 폐기를 위한 처리를 할 수 있다.
	3. 튀김 완성하기	1. 튀김요리의 종류에 따라 그릇을 선택할 수 있다. 2. 튀김요리에 어울리는 기초 장식을 할 수 있다. 3. 표준조리법에 따라 색깔, 맛, 향, 온도를 고려하여 튀김요리를 담을 수 있다.
7. 중식 조림 조리	1. 조림 준비하기	1. 조림의 특성을 고려하여 적합한 재료를 선정할 수 있다. 2. 각 재료를 조림의 종류에 맞게 준비할 수 있다. 3. 조림의 종류에 맞게 도구를 선택할 수 있다.
	2. 조림 조리하기	1. 재료를 각 조림요리의 특성에 맞게 손질할 수 있다. 2. 손질한 재료를 기름에 익히거나 물에 데칠 수 있다. 3. 조림조리를 위해 화력을 강약으로 조절할 수 있다. 4. 조림에 따라 양념과 향신료를 사용할 수 있다. 5. 조림요리 특성에 따라 전분으로 농도를 조절하여 완성할 수 있다.
	3. 조림 완성하기	1. 조림 요리의 종류에 따라 그릇을 선택할 수 있다. 2. 조림 요리에 어울리는 기초 장식을 할 수 있다. 3. 표준조리법에 따라 색깔, 맛, 향, 온도를 고려하여 조림요리를 담을 수 있다. 4. 도구를 사용하여 적합한 크기로 요리를 잘라 제공할 수 있다.
8. 중식 밥 조리	1. 밥 준비하기	1. 필요한 쌀의 양과 물의 양을 계량할 수 있다. 2. 조리방식에 따라 여러 종류의 쌀을 이용할 수 있다. 3. 계량한 쌀을 씻고 일정 시간 불려둘 수 있다.
	2. 밥 짓기	1. 쌀의 종류와 특성, 건조도에 따라 물의 양을 가감할 수 있다. 2. 표준조리법에 따라 필요한 조리 기구를 선택하여 활용할 수 있다. 3. 주어진 일정과 상황에 따라 조리 시간과 방법을 조정할 수 있다. 4. 표준조리법에 따라 화력의 강약을 조절하여 가열시간 조절, 뜸들이기를 할 수 있다. 5. 메뉴종류에 따라 보온 보관 및 재가열을 실시할 수 있다.
	3. 요리별 조리하여 완성하기	1. 메뉴에 따라 볶음요리와 튀김요리를 곁들여 조리할 수 있다. 2. 화력의 강약을 조절하여 볶음밥을 조리할 수 있다. 3. 메뉴 구성을 고려하여 소스(짜장소스)와 국물(계란 국물 또는 짬뽕 국물)을 곁들여 제공할 수 있다. 4. 메뉴에 따라 어울리는 기초 장식을 할 수 있다.
9. 중식 면 조리	1. 면 준비하기	1. 면의 특성을 고려하여 적합한 밀가루를 선정할 수 있다. 2. 면 요리 종류에 따라 재료를 준비할 수 있다. 3. 면 요리 종류에 따라 도구 · 제면기를 선택할 수 있다.
	2. 반죽하여 면 뽑기	1. 면의 종류에 따라 적합하게 반죽하여 숙성할 수 있다. 2. 면 요리에 따라 수타면과 제면기를 이용하여 면을 뽑을 수 있다. 3. 면 요리에 따라 면의 두께를 조절할 수 있다.

주요항목	세부항목	세세항목
9. 중식 면 조리	3. 면 삶아 담기	1. 면의 종류와 양에 따라 끓는 물에 삶을 수 있다. 2. 삶은 면을 찬물에 헹구어 면을 탄력 있게 할 수 있다. 3. 메뉴에 따라 적합한 그릇을 선택하여 차거나 따뜻하게 담을 수 있다
	4. 요리별 조리하여 완성하기	1. 메뉴에 따라 소스나 국물을 만들 수 있다. 2. 요리별 표준조리법에 따라 색깔, 맛, 향, 온도, 농도, 국물의 양을 고려하여 소스나 국물을 담을 수 있다. 3. 메뉴에 따라 어울리는 기초 장식을 할 수 있다.
10. 중식 냉채 조리	1. 냉채 준비하기	1. 선택된 메뉴를 고려하여 냉채요리를 선정할 수 있다. 2. 냉채요리 종류에 따라 재료를 준비할 수 있다. 3. 재료를 냉채요리 종류에 맞추어 손질할 수 있다.
	2. 냉채 조리하기	1. 재료를 각 냉채요리의 특성에 맞게 손질할 수 있다. 2. 재료에 따라 무침 · 데침 · 찌기 · 삶기 등의 조리법에 따라 준비하여 조리할 수 있다. 3. 냉채 종류에 따른 적합한 소스를 조리할 수 있다.
	3. 냉채 완성하기	1. 냉채 요리의 종류에 따라 그릇을 선택할 수 있다. 2. 냉채 요리에 어울리는 기초 장식을 할 수 있다. 3. 표준조리법에 따라 색깔, 맛, 향, 온도를 고려하여 냉채요리를 담을 수 있다
11. 중식 볶음 조리	1. 볶음 준비하기	1. 선택된 메뉴를 고려하여 볶음요리를 선정할 수 있다. 2. 볶음요리 종류에 따라 재료를 준비할 수 있다. 3. 재료를 볶음요리 종류에 맞추어 손질할 수 있다.
	2. 볶음 조리하기	1. 재료를 각 볶음요리의 특성에 맞게 손질할 수 있다. 2. 재료를 볶음요리에 맞게 썰 수 있다. 3. 썰어진 재료를 조리 순서에 맞게 기름에 익히거나 물에 데칠 수 있다. 4. 요리에 따라 전분을 이용하여 볶음요리의 농도를 조절할 수 있다.
	3. 볶음 완성하기	1. 볶음요리의 종류에 따른 그릇을 선택할 수 있다. 2. 메뉴에 따라 어울리는 기초 장식을 할 수 있다. 3. 메뉴의 표준조리법에 따라 볶음요리를 담을 수 있다
12. 중식 후식 조리	1. 후식 준비하기	1. 주 메뉴의 구성을 고려하여 알맞은(적합한) 후식요리를 선정할 수 있다. 2. 표준조리법에 따라 후식재료를 선택할 수 있다. 3. 소비량을 고려하여 재료의 양을 미리 조정할 수 있다. 4. 재료에 따라 전 처리하여 사용할 수 있다.
	2. 더운 후식류 만들기	1. 메뉴의 구성에 따라 더운 후식의 재료를 준비할 수 있다. 2. 용도에 맞게 재료를 알맞은 모양으로 잘라 준비할 수 있다. 3. 조리재료에 따라 튀김 기름의 종류, 양과 온도를 조절할 수 있다. 4. 재료 특성에 맞게 튀김을 할 수 있다. 5. 알맞은 온도와 시간으로 설탕을 녹여 재료를 버무릴 수 있다.
	3. 찬 후식류 만들기	1. 재료를 후식요리에 맞게 썰 수 있다. 2. 후식류의 특성에 맞추어 조리를 할 수 있다. 3. 용도에 따라 찬 후식류를 만들 수 있다.
	4. 후식류 완성하기	1 후식요리의 종류와 모양에 따라 알맞은 그릇을 선택할 수 있다. 2 표준조리법에 따라 용도에 알맞은 소스를 만들 수 있다. 3 후식요리의 종류에 맞춰 담아낼 수 있다.

중식조리산업기사 출제기준(실기)

직무분야	음식 서비스	중직무분야	조리	자격종목	중식조리산업기사	적용기간	2019. 1. 1.~2021. 12. 31.

• 직무내용 : 중식메뉴 계획에 따라 식재료를 선정, 구매, 검수, 보관 및 저장하며 맛과 영양을 고려하여 안전하고 위생적으로 음식을 조리하고 조리기구와 시설관리 및 급식 · 외식경영을 수행하는 직무

• 수행준거 : 1. 중식의 고유한 형태와 맛을 표현할 수 있고 메뉴개발을 할 수 있다.
2. 식재료의 특성을 이해하고 용도에 맞게 손질할 수 있다.
3. 레시피를 정확하게 숙지하고 적절한 도구 및 기구를 사용할 수 있다.
4. 기초조리기술을 능숙하게 할 수 있다.
5. 위생적인 조리와 정리정돈을 잘 할 수 있다.
6. 중식 상차림을 할 수 있다.

실기검정방법	작업형	시험시간	2시간 정도

▶ 실기과목명 : 중식조리 실무

주요항목	세부항목	세세항목
1. 기초조리작업	1. 식재료 식별하기	1. 식재료의 상태를 식별할 수 있다.
	2. 식재료 기초 손질 및 모양썰기	1. 식재료를 각 음식의 형태와 특징에 따라 분류하고 손질할 수 있다.
2. 음식에 따른 조리작업	1. 육수, 소스 만들기	1. 요리 특성에 맞게 차고, 뜨거운 육수, 소스 조리 작업을 할 수 있다.
	2. 수프, 탕류 조리하기	1. 요리 특성에 맞게 수프, 탕 조리 작업을 할 수 있다.
	3. 밥류 조리하기	1. 요리 특성에 맞게 밥류 조리 작업을 할 수 있다.
	4. 냉채 조리하기	1. 요리 특성에 맞게 냉채 조리 작업을 할 수 있다.
	5. 튀김 조리하기	1. 요리 특성에 맞게 튀기기 조리 작업을 할 수 있다.
	6. 볶음 조리하기	1. 요리 특성에 맞게 볶기 조리 작업을 할 수 있다.
	7. 찜 조리하기	1. 요리 특성에 맞게 찜하기 조리 작업을 할 수 있다.
	8. 구이 조리하기	1. 요리 특성에 맞게 구이 조리 작업을 할 수 있다.
	9. 딤섬 조리하기	1. 요리 특성에 맞게 딤섬 조리 작업을 할 수 있다.
	10. 면 · 만두조리하기	1. 요리 특성에 맞게 면 · 만두 조리 작업을 할 수 있다.
	11. 조림 조리하기	1. 요리 특성에 맞게 조림 조리 작업을 할 수 있다.
	12. 중식 후식조리하기	1. 요리 특성에 맞게 후식 조리 작업을 할 수 있다.
3. 상차림	1. 상차림하기	1. 적절한 그릇에 담는 원칙에 따라 음식을 모양 있게 담아 음식의 특성을 살려 낼 수 있다.
4. 조리작업관리	1. 조리작업, 안전, 위생 관리하기	1. 조리복 · 위생모 착용, 개인위생 및 청결 상태를 유지할 수 있다. 2. 식재료를 청결하게 취급하며 전 과정을 위생적이고 안전하게 정리정돈하고 조리할 수 있다.

PART
01

Chinese Food

01

중식조리기능사 이론편

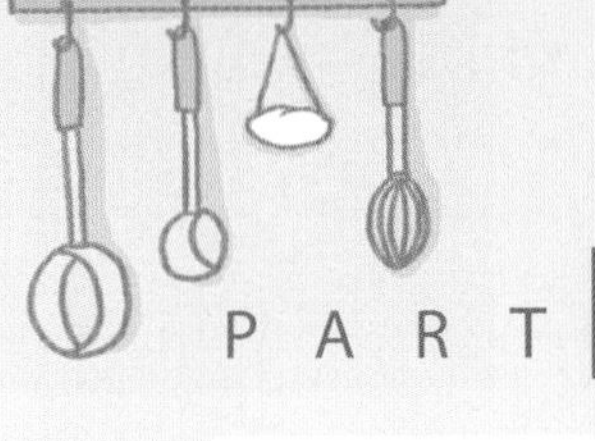

PART 01 중국음식의 조리이론

중국요리의 특징

중국의 음식을 중화요리(中華料理) 또는 청요리(淸料理)라고도 하며, 중국 본토에서는 중국채(中國菜)라고 부른다. 일반적으로 지역에 따라 기후도 다르고 자원도 다르기 때문에 동쪽음식은 맵고, 서쪽음식은 시고, 남쪽음식은 달고, 북쪽음식은 짠 것이 중국 음식의 특징이다.

중국요리의 주재료는 돼지고기이다. 대표적으로 간장에 생강즙 · 설탕 · 후춧가루 · 술을 넣어 섞은 액체에 돼지고기를 담가 두었다가 매달아 놓고 구워 냉각시킨 후 얇게 썰어서 겨자를 곁들여 낸 카오차이(烤菜), 삶은 요리의 대표적인 요리인 둥포러우차이(東坡肉菜), 튀김 · 볶음 · 조림 등으로 만든 요리 위에 걸쭉하게 만든 소스를 끼얹은 요리인 류차이(溜菜), 돼지고기를 네모나게 썰어 생강즙 · 간장 · 전분을 묻혀 기름에 튀기고, 죽순, 당근 등을 볶아 고기 국물을 넣은 후 전분을 풀어 넣고 튀긴 고기에 끼얹는 추류러우콰이(醋溜肉塊) 요리 등이 있다.

중국요리는 '네 발 달린 것은 책상 빼 놓고 다 먹고, 날아가는 것은 비행기 빼 놓고 다 먹는다.' 라는 옛말이 있을 정도로 식료품 모두가 재료로 이용되고 있을 뿐 아니라 제비집, 상어지느러미 같은 특수 식료품도 일품요리의 재료로 이용되고 있을 만큼 재료의 종류가 다양하고 광범위하다. 또한 맛에 있어서도 다양하고 풍부하다. 간[甘] · 셴[鹹] · 쏸[酸] · 신[辛] · 쿠[苦]의 오미(五味) 맛의 다양성은 세계의 어떤 요리도 따를 수 없는 특징이다.

조리기구는 훠궈(火鍋 : 중국냄비) · 사궈(砂鍋 : 볶음 · 튀김냄비) · 러우사오(漏勺 : 그물조리) · 정룽(蒸籠 : 찜통) 외에 식칼 · 뒤지개 · 국자가 전부라 할 정도로 간단한 반면에 조리법은 다양하다. 조리법에 관한 용어로는 둥[凍] · 조우[粥] · 탕[湯] · 차오[炒] · 자[炸] · 젠[煎] · 먼[燜] · 카오[烤] · 둔[燉] · 웨이[煨] · 쉰[燻] · 쩡[蒸] 등 여러 가지 조리법이 있으며 어떤 재료로도 원하는 요리를 만들 수 있다.

한편 중국요리는 대부분이 튀기거나 조리거나 볶거나 지진 것이라 할 수 있을 만큼 기름을 많이 사용하므로 조미료와 향신료가 다양하게 사용된다.

지역의 특성에 따른 중국요리

중국은 땅이 넓은 만큼 먹는 음식도 지역마다 다르며 종류도 다양하다. 경제, 지리, 사회, 문화 등 다양한 요소가 작용하여 동서남북으로 나누어 4대요리라고 말한다. 4대요리의 대표적인 동쪽 요리는 상해요리(上海菜), 서쪽 요리는 사천요리(四川菜), 남쪽 요리는 광동요리(廣東菜), 북쪽 요리는 북경요리(北京菜)로 나뉘어 있고, 8대요리는 산둥요리(魯菜), 장쑤요리(蘇菜), 저장요리(浙菜), 안후이요리(徽菜), 푸젠요리(閩菜), 광둥요리(粵菜), 후난요리(湘菜), 쓰촨요리(川菜)가 있다.

(1) 상해요리(上海料理)

남경요리, 강채(江菜) 또는 소채(蘇菜)라 한다. 중국의 젖줄 양자강 하류에 위치해 있는 상해(上海)는 서양과의 무역이 일찍부터 활발하게 이루어져 중식과 양식의 조화가 이루어진 음식이 많다. 양자강 유역의 풍부한 곡물과 해안선에서 나는 해산물을 많이 이용하며, 쌀 생산지로 곡류와 채소가 풍부하여 쌀밥에 어울리는 요리가 발달한 것도 특이한 점이다. 따뜻한 기후를 바탕으로 이 지방의 특산물인 장유(醬油)를 사용하여 만드는 것과 간장과 설탕을 주로 이용한 달고 진한 맛을 내는 것 또한 특징이다. 특히 게, 새우요리가 유명하고 10~1월 사이에만 맛볼 수 있고 돼지고기에 진간장을 써서 맛을 내 만드는 요리인 홍사오러우(紅燒肉)가 유명하다.

(2) 사천요리(四川料理)

천채(川菜)라고도 불리는 사천요리는 사천성의 중심지인 청뚜(成都)를 중심으로 발달했으며 그 외 총칭(重慶) 등의 도시를 중심으로 발달한 요리이다. 바다가 먼 내륙지방의 분지인 관계로 기온의 차이가 심하고 습도가 높은 악천후를 이겨내기 위해 이들만의 특별한 요리가 필요했다. 때문에 강한 느낌의 향신료를 많이 사용하여 맛이 자극적이고 매운 것이 특징이다. 또한 고추, 후추, 날생강, 마늘 등과 같은 향신료를 많이 사용하여 대부분의 음식이 입안이 얼얼할 정도로 매운 것이 특징이나 우리나라 사람들의 입맛에 잘 맞는다. 한편 사천요리는 중국적인 전통을 가장 잘 보존하고 있는 요리다. 대표적인 요리로는 마파두부, 생선철판구이가 있다.

(3) 광동요리(廣東料理)

월채(粤菜)라고도 불리는 광저우(廣州)를 중심으로 한 중국 남부지방의 요리를 일컫는다. 광저우, 홍콩, 마타오 주변의 광동성의 요리로 전 세계적으로 가장 널리 알려진 중식요리이다. 광동요리는 식재료의 신선함을 가장 중요시하며, 풍부한 해산물과 아열대성 채소와 과일 등 음식 재료가 광범위하고, 서양식 양념에 중국식 조리법이 흡수되어 맛이 신선하고 담백한 것이 특징이다. 대표적인 요리로는 광동식 탕수육, 팔보채, 딤섬, 구운거위, 오리, 상어지느러미, 제비집, 원숭이 요리 등이 있으며 이 중에서도 상어지느러미와 제비집요리는 최고의 요리라고 할 수 있다. 맛의 특징으로는 약간 달짝지근하면서 깔끔한 맛을 내며, 부드럽고 미끈거리는 질감이 있다.

(4) 북경요리(北京料理)

경채(京菜)라고도 불리는 베이징, 톈진 지방을 중심으로 하는 요리로 북경이 원(元), 명(明), 청(淸) 3대의 수도였으므로 각 시대의 특징적인 요리가 많이 발달하였고 특히 청나라 때부터 북경요리가 발달하게 되었다. 한랭한 기후 때문에 추위에 견디기 위한 기름기가 많은 고칼로리 음식이 발달되었다. 북경요리는 고온에서

단시간 요리하는 볶음요리가 많으며 짠맛, 단맛, 매운맛, 신맛 등을 잘 살리는데 특히 짠맛을 중심으로 하는 요리가 발달하여 복합적인 맛을 낸다. 또한 황실의 중심지였으므로 궁중요리가 발달했다.
가장 유명한 중국요리로 북경 오리구이가 있으며 이 외에도 육류요리, 면요리, 짜장볶음, 새우케찹볶음 등이 있다. 우리나라의 중국음식점 대부분이 북경요리법을 따르고 있다.

중국요리의 식사예절

우리나라에서는 밥그릇을 들고 먹는 것을 예의에 어긋나는 행동으로 여기는 경우가 있는데 중국에서는 오히려 밥그릇을 들고 먹는 것을 너무나 당연하게 여긴다. 그 이유는 바로 쌀에 있다. 중국의 쌀은 기름기가 적고 잘 부서져서 먹는 데 불편함이 많다. 더구다나 중국사람들은 죽이나 국 종류를 떠 먹을 때를 제외하고는 젓가락으로 밥을 먹기에 어려움이 따르므로 자연스럽게 한 손으로 밥그릇을 들고 다른 한 손으로 젓가락을 이용해 밥을 먹는 것이 습관이 되었다.
큰 접시에 담긴 요리를 자기가 쓰던 젓가락으로 집어도 관계는 없으나, 여분의 젓가락이나 국자, 수저가 접시에 곁들여 있으면 그것을 쓰는 것이 바람직하다. 술이 나올 경우는 술잔의 80%를 웃돌게 따라야 한다. 요리순서는 먼저 냉채가 오르고 다음에 볶음요리가 오른다. 볶음요리는 주요 귀빈의 맞은편 좌석의 왼쪽에 올린다. 개개인의 몫으로 올리는 요리는 귀빈에게 먼저, 주인에게 다음 순서로 올린다. 닭고기나 오리고기, 생선을 올릴 때는 머리나 꼬리가 주인을 향하지 않도록 한다. 밥은 중요한 요리가 골고루 나온 후 끝날 때 나온다. 밥이 끝나면 餃(간단한 중국식 떡)이 나온다. 요리와 식사가 끝나면 따끈한 차를 마신다.
이런 순서는 전체 연회가 순서있게 진행되도록 분위기를 창조해줄 뿐만 아니라 주인과 손님이 편한 분위기에서 자연스럽게 이야기를 나눌 수 있도록 분위기를 만들어주고 있다.

좌석에 입석할 때의 예절과 식탁에서 지켜야 할 예절

좌석에 앉을 때는 손으로 의자를 가볍게 당겨내면서 소리가 나지 않도록 해야 하며, 신사가 숙녀와 동행할 경우는 숙녀의 의자에 대하여 신사가 알아서 숙녀를 위하여 편의를 제공해 주도록 한다. 좌석에는 두 무릎을 나란히 모으고 발을 가지런히 놓은 상태에서 바른 자세로 앉아야 하며, 손을 옆 사람의 의자등받이에 얹거나 테이블에 턱을 고이는 행동은 삼가한다.

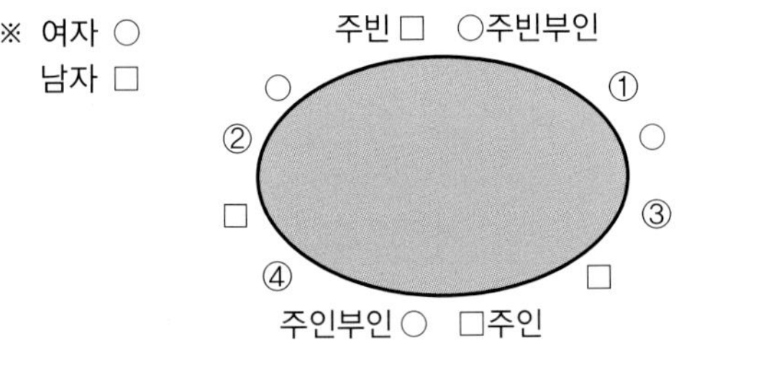

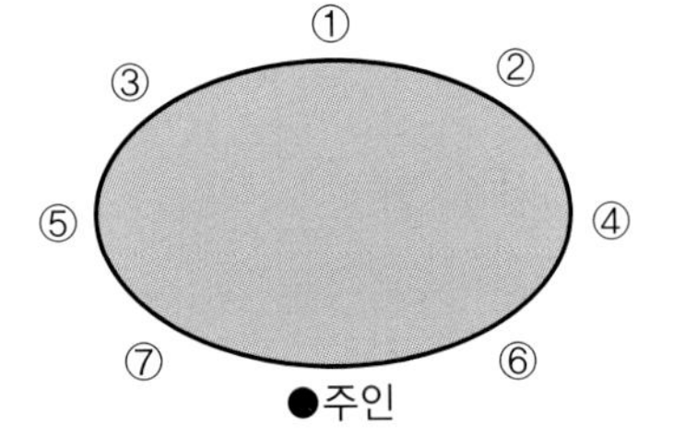

중국요리의 재료 써는 방법

재료를 썰 때는 주재료의 써는 모양에 맞추어 부재료를 써는 것이 원칙이다. 가능하면 두께를 같이 하거나 길이를 같게 하여 먹기 좋고 보기 좋게 썬다. 재료나 요리에 맞게 방법이나 기교를 살려 가장 맛있게 먹을 수 있는 방법으로 썬다.

(1) 塊(콰이 : 크고 두껍게 썰기)

덩어리지게 토막으로 써는데 두께와 관계없이 기본크기는 2.5cm 정도이다. 아무렇게나 돌리되 같은 각도로 돌리면서 세모지게 썬다.

(2) 片(피엔 : 얇게 썰기)

재료를 얇게 써는 것으로 칼을 눕혀 어육류, 죽순, 표고버섯, 배추 등을 납작하게 써는 데 적합한 방법이다. 딱딱한 재료를 얇고 크게 썰 경우에는 칼을 비스듬히 눕혀서 어슷썰고, 딱딱하고 짧은 재료를 썰 경우에는 칼을 세우고 0.3~0.5mm 크기로 얇게 썬다.

(3) 丁(띵 : 주사위 모양으로 썰기)

재료를 네모나고 각지게 썬다. 요리의 종류에 따라 크기가 다양하지만 1cm 정도의 크기로 써는 것이 일반적이다. 4각형 외에 3각형이나 마름모꼴도 있다.

(4) 條(탸오 : 막대모양으로 썰기)

길이는 5~6cm 크기로 넓적하게 하여 일정한 두께로 썬 다음 두께 7~8mm로 사각형의 길쭉한 막대모양으로 썬다. 생선, 죽순, 무 등을 써는 데 적합하다.

(5) 絲(쓰 : 가늘게 채썰기)

재료를 가늘게 채써는 것을 말한다. 먼저 얇게 썰어 폭을 비스듬히 맞춰 가늘게 채썰고 길이 5~6cm, 두께 1~3mm 크기로 썬다. 고기, 표고버섯, 양파, 오이를 써는 데 적합하다.

(6) 紋(원 : 대각선 칼집을 넣어 꽃모양으로 썰기)

칼을 바깥쪽으로 비스듬히 젖히고 내용물에 깊이 2/3 ~ 3/4의 대각선 칼집을 넣는다. 이것은 재료에 양념이 잘 베도록 써는 방법으로 주로 고기류와 물오징어 등에 사용된다.

중국요리의 조리용어

중국은 땅이 넓은 만큼 먹는 음식도 지역마다 다르며 조리법 또한 다양하고 각각의 특색이 있지만 기본조리법이 있다. 크게 빠르게 만들거나 느리게 만드는 두 종류로 나눌 수 있으며 각각의 특색과 장점이 있다.

(1) 爆(빠오)

차오(炒)보다 더 센 불에 단숨에 볶는 방법으로 강한 불에 기름을 달구어 단시간에 볶아내는 조리법이다. 재료의 사용에 따라 요우바요(油爆) · 소금(鹽), 파(爆), 폭과 장(간장, 된장) 등 많은 종류로 나눌 수 있으며 가장 단시간에 음식이 완성되는 조리법이다.

(2) 炒(차오)

센 불에서 기름의 양을 적게 해서 단시간 볶는다. 영양소의 파괴가 적어 가장 많이 사용되는 대표적인 조리법이다.

(3) 邊(삐엔)

소량의 기름과 약한 불을 이용하여 천천히 요리하는 방법이다. 국물이 적은 요리에 비교적 많이 쓰이며 냉음식(冷食) 조리에도 쓰인다.

(4) 燒(사오)

중간 불에 기름을 넣어 볶은 후 다시 물을 약간 넣어 장시간 끓이는 조리법으로 농축이 되면 그 맛이 농후해진다.

(5) 蒸(찡)

재료를 찌는 조리법으로 증기를 이용하여 이미 조미된 것을 수증기를 이용하여 찌거나, 혹은 신선한 재료를 상당한 시간 동안 수증기로 익히는 방법이다. 재료 원래의 맛을 잃지 않게 수증기로 쪄내므로 음식물을 보온하는 용도로 쓰이기도 한다.

(6) 燉(뚜언)

냄비 속에 여러 가지 재료와 물을 넣고 약한 불로 오랜 시간 동안 재료가 푹 무를 때까지 설설 끓인다. 진한 향기를 유지할 수 있고 탕즙이 맑아 영양을 보충하는 식이요법으로 많이 쓰인다.

(7) 熬(아오)

재료를 덩어리로 잘라 먼저 기름에 볶은 후에 약한 불로 장시간 동안 푹 삶아 재료가 연하게 되도록 만드는 조리법이다.

(8) 熏(쓘)

재료를 수증기로 쪄서 훈제하는 조리법으로 생재료의 수분을 불에 건조시켜 향기를 증가시키고 저장하기 편리하게 만든다.

(9) 鹵(루)

재료를 약한 불로 장시간 삶고 특별한 국물을 넣어 바짝 조리는 조리법이다.

(10) 煮(주)

재료를 뜨거운 물에 데친 후 약한 불에 삶아 내는 조리법이다. 어떠한 재료를 막론하고 솥 안에 적당량의 수분을 넣고 화력으로 재료를 익혀서 조리한다.

(11) 烤(카오)

재료를 숯불, 화덕에 직접 굽는 조리법이다.

(12) 燜(먼)

재료를 기름에 튀기거나 오래 삶는 조리법이다.

(13) 煨(웨이)

조미료를 첨가하고 맛이 연해질 때까지 약한 불에서 장시간(약 3시간 이상) 조리는 조리법이다.

(14) 扒(바)

재료를 약한 불로 장시간 끓이는 조리법이다.

(15) 煎(지엔)

팬에 소량의 기름을 담아 재료의 양면을 잘 굽는 조리법이다.

(16) 燴(후이)

졸여서 걸쭉한 국물을 만들어 완성한 조리법이다.

(17) 氽(툰)

재료를 기름으로 튀기는 조리법이다.

(18) 涮(솬)

샤브샤브처럼 얇게 썬 재료를 가볍게 끓이는 조리법이다.

(19) 拌(반)

재료를 혼합하여 버무리는 조리법이다.

(20) 腌(옌)

재료를 소금, 된장, 간장 등에 절이는 조리법이다.

(21) 溜(리우)

류산슬처럼 재료를 익힌 후 걸쭉한 전분으로 즙을 만들어 재료 위에 부어서 만드는 조리법이다.

(22) 炸(자)

강한 불에서 기름을 끓여 여러 재료를 튀겨내는 조리법이다.

(23) 烹(펭)

재료를 먼저 기름에 볶은 뒤 간장, 기름 따위를 넣고 다시 살짝 끓이는 조리법이다.

(24) 川(추완)

재료의 신선하고 부드러움을 유지하기 위해 단시간에 조리하는 탕요리 조리법이다.

중식 조리 기구 명칭

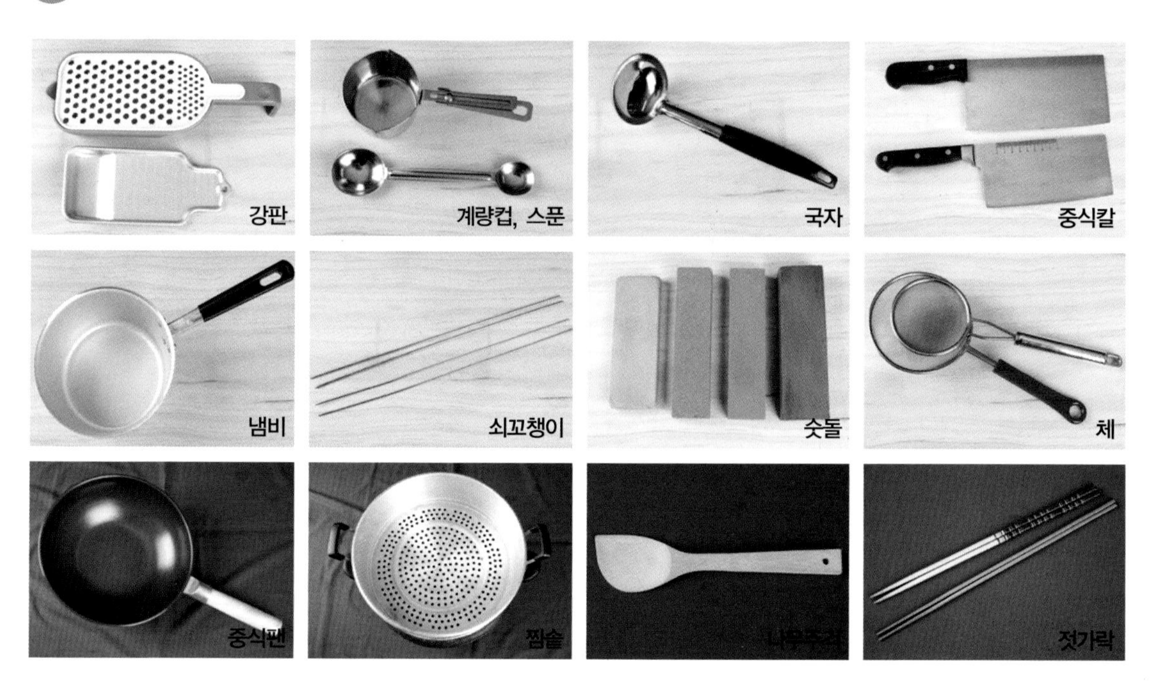

계량단위

요리할 때 사용하는 계량컵은 한 컵의 용량이 부피 200ml이며, 대문자 C로 표기한다. 테이블 스푼은 일반적으로 사용하는 서양 스푼을 말하는데 일반적인 서양 스푼이 약 15ml 정도를 담을 수 있기에 계량 스푼을 그렇게 정한 것이다. 티스푼은 서양의 찻숟가락을 말하며 일반적인 찻숟가락의 용량은 약 5ml 정도이다. 테이블 스푼과 티스푼 모두 첫 글자를 따면 둘 다 t이지만 이 둘을 구분하기 위해 테이블 스푼은 용량이 크므로 대문자 T로 표기하고 티스푼은 작은 용량이므로 소문자 t로 표기한다.

- 1 C = one cup = 200ml
- 1Ts(Table spoon) = 15ml = 3ts
  * 대문자 T는 1큰술로 15ml이다.
- 1ts(tea spoon) = 5ml = 1/3Ts
  * 소문자 t는 1작은술로 5ml이다.

중식팬 손질하기

❶ 팬을 연기가 날 정도로 데운다.

❷ 팬에 물을 넣어 끓인다.

❸ 팬에 기름을 두르고 열을 올려 닦는다.

고추기름 만들기

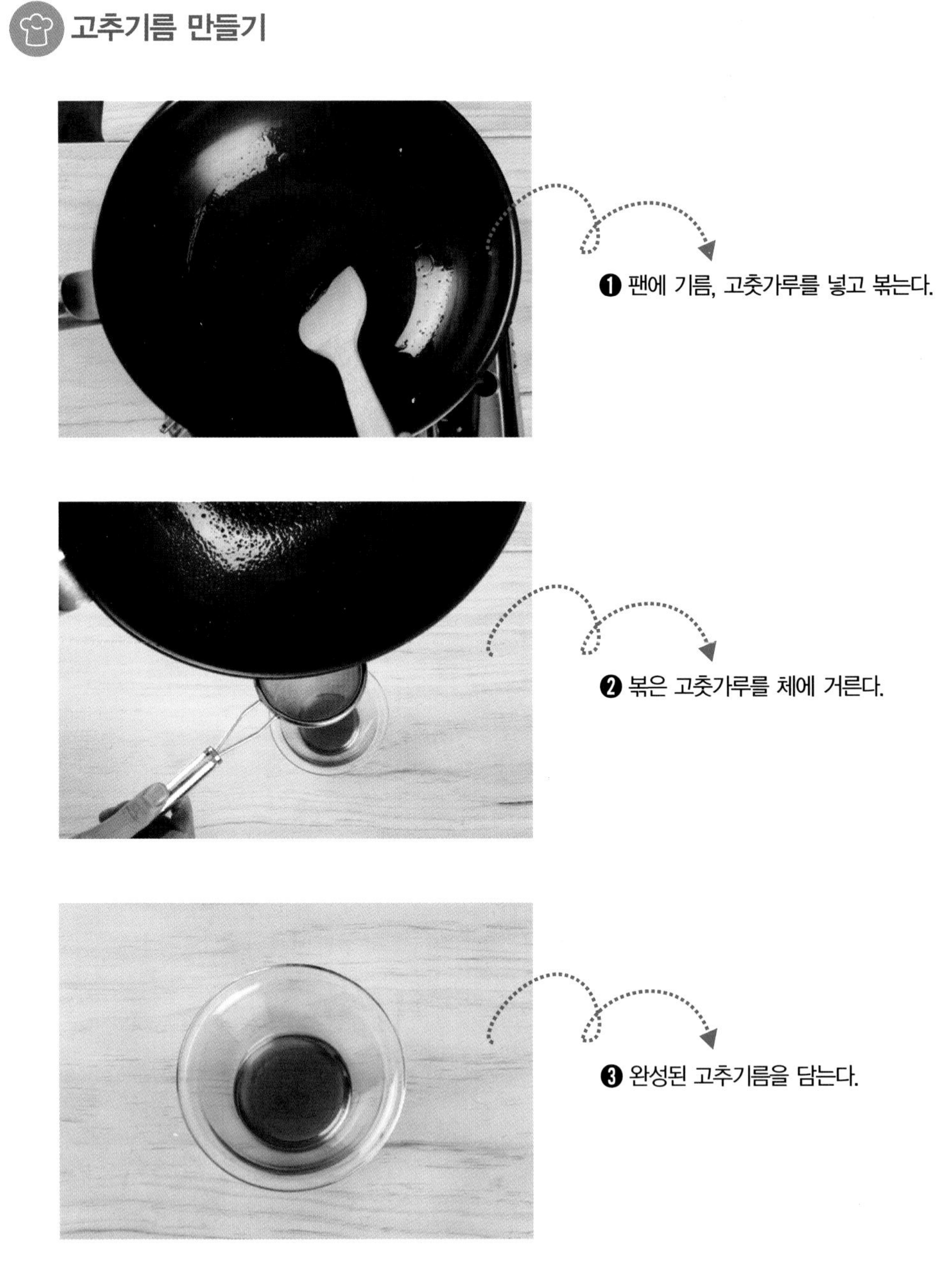

❶ 팬에 기름, 고춧가루를 넣고 볶는다.

❷ 볶은 고춧가루를 체에 거른다.

❸ 완성된 고추기름을 담는다.

고구마탕(고구마발사) 만들기

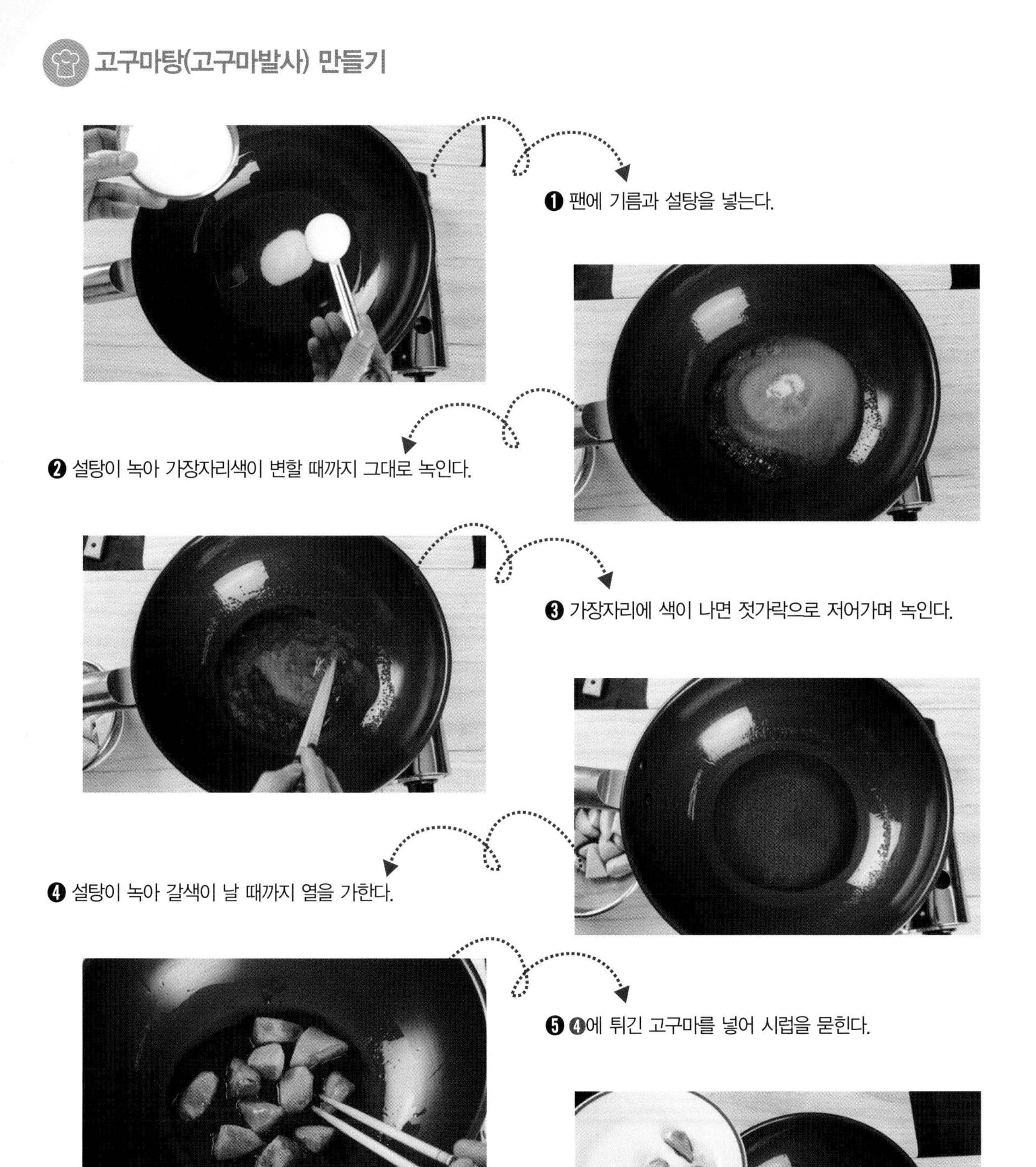

❶ 팬에 기름과 설탕을 넣는다.

❷ 설탕이 녹아 가장자리색이 변할 때까지 그대로 녹인다.

❸ 가장자리에 색이 나면 젓가락으로 저어가며 녹인다.

❹ 설탕이 녹아 갈색이 날 때까지 열을 가한다.

❺ ❹에 튀긴 고구마를 넣어 시럽을 묻힌다.

❻ 기름을 묻힌 접시에 시럽을 바른 고구마를 건진다.

겨자소스 만들기

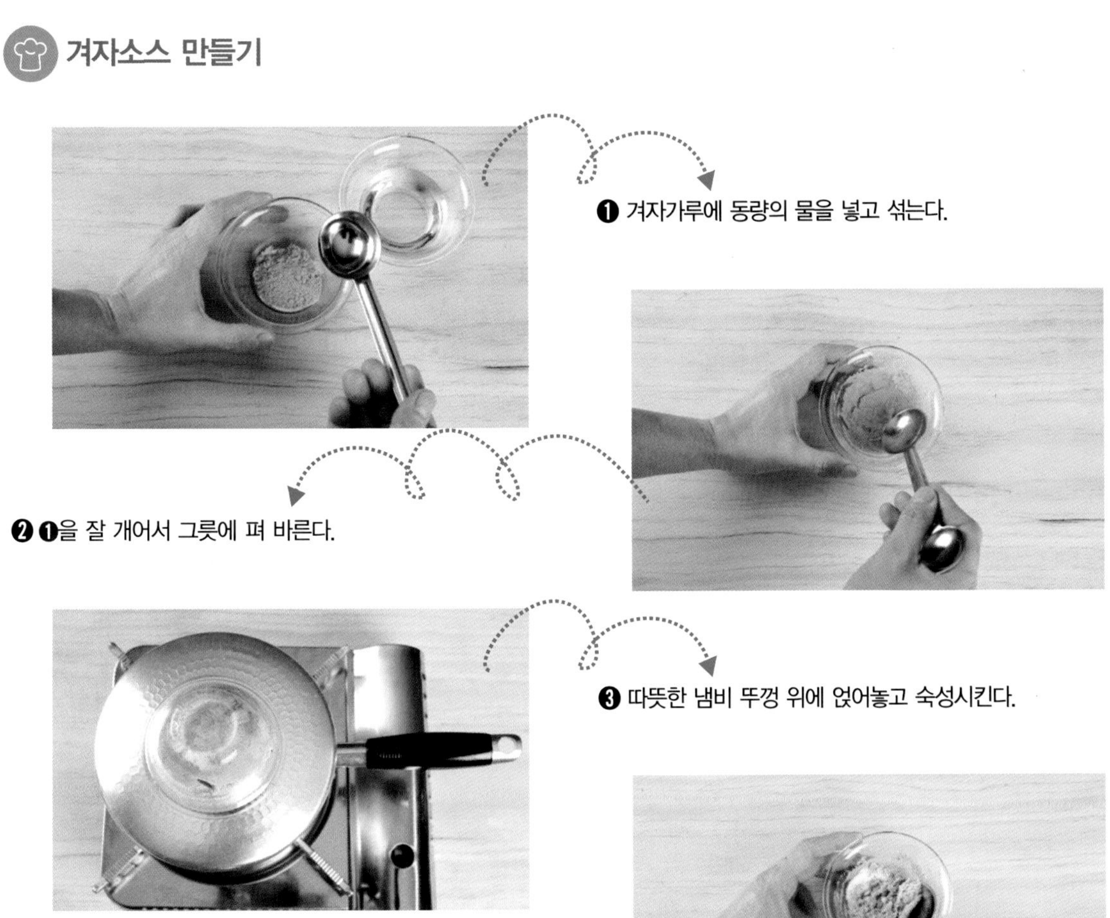

❶ 겨자가루에 동량의 물을 넣고 섞는다.

❷ ❶을 잘 개어서 그릇에 펴 바른다.

❸ 따뜻한 냄비 뚜껑 위에 엎어놓고 숙성시킨다.

❹ 숙성된 겨자에 설탕, 소금을 넣고 잘 섞는다.

❺ 식초를 넣고 부드럽게 갠다.

❻ 겨자가 덩어리지지 않게 한 후 곱게 체에 거른다.

생강즙 만들기

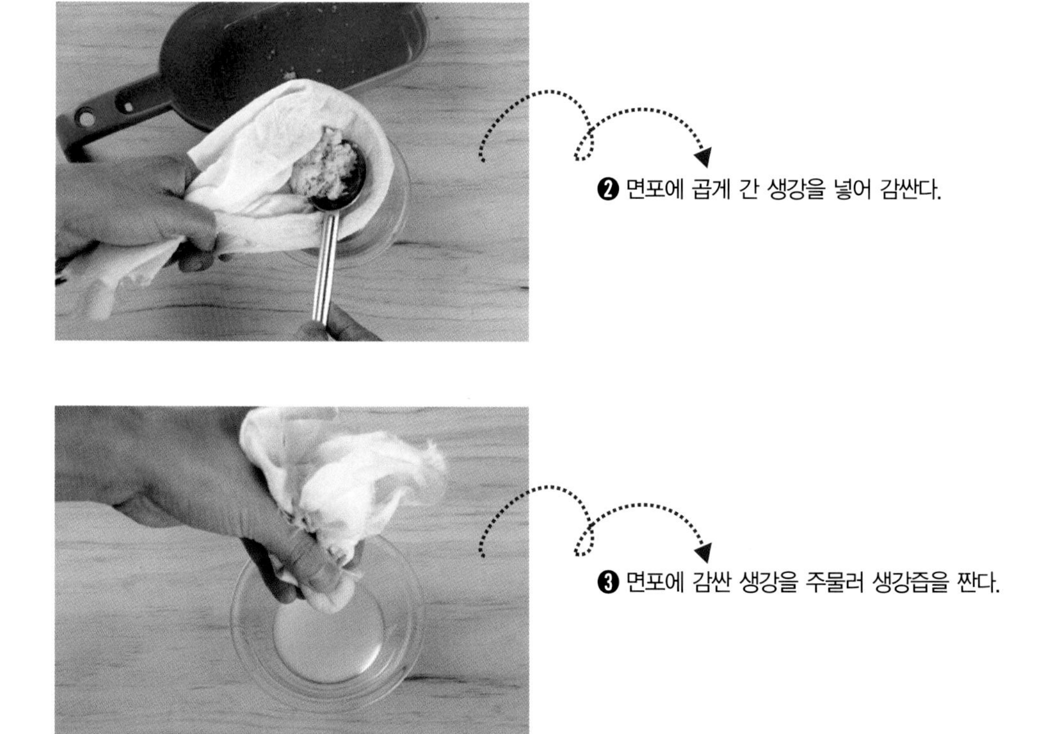

❶ 강판에 생강을 곱게 간다.

❷ 면포에 곱게 간 생강을 넣어 감싼다.

❸ 면포에 감싼 생강을 주물러 생강즙을 짠다.

닭다리 손질하기

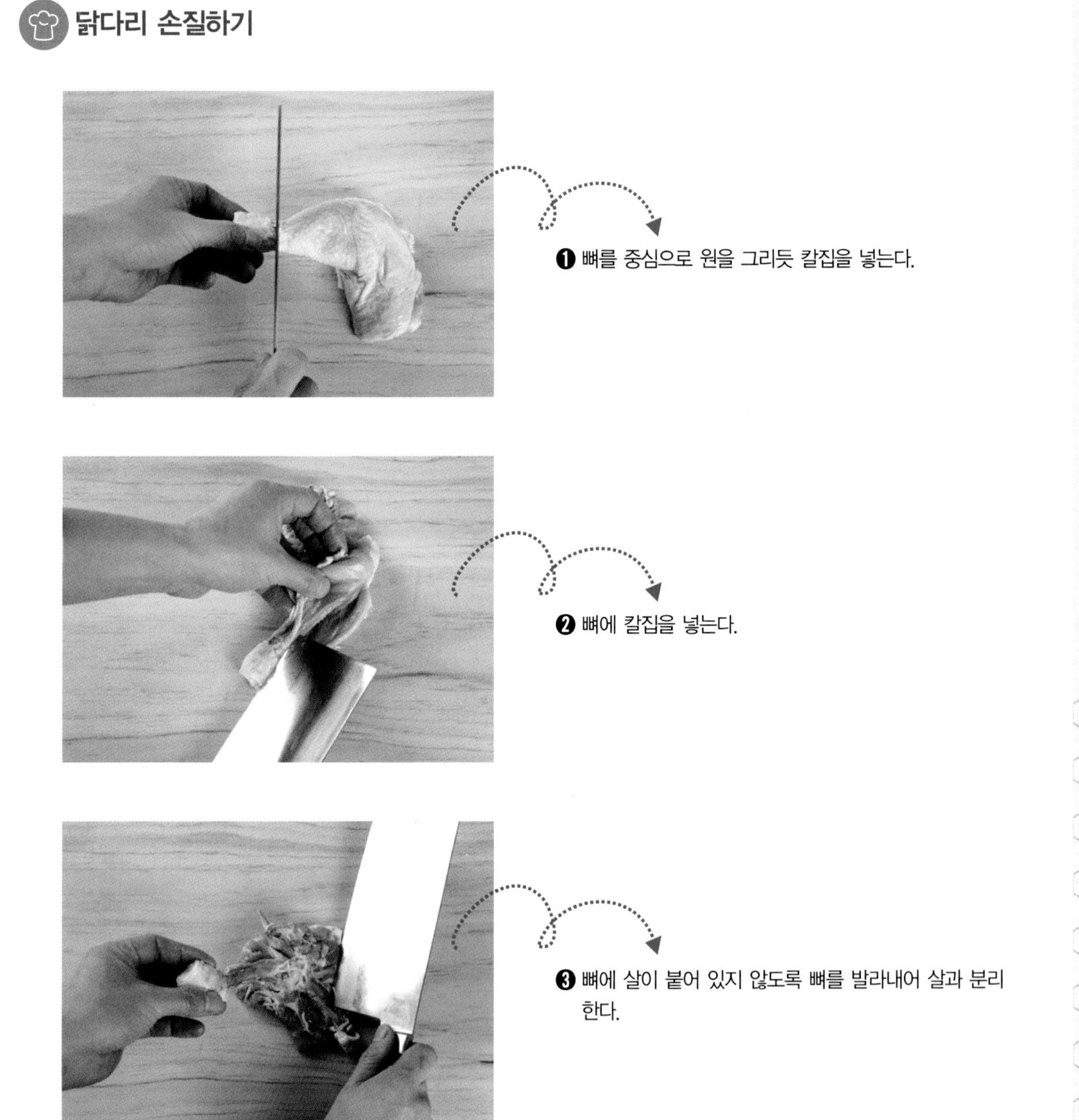

❶ 뼈를 중심으로 원을 그리듯 칼집을 넣는다.

❷ 뼈에 칼집을 넣는다.

❸ 뼈에 살이 붙어 있지 않도록 뼈를 발라내어 살과 분리한다.

만두피 만들기

❶ 밀가루를 체에 내린다.

❷ ❶에 적량의 물을 넣고 치대어 반죽한다.

❸ 비닐 또는 젖은 면포로 감싼다.

❹ ❸을 가래떡 모양으로 만들어 먹기 좋은 크기로 잘라 등분한다.

❺ 밀대로 둥글고 얇게 돌려가며 민다.

❻ 양손으로 만두피를 삼각지게 눌러 모양을 잡는다.

달걀지단 만들기

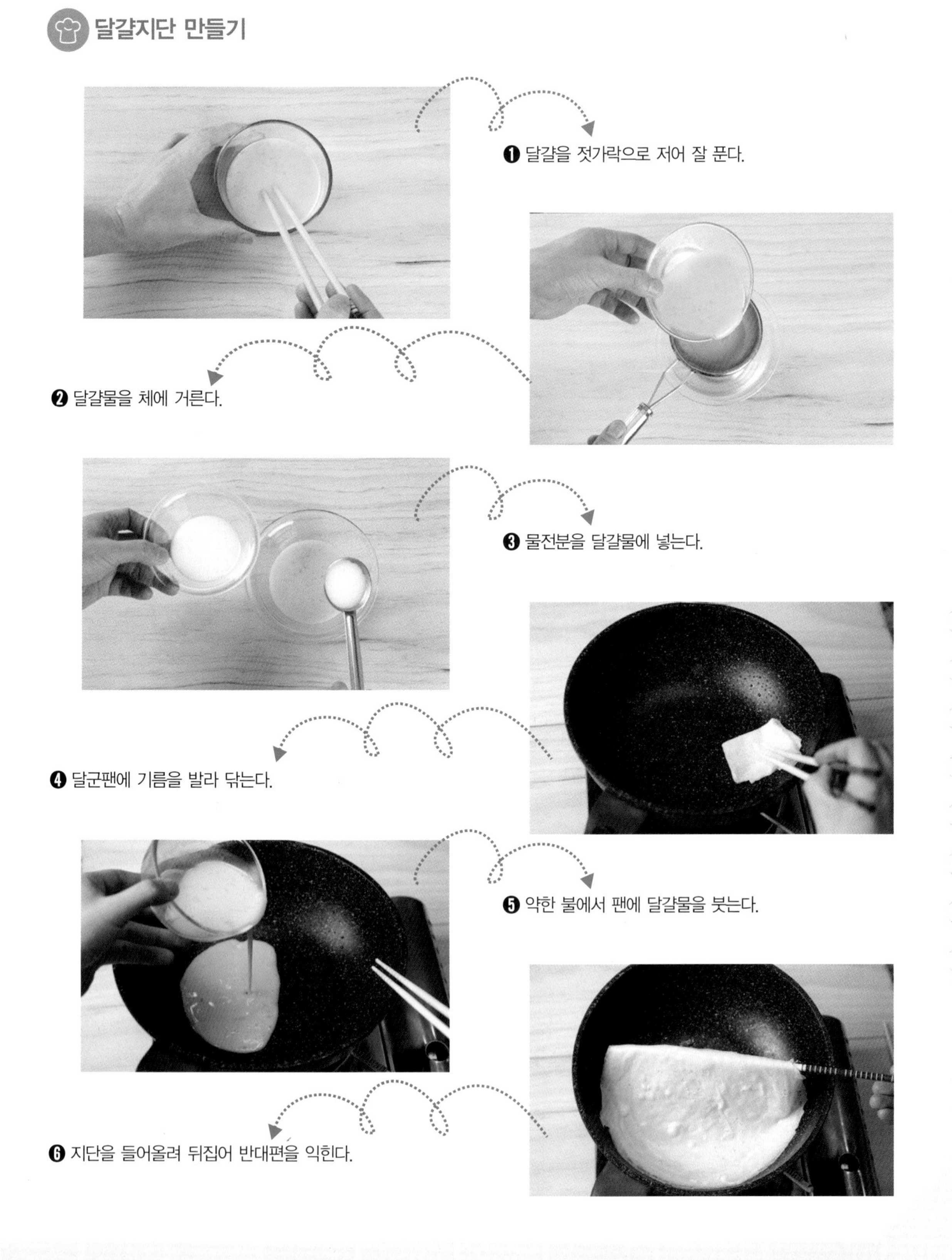

❶ 달걀을 젓가락으로 저어 잘 푼다.

❷ 달걀물을 체에 거른다.

❸ 물전분을 달걀물에 넣는다.

❹ 달군팬에 기름을 발라 닦는다.

❺ 약한 불에서 팬에 달걀물을 붓는다.

❻ 지단을 들어올려 뒤집어 반대편을 익힌다.

오징어 칼집 넣기

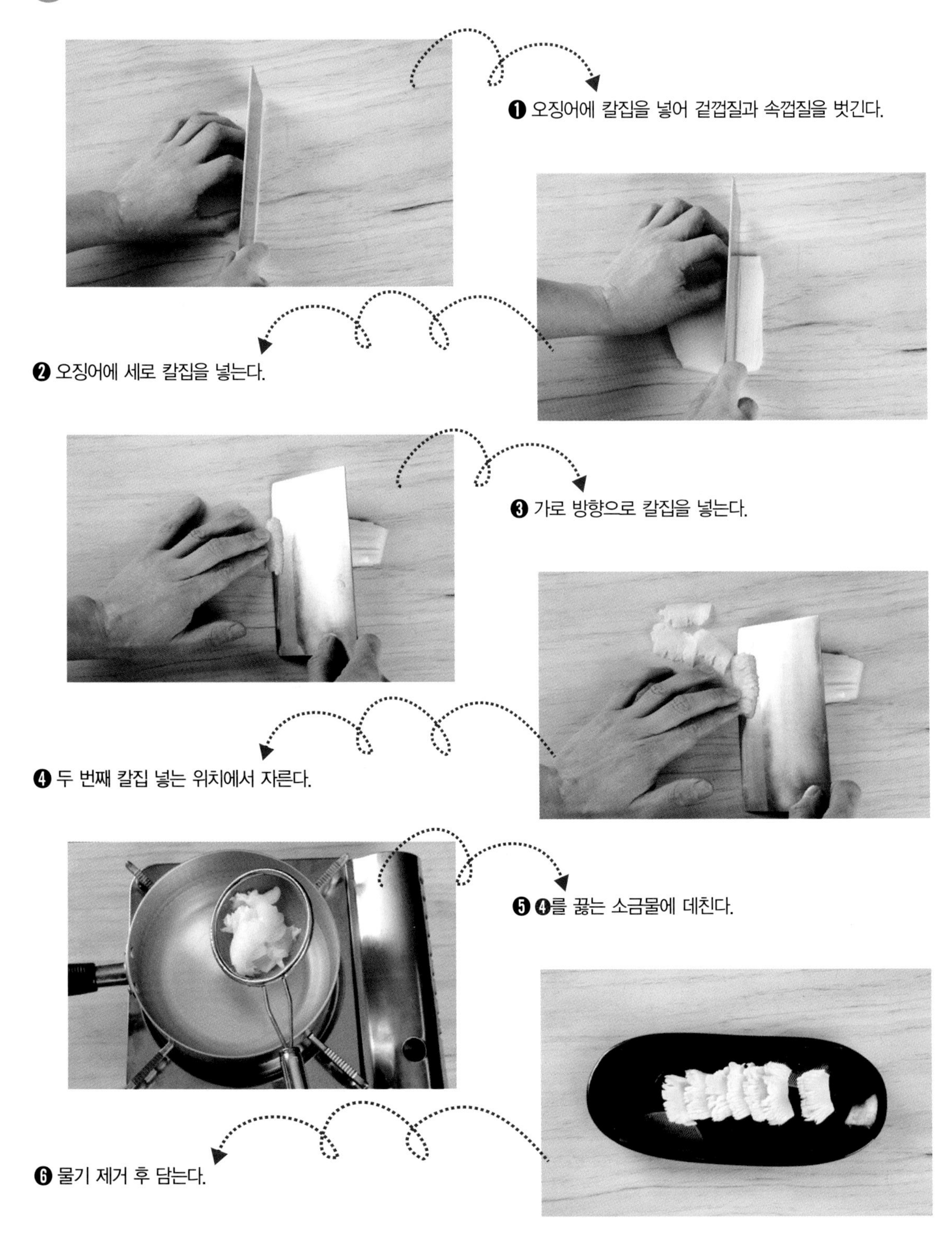

❶ 오징어에 칼집을 넣어 겉껍질과 속껍질을 벗긴다.

❷ 오징어에 세로 칼집을 넣는다.

❸ 가로 방향으로 칼집을 넣는다.

❹ 두 번째 칼집 넣는 위치에서 자른다.

❺ ❹를 끓는 소금물에 데친다.

❻ 물기 제거 후 담는다.

해파리 손질하기

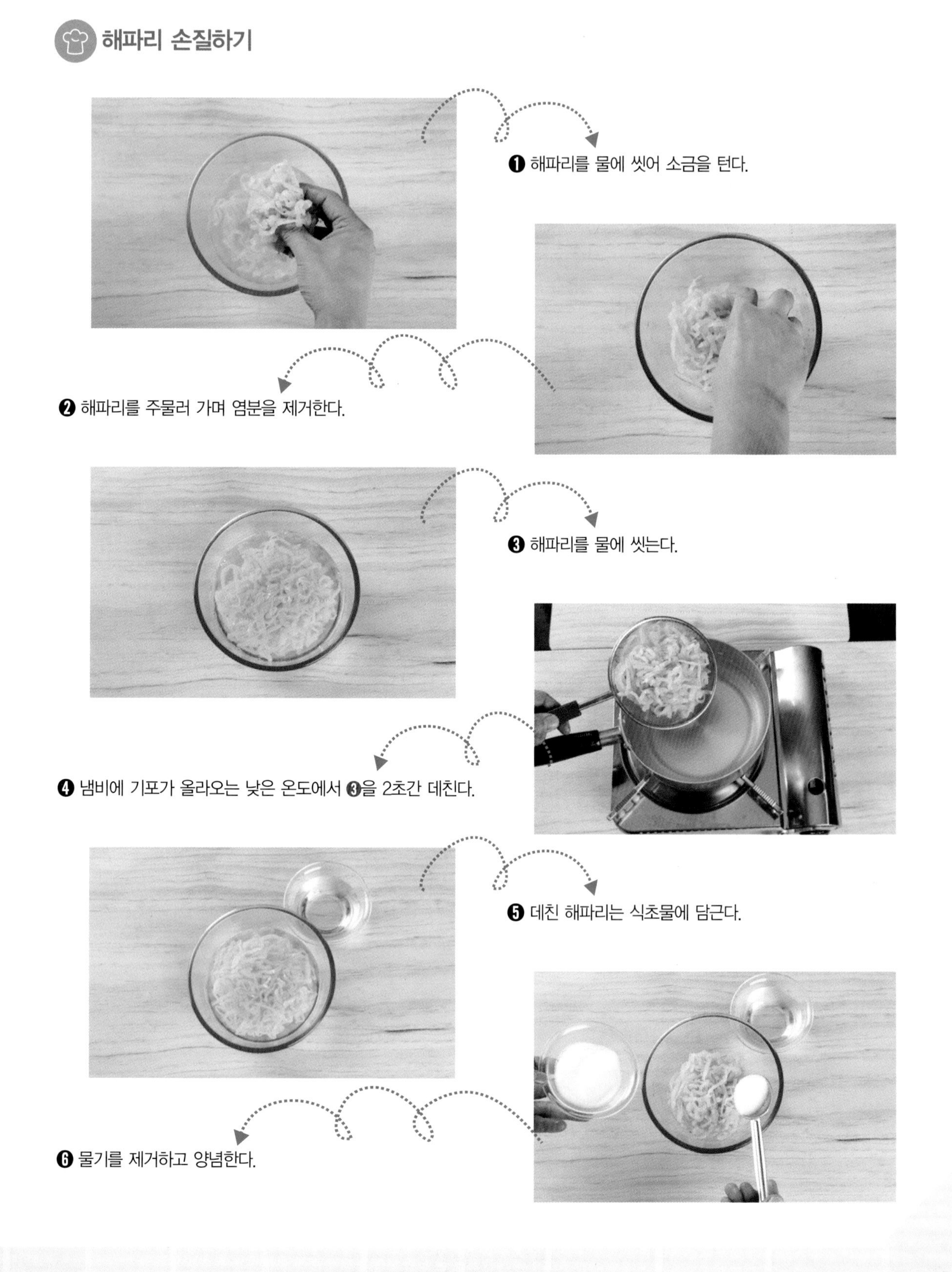

❶ 해파리를 물에 씻어 소금을 턴다.

❷ 해파리를 주물러 가며 염분을 제거한다.

❸ 해파리를 물에 씻는다.

❹ 냄비에 기포가 올라오는 낮은 온도에서 ❸을 2초간 데친다.

❺ 데친 해파리는 식초물에 담근다.

❻ 물기를 제거하고 양념한다.

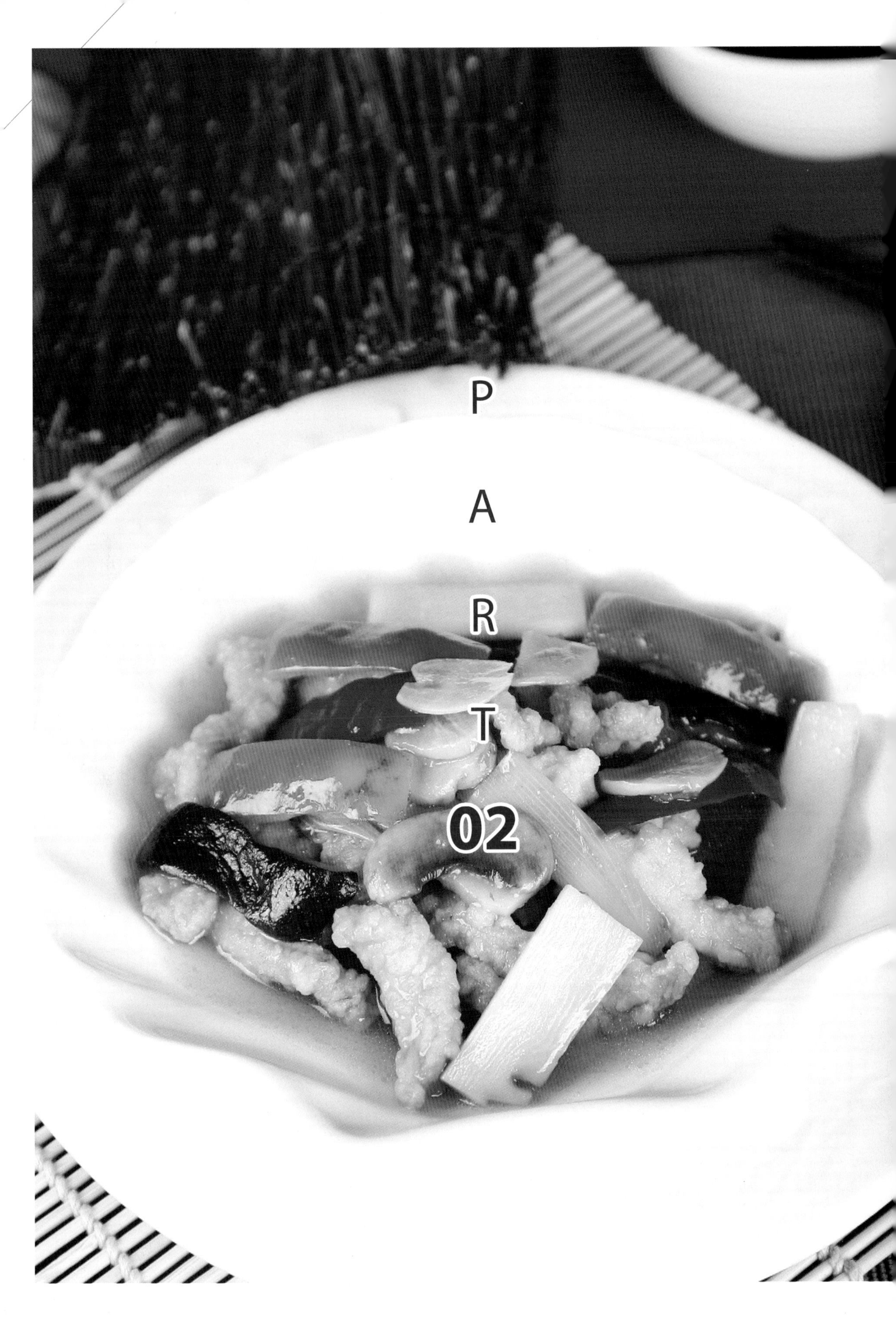
PART
02

Chinese Food

02

중식조리기능사

실기편(20종류)

수험자 유의사항 공통

1) 만드는 순서에 유의하며, 위생과 숙련된 기능평가를 위하여 조리작업 시 맛을 보지 않습니다.
2) 지정된 수험자지참준비물 이외의 조리기구나 재료를 시험장내에 지참할 수 없습니다.
3) 지급재료는 시험 전 확인하여 이상이 있을 경우 시험위원으로부터 조치를 받고 시험 중에는 재료의 교환 및 추가지급은 하지 않습니다.
4) 요구사항의 규격은"정도"의 의미를 포함하며, 지급된 재료의 크기에 따라 가감하여 채점합니다.
5) 위생복, 위생모, 앞치마를 착용하여야 하며, 시험장비, 조리도구 취급 등 안전에 유의합니다.
6) 다음 사항에 대해서는 채점대상에서 제외하니 특히 유의하시기 바랍니다.
   가) 기 권 – 수험자 본인이 시험 도중 시험에 대한 포기 의사를 표현하는 경우
   나) 실 격 – (1) 가스레인지 화구 2개 이상(2개 포함) 사용한 경우
   (2) 불을 사용하여 만든 조리작품이 작품특성에 벗어나는 정도로 타거나 익지 않은 경우
   (3) 시험 중 시설 · 장비(칼, 가스레인지 등) 사용 시 감독위원 및 타수험자의 시험 진행에 위협이 될 것으로 감독위원 전원이 합의하여 판단한 경우
   다) 미완성 – (1) 시험시간 내에 과제 두 가지를 제출하지 못한 경우
   (2) 문제의 요구사항대로 과제의 수량이 만들어지지 않은 경우
   라) 오 작 – (1) 구이를 조림 등으로 조리하여 완성품을 요구사항과 다르게 만든 경우
   (2) 해당과제의 지급재료 이외의 재료를 사용하거나 석쇠 등 요구사항의 조리도구를 사용하지 않은 경우
   마) 요구사항에 명시된 실격, 미완성, 오작에 해당하는 경우
7) 항목별 배점은 위생상태 및 안전관리 5점, 조리기술 30점, 작품의 평가 15점입니다.
8) 시험 시작 전 가벼운 몸 풀기(스트레칭) 동작으로 긴장을 풀고 시험을 시작합니다.

01 경장육사(京醬肉絲)

(과제번호 15) jīng jìang ròu sī

시험시간 30분

요구사항

※ 주어진 재료를 사용하여 경장육사를 만드시오.

가. 돼지고기는 길이 5cm의 얇은 채로 썰고, 간을 하여 초벌 하시오.
나. 춘장은 기름에 볶아서 사용하시오.
다. 대파 채는 길이 5cm로 어슷하게 채썰어 매운맛을 빼고 접시에 담으시오.

수험자 유의사항

1) 만드는 순서에 유의하며, 위생과 숙련된 기능평가를 위하여 조리작업 시 맛을 보지 않습니다.
2) 지정된 수험자지참준비물 이외의 조리기구나 재료를 시험장내에 지참할 수 없습니다.
3) 지급재료는 시험 전 확인하여 이상이 있을 경우 시험위원으로 부터 조치를 받고 시험 중에는 재료의 교환 및 추가지급은 하지 않습니다.
4) 요구사항의 규격은"정도"의 의미를 포함하며, 지급된 재료의 크기에 따라 가감하여 채점합니다.
5) 위생복, 위생모, 앞치마를 착용하여야 하며, 시험장비, 조리도구 취급 등 안전에 유의합니다.
6) 다음 사항에 대해서는 채점대상에서 제외하니 특히 유의하시기 바랍니다.
   가) 기　권 – 수험자 본인이 시험 도중 시험에 대한 포기 의사를 표현하는 경우
   나) 실　격 – (1) 가스레인지 화구 2개 이상(2개 포함) 사용한 경우
   (2) 불을 사용하여 만든 조리작품이 작품특성에 벗어나는 정도로 타거나 익지 않은 경우
   (3) 시험 중 시설 · 장비(칼, 가스레인지 등) 사용 시 감독위원 및 타수험자의 시험 진행에 위협이 될 것으로 감독위원 전원이 합의하여 판단한 경우
   다) 미완성 – (1) 시험시간 내에 과제 두 가지를 제출하지 못한 경우
   (2) 문제의 요구사항대로 과제의 수량이 만들어지지 않은 경우
   라) 오　작 – (1) 구이를 조림 등으로 조리하여 완성품을 요구사항과 다르게 만든 경우
   (2) 해당과제의 지급재료 이외의 재료를 사용하거나 석쇠 등 요구사항의 조리도구를 사용하지 않은 경우
   마) 요구사항에 명시된 실격, 미완성, 오작에 해당하는 경우
7) 항목별 배점은 위생상태 및 안전관리 5점, 조리기술 30점, 작품의 평가 15점입니다.
8) 시험 시작 전 가벼운 몸 풀기(스트레칭) 동작으로 긴장을 풀고 시험을 시작합니다.

지급재료목록

돼지등심(살코기)	150g	식용유	300ml
죽순 통조림(whole) 고형분	100g	흰설탕	30g
대파 흰 부분(6cm 정도)	3토막	굴소스	30ml
달걀	1개	청주	30ml
마늘 중(깐 것)	1쪽	진간장	30ml
생강	5g	녹말가루(감자전분)	50g
춘장	50g	참기름	5ml
※ 육수 또는 물	30ml		

• 물녹말 물 1큰술, 녹말가루 1큰술

만드는 법

❶ 대파(2/3)는 길이 5cm로 어슷하게 채를 썰어 물에 씻은 후 물에 담가 매운맛을 빼준 다음 물기를 제거하여 접시에 올린다.

❷ 돼지등심(살코기)은 길이 5cm로 가늘게 얇은 채를 썰어 청주, 간장으로 밑간을 하고 달걀과 녹말을 넣고 잘 버무려 뿌린 후 붙지 않도록 기름에 살짝 초벌 익힌다.

❸ 죽순은 채를 썰어 데치고 대파와 마늘, 생강은 잘게 썰거나 편을 썰어 채썰어준다.

❹ 팬에 식용유를 충분히 두르고 춘장을 볶아낸 후 기름을 따라내고 대파, 마늘, 생강을 넣고 볶는다.

❺ 청주, 간장을 넣고 죽순채, 익힌 돼지등심 고기채 그리고 양념(굴소스, 간장, 청주, 설탕)을 넣고 볶는다.

❻ 육수 또는 물을 넣고 끓으면 물녹말을 풀어서 참기름을 넣고 대파채 위에 올려 완성한다.

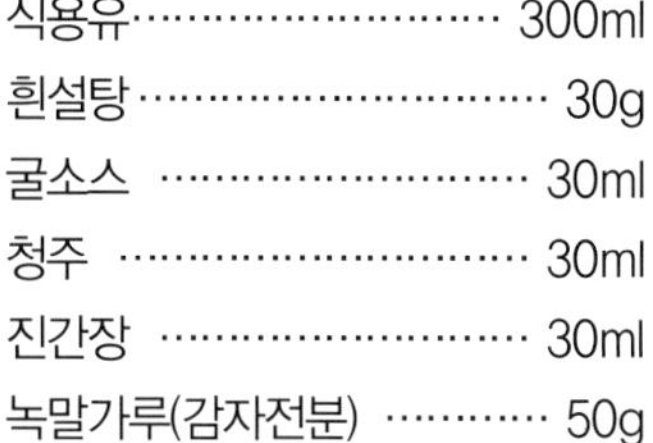

▶ 붙지 않도록 기름에 익힌다.

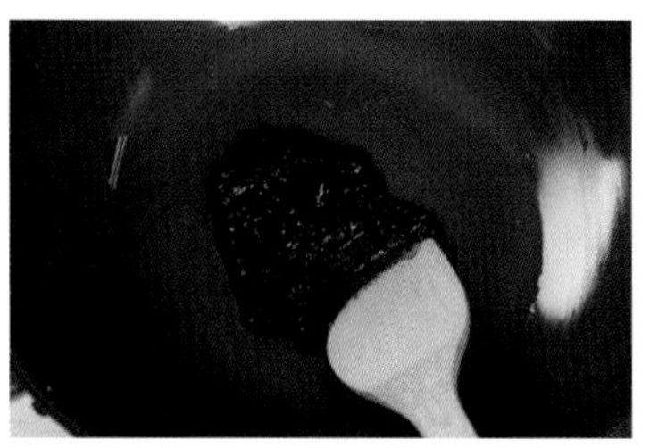

▶ 팬에 식용유를 충분히 두르고 춘장을 볶는다.

▶ 소스에 볶은 돼지고기와 죽순을 넣는다.

▶ 파채는 물기를 제거하고 접시에 담는다.

POINT

* 파채를 먼저 얇게 썰어 준비해서 찬물에 충분히 담가 휘어지도록 한다.
* 돼지고기채는 고기의 결을 따라 썰도록 한다

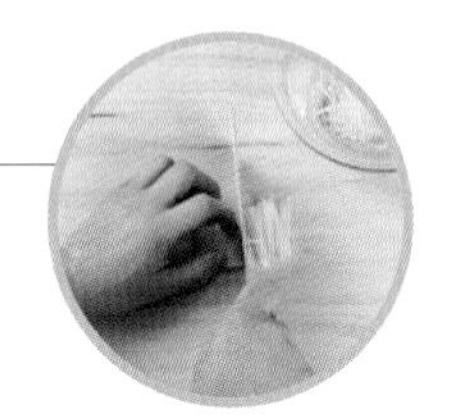

02 빠스고구마(拔絲地瓜)

(과제번호 20) bá sī dì guā

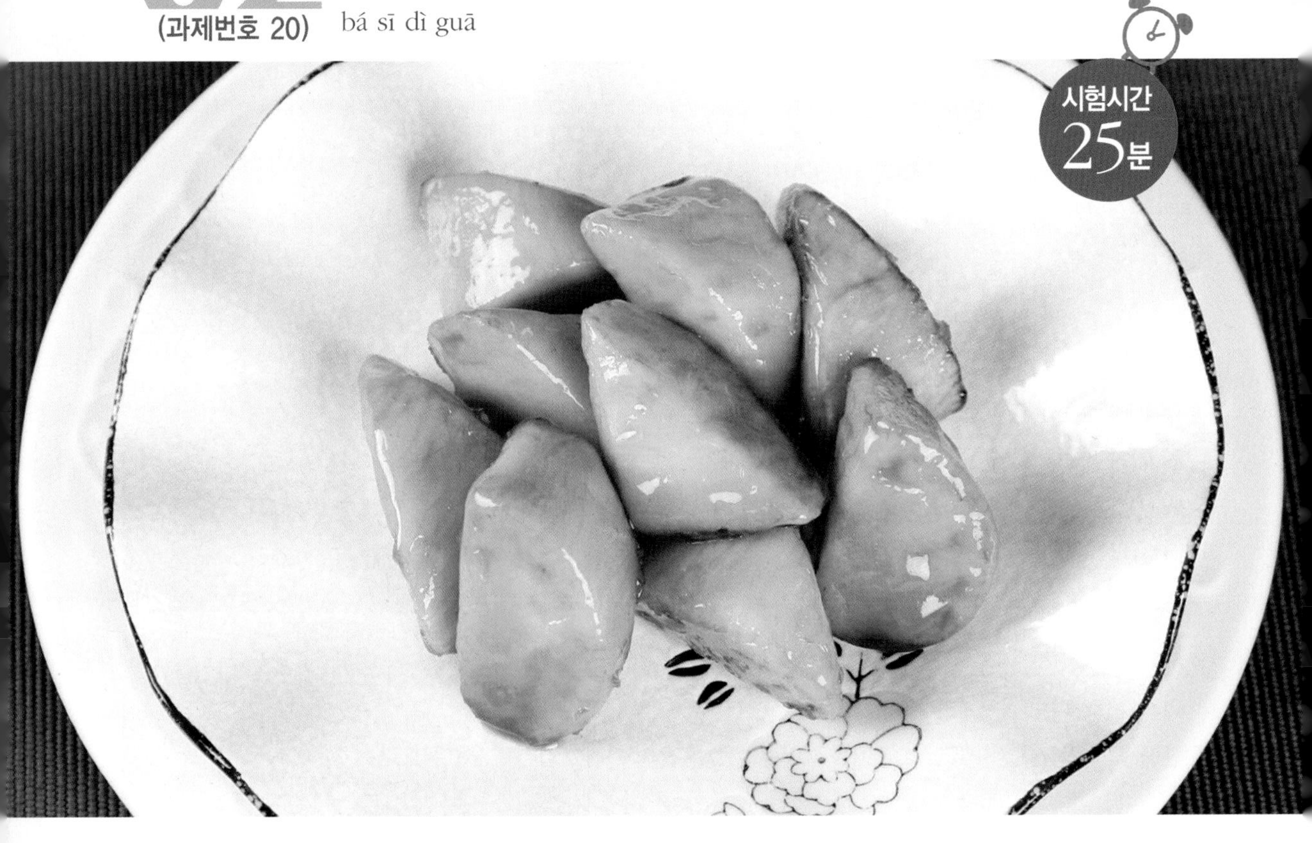

요구사항

※ 주어진 재료를 사용하여 빠스고구마를 만드시오.

가. 고구마는 껍질을 벗기고 먼저 길게 4등분을 내고, 다시 4cm 길이의 다각형으로 돌려썰기 하시오.

나. 튀김이 바삭하게 되도록 하시오.

수험자 유의사항

1) 만드는 순서에 유의하며, 위생과 숙련된 기능평가를 위하여 조리작업 시 맛을 보지 않습니다.
2) 지정된 수험자지참준비물 이외의 조리기구나 재료를 시험장내에 지참할 수 없습니다.
3) 지급재료는 시험 전 확인하여 이상이 있을 경우 시험위원으로 부터 조치를 받고 시험 중에는 재료의 교환 및 추가지급은 하지 않습니다.
4) 요구사항의 규격은 "정도"의 의미를 포함하며, 지급된 재료의 크기에 따라 가감하여 채점합니다.
5) 위생복, 위생모, 앞치마를 착용하여야 하며, 시험장비, 조리도구 취급 등 안전에 유의합니다.
6) 다음 사항에 대해서는 채점대상에서 제외하니 특히 유의하시기 바랍니다.
   - 가) 기 권 – 수험자 본인이 시험 도중 시험에 대한 포기 의사를 표현하는 경우
   - 나) 실 격 – (1) 가스레인지 화구 2개 이상(2개 포함) 사용한 경우
     (2) 불을 사용하여 만든 조리작품이 작품특성에 벗어나는 정도로 타거나 익지 않은 경우
     (3) 시험 중 시설 · 장비(칼, 가스레인지 등) 사용 시 감독위원 및 타수험자의 시험 진행에 위협이 될 것으로 감독위원 전원이 합의하여 판단한 경우
   - 다) 미완성 – (1) 시험시간 내에 과제 두 가지를 제출하지 못한 경우
     (2) 문제의 요구사항대로 과제의 수량이 만들어지지 않은 경우
   - 라) 오 작 – (1) 구이를 조림 등으로 조리하여 완성품을 요구사항과 다르게 만든 경우
     (2) 해당과제의 지급재료 이외의 재료를 사용하거나 석쇠 등 요구사항의 조리도구를 사용하지 않은 경우
   - 마) 요구사항에 명시된 실격, 미완성, 오작에 해당하는 경우
7) 항목별 배점은 위생상태 및 안전관리 5점, 조리기술 30점, 작품의 평가 15점입니다.
8) 시험 시작 전 가벼운 몸 풀기(스트레칭) 동작으로 긴장을 풀고 시험을 시작합니다.

지급재료목록

고구마(300g 정도) ············ 1개   흰설탕 ·························· 100g
식용유 ······················· 1000ml

• 설탕시럽 흰설탕 4큰술, 식용유 1큰술

만드는 법

❶ 고구마는 껍질을 벗긴 후길게 4등분을 내고 길이 4cm의 다각형모양으로 썰어서 각을 돌려깎은 후 찬물에 담가 전분기를 뺀다.

❷ 고구마는 체에 밭쳐 마른 면포로 꾹꾹 눌러 물기를 완전히 제거하고 가장자리가 연한 갈색이 되도록 150℃ 온도에서 튀겨 낸다.

❸ 팬에 식용유 1큰술에 설탕 4큰술을 넣고 센불로 하여 녹기 시작하면 불을 줄여 젓가락으로 원을 그리듯 저어 설탕시럽을 만든다.

❹ 설탕시럽이 연한 황색이 나면 고구마를 넣고 재빨리 버무린다.

❺ 설탕시럽에 버무린 고구마는 식용유를 바른 접시에 하나씩 떼어 놓고 식으면 그릇에 담는다.

▶ 고구마 껍질을 벗긴다.

▶ 달궈진 기름에 고구마를 노릇하게 튀긴다.

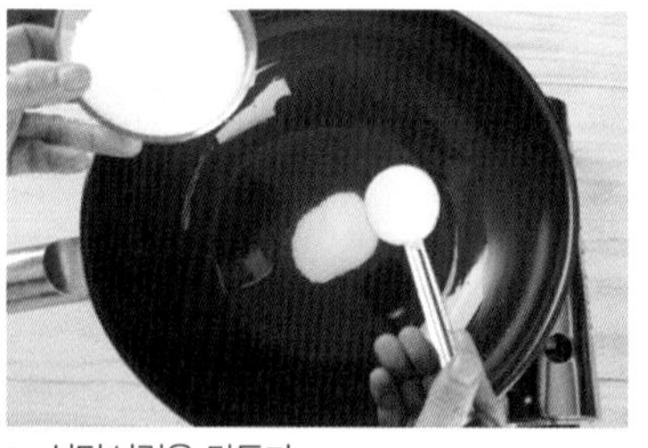

▶ 설탕시럽을 만든다.

▶ 설탕시럽에 고구마를 버무린다.

POINT

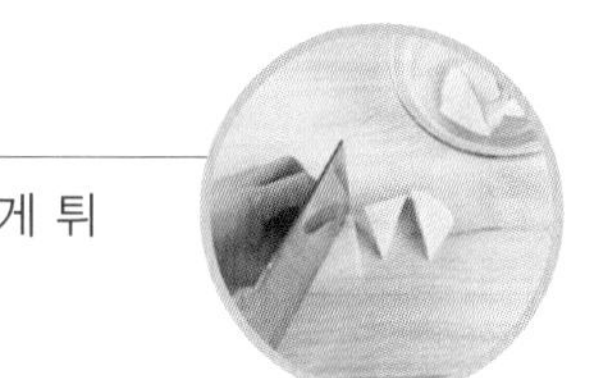

* 고구마는 물에 담가 전분질을 제거한 다음 물기를 제거하고 튀기면 색이 고루나게 튀겨진다.
* 설탕시럽 색이 너무 진하지 않게 하고 타지 않도록 한다.
* 설탕시럽이 뜨거울 때 고구마를 넣어 설탕시럽을 입힌다.
* 설탕과 식용유의 양은 4 : 1의 비율이며, 고구마의 양이 많을 때는 설탕 8큰술에 식용유 2큰술로 늘려 고구마의 양에 따라 설탕시럽의 양을 조절한다.

03 고추잡채(靑椒肉絲)

(과제번호 11) gīng jīao ròu sī

요구사항

※ 주어진 재료를 사용하여 고추잡채를 만드시오.

가. 주재료 피망과 고기는 5cm의 채로 써시오.
나. 고기는 간을 하여 초벌 하시오.

수험자 유의사항

1) 만드는 순서에 유의하며, 위생과 숙련된 기능평가를 위하여 조리 작업 시 맛을 보지 않습니다.
2) 지정된 수험자지참준비물 이외의 조리기구나 재료를 시험장내에 지참할 수 없습니다.
3) 지급재료는 시험 전 확인하여 이상이 있을 경우 시험위원으로 부터 조치를 받고 시험 중에는 재료의 교환 및 추가지급은 하지 않습니다.
4) 요구사항의 규격은"정도"의 의미를 포함하며, 지급된 재료의 크기에 따라 가감하여 채점합니다.
5) 위생복, 위생모, 앞치마를 착용하여야 하며, 시험장비, 조리도구 취급 등 안전에 유의합니다.
6) 다음 사항에 대해서는 채점대상에서 제외하니 특히 유의하시기 바랍니다.
   가) 기 권 – 수험자 본인이 시험 도중 시험에 대한 포기 의사를 표현하는 경우
   나) 실 격 – (1) 가스레인지 화구 2개 이상(2개 포함) 사용한 경우
   (2) 불을 사용하여 만든 조리작품이 작품특성에 벗어나는 정도로 타거나 익지 않은 경우
   (3) 시험 중 시설 · 장비(칼, 가스레인지 등) 사용 시 감독위원 및 타수험자의 시험 진행에 위협이 될 것으로 감독위원 전원이 합의하여 판단한 경우
   다) 미완성 – (1) 시험시간 내에 과제 두 가지를 제출하지 못한 경우
   (2) 문제의 요구사항대로 과제의 수량이 만들어지지 않은 경우
   라) 오 작 – (1) 구이를 조림 등으로 조리하여 완성품을 요구사항과 다르게 만든 경우
   (2) 해당과제의 지급재료 이외의 재료를 사용하거나 석쇠 등 요구사항의 조리도구를 사용하지 않은 경우
   마) 요구사항에 명시된 실격, 미완성, 오작에 해당하는 경우
7) 항목별 배점은 위생상태 및 안전관리 5점, 조리기술 30점, 작품의 평가 15점입니다.
8) 시험 시작 전 가벼운 몸 풀기(스트레칭) 동작으로 긴장을 풀고 시험을 시작합니다.

지급재료목록

돼지등심(살코기) ··············100g
청피망 중(75g 정도) ············1개
달걀··································1개
죽순 통조림(whole) 고형분 ···30g
건표고버섯(지름 5cm 정도, 물에 불린 것) ·························2개
양파 중(150g 정도) ·········1/2개

참기름 ·····························5ml
식용유 ·························· 150ml
소금(정제염) ····················· 5g
진간장 ····························15ml
청주 ·································5ml
녹말가루(감자전분) ············15g

▶ 돼지고기는 채를 썬다.

만드는 법

❶ 청피망은 꼭지를 떼어내고 씨와 속껍질을 제거한 후 씻어 포 뜨듯이 저며 길이 5cm, 폭 0.3cm 크기로 채썬다.

❷ 표고버섯은 기둥을 떼어내고 저며 0.3cm 폭으로 채썬다.

❸ 죽순은 빗살무늬 속의 석회질을 제거하고 길이 5cm, 폭 0.3cm 크기로 채썬다.

❹ 양파도 손질하여 씻은 후 한겹한겹 벗겨 속껍질을 벗겨내고 길이 5cm, 폭 0.3cm 크기로 채썬다.

❺ 돼지고기는 얇게 저민 후 5×0.2cm 크기로 채썰어 청주, 간장으로 밑간을 하고 녹말을 넣어 버무린 후 달걀흰자를 넣어 다시 버무린 후 팬에 기름을 두르고 붙지않도록 젓가락으로 풀어주면서 볶는다.

❻ 팬을 뜨겁게 달군 후 식용유를 두르고 양파, 표고버섯, 죽순 순으로 넣어 볶는다.

❼ 여기에 청피망을 넣고 진간장, 소금, 청주로 간을 하고 ❺의 볶은 돼지고기를 넣고 섞은 뒤 참기름을 두르고 불을 끈다.

❽ 완성접시에 보기좋게 담는다.

▶ 돼지고기, 달걀흰자, 녹말을 넣고 버무린다.

▶ 돼지고기를 달라붙지 않도록 초벌 볶는다.

▶ 청피망을 볶다가 볶아놓은 돼지고기를 넣고 섞는다.

POINT

* 청피망은 얇게 포를 떠서 채썰어 센불에서 빠르게 조리해야 색이 선명하다.
* 건표고버섯 대신 생표고버섯이 지급되었을 경우는 끓는 물에 살짝 데친 다음 채를 썰어 사용하기도 한다.

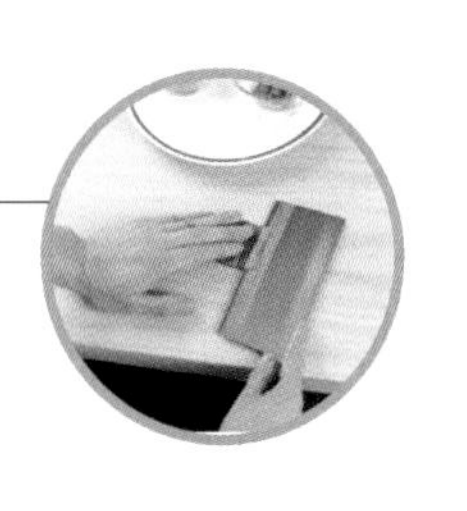

04 깐풍기(乾烹鷄)

(과제번호 04) gān pēng jī

요구사항

※ 주어진 재료를 사용하여 깐풍기를 만드시오.

가. 닭은 뼈를 발라낸 후 사방 3cm의 사각형으로 써시오.

나. 닭을 튀기기 전에 튀김옷을 입히시오.

다. 채소는 0.5 x 0.5cm로 써시오.

수험자 유의사항

1) 만드는 순서에 유의하며, 위생과 숙련된 기능평가를 위하여 조리 작업 시 맛을 보지 않습니다.
2) 지정된 수험자지참준비물 이외의 조리기구나 재료를 시험장내에 지참할 수 없습니다.
3) 지급재료는 시험 전 확인하여 이상이 있을 경우 시험위원으로 부터 조치를 받고 시험 중에는 재료의 교환 및 추가지급은 하지 않습니다.
4) 요구사항의 규격은"정도"의 의미를 포함하며, 지급된 재료의 크기에 따라 가감하여 채점합니다.
5) 위생복, 위생모, 앞치마를 착용하여야 하며, 시험장비, 조리도구 취급 등 안전에 유의합니다.
6) 다음 사항에 대해서는 채점대상에서 제외하니 특히 유의하시기 바랍니다.
   가) 기　권 – 수험자 본인이 시험 도중 시험에 대한 포기 의사를 표현하는 경우
   나) 실　격 – (1) 가스레인지 화구 2개 이상(2개 포함) 사용한 경우
   (2) 불을 사용하여 만든 조리작품이 작품특성에 벗어나는 정도로 타거나 익지 않은 경우
   (3) 시험 중 시설 · 장비(칼, 가스레인지 등) 사용 시 감독위원 및 타수험자의 시험 진행에 위협이 될 것으로 감독위원 전원이 합의하여 판단한 경우
   다) 미완성 – (1) 시험시간 내에 과제 두 가지를 제출하지 못한 경우
   (2) 문제의 요구사항대로 과제의 수량이 만들어지지 않은 경우
   라) 오　작 – (1) 구이를 조림 등으로 조리하여 완성품을 요구사항과 다르게 만든 경우
   (2) 해당과제의 지급재료 이외의 재료를 사용하거나 석쇠 등 요구사항의 조리도구를 사용하지 않은 경우
   마) 요구사항에 명시된 실격, 미완성, 오작에 해당하는 경우
7) 항목별 배점은 위생상태 및 안전관리 5점, 조리기술 30점, 작품의 평가 15점입니다.
8) 시험 시작 전 가벼운 몸 풀기(스트레칭) 동작으로 긴장을 풀고 시험을 시작합니다.

지급재료목록

닭다리(한마리 1.2kg 정도) 1개 또는 허벅지살 포함 반 마리 지급 가능		검은 후춧가루	1g
		청주	15ml
달걀	1개	흰설탕	15g
깐마늘(중)	3쪽	녹말가루(감자전분)	100g
대파 흰 부분(6cm 정도)	2토막	육수 또는 물	45ml
청피망 중(75g 정도)	1/4개	식초	15ml
홍고추(생)	1/2개	참기름	5ml
생강	5g	식용유	800ml
진간장	15ml	소금(정제염)	10g

• 깐풍기소스 물 3큰술, 진간장 1큰술, 흰설탕 1큰술, 식초 1큰술

만드는 법

❶ 닭은 깨끗이 손질하여 물기를 닦아내고 뼈를 발라내어 껍질째 사방 3cm 크기로 자른 다음 진간장, 소금, 청주, 검은 후춧가루로 밑간을 한다.

❷ 생강, 마늘은 0.5×0.5cm로 썰고, 대파는 길이의 반을 잘라 0.5×0.5cm로 썬다.

❸ 홍고추, 청피망은 꼭지를 떼어내고 씨와 속껍질을 제거한 후 씻어 0.5×0.5cm로 네모지게 썬다.

❹ ❶의 밑간한 닭에 달걀과 녹말가루를 넣고 버무려 170℃ 정도의 기름에 바삭하게 두 번 튀겨낸다(첫 번째 튀길 때는 170℃에서 고기 속까지 익도록 튀기고 두 번째 튀길 때는 처음 온도보다 높은 온도(180~185℃)에서 튀겨야 바삭하게 튀겨진다).

❺ 팬에 식용유를 두르고 열이 오르면 홍고추를 넣고 볶아서 고추기름을 낸다. 여기에 마늘과 대파, 생강을 재빨리 넣고 볶아서 향을 낸 다음 깐풍기소스(진간장, 설탕, 식초, 육수 또는 물)를 붓고 끓인다.

❻ ❺의 소스가 끓어오르면 청피망과 튀긴 닭을 넣고 센 불에서 재빨리 국물이 없게 조린 후 참기름(1/2작은술)을 살짝 넣어 버무려 완성그릇에 담는다.

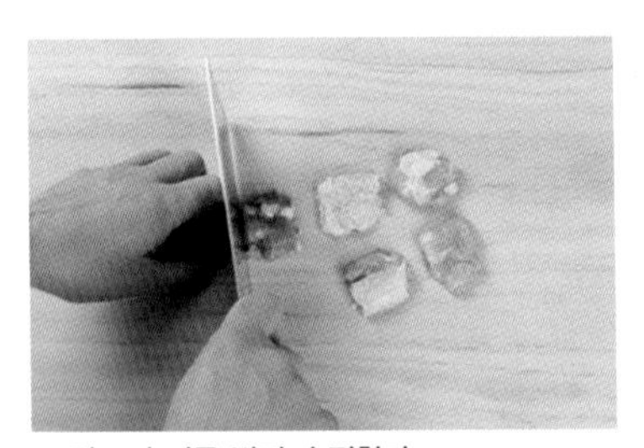
▶ 닭고기 뼈를 발라 손질한다.

▶ 녹말가루와 달걀을 넣어 반죽한다.

▶ 손질된 닭을 기름에 튀긴다.

▶ 재료를 볶다가 소스를 넣는다.

POINT

* 채소는 0.5cm x 0.5cm의 크기로 썬다.
* 깐풍기는 국물이 없는 요리이므로 국물이 생기지 않도록 주의한다.
* 노릇노릇하게 튀기기 위해서는 달걀노른자만 사용한다.
* 홍고추(생) 대신 홍고추(건)가 지급되기도 하는데 조리법은 동일하다.
* 홍고추(생)가 타지 않도록 주의하며, 청피망을 오래 조리하면 색이 변하므로 주의한다.
* 깐풍기소스에는 물녹말을 넣지 않으므로 다른 조리법과 비교하여 알아둔다.

05 난자완스(南煎丸子)

(과제번호 06) nán jīan wán zǐ

시험시간 25분

요구사항

※ 주어진 재료를 사용하여 난자완스를 만드시오.

가. 완자는 지름 4cm 정도로 둥글고 납작하게 만드시오.
나. 완자는 손이나 수저로 하나씩 떼어 팬에서 모양을 만드시오.
다. 채소는 4cm 정도 크기의 편으로 써시오(단, 대파는 3cm).
라. 완자는 갈색이 나도록 하시오.

수험자 유의사항

1) 만드는 순서에 유의하며, 위생과 숙련된 기능평가를 위하여 조리작업 시 맛을 보지 않습니다.
2) 지정된 수험자지참준비물 이외의 조리기구나 재료를 시험장내에 지참할 수 없습니다.
3) 지급재료는 시험 전 확인하여 이상이 있을 경우 시험위원으로 부터 조치를 받고 시험 중에는 재료의 교환 및 추가지급은 하지 않습니다.
4) 요구사항의 규격은"정도"의 의미를 포함하며, 지급된 재료의 크기에 따라 가감하여 채점합니다.
5) 위생복, 위생모, 앞치마를 착용하여야 하며, 시험장비, 조리도구 취급 등 안전에 유의합니다.
6) 다음 사항에 대해서는 채점대상에서 제외하니 특히 유의하시기 바랍니다.
   가) 기　권 – 수험자 본인이 시험 도중 시험에 대한 포기 의사를 표현하는 경우
   나) 실　격 – (1) 가스레인지 화구 2개 이상(2개 포함) 사용한 경우
   (2) 불을 사용하여 만든 조리작품이 작품특성에 벗어나는 정도로 타거나 익지 않은 경우
   (3) 시험 중 시설 · 장비(칼, 가스레인지 등) 사용 시 감독위원 및 타수험자의 시험 진행에 위협이 될 것으로 감독위원 전원이 합의하여 판단한 경우
   다) 미완성 – (1) 시험시간 내에 과제 두 가지를 제출하지 못한 경우
   (2) 문제의 요구사항대로 과제의 수량이 만들어지지 않은 경우
   라) 오　작 – (1) 구이를 조림 등으로 조리하여 완성품을 요구사항과 다르게 만든 경우
   (2) 해당과제의 지급재료 이외의 재료를 사용하거나 석쇠 등 요구사항의 조리도구를 사용하지 않은 경우
   마) 요구사항에 명시된 실격, 미완성, 오작에 해당하는 경우
7) 항목별 배점은 위생상태 및 안전관리 5점, 조리기술 30점, 작품의 평가 15점입니다.
8) 시험 시작 전 가벼운 몸 풀기(스트레칭) 동작으로 긴장을 풀고 시험을 시작합니다.

지급재료목록

돼지등심(다진 살코기) …… 200g
깐마늘(중) …………………… 2쪽
대파 흰 부분(6cm 정도) … 1토막
죽순 통조림(whole) 고형분 50g
건표고버섯(지름 5cm 정도, 물에 불린 것) …………… 2개
청경채 …………………… 1포기
달걀 ……………………… 1개
※ 육수 또는 물 …………200ml

생강 ……………………… 5g
녹말가루(감자전분) ………… 50g
소금(정제염) ………………… 3g
검은 후춧가루 ……………… 1g
진간장 ……………………… 15ml
청주 ………………………… 20ml
참기름 ……………………… 5ml
식용유 ……………………… 800ml

- **물녹말** 물 2큰술, 녹말가루 2큰술
- **난자완스소스** 진간장 1큰술, 소금 약간 + 물 1컵(200cc), 참기름 1작은술

만드는 법

❶ 대파, 마늘, 생강은 각각 반은 다지고 반은 편으로 썬다. 이때 대파는 3cm 길이로 잘라 심을 뺀 후 편 썬다.
❷ 돼지고기는 핏물을 제거하고 곱게 다져서 다진 파, 다진 마늘, 다진 생강을 넣고 청주, 소금, 검은 후춧가루로 밑간을 한 다음 달걀과 녹말가루를 넣어 끈기가 생길 때까지 치댄다.
❸ ❷의 완자는 손이나 수저로 하나씩 떼어 식용유를 두른 팬에서 직경 4cm, 두께 0.4cm 크기로 둥글고 납작하게 완자를 갈라지지 않게 앞 · 뒷면을 갈색이 나도록 지진다.
❹ 죽순은 빗살무늬 속의 석회질을 제거하고 빗살모양을 살려서 4cm 길이로 얇게 편 썬다.
❺ 표고버섯은 기둥을 떼어내고 4×2cm 크기로 납작하게 썬다.
❻ 청경채는 4×2cm 크기로 썰고 끓는 물에 소금을 넣고 데친다.
❼ 팬에 식용유를 두르고 ❶의 편 썰어 놓은 마늘, 대파, 생강을 넣어 볶다가 표고버섯, 죽순을 넣고 빠르게 볶는다.
❽ 여기에 진간장(1큰술), 소금을 넣어 간을 하고 물 1컵을 넣고 끓어오르면 물녹말을 흘리듯 넣어 걸쭉해지도록 농도를 맞추고 청경채와 지진 완자를 넣고 고루 섞은 후 참기름을 두르고 완성그릇에 담는다.

▶ 기름을 두르고 완자를 갈색이 나도록 지진다.

▶ 끓는 소금물에 청경채를 데친다.

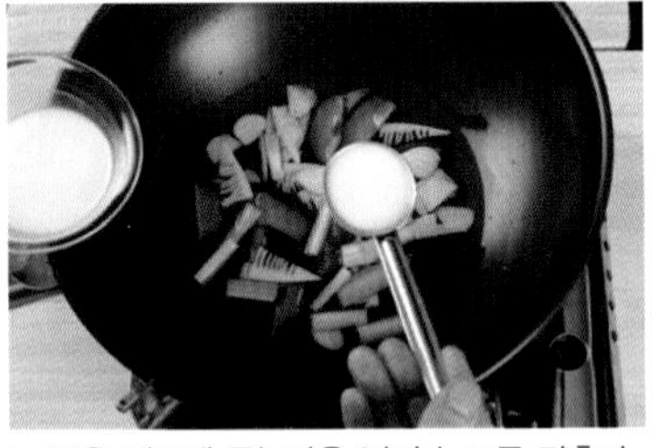
▶ 볶은 재료에 물녹말을 넣어 농도를 맞춘다.

▶ 청경채와 지진 완자를 섞는다.

POINT

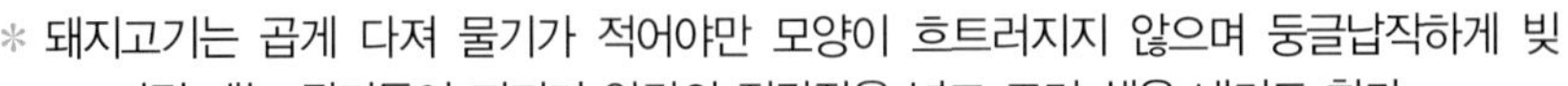

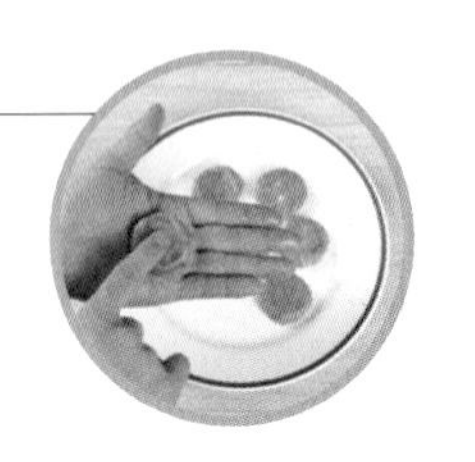

* 돼지고기는 곱게 다져 물기가 적어야만 모양이 흐트러지지 않으며 둥글납작하게 빚고, 지질 때는 튀기듯이 지지며 약간의 진간장을 넣고 조려 색을 내기도 한다.
* 소스의 색이 너무 진하지 않도록 하고 채소의 색을 잘 살리도록 한다.
* 녹말물은 소스가 끓기 전에 넣거나 한꺼번에 많은 양을 넣고 약한 불에서 조리하면 소스가 탁하고 윤기가 나지 않으므로 끓어오르면 물녹말을 흘리듯 넣는다.

06 라조기(辣椒鷄)

(과제번호 13) Là īao jī

시험시간 30분

요구사항

※ 주어진 재료를 사용하여 다음과 같이 라조기를 만드시오.

가. 닭은 뼈를 발라낸 후 5cm×1cm의 길이로 써시오.

나. 채소는 5cm×2cm의 길이로 써시오.

수험자 유의사항

1) 만드는 순서에 유의하며, 위생과 숙련된 기능평가를 위하여 조리작업 시 맛을 보지 않습니다.
2) 지정된 수험자지참준비물 이외의 조리기구나 재료를 시험장내에 지참할 수 없습니다.
3) 지급재료는 시험 전 확인하여 이상이 있을 경우 시험위원으로 부터 조치를 받고 시험 중에는 재료의 교환 및 추가지급은 하지 않습니다.
4) 요구사항의 규격은"정도"의 의미를 포함하며, 지급된 재료의 크기에 따라 가감하여 채점합니다.
5) 위생복, 위생모, 앞치마를 착용하여야 하며, 시험장비, 조리도구 취급 등 안전에 유의합니다.
6) 다음 사항에 대해서는 채점대상에서 제외하니 특히 유의하시기 바랍니다.
   가) 기 권 – 수험자 본인이 시험 도중 시험에 대한 포기 의사를 표현하는 경우
   나) 실 격 – (1) 가스레인지 화구 2개 이상(2개 포함) 사용한 경우
   (2) 불을 사용하여 만든 조리작품이 작품특성에 벗어나는 정도로 타거나 익지 않은 경우
   (3) 시험 중 시설·장비(칼, 가스레인지 등) 사용 시 감독위원 및 타수험자의 시험 진행에 위협이 될 것으로 감독위원 전원이 합의하여 판단한 경우
   다) 미완성 – (1) 시험시간 내에 과제 두 가지를 제출하지 못한 경우
   (2) 문제의 요구사항대로 과제의 수량이 만들어지지 않은 경우
   라) 오 작 – (1) 구이를 조림 등으로 조리하여 완성품을 요구사항과 다르게 만든 경우
   (2) 해당과제의 지급재료 이외의 재료를 사용하거나 석쇠 등 요구사항의 조리도구를 사용하지 않은 경우
   마) 요구사항에 명시된 실격, 미완성, 오작에 해당하는 경우
7) 항목별 배점은 위생상태 및 안전관리 5점, 조리기술 30점, 작품의 평가 15점입니다.
8) 시험 시작 전 가벼운 몸 풀기(스트레칭) 동작으로 긴장을 풀고 시험을 시작합니다.

지급재료목록

닭다리(한마리 1.2kg 정도) 1개 또는 허벅지살 포함 반 마리 지급 가능	생강 ··· 5g
죽순 통조림(whole) 고형분 50g	대파 흰 부분(6cm 정도) ··· 2토막
건표고버섯(지름 5cm 정도, 물에 불린 것) ··· 1개	마늘 중(깐 것) ··· 1쪽
홍고추(건) ··· 1개	달걀 ··· 1개
청경채 ··· 1포기	진간장 ··· 30ml
양송이(통조림) whole, 양송이 큰 것 ··· 1개	소금(정제염) ··· 5g
청피망 중(75g 정도) ··· 1/3개	청주 ··· 15ml
※ 육수 또는 물 ··· 200ml	검은 후춧가루 ··· 1g
	녹말가루(감자전분) ··· 100g
	고추기름 ··· 10ml
	식용유 ··· 900ml

• 물녹말　물 2큰술, 녹말가루 2큰술
• 라조기소스　육수(물) 1컵, 진간장 1큰술, 소금 약간, 물녹말 2큰술

만드는 법

❶ 닭은 뼈를 발라 제거한 후 5×1cm 크기로 썰어 진간장, 청주, 검은 후춧가루를 넣어 밑간을 한다.

❷ 대파는 길이로 반을 잘라 5×2cm 크기로 편 썰고 생강과 마늘은 얇게 편 썬다.

❸ 불린 표고버섯은 기둥을 떼고 폭 2cm로 저며 편 썬다.

❹ 양송이는 반을 갈라 0.3cm 두께로 편 썬다.

❺ 홍고추, 청피망은 반으로 잘라서 씨를 제거한 다음 5×2cm 크기로 편 썰고, 죽순, 청경채도 같은 길이로 편 썬다.

❻ 밑간한 닭에 달걀, 녹말가루를 넣어 버무려서 달군 기름에 넣어 두 번 튀긴다.

❼ 달군 팬에 고추기름을 두르고 생강, 마늘, 대파를 넣고 볶다가 죽순, 표고버섯, 양송이, 홍고추(건), 청경채, 청피망 순서로 넣고 진간장(1큰술), 소금 약간, 물(1컵)을 넣는다.

❽ 육수가 끓어오르면 물녹말을 조금씩 넣어 저어가며 농도를 맞추고 여기에 튀겨낸 닭을 넣고 버무려 완성그릇에 담는다.

▶ 닭의 뼈를 바른다.

▶ 닭고기는 5×1cm 크기로 썬다.

▶ 밑간한 닭에 달걀, 녹말가루를 넣어 버무린다.

▶ 튀긴 닭을 소스에 넣어 버무린다.

POINT

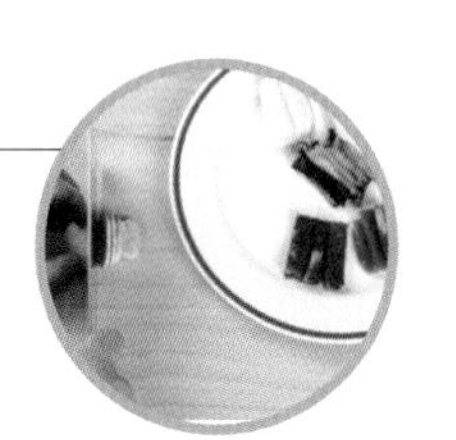

* 라조기소스에 사용한 육수는 닭뼈를 끓여 사용하기도 한다.
* 채소의 모양은 일정한 크기(5×2cm)로 썰어야 하고 볶는 순서에 주의한다.
* 고추기름 대신 고춧가루가 지급이 되면 식용유에 고춧가루를 넣고 볶아내어 체에 거른다.
* 지급재료에 참기름이 제공되었을 경우 ❽에 버무려서 제출한다.

07 마파두부(麻婆豆腐)

(과제번호 08) mā pó dòu fǔ

시험시간 25분

요구사항 ※ 주어진 재료를 사용하여 다음과 같이 마파두부를 만드시오.

가. 두부는 1.5cm의 주사위 모양으로 써시오.
나. 두부가 으깨어지지 않게 하시오.
다. 고추기름을 만들어 사용하시오.

수험자 유의사항

1) 만드는 순서에 유의하며, 위생과 숙련된 기능평가를 위하여 조리 작업 시 맛을 보지 않습니다.
2) 지정된 수험자지참준비물 이외의 조리기구나 재료를 시험장내에 지참할 수 없습니다.
3) 지급재료는 시험 전 확인하여 이상이 있을 경우 시험위원으로 부터 조치를 받고 시험 중에는 재료의 교환 및 추가지급은 하지 않습니다.
4) 요구사항의 규격은"정도"의 의미를 포함하며, 지급된 재료의 크기에 따라 가감하여 채점합니다.
5) 위생복, 위생모, 앞치마를 착용하여야 하며, 시험장비, 조리도구 취급 등 안전에 유의합니다.
6) 다음 사항에 대해서는 채점대상에서 제외하니 특히 유의하시기 바랍니다.
   가) 기 권 – 수험자 본인이 시험 도중 시험에 대한 포기 의사를 표현하는 경우
   나) 실 격 – (1) 가스레인지 화구 2개 이상(2개 포함) 사용한 경우
   (2) 불을 사용하여 만든 조리작품이 작품특성에 벗어나는 정도로 타거나 익지 않은 경우
   (3) 시험 중 시설 · 장비(칼, 가스레인지 등) 사용 시 감독위원 및 타수험자의 시험 진행에 위협이 될 것으로 감독위원 전원이 합의하여 판단한 경우
   다) 미완성 – (1) 시험시간 내에 과제 두 가지를 제출하지 못한 경우
   (2) 문제의 요구사항대로 과제의 수량이 만들어지지 않은 경우
   라) 오 작 – (1) 구이를 조림 등으로 조리하여 완성품을 요구사항과 다르게 만든 경우
   (2) 해당과제의 지급재료 이외의 재료를 사용하거나 석쇠 등 요구사항의 조리도구를 사용하지 않은 경우
   마) 요구사항에 명시된 실격, 미완성, 오작에 해당하는 경우
7) 항목별 배점은 위생상태 및 안전관리 5점, 조리기술 30점, 작품의 평가 15점입니다.
8) 시험 시작 전 가벼운 몸 풀기(스트레칭) 동작으로 긴장을 풀고 시험을 시작합니다.

지급재료목록

두부	150g	검은 후춧가루	5g
마늘 중(깐 것)	2쪽	흰설탕	5g
생강	5g	녹말가루(감자전분)	15g
대파 흰 부분(6cm 정도)	1토막	참기름	5ml
홍고추(생)	1/2개	식용유	60ml
두반장	10g	진간장	10ml
돼지등심(다진 살코기)	50g	고춧가루	15g
※ 육수 또는 물	100ml		

- 물녹말　물 1큰술, 녹말가루 1큰술
- 마파두부소스　물(1/2컵), 두반장 2/3큰술, 흰설탕 1작은술, 진간장 2/3큰술, 검은 후춧가루 · 참기름 약간

만드는 법

▶ 식용유와 고춧가루로 고추기름을 만든다.

▶ 재료를 다진다.

▶ 끓는 물에 두부를 으깨어지지 않게 데친다.

▶ 소스와 두부를 넣고 물녹말을 넣어 농도를 맞춘다.

1. 팬에 식용유를 두르고 달군 다음 고춧가루를 넣고 약한 불에서 볶아 고운 체에 걸러 고추기름을 만든다.
2. 대파, 홍고추는 0.5cm 크기로 사각형으로 네모지게 썰고 마늘과 생강은 다진다.
3. 두부는 사방 1.5cm 크기로 주사위 모양으로 썬 후 끓는 물에 데친 후 체에 밭쳐 물기를 제거한다.
4. 돼지고기는 기름을 제거하고 곱게 다져 준비한다.
5. 달군 팬에 고추기름을 두르고 마늘, 생강, 대파, 홍고추를 넣어 향이 나도록 볶다가 ❹의 돼지고기를 넣고 볶는다.
6. 돼지고기가 거의 익으면 물(1/2컵)을 넣고 끓어오르면 마파두부소스(두반장(2/3큰술), 설탕(1작은술), 진간장(2/3큰술), 검은후춧가루)와 두부를 넣고 물녹말을 조금씩 흘리듯 넣어 걸쭉하게 농도를 맞춘다.
7. 마지막으로 참기름을 넣어 섞은 후 완성그릇에 두부가 으깨어지지 않게 담는다.

POINT

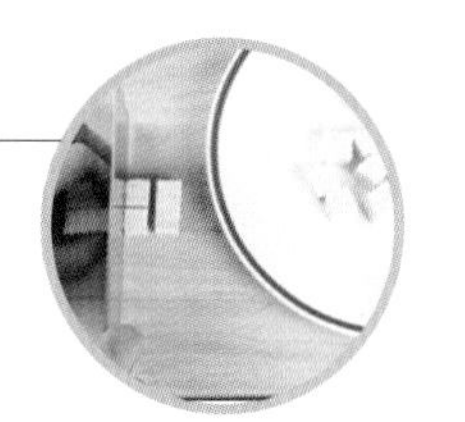

* 고추기름을 만들 때는 식용유와 고춧가루 비율을 3 : 1로 하여 약한 불에서 색이 우러나도록 서서히 볶아 타지 않게 주의한다.
* 두부는 1.5cm 크기의 주사위 모양으로 만들고 데친다.
* 두부를 부서지지 않게 데치고, 식힐 때는 찬물에 헹구지 않도록 주의한다.
* 청고추가 지급될 때에는 홍고추와 동일한 크기로 썬 후 조리한다.

08 부추잡채(韮炒肉絲)

(과제번호 14) jiǔ chǎo ròu sī

요구사항

※ 주어진 재료를 사용하여 다음과 같이 부추잡채를 만드시오.

가. 부추는 6cm 길이로 써시오.
나. 고기는 0.3cm×6cm 길이로 써시오.
다. 고기는 간을 하여 초벌 하시오.

수험자 유의사항

1) 만드는 순서에 유의하며, 위생과 숙련된 기능평가를 위하여 조리작업 시 맛을 보지 않습니다.
2) 지정된 수험자지참준비물 이외의 조리기구나 재료를 시험장내에 지참할 수 없습니다.
3) 지급재료는 시험 전 확인하여 이상이 있을 경우 시험위원으로 부터 조치를 받고 시험 중에는 재료의 교환 및 추가지급은 하지 않습니다.
4) 요구사항의 규격은"정도"의 의미를 포함하며, 지급된 재료의 크기에 따라 가감하여 채점합니다.
5) 위생복, 위생모, 앞치마를 착용하여야 하며, 시험장비, 조리도구 취급 등 안전에 유의합니다.
6) 다음 사항에 대해서는 채점대상에서 제외하니 특히 유의하시기 바랍니다.
   가) 기 권 – 수험자 본인이 시험 도중 시험에 대한 포기 의사를 표현하는 경우
   나) 실 격 – (1) 가스레인지 화구 2개 이상(2개 포함) 사용한 경우
   (2) 불을 사용하여 만든 조리작품이 작품특성에 벗어나는 정도로 타거나 익지 않은 경우
   (3) 시험 중 시설 · 장비(칼, 가스레인지 등) 사용 시 감독위원 및 타수험자의 시험 진행에 위협이 될 것으로 감독위원 전원이 합의하여 판단한 경우
   다) 미완성 – (1) 시험시간 내에 과제 두 가지를 제출하지 못한 경우
   (2) 문제의 요구사항대로 과제의 수량이 만들어지지 않은 경우
   라) 오 작 – (1) 구이를 조림 등으로 조리하여 완성품을 요구사항과 다르게 만든 경우
   (2) 해당과제의 지급재료 이외의 재료를 사용하거나 석쇠 등 요구사항의 조리도구를 사용하지 않은 경우
   마) 요구사항에 명시된 실격, 미완성, 오작에 해당하는 경우
7) 항목별 배점은 위생상태 및 안전관리 5점, 조리기술 30점, 작품의 평가 15점입니다.
8) 시험 시작 전 가벼운 몸 풀기(스트레칭) 동작으로 긴장을 풀고 시험을 시작합니다.

지급재료목록

부추(중국부추, 호부추)	120g	소금(정제염)	5g
돼지등심(살코기)	50g	참기름	5ml
달걀	1개	식용유	100ml
청주	15ml	녹말가루(감자전분)	30g

만드는 법

❶ 부추는 깨끗이 손질한 후 줄기와 잎으로 나눠 6cm 크기로 썬다.

❷ 돼지고기는 결대로 0.3×6cm 크기로 곱게 채를 썬 다음 소금, 청주로 밑간을 하고 달걀흰자와 녹말을 넣어 버무린다

❸ 달군 팬에 식용유를 두르고 돼지고기를 넣어 달라붙지 않도록 젓가락으로 풀어주면서 초벌 볶는다.

❹ 다시 팬에 식용유를 두르고 청주를 넣고 부추의 줄기 부분을 먼저 넣어 볶으면서 부추의 잎 부분을 넣어 재빨리 볶아 소금 등으로 양념한 후 볶아놓은 돼지고기를 넣어 볶는다.

❺ 마지막으로 참기름을 넣고 향을 낸 다음 완성그릇에 담는다.

▶ 돼지고기에 밑간을 한다.

▶ 달걀흰자, 녹말을 넣고 버무린다.

▶ 돼지고기가 달라붙지 않도록 초벌 볶는다.

▶ 재료를 순서대로 볶는다.

POINT

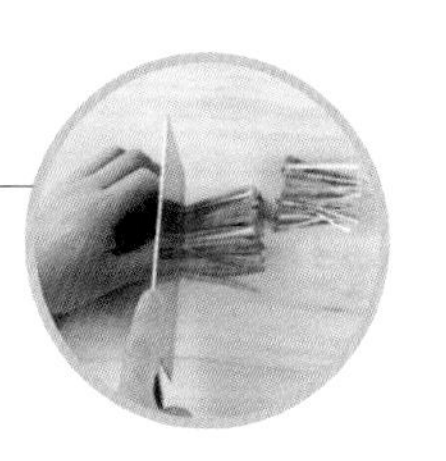

* 부추는 줄기, 잎으로 나누어 썬다.
* 부추의 푸른색이 선명하고 숨이 죽지 않도록 센 불에서 단시간에 볶는다.
* 부추는 오래 볶으면 물이 생기므로 오래 볶지 않도록 한다.
* 돼지고기는 결대로 썰어야 하며, 녹말을 많이 넣고 낮은 온도에서 볶으면 지저분해지므로 녹말을 조금만 넣는다.

09 새우케찹볶음(茄汁蝦仁)

(과제번호 09) giè zhī xiá rēn

시험시간 25분

요구사항 ※ 주어진 재료를 사용하여 다음과 같이 새우케찹볶음을 만드시오.

가. 새우 내장을 제거하시오.

나. 당근과 양파는 1cm 크기의 사각으로 써시오.

수험자 유의사항

1) 만드는 순서에 유의하며, 위생과 숙련된 기능평가를 위하여 조리작업 시 맛을 보지 않습니다.
2) 지정된 수험자지참준비물 이외의 조리기구나 재료를 시험장내에 지참할 수 없습니다.
3) 지급재료는 시험 전 확인하여 이상이 있을 경우 시험위원으로 부터 조치를 받고 시험 중에는 재료의 교환 및 추가지급은 하지 않습니다.
4) 요구사항의 규격은"정도"의 의미를 포함하며, 지급된 재료의 크기에 따라 가감하여 채점합니다.
5) 위생복, 위생모, 앞치마를 착용하여야 하며, 시험장비, 조리도구 취급 등 안전에 유의합니다.
6) 다음 사항에 대해서는 채점대상에서 제외하니 특히 유의하시기 바랍니다.
   가) 기 권 – 수험자 본인이 시험 도중 시험에 대한 포기 의사를 표현하는 경우
   나) 실 격 – (1) 가스레인지 화구 2개 이상(2개 포함) 사용한 경우
   (2) 불을 사용하여 만든 조리작품이 작품특성에 벗어나는 정도로 타거나 익지 않은 경우
   (3) 시험 중 시설 · 장비(칼, 가스레인지 등) 사용 시 감독위원 및 타수험자의 시험 진행에 위협이 될 것으로 감독위원 전원이 합의하여 판단한 경우
   다) 미완성 – (1) 시험시간 내에 과제 두 가지를 제출하지 못한 경우
   (2) 문제의 요구사항대로 과제의 수량이 만들어지지 않은 경우
   라) 오 작 – (1) 구이를 조림 등으로 조리하여 완성품을 요구사항과 다르게 만든 경우
   (2) 해당과제의 지급재료 이외의 재료를 사용하거나 석쇠 등 요구사항의 조리도구를 사용하지 않은 경우
   마) 요구사항에 명시된 실격, 미완성, 오작에 해당하는 경우
7) 항목별 배점은 위생상태 및 안전관리 5점, 조리기술 30점, 작품의 평가 15점입니다.
8) 시험 시작 전 가벼운 몸 풀기(스트레칭) 동작으로 긴장을 풀고 시험을 시작합니다.

지급재료목록

작은 새우살(내장이 있는 것)	200g	녹말가루(감자전분)	100g
달걀	1개	토마토케찹	50g
당근(길이로 썰어서)	30g	청주	30ml
양파 중(150g 정도)	1/6개	진간장	15ml
완두콩	10g	소금(정제염)	2g
생강	5g	흰설탕	10g
대파 흰 부분(6cm 정도)	1토막	식용유	800ml
※ 육수 또는 물	100ml	이쑤시개	1개

- 물녹말 물 2큰술, 녹말가루 2큰술
- 소스 토마토케찹 3큰술, 흰설탕 2/3큰술, 진간장 1작은술, 물 1/2컵

만드는 법

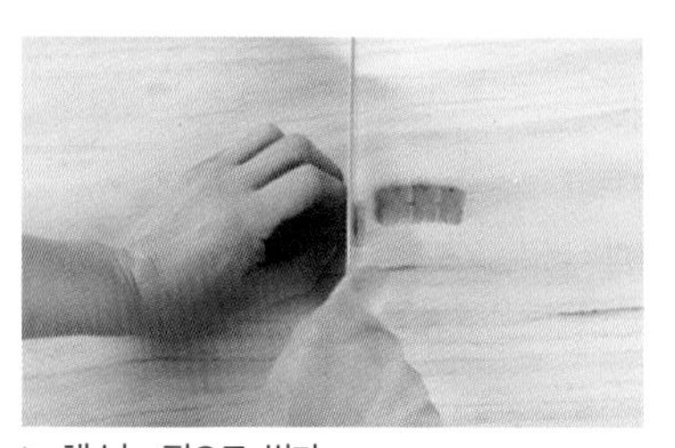

▶ 채소는 편으로 썬다.

▶ 녹말, 달걀(흰자)을 넣고 반죽한다.

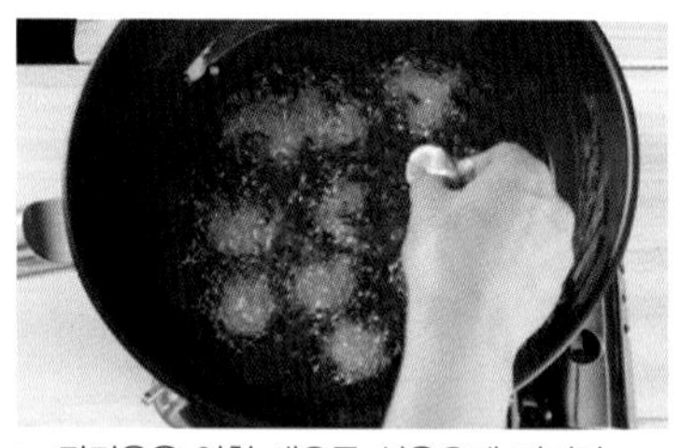

▶ 튀김옷을 입힌 새우를 식용유에 튀긴다.

▶ 소스에 튀긴 새우를 넣고 버무린다.

1. 새우는 이쑤시개로 등쪽의 내장을 제거한 후 물로 씻어 물기를 제거한 다음 소금, 청주로 밑간을 한다.
2. 당근, 양파는 씻어 겉껍질을 벗기고 1cm 크기의 사각으로 썬다.
3. 생강은 손질하여 편으로 썰고, 대파는 길이로 반을 갈라 1cm 정도 크기의 사각으로 썬다.
4. 완두콩은 소금물에 살짝 데친 다음 찬물에 헹궈 체에 밭쳐 물기를 제거한다.
5. ①의 밑간한 새우를 물녹말(녹말)에 달걀(흰자)을 넣고 흐르지 않을 농도의 튀김옷을 입혀 170℃ 정도의 식용유에서 바삭하게 튀긴다
6. 달궈진 팬에 식용유를 두르고 생강과 대파를 볶아 향이 우러나면 당근, 양파를 넣고 빠르게 볶다가 토마토케찹(3큰술)을 넣고 살짝 볶은 후 물(1/2컵)을 붓고 끓으면 설탕(2/3큰술)과 진간장(1작은술)으로 간을 한다.
7. ⑥의 소스가 끓으면 물녹말을 조금씩 풀어 넣다가 농도가 걸쭉해지면 완두콩과 튀겨낸 새우를 넣어 버무려서 완성그릇에 담는다.

POINT

* 새우케찹볶음은 국물이 없는 요리이므로 국물이 흘러내리지 않을 정도의 농도로 맞춘다.
* 새우는 껍질과 내장을 제거해야 하고, 새우살이나 칵테일새우로 지급되는 경우 씻어서 물기를 닦고 등쪽에 칼집을 넣어 사용한다.
* 전분은 튀김용과 소스용으로 구분해두어 부족하지 않도록 한다.
* 시험 도중에 시간이 넉넉할 때는 당근에 홈을 파내어 모양을 낸 후 사방 2cm 크기로 편 썰어 넣으면 더 예쁘게 완성할 수 있다.

10 양장피잡채(炒肉兩張皮)

(과제번호 10) chǎo ròu liàng zhāng pí

시험시간 35분

요구사항

※ 주어진 재료를 사용하여 다음과 같이 양장피잡채를 만드시오.

가. 양장피는 4cm로 하시오.
나. 고기와 채소는 5cm 길이의 채를 써시오.
다. 겨자는 숙성시켜 사용하시오.
라. 볶은 재료와 볶지 않는 재료의 분별에 유의하여 담아내시오.

수험자 유의사항

1) 만드는 순서에 유의하며, 위생과 숙련된 기능평가를 위하여 조리 작업 시 맛을 보지 않습니다.
2) 지정된 수험자지참준비물 이외의 조리기구나 재료를 시험장내에 지참할 수 없습니다.
3) 지급재료는 시험 전 확인하여 이상이 있을 경우 시험위원으로 부터 조치를 받고 시험 중에는 재료의 교환 및 추가지급은 하지 않습니다.
4) 요구사항의 규격은"정도"의 의미를 포함하며, 지급된 재료의 크기에 따라 가감하여 채점합니다.
5) 위생복, 위생모, 앞치마를 착용하여야 하며, 시험장비, 조리도구 취급 등 안전에 유의합니다.
6) 다음 사항에 대해서는 채점대상에서 제외하니 특히 유의하시기 바랍니다.
   가) 기 권 – 수험자 본인이 시험 도중 시험에 대한 포기 의사를 표현하는 경우
   나) 실 격 – (1) 가스레인지 화구 2개 이상(2개 포함) 사용한 경우
   (2) 불을 사용하여 만든 조리작품이 작품특성에 벗어나는 정도로 타거나 익지 않은 경우
   (3) 시험 중 시설 · 장비(칼, 가스레인지 등) 사용 시 감독위원 및 타수험자의 시험 진행에 위협이 될 것으로 감독위원 전원이 합의하여 판단한 경우
   다) 미완성 – (1) 시험시간 내에 과제 두 가지를 제출하지 못한 경우
   (2) 문제의 요구사항대로 과제의 수량이 만들어지지 않은 경우
   라) 오 작 – (1) 구이를 조림 등으로 조리하여 완성품을 요구사항과 다르게 만든 경우
   (2) 해당과제의 지급재료 이외의 재료를 사용하거나 석쇠 등 요구사항의 조리도구를 사용하지 않은 경우
   마) 요구사항에 명시된 실격, 미완성, 오작에 해당하는 경우
7) 항목별 배점은 위생상태 및 안전관리 5점, 조리기술 30점, 작품의 평가 15점입니다.
8) 시험 시작 전 가벼운 몸 풀기(스트레칭) 동작으로 긴장을 풀고 시험을 시작합니다.

지급재료목록

양장피	1/2장	작은새우살	50g
돼지등심(살코기)	50g	갑오징어살(오징어 대체 가능)	50g
양파 중(150g 정도)	1/2개	건해삼(불린 것)	60g
조선부추	30g	소금(정제염)	3g
건목이버섯	1개	진간장	5ml
당근(길이로 썰어서)	50g	참기름	5ml
오이(가늘고 곧은 것, 20cm 정도)	1/3개	겨자	10g
달걀	1개	식초	50ml
※ 육수 또는 물	30ml	흰설탕	30g
		식용유	20ml

• 겨자소스 숙성된 겨자 1작은술, 흰설탕 1큰술, 식초 1큰술, 소금 약간

만드는 법

1. 겨자와 따뜻한 물을 동량으로 개어서 숙성시킨 후 겨자소스를 만든다.
2. 양장피는 따뜻한 물에 불려서 부드러워지면 끓는 물에 데쳐 내어 찬물에 헹군 후 물기를 제거하고 4cm로 썰어 진간장과 참기름으로 밑간을 한다.
3. 갑오징어는 껍질을 벗겨 내장 쪽에 세로 0.2cm 간격으로 칼집을 넣은 다음 가로 5cm 길이로 잘라 가로 방향으로 깊은 칼집을 넣어주고 끓는 물에 데쳐 식힌다.
4. 건목이버섯은 미지근한 물에 불려 5cm 크기로 채를 썰고, 양파도 5×0.3cm 크기로 채썬다. 부추는 잎과 줄기를 나누어 썰고, 오이는 돌려깎아 채썰고 당근도 같은 크기로 채썬다.
5. 돼지고기는 결대로 5cm 크기로 채를 썰어 소금으로 밑간한다.
6. 달걀은 황백지단을 부치고 5cm 크기로 썬다.
7. 새우살, 건해삼은 끓는 소금물에 삶아내어 찬물에 담가 식힌 후 물기를 제거하고 5×0.3cm 크기로 채썬다.
8. 팬에 식용유를 두르고 돼지고기, 양파, 목이버섯, 부추줄기와 잎을 넣어 볶다가 소금간을 하고 참기름을 두른다.
9. 완성그릇에 당근과 오이, 달걀지단, 갑오징어, 해삼, 새우를 색깔을 맞춰 돌려 담고 돌려 담은 재료 위에 ❷의 양장피를 깔고 볶아놓은 부추잡채를 올린 후 겨자소스를 얹는다.

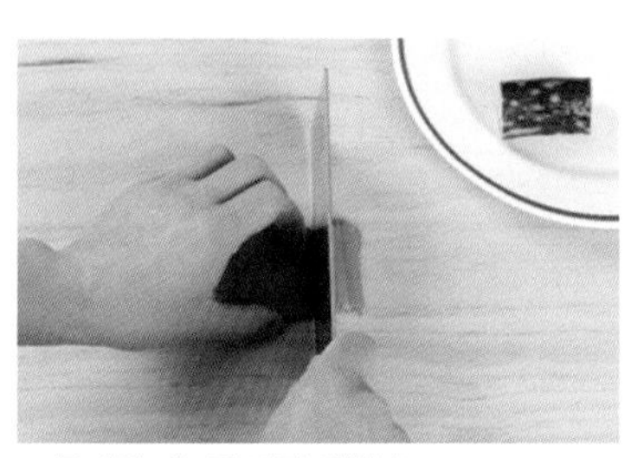
▶ 준비된 재료를 각각 채썬다.

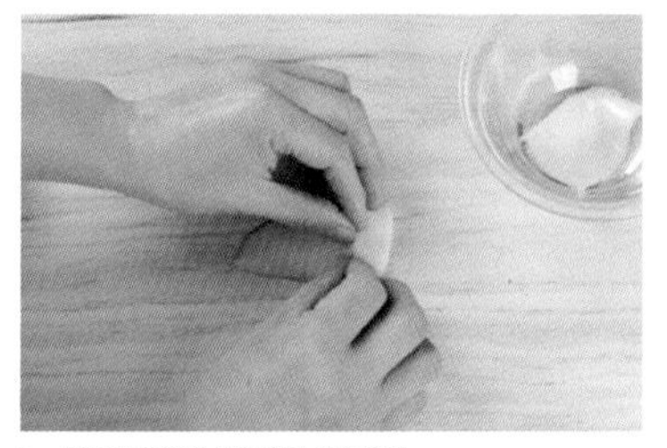
▶ 갑오징어의 껍질을 벗긴다.

▶ 양장피를 삶는다.

▶ 재료를 접시에 돌려 담는다.

POINT

* 겨자는 물이 끓는 냄비의 뚜껑 위에 얹어 숙성시킨다.
* 건목이버섯 대신에 건표고버섯(물에 불린 것)이 지급이 되기도 한다.
* 양장피는 너무 오래 담가두거나 오래 삶으면 불어서 달라붙는데 삶은 후에 참기름으로 무쳐 놓으면 서로 달라붙지 않는다.
* 양장피 위에 부추잡채를 올릴 때는 가장자리에 양장피가 보이도록 담는다.
* 부추잡채의 부추가 숨이 죽지 않게 유의하고 볶은 재료와 볶지 않은 재료를 구분하여 담아낸다.

11 오징어냉채(凉拌墨魚)

(과제번호 01) liáng bàn mò yú

요구사항

※ 주어진 재료를 사용하여 오징어냉채를 만드시오.

가. 오징어 몸살은 종횡으로 칼집을 내어 3~4cm로 썰어 데쳐서 사용하시오.
나. 오이는 얇게 3cm 편으로 썰어 사용하시오.
다. 겨자를 숙성시킨 후 소스를 만드시오.

수험자 유의사항

1) 만드는 순서에 유의하며, 위생과 숙련된 기능평가를 위하여 조리작업 시 맛을 보지 않습니다.
2) 지정된 수험자지참준비물 이외의 조리기구나 재료를 시험장내에 지참할 수 없습니다.
3) 지급재료는 시험 전 확인하여 이상이 있을 경우 시험위원으로 부터 조치를 받고 시험 중에는 재료의 교환 및 추가지급은 하지 않습니다.
4) 요구사항의 규격은"정도"의 의미를 포함하며, 지급된 재료의 크기에 따라 가감하여 채점합니다.
5) 위생복, 위생모, 앞치마를 착용하여야 하며, 시험장비, 조리도구 취급 등 안전에 유의합니다.
6) 다음 사항에 대해서는 채점대상에서 제외하니 특히 유의하시기 바랍니다.
   가) 기 권 – 수험자 본인이 시험 도중 시험에 대한 포기 의사를 표현하는 경우
   나) 실 격 – (1) 가스레인지 화구 2개 이상(2개 포함) 사용한 경우
   (2) 불을 사용하여 만든 조리작품이 작품특성에 벗어나는 정도로 타거나 익지 않은 경우
   (3) 시험 중 시설 · 장비(칼, 가스레인지 등) 사용 시 감독위원 및 타수험자의 시험 진행에 위협이 될 것으로 감독위원 전원이 합의하여 판단한 경우
   다) 미완성 – (1) 시험시간 내에 과제 두 가지를 제출하지 못한 경우
   (2) 문제의 요구사항대로 과제의 수량이 만들어지지 않은 경우
   라) 오 작 – (1) 구이를 조림 등으로 조리하여 완성품을 요구사항과 다르게 만든 경우
   (2) 해당과제의 지급재료 이외의 재료를 사용하거나 석쇠 등 요구사항의 조리도구를 사용하지 않은 경우
   마) 요구사항에 명시된 실격, 미완성, 오작에 해당하는 경우
7) 항목별 배점은 위생상태 및 안전관리 5점, 조리기술 30점, 작품의 평가 15점입니다.
8) 시험 시작 전 가벼운 몸 풀기(스트레칭) 동작으로 긴장을 풀고 시험을 시작합니다.

지급재료목록

갑오징어살(오징어 대체 가능)	100g	흰설탕	15g
오이(가늘고 곧은 것, 20cm 정도)	1/3개	소금(정제염)	2g
식초	30ml	참기름	5ml
※ 육수 또는 물	20ml	겨자	20g

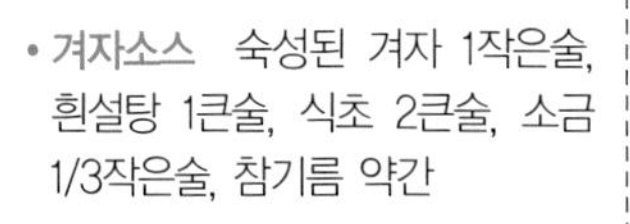

• 겨자소스 숙성된 겨자 1작은술, 흰설탕 1큰술, 식초 2큰술, 소금 1/3작은술, 참기름 약간

만드는 법

❶ 냄비에 물을 담아 불을 올리고 겨자를 물과 동량으로 개어 끓는 냄비에 엎어 15분 정도 숙성시킨다.

❷ 갑오징어는 소금을 이용해 껍질을 벗긴 후 내장쪽에 세로로(머리에서 다리쪽 방향으로) 칼집을 0.2cm 간격으로 넣는다.

❸ ❷를 세로로 4cm 길이로 자른 후 가로로 칼집을 깊게 넣고 두 번째 칼집을 넣어 자른다.

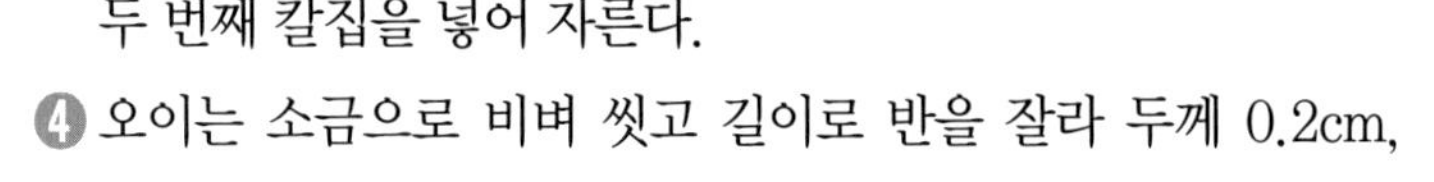

❹ 오이는 소금으로 비벼 씻고 길이로 반을 잘라 두께 0.2cm, 길이 3cm로 어슷하게 썬다.

❺ 숙성된 겨자(1작은술), 설탕(1큰술), 식초(2큰술), 소금(1/3작은술), 참기름을 넣어 덩어리지지 않게 잘 풀어 겨자소스를 만든다.

❻ 갑오징어는 끓는 물에 데쳐내어 찬물에 식혀 물기를 제거한다.

❼ 갑오징어와 오이를 겨자소스에 잘 버무려 담는다.

▶ 갑오징어에 칼집을 넣어 자른다.

▶ 끓는 물에 갑오징어를 데친다.

▶ 오이는 얇게 편으로 어슷썬다.

▶ 갑오징어와 오이에 겨자소스를 넣고 버무린다.

POINT

* 겨자는 물이 끓는 냄비의 뚜껑 위에 엎어 숙성시킨다.
* 갑오징어는 칼집을 깊게 넣어야 모양이 좋으며 데칠 때는 끓는 물에 넣고 살짝 데친다.
* 지급된 오이의 양이 많을 때는 장식으로 사용한다.
* 겨자소스는 제출 직전에 넣고 버무려 물이 생기지 않도록 유의한다.

12 빠스옥수수(拔絲玉米)

(과제번호 19) bá sī yù mǐ

요구사항

※ 주어진 재료를 사용하여 빠스옥수수를 만드시오.

가. 완자의 크기를 직경 3cm의 공 모양으로 하시오.
나. 땅콩은 다져 옥수수와 함께 버무려 사용하시오.
다. 설탕시럽은 타지 않게 만드시오.
라. 빠스옥수수는 6개 만드시오.

수험자 유의사항

1) 만드는 순서에 유의하며, 위생과 숙련된 기능평가를 위하여 조리작업 시 맛을 보지 않습니다.
2) 지정된 수험자지참준비물 이외의 조리기구나 재료를 시험장내에 지참할 수 없습니다.
3) 지급재료는 시험 전 확인하여 이상이 있을 경우 시험위원으로 부터 조치를 받고 시험 중에는 재료의 교환 및 추가지급은 하지 않습니다.
4) 요구사항의 규격은"정도"의 의미를 포함하며, 지급된 재료의 크기에 따라 가감하여 채점합니다.
5) 위생복, 위생모, 앞치마를 착용하여야 하며, 시험장비, 조리도구 취급 등 안전에 유의합니다.
6) 다음 사항에 대해서는 채점대상에서 제외하니 특히 유의하시기 바랍니다.
   가) 기 권 – 수험자 본인이 시험 도중 시험에 대한 포기 의사를 표현하는 경우
   나) 실 격 – (1) 가스레인지 화구 2개 이상(2개 포함) 사용한 경우
   (2) 불을 사용하여 만든 조리작품이 작품특성에 벗어나는 정도로 타거나 익지 않은 경우
   (3) 시험 중 시설 · 장비(칼, 가스레인지 등) 사용 시 감독위원 및 타수험자의 시험 진행에 위협이 될 것으로 감독위원 전원이 합의하여 판단한 경우
   다) 미완성 – (1) 시험시간 내에 과제 두 가지를 제출하지 못한 경우
   (2) 문제의 요구사항대로 과제의 수량이 만들어지지 않은 경우
   라) 오 작 – (1) 구이를 조림 등으로 조리하여 완성품을 요구사항과 다르게 만든 경우
   (2) 해당과제의 지급재료 이외의 재료를 사용하거나 석쇠 등 요구사항의 조리도구를 사용하지 않은 경우
   마) 요구사항에 명시된 실격, 미완성, 오작에 해당하는 경우
7) 항목별 배점은 위생상태 및 안전관리 5점, 조리기술 30점, 작품의 평가 15점입니다.
8) 시험 시작 전 가벼운 몸 풀기(스트레칭) 동작으로 긴장을 풀고 시험을 시작합니다.

지급재료목록

옥수수 통조림(고형분)	120g	달걀	1개
땅콩	7알	흰설탕	50g
밀가루(중력분)	80g	식용유	500ml

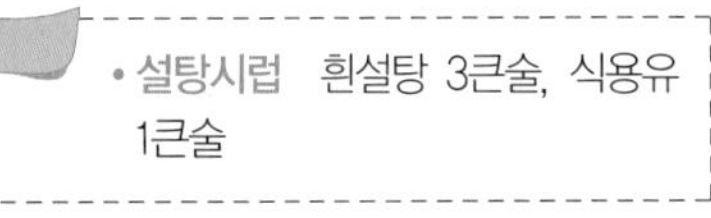

• 설탕시럽 흰설탕 3큰술, 식용유 1큰술

만드는 법

▶ 옥수수와 땅콩을 각각 다진다.

▶ 옥수수, 땅콩, 달걀 노른자, 밀가루를 넣어 반죽한다.

▶ 기름에 넣어 튀긴다.

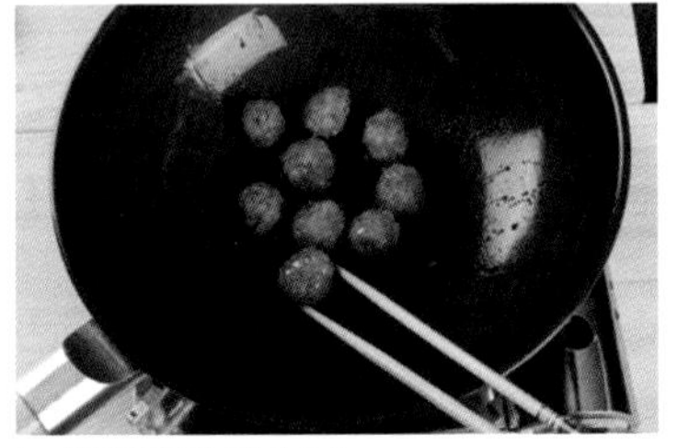

▶ 설탕시럽에 버무린다.

1. 옥수수는 체에 밭쳐 물기를 제거한 다음 너무 곱지 않은 정도 크기로 다진다.
2. 땅콩은 껍질을 벗기고 입자가 살아 있게 굵게 다진다.
3. 다진 옥수수와 땅콩에 달걀노른자와 밀가루를 넣고 잘 섞어 약간 되직하게 반죽한다.
4. 달궈진 식용유에 반죽을 떨어뜨렸을 때 바닥에 떨어진 반죽이 2~3초 뒤 올라오면 반죽을 왼손에 쥐고 짜내어 스푼으로 지름 3cm 크기로 둥글게 모양내어 튀긴다.
5. 팬에 식용유를 두르고 설탕을 넣어 센 불에서 젓지 말고 그대로 두어 녹을 때까지 기다린다. 설탕이 녹기 시작하면 불을 줄여 가장자리부터 갈색이 날 때까지 젓가락으로 원을 그리며 저은 후 타지 않도록 설탕시럽을 만들어 튀긴 옥수수를 넣고 재빨리 버무려 설탕시럽이 묻도록 한다.
6. 설탕시럽에 버무린 옥수수는 기름을 바른 그릇에 띄엄띄엄 놓아 식혀서 완성접시에 6개를 담는다.

POINT

* 설탕시럽을 만들 때는 설탕 : 식용유 = 4 : 1이나 3 : 1의 비율로 넣어서 타지 않게 만든다.
* 옥수수는 수분이 많으므로 최대한 물기를 제거해서 튀겨야 모양이 좋으며, 시럽이 뜨거울 때 버무려 무친다.
* 밀가루를 많이 넣으면 황금색으로 튀기기 어려우므로 조금만 넣는다.
* 옥수수와 땅콩을 너무 잘게 다지면 씹히는 맛이 적어지므로 거칠게 다진다.

13 채소볶음(炒素菜)

(과제번호 12) chǎo sù cài

요구사항

※ 주어진 재료를 사용하여 채소볶음을 만드시오.

가. 모든 채소는 길이 4cm의 편으로 써시오.
나. 대파, 마늘, 생강을 제외한 모든 채소는 끓는 물에 살짝 데쳐서 사용하시오.

수험자 유의사항

1) 만드는 순서에 유의하며, 위생과 숙련된 기능평가를 위하여 조리작업 시 맛을 보지 않습니다.
2) 지정된 수험자지참준비물 이외의 조리기구나 재료를 시험장내에 지참할 수 없습니다.
3) 지급재료는 시험 전 확인하여 이상이 있을 경우 시험위원으로 부터 조치를 받고 시험 중에는 재료의 교환 및 추가지급은 하지 않습니다.
4) 요구사항의 규격은"정도"의 의미를 포함하며, 지급된 재료의 크기에 따라 가감하여 채점합니다.
5) 위생복, 위생모, 앞치마를 착용하여야 하며, 시험장비, 조리도구 취급 등 안전에 유의합니다.
6) 다음 사항에 대해서는 채점대상에서 제외하니 특히 유의하시기 바랍니다.
   가) 기 권 – 수험자 본인이 시험 도중 시험에 대한 포기 의사를 표현하는 경우
   나) 실 격 – (1) 가스레인지 화구 2개 이상(2개 포함) 사용한 경우
   (2) 불을 사용하여 만든 조리작품이 작품특성에 벗어나는 정도로 타거나 익지 않은 경우
   (3) 시험 중 시설 · 장비(칼, 가스레인지 등) 사용 시 감독위원 및 타수험자의 시험 진행에 위협이 될 것으로 감독위원 전원이 합의하여 판단한 경우
   다) 미완성 – (1) 시험시간 내에 과제 두 가지를 제출하지 못한 경우
   (2) 문제의 요구사항대로 과제의 수량이 만들어지지 않은 경우
   라) 오 작 – (1) 구이를 조림 등으로 조리하여 완성품을 요구사항과 다르게 만든 경우
   (2) 해당과제의 지급재료 이외의 재료를 사용하거나 석쇠 등 요구사항의 조리도구를 사용하지 않은 경우
   마) 요구사항에 명시된 실격, 미완성, 오작에 해당하는 경우
7) 항목별 배점은 위생상태 및 안전관리 5점, 조리기술 30점, 작품의 평가 15점입니다.
8) 시험 시작 전 가벼운 몸 풀기(스트레칭) 동작으로 긴장을 풀고 시험을 시작합니다.

지급재료목록

청경채	1개	양송이(통조림) whole, 양송이 큰 것	2개
대파 흰 부분(6cm 정도)	1토막	마늘 중(깐 것)	1쪽
당근(길이로 썰어서)	50g	식용유	45ml
죽순 통조림(whole) 고형분	30g	소금(정제염)	5g
청피망 중(75g 정도)	1/3개	진간장	5ml
건표고버섯(지름 5cm 정도, 물에 불린 것)	2개	청주	5ml
생강	5g	참기름	5ml
셀러리	30g	흰 후춧가루	2g
※ 육수 또는 물	50ml	녹말가루(감자전분)	20g

- **물녹말** 물 1큰술, 녹말가루 1큰술
- **채소볶음소스** 물 50cc, 진간장 1작은술, 청주 1작은술, 소금 약간, 참기름 1작은술, 흰 후춧가루 약간

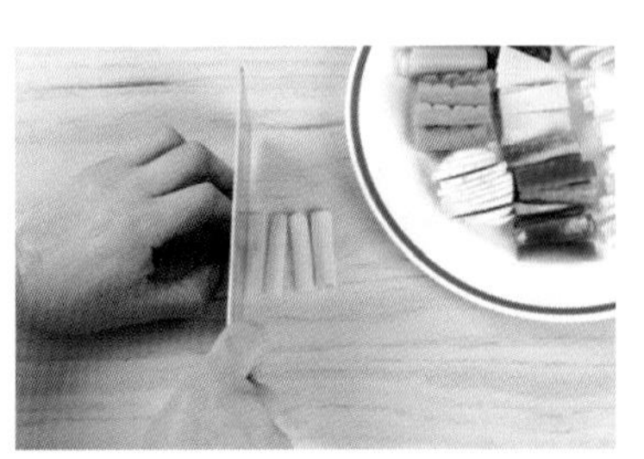
▶ 채소는 4cm 크기로 편 썬다.

만드는 법

1. 표고는 끓는 물에 삶아 냉수에 담가놓고, 채소를 씻은 후 대파는 길이로 반을 갈라 4×1cm 크기로 편 썰고 생강과 마늘도 편으로 썬다.
2. 표고버섯은 기둥을 제거하고 죽순은 젓가락으로 사이사이 석회질을 제거하며 셀러리는 섬유질을 제거한 다음 각각 4×1cm 크기로 편 썬다.
3. 청경채도 4×1cm 크기로 편 썬다.
4. 청피망, 당근도 4×1cm 크기로 편 썰고, 양송이는 모양을 살려 4×0.2cm 크기로 편 썬다.
5. 끓는 물에 소금을 넣고 죽순, 표고버섯, 양송이, 당근, 셀러리, 청피망, 청경채를 각각 데쳐내어 찬물로 헹군 후 물기를 제거한다.
6. 달궈진 팬에 식용유를 두르고 생강, 대파, 마늘을 볶고 당근, 죽순, 표고버섯, 양송이 순으로 넣어 볶다가 셀러리, 청피망, 청경채를 마저 넣고 볶다가 물(50cc)을 붓는다.
7. ❻의 물이 끓어오르면 진간장(1작은술), 청주(1작은술), 소금과 흰 후춧가루로 간을 하고 물녹말을 흘리듯 풀어 넣어 농도를 맞추고 참기름을 넣은 후 불을 끈다.

▶ 끓는 소금물에 채소를 넣어 각각 데친다.

▶ 재료를 순서대로 넣어 볶는다.

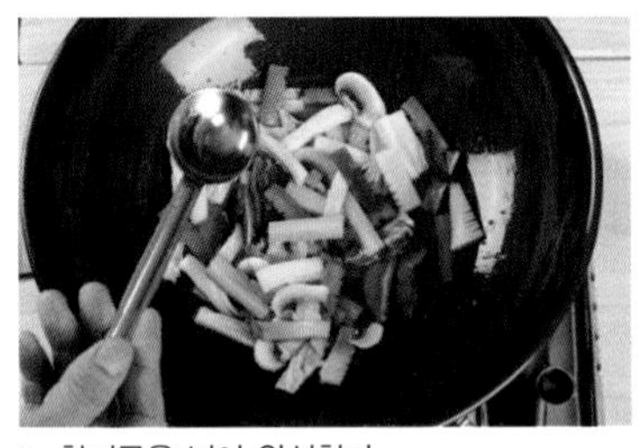
▶ 참기름을 넣어 완성한다.

POINT

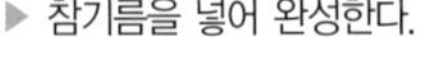

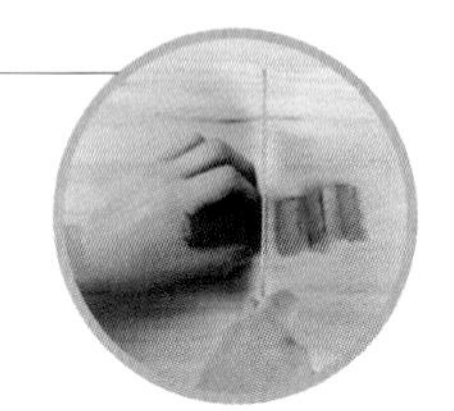

* 당근은 모양내어 편 썬다.
* 채소를 볶는 순서에 유의하여 단단한 채소부터 먼저 볶고 청피망과 셀러리는 마지막에 센 불에서 재빨리 볶아 색이 선명하게 되도록 조리한다.
* 채소 빛깔의 물이 흘러나오지 않게(질박하게), 화력은 세게, 시간은 짧게 조리해야 채소의 색을 선명하게 유지할 수 있다.

14 탕수육(糖醋肉)

(과제번호 03) táng cù ròu

시험시간 30분

요구사항

※ 주어진 재료를 사용하여 탕수육을 만드시오.

가. 돼지고기는 길이 4cm, 두께 1cm의 긴 사각형 크기로 써시오.
나. 채소는 편으로 써시오.
다. 앙금녹말을 만들어 사용하시오.
라. 소스는 달콤하고 새콤한 맛이 나도록 만들어 돼지고기에 버무려 내시오.

수험자 유의사항

1) 만드는 순서에 유의하며, 위생과 숙련된 기능평가를 위하여 조리작업 시 맛을 보지 않습니다.
2) 지정된 수험자지참준비물 이외의 조리기구나 재료를 시험장내에 지참할 수 없습니다.
3) 지급재료는 시험 전 확인하여 이상이 있을 경우 시험위원으로 부터 조치를 받고 시험 중에는 재료의 교환 및 추가지급은 하지 않습니다.
4) 요구사항의 규격은"정도"의 의미를 포함하며, 지급된 재료의 크기에 따라 가감하여 채점합니다.
5) 위생복, 위생모, 앞치마를 착용하여야 하며, 시험장비, 조리도구 취급 등 안전에 유의합니다.
6) 다음 사항에 대해서는 채점대상에서 제외하니 특히 유의하시기 바랍니다.
   가) 기 권 – 수험자 본인이 시험 도중 시험에 대한 포기 의사를 표현하는 경우
   나) 실 격 – (1) 가스레인지 화구 2개 이상(2개 포함) 사용한 경우
   (2) 불을 사용하여 만든 조리작품이 작품특성에 벗어나는 정도로 타거나 익지 않은 경우
   (3) 시험 중 시설 · 장비(칼, 가스레인지 등) 사용 시 감독위원 및 타수험자의 시험 진행에 위협이 될 것으로 감독위원 전원이 합의하여 판단한 경우
   다) 미완성 – (1) 시험시간 내에 과제 두 가지를 제출하지 못한 경우
   (2) 문제의 요구사항대로 과제의 수량이 만들어지지 않은 경우
   라) 오 작 – (1) 구이를 조림 등으로 조리하여 완성품을 요구사항과 다르게 만든 경우
   (2) 해당과제의 지급재료 이외의 재료를 사용하거나 석쇠 등 요구사항의 조리도구를 사용하지 않은 경우
   마) 요구사항에 명시된 실격, 미완성, 오작에 해당하는 경우
7) 항목별 배점은 위생상태 및 안전관리 5점, 조리기술 30점, 작품의 평가 15점입니다.
8) 시험 시작 전 가벼운 몸 풀기(스트레칭) 동작으로 긴장을 풀고 시험을 시작합니다.

지급재료목록

돼지등심(살코기)	200g	양파 중(150g 정도)	1/4개
대파 흰 부분(6cm 정도)	1토막	달걀	1개
당근(길이로 썰어서)	30g	진간장	15ml
완두(통조림)	15g	녹말가루(감자전분)	100g
오이(가늘고 곧은 것, 20cm 정도, 원형으로 지급)	1/4개	식용유	800ml
건목이버섯	1개	식초	50ml
※ 육수 또는 물	200ml	흰설탕	100g
		청주	15ml

- 물녹말 물 2큰술, 녹말가루 2큰술
- 탕수소스 진간장 1큰술, 흰설탕 2큰술, 식초 3큰술, 물 1컵

만드는 법

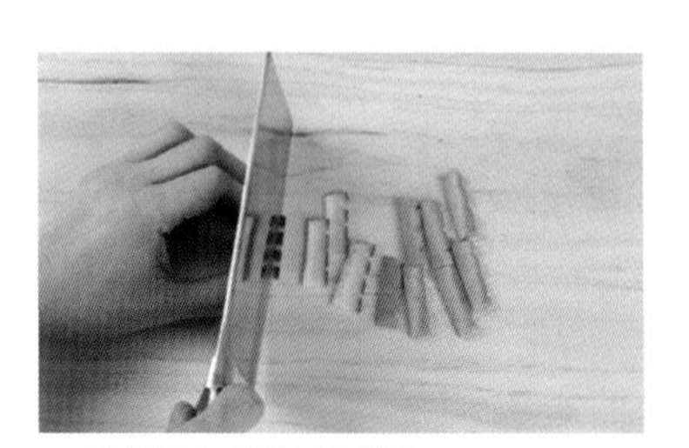

▶ 모양을 낸 야채를 편 썬다.

▶ 밑간한 돼지고기에 달걀흰자, 앙금녹말, 녹말가루를 넣고 버무린다.

▶ 돼지고기를 튀긴다.

▶ 탕수소스에 튀긴 돼지고기를 넣고 버무린다.

1. 당근과 오이는 모양내어 4×1cm 크기로 편 썰고, 건목이버섯은 미지근한 물에 불려 손으로 뜯어서 준비한다.
2. 양파는 속껍질을 벗겨 4×1cm 크기로 편 썰어 준비한다.
3. 완두콩은 끓는 물에 데치고 찬물에 헹궈 체에 밭쳐 물기를 제거한다.
4. 대파는 반으로 갈라 심을 제거한 후 4×1cm 크기로 편 썬다.
5. 돼지고기는 길이 4cm, 두께 1cm 크기로 썰어 진간장, 청주로 밑간을 한다.
6. 밑간한 고기에 달걀흰자를 넣어 버무린 다음 앙금녹말과 녹말가루를 넣어 약간 되직하게 반죽해서 170℃ 온도가 되면 두 번 튀겨 바삭하게 준비한다.
7. 달군 팬에 식용유를 두르고 대파를 볶은 다음 당근, 목이버섯, 양파순으로 볶다가 진간장(1큰술), 설탕(2큰술), 식초(3큰술)를 넣고 물(1컵)을 넣어 끓어오르면 물녹말을 조금씩 넣어 달콤하고 새콤한 맛이 나도록 탕수소스를 만든다.
8. ❼의 농도가 걸쭉해지면 오이, 완두콩, 튀겨낸 고기를 넣어 버무린 후 완성한다.

POINT

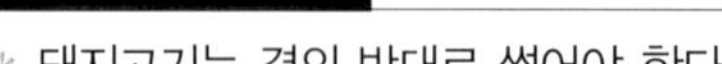

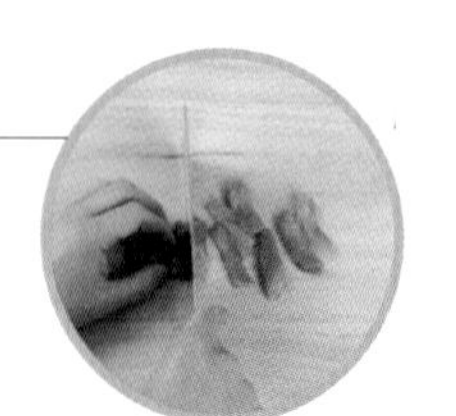

* 돼지고기는 결의 반대로 썰어야 한다.
* 푸른색 채소는 식초를 넣으면 변색되므로 조리 최종단계에 넣어 색을 유지한다.
* 물녹말은 물이 끓기 전에 넣거나 한꺼번에 많은 양을 넣고 약한 불에서 조리하면 소스가 탁하고 윤기가 나지 않으므로 소스가 끓을 때 넣는다.
* 돼지고기는 첫 번째 튀길 때는 고기 속까지 익도록 튀기고, 두 번째 튀길 때는 처음 온도보다 높은 온도(180~185℃)에서 튀긴다.

15 해파리냉채(凉拌海蜇皮)

(과제번호 02) liáng bàn hǎi zhé pí

요구사항

※ 주어진 재료를 사용하여 다음과 같이 해파리냉채를 만드시오.

가. 해파리는 염분을 제거하고 살짝 데쳐서 사용하시오.
나. 오이는 0.2×6cm 크기로 어슷하게 채를 써시오.
다. 해파리와 오이를 섞어 마늘소스를 끼얹어 내시오.

수험자 유의사항

1) 만드는 순서에 유의하며, 위생과 숙련된 기능평가를 위하여 조리작업 시 맛을 보지 않습니다.
2) 지정된 수험자지참준비물 이외의 조리기구나 재료를 시험장내에 지참할 수 없습니다.
3) 지급재료는 시험 전 확인하여 이상이 있을 경우 시험위원으로 부터 조치를 받고 시험 중에는 재료의 교환 및 추가지급은 하지 않습니다.
4) 요구사항의 규격은 "정도"의 의미를 포함하며, 지급된 재료의 크기에 따라 가감하여 채점합니다.
5) 위생복, 위생모, 앞치마를 착용하여야 하며, 시험장비, 조리도구 취급 등 안전에 유의합니다.
6) 다음 사항에 대해서는 채점대상에서 제외하니 특히 유의하시기 바랍니다.
   가) 기 권 – 수험자 본인이 시험 도중 시험에 대한 포기 의사를 표현하는 경우
   나) 실 격 – (1) 가스레인지 화구 2개 이상(2개 포함) 사용한 경우
   (2) 불을 사용하여 만든 조리작품이 작품특성에 벗어나는 정도로 타거나 익지 않은 경우
   (3) 시험 중 시설 · 장비(칼, 가스레인지 등) 사용 시 감독위원 및 타수험자의 시험 진행에 위협이 될 것으로 감독위원 전원이 합의하여 판단한 경우
   다) 미완성 – (1) 시험시간 내에 과제 두 가지를 제출하지 못한 경우
   (2) 문제의 요구사항대로 과제의 수량이 만들어지지 않은 경우
   라) 오 작 – (1) 구이를 조림 등으로 조리하여 완성품을 요구사항과 다르게 만든 경우
   (2) 해당과제의 지급재료 이외의 재료를 사용하거나 석쇠 등 요구사항의 조리도구를 사용하지 않은 경우
   마) 요구사항에 명시된 실격, 미완성, 오작에 해당하는 경우
7) 항목별 배점은 위생상태 및 안전관리 5점, 조리기술 30점, 작품의 평가 15점입니다.
8) 시험 시작 전 가벼운 몸 풀기(스트레칭) 동작으로 긴장을 풀고 시험을 시작합니다.

지급재료목록

해파리	150g	식초	45ml
오이(가늘고 곧은 것, 20cm 정도)	1/2개	흰설탕	15g
마늘 중(깐 것)	3쪽	소금(정제염)	7g
		참기름	5ml

• 마늘소스 다진마늘 1/2큰술, 흰설탕 1큰술, 식초 1큰술, 소금 1/2작은술, 참기름 약간

만드는 법

❶ 해파리는 오목한 그릇에 담아 손으로 주물러 빨아 씻은 다음 물에 여러번 헹궈 염분을 제거한다.

❷ 오이는 길이로 6cm 크기로 자른 다음 돌려깎아 두께 0.2cm로 채썬다.

❸ 물이 70~80℃ 정도로 끓어오르면 불을 끄고 해파리를 넣어 살짝 데친 후 찬물에 담갔다 건진 다음 차가운 물에 식초(1큰술)를 넣고 담갔다가 부드러워지면 물기를 뺀다.

❹ 마늘은 알갱이가 보이도록 다진다.

❺ 다진마늘(1/2큰술), 설탕(1큰술), 식초(1큰술), 소금(1/2작은술), 참기름을 넣고 잘 섞어 마늘소스를 만든다.

❻ ❸의 해파리와 오이채를 섞어 마늘소스를 넣고 버무려 그릇에 담은 후 마늘소스를 끼얹는다.

▶ 해파리를 주물러 빨아 염분을 없앤다.

▶ 해파리를 미지근한 물에 살짝 데친다.

▶ 오이를 돌려깎아 채썬다.

▶ 재료에 마늘소스를 넣고 버무린다.

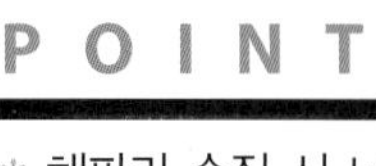

POINT

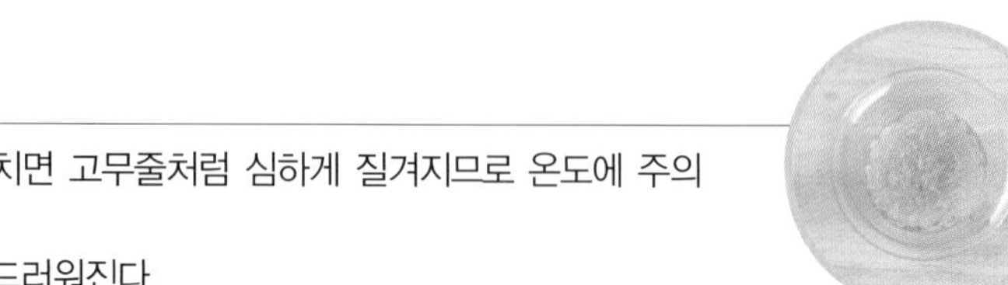

* 해파리 손질 시 너무 뜨거운 물에 데치면 고무줄처럼 심하게 질겨지므로 온도에 주의한다.
* 데친 해파리는 식초물에 담가두면 부드러워진다.
* 마늘소스는 내기 직전에 버무려야 물이 생기지 않는다.

16 홍쇼두부(紅燒豆腐)

(과제번호 07) hóng shāo dòu fǔ

요구사항

※ 주어진 재료를 사용하여 홍쇼두부를 만드시오.

가. 두부는 가로와 세로 5cm, 두께 1cm의 삼각형 크기로 써시오.
나. 채소는 편으로 써시오.
다. 두부는 으깨어지거나 붙지 않게 하고 갈색이 나도록 하시오.

수험자 유의사항

1) 만드는 순서에 유의하며, 위생과 숙련된 기능평가를 위하여 조리작업 시 맛을 보지 않습니다.
2) 지정된 수험자지참준비물 이외의 조리기구나 재료를 시험장내에 지참할 수 없습니다.
3) 지급재료는 시험 전 확인하여 이상이 있을 경우 시험위원으로 부터 조치를 받고 시험 중에는 재료의 교환 및 추가지급은 하지 않습니다.
4) 요구사항의 규격은"정도"의 의미를 포함하며, 지급된 재료의 크기에 따라 가감하여 채점합니다.
5) 위생복, 위생모, 앞치마를 착용하여야 하며, 시험장비, 조리도구 취급 등 안전에 유의합니다.
6) 다음 사항에 대해서는 채점대상에서 제외하니 특히 유의하시기 바랍니다.
   가) 기 권 – 수험자 본인이 시험 도중 시험에 대한 포기 의사를 표현하는 경우
   나) 실 격 – (1) 가스레인지 화구 2개 이상(2개 포함) 사용한 경우
   (2) 불을 사용하여 만든 조리작품이 작품특성에 벗어나는 정도로 타거나 익지 않은 경우
   (3) 시험 중 시설 · 장비(칼, 가스레인지 등) 사용 시 감독위원 및 타수험자의 시험 진행에 위협이 될 것으로 감독위원 전원이 합의하여 판단한 경우
   다) 미완성 – (1) 시험시간 내에 과제 두 가지를 제출하지 못한 경우
   (2) 문제의 요구사항대로 과제의 수량이 만들어지지 않은 경우
   라) 오 작 – (1) 구이를 조림 등으로 조리하여 완성품을 요구사항과 다르게 만든 경우
   (2) 해당과제의 지급재료 이외의 재료를 사용하거나 석쇠 등 요구사항의 조리도구를 사용하지 않은 경우
   마) 요구사항에 명시된 실격, 미완성, 오작에 해당하는 경우
7) 항목별 배점은 위생상태 및 안전관리 5점, 조리기술 30점, 작품의 평가 15점입니다.
8) 시험 시작 전 가벼운 몸 풀기(스트레칭) 동작으로 긴장을 풀고 시험을 시작합니다.

지급재료목록

두부	150g	홍고추(생)	1개
돼지등심(살코기)	50g	양송이(통조림) whole, 양송이 큰 것	1개
건표고버섯(지름 5cm 정도, 물에 불린 것)	1개	달걀	1개
죽순 통조림(whole), 고형분	30g	진간장	15ml
마늘 중(깐 것)	2쪽	녹말가루(감자전분)	10g
생강	5g	청주	5ml
청경채	1포기	참기름	5ml
대파 흰 부분(6cm 정도)	1토막	식용유	500ml
※ 육수 또는 물	100ml		

- 물녹말　물 2/3큰술, 녹말가루 2/3큰술
- 홍쇼두부소스　물 1/2컵, 진간장 1큰술, 청주 1작은술, 참기름 약간, 물녹말 1큰술

만드는 법

❶ 두부는 5×5×1cm 크기로 네모나게 썬 후 사선으로 잘라 삼각형모양을 만들어 수분을 제거하고 표고버섯은 기둥을 떼고 4×1cm 크기로 편 썬다.

❷ 죽순은 젓가락으로 사이사이의 석회질을 제거하고 빗살모양을 살려 4×1cm 크기로 저며 편 썰고, 청경채는 줄기와 잎을 나누어 각각 4×1cm 크기로 편 썰고, 양송이는 0.3cm 크기로 편 썬다.

❸ 돼지고기는 사방 3cm, 두께 0.2cm로 납작하게 편 썬 다음 진간장, 청주로 밑간하여 녹말가루, 달걀 흰자로 버무려 넉넉히 두른 식용유에 볶은 후 꺼낸다.

❹ 마늘과 생강은 편 썰고 대파, 홍고추는 길이로 반을 갈라 4×1cm 크기로 편 썬다.

❺ 끓는 물에 청경채, 죽순, 표고버섯, 양송이를 넣고 데친다.

❻ 팬에 식용유를 두르고 열이 오르면 두부를 넣어 앞뒤가 노릇노릇 갈색이 나게 지진다.

❼ 팬을 달군 후 식용유를 두르고 생강, 마늘, 대파를 볶다가 죽순, 표고버섯, 양송이, 청경채 줄기의 순서로 넣어 볶고 진간장(1큰술)과 청주(1작은술)로 간을 하고 물(1/2컵)을 넣고 끓인다.

❽ 육수가 끓으면 청경채잎, 홍고추를 넣고 물녹말을 조금씩 넣어 농도 조절을 하고 돼지고기와 두부를 넣은 후 참기름을 넣고 두부가 으깨어지거나 붙지 않게 버무려 완성그릇에 담는다.

▶ 두부를 삼각형 모양으로 썬다.

▶ 채소는 4×1cm 크기로 편 썬다.

▶ 두부를 노릇노릇 갈색이 나게 지지거나 튀긴다.

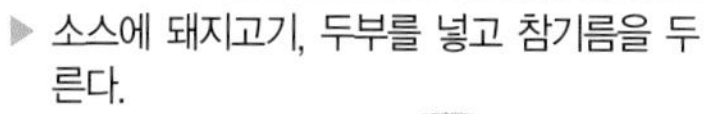

▶ 소스에 돼지고기, 두부를 넣고 참기름을 두른다.

POINT

* 튀김옷을 만들 때는 녹말가루와 달걀 흰자를 넣는다.
* 청경채 대신에 배추가 지급이 되기도 하고 홍고추 대신에 홍피망이 지급되기도 한다.
* 두부가 부서지지 않도록 지져내고 소스의 색에 유의한다.
* 물녹말은 육수 또는 물이 끓기 전에 넣거나 한꺼번에 많은 양을 넣고, 약한 불에서 조리하면 소스가 탁하고 윤기가 나지 않으므로 소스가 끓을 때 흘리듯 넣는다.

17 유니짜장면(肉泥炸醬麵)

(과제번호 16) ròu ní ihá jiàng miàn

시험시간 30분

요구사항

※ 주어진 재료를 사용하여 다음과 같이 유니짜장면을 만드시오.

가. 춘장은 기름에 볶아서 사용하시오.
나. 양파, 호박은 0.5cm x 0.5cm 정도 크기의 네모꼴로 써시오.
다. 중화면은 끓는 물에 삶아 찬물에 헹군 후 데쳐 사용하시오.
라. 삶은 면에 짜장소스를 부어 오이채를 올려내시오.

수험자 유의사항

1) 만드는 순서에 유의하며, 위생과 숙련된 기능평가를 위하여 조리작업 시 맛을 보지 않습니다.
2) 지정된 수험자지참준비물 이외의 조리기구나 재료를 시험장내에 지참할 수 없습니다.
3) 지급재료는 시험 전 확인하여 이상이 있을 경우 시험위원으로 부터 조치를 받고 시험 중에는 재료의 교환 및 추가지급은 하지 않습니다.
4) 요구사항의 규격은"정도"의 의미를 포함하며, 지급된 재료의 크기에 따라 가감하여 채점합니다.
5) 위생복, 위생모, 앞치마를 착용하여야 하며, 시험장비, 조리도구 취급 등 안전에 유의합니다.
6) 다음 사항에 대해서는 채점대상에서 제외하니 특히 유의하시기 바랍니다.
   가) 기 권 – 수험자 본인이 시험 도중 시험에 대한 포기 의사를 표현하는 경우
   나) 실 격 – (1) 가스레인지 화구 2개 이상(2개 포함) 사용한 경우
   (2) 불을 사용하여 만든 조리작품이 작품특성에 벗어나는 정도로 타거나 익지 않은 경우
   (3) 시험 중 시설 · 장비(칼, 가스레인지 등) 사용 시 감독위원 및 타수험자의 시험 진행에 위협이 될 것으로 감독위원 전원이 합의하여 판단한 경우
   다) 미완성 – (1) 시험시간 내에 과제 두 가지를 제출하지 못한 경우
   (2) 문제의 요구사항대로 과제의 수량이 만들어지지 않은 경우
   라) 오 작 – (1) 구이를 조림 등으로 조리하여 완성품을 요구사항과 다르게 만든 경우
   (2) 해당과제의 지급재료 이외의 재료를 사용하거나 석쇠 등 요구사항의 조리도구를 사용하지 않은 경우
   마) 요구사항에 명시된 실격, 미완성, 오작에 해당하는 경우
7) 항목별 배점은 위생상태 및 안전관리 5점, 조리기술 30점, 작품의 평가 15점입니다.
8) 시험 시작 전 가벼운 몸 풀기(스트레칭) 동작으로 긴장을 풀고 시험을 시작합니다.

지급재료목록

돼지등심(다진 살코기)	50g	생강	10g
중화면(생면)	150g	진간장	50ml
양파 중(150g 정도)	1개	청주	50ml
호박(애호박)	50g	소금	10g
오이(가늘고 곧은 것, 20cm 정도)	1/4개	흰설탕	20g
춘장	50g	참기름	10ml
※ 육수 또는 물	200ml	녹말가루(감자전분)	50g
		식용유	100ml

• 물녹말 물 3큰술, 녹말가루 3큰술

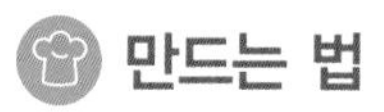

만드는 법

▶ 양파를 0.5x0.5cm 정도로 자른다.

▶ 호박을 0.5x0.5cm 정도로 자른다.

▶ 팬에 식용유를 두르고 춘장을 볶는다.

▶ 면은 삶아 찬물에 헹군 후 데쳐 사용한다.

1. 양파, 호박은 깨끗하게 씻어 0.5×0.5cm 크기의 네모꼴로 썰고 생강은 다진다.
2. 팬에 식용유(50ml)를 두르고 춘장(50ml)을 넣어 타지 않도록 잘 볶는다(식용유와 춘장의 비율은 1:1이 좋다).
3. 차가운 물 3큰술에 녹말가루 3큰술을 풀어 물녹말을 준비한다.
4. 팬에 식용유를 두르고 다진 생강을 넣고 볶다가 돼지고기를 넣고 볶으면서 청주, 진간장을 넣고 향을 낸다.
5. ❹에 다진 양파를 넣고 볶다가 호박을 넣어 볶는다.
6. ❺에 볶은 춘장을 넣고 볶다가 물(육수)과 약간의 소금, 설탕으로 간을 한 후 끓으면 물녹말로 농도를 맞추고 참기름을 약간 넣어 완성한다.
7. 중화면은 끓는 물에 소금을 약간 넣고 끓어 오르면 찬물을 1/2컵씩 3번 반복해서 투명해질 때까지 삶아 찬물에 씻어 물기를 뺀다.
8. 삶은 중화면을 따뜻한 물에 데쳐 물기를 빼서 그릇에 담고 완성한 짜장소스를 붓는다.
9. 위에 오이를 곱게 채를 썰어 올려 완성한다.

POINT

* 양파, 호박을 0.5cm×0.5cm로 네모꼴로 잘라야 모양이 좋다.
* 짜장소스의 농도조절을 적절하게 한다.
* 현장에서는 춘장을 볶을 때 식용유와의 비율을 1:2로 볶아 사용하기도 한다.

18 울면(溫滷麵)

(과제번호 17) wēnlǔ miàn

시험시간 30분

요구사항

※ 주어진 재료를 사용하여 다음과 같이 울면을 만드시오.

가. 오징어, 대파, 양파, 당근, 배추잎은 6cm 길이로 채를 써시오.
나. 중화면은 끓는 물에 삶아 찬물에 헹군 후 데쳐 사용하시오.
다. 소스는 농도를 잘 맞춘 다음, 달걀을 풀 때 덩어리지지 않게 하시오.

수험자 유의사항

1) 만드는 순서에 유의하며, 위생과 숙련된 기능평가를 위하여 조리작업 시 맛을 보지 않습니다.
2) 지정된 수험자지참준비물 이외의 조리기구나 재료를 시험장내에 지참할 수 없습니다.
3) 지급재료는 시험 전 확인하여 이상이 있을 경우 시험위원으로 부터 조치를 받고 시험 중에는 재료의 교환 및 추가지급은 하지 않습니다.
4) 요구사항의 규격은"정도"의 의미를 포함하며, 지급된 재료의 크기에 따라 가감하여 채점합니다.
5) 위생복, 위생모, 앞치마를 착용하여야 하며, 시험장비, 조리도구 취급 등 안전에 유의합니다.
6) 다음 사항에 대해서는 채점대상에서 제외하니 특히 유의하시기 바랍니다.
   가) 기 권 – 수험자 본인이 시험 도중 시험에 대한 포기 의사를 표현하는 경우
   나) 실 격 – (1) 가스레인지 화구 2개 이상(2개 포함) 사용한 경우
   (2) 불을 사용하여 만든 조리작품이 작품특성에 벗어나는 정도로 타거나 익지 않은 경우
   (3) 시험 중 시설 · 장비(칼, 가스레인지 등) 사용 시 감독위원 및 타수험자의 시험 진행에 위협이 될 것으로 감독위원 전원이 합의하여 판단한 경우
   다) 미완성 – (1) 시험시간 내에 과제 두 가지를 제출하지 못한 경우
   (2) 문제의 요구사항대로 과제의 수량이 만들어지지 않은 경우
   라) 오 작 – (1) 구이를 조림 등으로 조리하여 완성품을 요구사항과 다르게 만든 경우
   (2) 해당과제의 지급재료 이외의 재료를 사용하거나 석쇠 등 요구사항의 조리도구를 사용하지 않은 경우
   마) 요구사항에 명시된 실격, 미완성, 오작에 해당하는 경우
7) 항목별 배점은 위생상태 및 안전관리 5점, 조리기술 30점, 작품의 평가 15점입니다.
8) 시험 시작 전 가벼운 몸 풀기(스트레칭) 동작으로 긴장을 풀고 시험을 시작합니다.

지급재료목록

중화면(생면)	150g	건목이버섯	1개
오징어(몸통)	50g	양파 중(150g 정도)	1/4개
작은 새우살	20g	달걀	1개
조선부추	10g	진간장	5ml
대파 흰 부분(6cm 정도)	1토막	청주	30ml
마늘 중(깐 것)	3쪽	참기름	5ml
당근(길이 6cm 정도)	20g	소금	5g
배추잎(1/2잎)	20g	녹말가루(감자전분)	20g
※ 육수 또는 물	500ml	흰 후춧가루	3g

• 물녹말 물 1큰술, 녹말가루 1큰술

▶ 오징어를 6cm 정도 채로 준비한다.

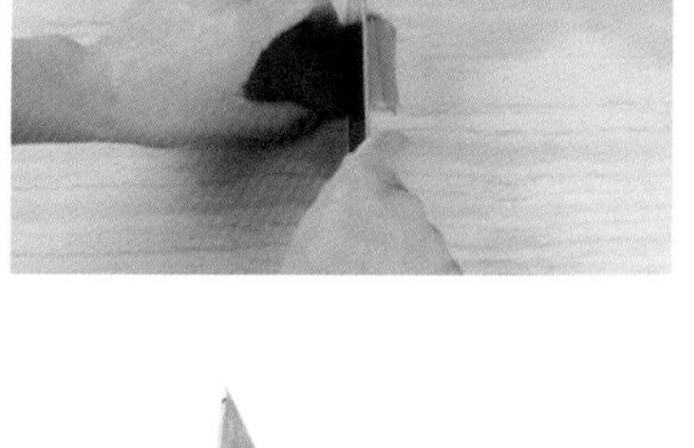

▶ 채소를 6cm 정도 채로 준비한다.

▶ 달걀을 덩어리지지 않게 한다.

만드는 법

1. 건목이버섯을 미지근한 물에 불려 부드러워지면 비벼 씻어서 깨끗하게 준비한다.
2. 오징어, 양파, 대파, 당근, 배춧잎은 6cm의 길이로 채썰어 놓는다.
3. 부추는 잘 다듬어 6cm로 자른다.
4. 마늘은 다져서 준비하고 불린 목이버섯은 자르거나 손으로 뜯어서 준비한다.
5. 새우살은 소금물에 씻어 준비한다.
6. 차가운 물 1큰술에 녹말가루 1큰술을 풀어 물녹말을 준비한다.
7. 중화면은 끓는 물에 소금을 약간 넣고 끓어오르면 찬물을 1/2컵씩 3번 반복해서 투명해질 때까지 삶아 찬물에 씻어 물기를 뺀다.
8. 팬에 육수(물)를 붓고 향신료와 청주, 육수를 넣고 진간장, 소금, 흰후춧가루로 간을 하고 데친 부재료(채소)와 새우를 넣고 끓인다.
9. 끓어 오르면 불을 줄이고 거품을 걷어낸 후 물녹말로 농도를 맞추어 걸쭉해지면 달걀을 덩어리지지 않게 풀어 익으면 흰 후춧가루와 참기름을 한 방울 넣어 마무리한다.
10. 삶은 중화면을 따뜻한 물에 데쳐 물기를 빼서 그릇에 담고 완성된 울면소스를 붓는다.

POINT

* 물녹말을 풀 때 약한 불에서 풀어야 농도 조절을 하기가 좋다.
* 달걀을 풀 때 약한 불에서 서서히 풀어야 덩어리지지 않는다.
* 식용유가 지급되면 향신료를 볶다가 주재료를 볶고 육수(물)를 넣어 완성한다.

19 탕수생선살(糖醋魚塊)

(과제번호 05) tāng cú yù kuài

시험시간 30분

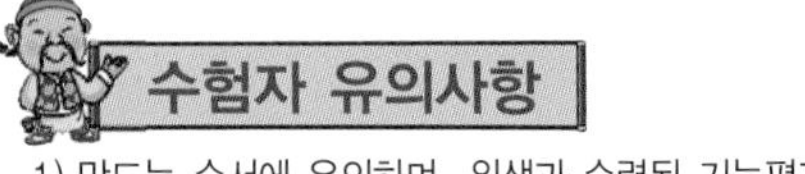

요구사항 ※ 주어진 재료를 사용하여 다음과 같이 탕수생선살을 만드시오.

가. 생선살은 1cmx4cm 크기로 썰어 사용하시오.

나. 채소는 편으로 썰어 사용하시오.

수험자 유의사항

1) 만드는 순서에 유의하며, 위생과 숙련된 기능평가를 위하여 조리 작업 시 맛을 보지 않습니다.
2) 지정된 수험자지참준비물 이외의 조리기구나 재료를 시험장내에 지참할 수 없습니다.
3) 지급재료는 시험 전 확인하여 이상이 있을 경우 시험위원으로 부터 조치를 받고 시험 중에는 재료의 교환 및 추가지급은 하지 않습니다.
4) 요구사항의 규격은"정도"의 의미를 포함하며, 지급된 재료의 크기에 따라 가감하여 채점합니다.
5) 위생복, 위생모, 앞치마를 착용하여야 하며, 시험장비, 조리도구 취급 등 안전에 유의합니다.
6) 다음 사항에 대해서는 채점대상에서 제외하니 특히 유의하시기 바랍니다.
   가) 기 권 – 수험자 본인이 시험 도중 시험에 대한 포기 의사를 표현하는 경우
   나) 실 격 – (1) 가스레인지 화구 2개 이상(2개 포함) 사용한 경우
   (2) 불을 사용하여 만든 조리작품이 작품특성에 벗어나는 정도로 타거나 익지 않은 경우
   (3) 시험 중 시설 · 장비(칼, 가스레인지 등) 사용 시 감독위원 및 타수험자의 시험 진행에 위협이 될 것으로 감독위원 전원이 합의하여 판단한 경우
   다) 미완성 – (1) 시험시간 내에 과제 두 가지를 제출하지 못한 경우
   (2) 문제의 요구사항대로 과제의 수량이 만들어지지 않은 경우
   라) 오 작 – (1) 구이를 조림 등으로 조리하여 완성품을 요구사항과 다르게 만든 경우
   (2) 해당과제의 지급재료 이외의 재료를 사용하거나 석쇠 등 요구사항의 조리도구를 사용하지 않은 경우
   마) 요구사항에 명시된 실격, 미완성, 오작에 해당하는 경우
7) 항목별 배점은 위생상태 및 안전관리 5점, 조리기술 30점, 작품의 평가 15점입니다.
8) 시험 시작 전 가벼운 몸 풀기(스트레칭) 동작으로 긴장을 풀고 시험을 시작합니다.

지급재료목록

흰 생선살(껍질 벗긴 것, 동태 또는 대구)	150g	건목이버섯	1개
당근	30g	녹말가루(감자전분)	100g
오이(가늘고 곧은 것, 20cm 정도)	1/6개	식용유	600ml
완두콩	20g	식초	60ml
파인애플(통조림)	1쪽	흰설탕	100g
※ 육수 또는 물	300ml	진간장	30ml
		달걀	1개

- 물녹말　물 2큰술, 녹말가루 2큰술
- 탕수소스　진간장 1큰술, 설탕 4큰술, 식초 3큰술, 물(육수) 1컵

만드는 법

❶ 껍질을 벗긴 생선살은 길이 1cm×4cm로 썰어 물기를 제거하고 밑간을 한다.

❷ 당근과 오이, 파인애플은 모양내어 편으로 썰고 건목이버섯은 미지근한 물에 불려 부드러워지면 비벼 씻어서 깨끗하게 손으로 찢어서 준비한다.

❸ 완두콩은 끓는 물에 데쳐내어 찬물에 헹궈 체에 밭쳐 물기를 제거한다.

❹ 팬에 튀김기름을 준비한다.

❺ 준비한 생선살은 달걀과 녹말을 사용하여 튀김옷을 만든다.

❻ 생선살은 170℃ 정도의 기름에서 두 번 튀겨 바삭하게 튀겨 기름을 빼낸다.

❼ 달군 팬에 식용유를 두른 후 당근, 불린 목이버섯을 볶다가 진간장(1큰술), 설탕(4큰술), 식초(3큰술)를 넣고 물(1컵)을 넣어 끓어오르면 물녹말을 조금씩 넣어 소스를 만든다.

❽ 소스의 농도가 걸쭉해지면 오이, 완두콩, 파인애플, 튀겨낸 생선살을 넣어 버무린 후 완성 접시에 담는다.

▶ 생선살을 1cm x 4cm 크기로 자른다.

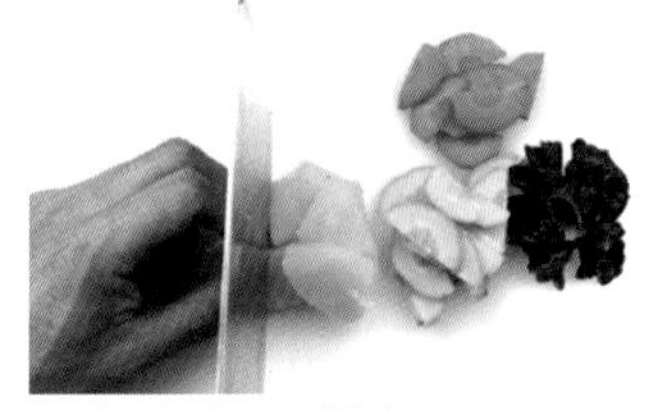

▶ 채소를 편으로 자른다.

▶ 생선살과 채소 준비하기

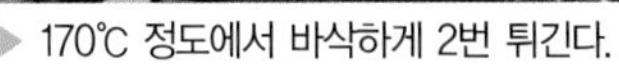

▶ 170℃ 정도에서 바삭하게 2번 튀긴다.

POINT

* 푸른색 채소는 식초를 넣으면 변색되므로 조리 최종단계에 넣어 색을 유지한다.
* 물녹말은 물이 끓기 전에 넣거나 한꺼번에 많은 양을 넣고 약한 불에서 조리하면 소스가 탁하고 윤기기 나지 않으므로 소스가 끓을 때 넣는다.
* 현장에서는 생선살에 소금, 후추로 밑간을 하고 튀긴 생선살을 완성접시에 보기 좋게 담고 소스를 끼얹어 내기도 한다.

20 새우볶음밥(虾仁炒饭)

(과제번호 18) Xiárēn chǎofán

시험시간 30분

요구사항

※ 주어진 재료를 사용하여 다음과 같이 새우볶음밥을 만드시오.

가. 새우는 내장을 제거하고 데쳐서 사용하시오.
나. 채소는 0.5cm 크기의 주사위 모양으로 써시오.다. 완성된 볶음밥은 질지 않게 하여 전량 제출하시오.

수험자 유의사항

1) 만드는 순서에 유의하며, 위생과 숙련된 기능평가를 위하여 조리작업 시 맛을 보지 않습니다.
2) 지정된 수험자지참준비물 이외의 조리기구나 재료를 시험장내에 지참할 수 없습니다.
3) 지급재료는 시험 전 확인하여 이상이 있을 경우 시험위원으로 부터 조치를 받고 시험 중에는 재료의 교환 및 추가지급은 하지 않습니다.
4) 요구사항의 규격은"정도"의 의미를 포함하며, 지급된 재료의 크기에 따라 가감하여 채점합니다.
5) 위생복, 위생모, 앞치마를 착용하여야 하며, 시험장비, 조리도구 취급 등 안전에 유의합니다.
6) 다음 사항에 대해서는 채점대상에서 제외하니 특히 유의하시기 바랍니다.
   가) 기 권 – 수험자 본인이 시험 도중 시험에 대한 포기 의사를 표현하는 경우
   나) 실 격 – (1) 가스레인지 화구 2개 이상(2개 포함) 사용한 경우
   (2) 불을 사용하여 만든 조리작품이 작품특성에 벗어나는 정도로 타거나 익지 않은 경우
   (3) 시험 중 시설 · 장비(칼, 가스레인지 등) 사용 시 감독위원 및 타수험자의 시험 진행에 위협이 될 것으로 감독위원 전원이 합의하여 판단한 경우
   다) 미완성 – (1) 시험시간 내에 과제 두 가지를 제출하지 못한 경우
   (2) 문제의 요구사항대로 과제의 수량이 만들어지지 않은 경우
   라) 오 작 – (1) 구이를 조림 등으로 조리하여 완성품을 요구사항과 다르게 만든 경우
   (2) 해당과제의 지급재료 이외의 재료를 사용하거나 석쇠 등 요구사항의 조리도구를 사용하지 않은 경우
   마) 요구사항에 명시된 실격, 미완성, 오작에 해당하는 경우
7) 항목별 배점은 위생상태 및 안전관리 5점, 조리기술 30점, 작품의 평가 15점입니다.
8) 시험 시작 전 가벼운 몸 풀기(스트레칭) 동작으로 긴장을 풀고 시험을 시작합니다.

지급재료목록

쌀(30분 정도 물에 불린 것)	150g	청피망 중(75g 정도)	1/3개
작은 새우살	30g	식용유	50ml
달걀	1개	소금	5g
대파 흰 부분(6cm 정도)	1토막	흰 후춧가루	5g
당근	20g		

▶ 재료를 0.5cm 정도로 자른다.

만드는 법

❶ 재료를 씻어서 준비한다.

❷ 밥은 질지 않게 고슬고슬 지어 식힌다.

❸ 당근, 청피망은 0.5cm 크기의 주사위 모양으로 썰고, 대파는 잘게 썬다.

▶ 새우를 데쳐 물기를 제거한다.

❹ 새우는 내장을 제거하고 끓는 물에 살짝 데쳐 물기를 제거한다.

❺ 달걀은 젓가락으로 잘 풀어 체에 내린다.

▶ 달걀을 풀어 체에 내린다.

❻ 달군 팬에 식용유를 두르고, 달걀 푼 것을 넣은 후 타지 않게 부드럽게저어가며 볶는다.

❼ 밥을 넣어 볶다가 준비된 채소와 새우를 넣고 기름이 골고루 돌도록 볶는다.

❽ 재료가 잘 섞이면 소금으로 간을 하고 2~3분간 센 불에서 타지 않게 볶아 완성한다.

❾ 완성그릇에 볶음밥을 보기 좋게 담는다.

▶ 달군 팬에 식용유를 두르고 타지 않게 볶는다.

POINT

* 밥을 약간 되직하게 하여야 잘 볶아진다.
* 채소(당근, 청피망)는 0.5cm 정도 크기로 주사위 모양으로 일정하게 썬다.
* 모든 재료가 타지 않게 잘 볶는다.
* 양파가 제공되면 0.5cm 정도의 크기로 잘라 사용한다.

PART 03

Chinese Food

03

중식조리산업기사 예상문제(28종류)

01 가상두부(家常豆腐)

jiā cháng dòu fǔ

추천시간 30분

재료 및 분량

두부 150g, 돼지등심(살코기) 50g, 건표고버섯(지름 5cm 정도, 물에 불린 것) 2개, 죽순 통조림(whole) 고형분 50g, 양송이 통조림(whole) 양송이 큰 것 2개, 청피망 중 1/2개, 홍고추(생) 1개, 달걀 1개, 대파 흰 부분(6cm 정도) 1/2토막, 마늘 중(깐 것) 2쪽, 생강 5g, 두반장 15g, 고추기름 30ml, 간장 15ml, 녹말가루 45g, 육수 또는 물 150ml, 식용유 · 청주 · 참기름 약간

물녹말 : 물 2큰술, 녹말가루 2큰술

소스 : 두반장 1큰술, 간장 1큰술, 육수(물) 150ml, 참기름 약간

만드는 법

1. 두부는 사방 5cm 크기로 네모지게 썰어서 대각선으로 잘라 직삼각모양으로 만들고 굵기 1cm로 썰어 물기를 제거하고 기름에 노릇노릇하게 지진다.
2. 죽순, 양송이, 표고버섯, 청피망, 홍고추는 두부와 같이 삼각모양으로 썰어놓는다.
3. 대파, 마늘, 생강은 편 썰어 준비한다.
4. 돼지고기는 얇게 저며 납작한 편을 썰어 청주로 간하고 달걀 흰자와 녹말가루를 넣어 버무려 기름에 지진다.
5. 팬에 고추기름을 두르고 대파, 마늘, 생강을 넣고 볶다가 죽순, 양송이, 표고버섯, 청피망, 홍고추를 순서대로 넣어 볶은 후 육수(물 150ml), 두반장(1큰술), 간장(1큰술)으로 간을 하여 끓인다.
6. ⑤가 끓어오르면 물녹말을 흘려 넣어 걸쭉한 농도가 되면 참기름을 넣고 튀겨낸 두부와 돼지고기를 넣어 버무려 접시에 담는다.

조리 Point

- 두부는 부스러지지 않게 주의하고 갈색이 나도록 하여야 한다.
- 채소색이 선명하도록 재빨리 볶는다.

02 경장육사(京醬肉絲)

jīng jiàng roù sī

추천시간 30분

재료 및 분량

돼지등심(살코기) 200g, 죽순 통조림(whole) 고형분 100g, 대파 흰 부분(6cm 정도) 2토막, 달걀 1개, 마늘 중(깐 것) 1쪽, 생강 5g, 춘장 50g, 식용유 300ml, 설탕 30g, 굴소스 30ml, 청주 30ml, 진간장 30ml, 녹말가루 50g, 참기름 5ml, 육수 또는 물 30ml

물녹말 : 물 1큰술, 녹말가루 1큰술
춘장소스 : 춘장 3큰술, 물 2큰술, 간장 1작은술, 청주 1큰술, 설탕 2큰술, 참기름 약간

만드는 법

❶ 대파는 흰 부분만 사용하여 길이로 4~6cm 정도로 어슷하게 채를 썰어 찬물에 담가 매운맛을 뺀다.
❷ 돼지고기는 길이 4~6cm, 두께 0.3cm로 결방향으로 가늘게 채를 썰어 진간장(1큰술)과 청주(1큰술)를 넣어 밑간을 한다.
❸ 죽순은 돼지고기와 같은 크기로 채썰고, 마늘, 생강도 채썰어 준비한다.
❹ 팬에 춘장과 기름(1 : 1)을 넣고 타지 않도록 서서히 볶은 후 기름을 체에 밭친다.
❺ 밑간한 돼지고기에 달걀흰자와 물전분(녹말가루)을 넣어 섞어준 뒤 팬에 기름을 두르고 젓가락으로 풀어주면서 볶는다.
❻ 기름을 두른 팬에 마늘과 생강을 넣어 볶다가 볶은 춘장과 굴소스를 넣고 볶는다. 육수(물 2큰술)를 붓고 끓으면 간장, 청주, 설탕으로 간을 하고 물녹말을 조금씩 넣어가며 농도를 맞춘다. 여기에 죽순과 돼지고기를 넣고 고루 섞은 후 참기름으로 맛을 낸다.
❼ 파채는 물기를 완전히 제거하여 접시 위에 깔고 그 위에 춘장에 볶은 고기와 죽순을 소복하게 담아 완성한다.

조리 Point

- 춘장은 충분히 볶아서 자장소스를 만든다.
- 파채는 매운맛을 빼고 접시 위에 담는다.

03 광동식 탕수육(咕老肉)

gǔ lǎo ròu

추천시간 30분

재료 및 분량

돼지등심(살코기) 150g, 청피망 중 1개, 양파 중 1/4개, 파인애플 2쪽, 마늘 중(깐 것) 2쪽, 대파 흰 부분(6cm 정도) 1/2토막, 생강 10g, 달걀 1개, 완두콩 약간, 설탕 60ml, 식초 15ml, 간장 20ml, 청주 20ml, 토마토케찹 80g, 녹말가루 60g, 육수 또는 물 100ml, 식용유 30ml, 후춧가루 약간

탕수육소스 : 토마토케찹 5큰술, 설탕 3큰술, 식초 1큰술, 물 100ml

물녹말 : 물 2큰술, 녹말가루 2큰술

만드는 법

❶ 대파는 3cm 크기의 삼각모양으로 썰고 마늘은 편 썰고, 생강의 반은 편 썰고 반은 다져서 즙을 낸다.

❷ 돼지고기는 칼등으로 두드려 가로 4×1×1cm 크기로 썰어서 간장, 청주, 생강즙, 후춧가루로 밑간을 한 다음 달걀흰자와 물전분을 버무려 튀긴다.

❸ 양파, 청피망, 파인애플은 3cm 크기의 삼각모양으로 썬다.

❹ 열이 오른 팬에 기름을 두르고 마늘과 생강, 대파를 볶다가 청주를 넣어 향을 낸다.

❺ 여기에 양파, 파인애플을 넣고 볶다가 육수(물 100ml)를 넣고 토마토케찹(5큰술), 설탕(3큰술), 식초(1큰술)를 넣어 간을 맞춘 후 물녹말을 넣어 걸쭉한 농도가 되면 청피망, 완두콩을 넣고 튀겨놓은 돼지고기를 넣어 버무려 완성그릇에 담는다.

조리 Point

- 돼지고기는 칼집을 넣어 초벌간을 하여 부드럽게 한다.
- 탕수육소스의 농도에 유의하고 토마토케찹의 새콤달콤한 맛이 나도록 한다.

04 교자(煎餃子)

jeon gyo ja

추천시간 30분

재료 및 분량

밀가루(중력분) 100g, 부추 100g, 돼지등심(살코기) 60g, 대파 흰 부분(6cm 정도) 1/2토막, 생강 5g, 간장 10ml, 청주 15ml, 소금 3g, 후춧가루 2g, 참기름 3g, 물 50cc, 식용유 100ml

만드는 법

❶ 끓는 물에 소금을 넣고 밀가루를 익반죽하여 고루 치대어 젖은 면포로 덮는다.
❷ 부추는 송송 썰고, 대파, 생강, 돼지고기는 다져서 섞은 후 간장, 참기름, 청주, 소금, 후춧가루를 넣어 간을 맞춘다.
❸ 반죽은 가래떡처럼 길게 늘여 밤톨 크기로 떼어내고 손바닥으로 눌러서 밀대로 얇게 밀어 만두피를 만든다.
❹ ❸의 만두피에 ❷의 소를 넣고 주름을 잡아가며 찜통에 넣고 3분 정도 찐다.
❺ 팬에 식용유를 3큰술 정도 두르고 ❹의 쪄낸 만두를 넣고 지지듯 구워 기름을 빼고 완성접시에 담는다.

조리 Point

만두는 바닥에 닿는 쪽만 노릇하게 튀긴다.

05 궁보계정(宮保鷄丁)

gōng bǎo jī dīng

추천시간 30분

재료 및 분량

닭(살코기) 200g, 땅콩(혹은 캐슈너트) 30g, 셀러리 30g, 청피망 중 30g, 달걀 1개, 홍고추(건) 2개, 굴소스 15ml, 설탕 15g, 청주 20ml, 간장 5ml, 참기름 5ml, 녹말가루 60g, 후춧가루 약간, 고추기름 30ml, 육수 또는 물 45ml, 식용유 100ml

물녹말 : 물 1큰술, 녹말가루 1큰술

소스 : 굴소스 1큰술, 설탕 1큰술, 육수(물) 3큰술, 참기름 1작은술

만드는 법

1. 닭은 사방 2cm 크기 정도로 썰어서 간장, 청주, 후춧가루로 밑간을 한다.
2. 밑간한 닭에 달걀과 녹말가루를 넣어 버무려 기름에 튀긴다.
3. 땅콩도 기름에 튀긴다.
4. 셀러리 · 청피망 · 홍고추는 사방 2cm 크기로 자른다.
5. 달군 팬에 고추기름을 두르고 홍고추를 넣어 향이 나게 살짝 볶아준 후 육수(물 3큰술), 굴소스(1큰술), 설탕(1큰술)을 넣어 끓어오르면 물녹말(1큰술)을 풀어 걸쭉한 농도가 되게 소스를 만든다.
6. ⑤의 소스에 튀겨낸 닭고기와 땅콩, 셀러리, 청피망을 넣고 버무린 후 참기름(1작은술)을 두르고 완성그릇에 담는다.

조리 Point

- 깐땅콩은 손질한 후 사용한다.
- 모든 재료의 크기는 균일해야 한다.
- 땅콩이 들어가면 궁보계정, 캐슈너트가 들어가면 요과계정(腰果鷄丁)이 된다.

06 레몬닭고기(檸檬作鷄)

nyung mong jak jī

추천시간 30분

재료 및 분량

닭(살코기) 200g, 레몬 1/2개, 우유 50cc, 양파즙 약간, 레몬즙 10cc, 케이준가루 150g, 콘후레이크 10g, 설탕 30g, 밀가루 30g, 베이킹파우더 1g, 육수(물) 200cc, 청주 15ml, 참기름 3ml, 식용유 1000ml, 소금 · 후춧가루 약간

레몬닭고기소스 : 물 1컵, 설탕 2큰술, 레몬 · 참기름 약간

만드는 법

1. 닭고기살은 씻어서 2cm 크기로 잘라서 레몬즙, 청주, 양파즙, 소금, 후춧가루를 넣고 밑간을 한다.
2. 레몬은 길이로 반을 썰어서 얇게 0.3cm 두께로 편 썰어 준비한다.
3. 밀가루, 베이킹파우더, 케이준가루, 콘후레이크, 우유를 넣어 섞어서 반죽을 한다.
4. ①의 닭고기살에 ③을 묻혀서 열이 오른 기름팬에서 튀긴다.
5. 팬에 육수(물) 200cc를 넣고 ②의 레몬과 설탕 2큰술을 넣고 끓여 참기름을 넣고 소스를 만든다.
6. 완성그릇에 ④의 닭고기를 담아 ⑤의 소스를 부어서 낸다.

조리 Point

닭고기살은 타지 않게 튀겨야 한다.

07 마라우육(麻辣牛肉)

mā là niú ròu

추천시간 30분

재료 및 분량

소고기(안심) 150g, 청피망 중 1/2개, 홍피망 중 1/2개, 양파 중 150g, 셀러리 50g, 홍고추(건) 2개, 캐슈너트 20g, 달걀 1개, 대파 흰 부분(6cm 정도) 1/2토막, 마늘 중(깐 것) 10g, 생강 5g, 녹말가루 60g, 두반장 10g, 굴소스 15ml, 청주 30ml, 간장 20ml, 설탕 10g, 후춧가루 2g, 고추기름 30ml, 식용유 45ml, 육수 또는 물 150ml, 참기름 약간

물녹말 : 물 1큰술, 녹말가루 1큰술
우육소스 : 육수(물) 150ml, 두반장 2작은술, 굴소스 1큰술, 간장 약간, 설탕 2/3큰술, 참기름 약간

만드는 법

❶ 대파는 길이로 썰어 4×1.5cm 크기로 편 썰고 마늘, 생강도 편 썬다.
❷ 청피망, 홍피망, 양파, 셀러리, 홍고추는 길이 4cm, 폭 1.5cm 크기로 썬다.
❸ 소고기(안심)는 가로 4cm, 세로 1.5cm 크기로 썰어 간장, 청주, 후춧가루로 밑간을 한 후 달걀흰자와 물전분을 넣고 버무린다.
❹ 팬에 식용유를 두르고 140℃ 정도의 중간 불에서 소고기를 튀긴 다음, 캐슈너트도 튀긴다.
❺ 팬에 고추기름을 두르고 홍고추를 볶아 매운맛을 내고 대파, 마늘, 생강을 넣고 볶는다.
❻ 여기에 양파, 홍피망을 넣고 볶다가 육수 또는 물 150ml를 붓는다. 두반장, 굴소스, 청주, 간장, 설탕을 넣어 간을 한 다음 끓어오르면 물녹말을 흘려가며 풀어 걸쭉한 농도가 되면 셀러리, 청피망을 넣고 ❹의 튀긴 소고기와 캐슈너트를 넣어준 뒤 참기름을 넣어 마무리한다.

조리 Point

- 재료의 모든 크기는 균일하게 썰어서 조리한다.
- 소고기 안심은 바싹 튀기지 않는다.

08 면보샤(麵包蝦)

miàn bāo xiā

추천시간 35분

재료 및 분량

새우(새우살) 200g, 달걀 1개, 식빵 4쪽, 청주 15ml, 생강 5g, 소금 5g, 녹말가루 30g, 베이킹파우더 5g, 후춧가루 3g, 참기름 5ml, 식용유(튀김용) 1000ml

새우 반죽 : 생강즙 1작은술, 소금 · 후춧가루 약간, 청주 1큰술, 참기름 1작은술, 달걀흰자 1작은술, 베이킹파우더 1작은술, 녹말가루 2큰술

만드는 법

1. 식빵은 가장자리를 제거하고 사방 4cm 크기로 잘라서 준비한다.
2. 새우(새우살)는 깨끗이 씻어 내장을 제거하고 물기를 없앤 다음 다져서 준비한다.
3. ②의 다진 새우에 생강즙(1작은술), 후춧가루(3g), 청주(1큰술), 소금 약간, 참기름(1작은술)을 넣고 밑간한 다음 달걀흰자와 베이킹파우더(1작은술), 녹말가루를 넣고 치대어 반죽을 만든다.
4. 자른 식빵 위에 새우 반죽을 납작하게 눌러 바른 다음 식빵을 위에 올려 샌드위치를 만든다.
5. ④의 샌드위치를 150℃ 온도의 기름에 서서히 튀겨 노릇노릇해지면 건져 충분히 기름이 빠지면 그릇에 담는다.

조리 Point

- 식빵은 균일하게 썰고 타지 않게 주의한다.

09 삼선냉채(凉拌三鮮)

liáng bàn sān xiān

추천시간 30분

재료 및 분량

중새우 4마리, 패주 2개, 갑오징어 20g, 건해삼(불린 것) 1개, 오이 50g, 겨잣가루 15g, 식초 45ml, 설탕 45g, 소금 10g, 물 15ml, 참기름 약간

겨자소스 : 숙성된 겨자 1큰술, 설탕 3큰술, 식초 3큰술, 소금 1/2작은술

만드는 법

1. 물과 겨잣가루를 동량으로 넣고 개어서 끓는 냄비 위에 엎어서 숙성시킨 뒤 설탕, 식초, 소금을 넣어 겨자소스를 만든다.
2. 새우는 등에서 내장을 제거한 후 끓는 물에 삶아 껍질을 벗겨 반으로 썰어 놓는다.
3. 건해삼은 포를 떠서 4×1cm 크기로 편 썰어 끓는 물에 데친 후 식초를 넣어 버무린다.
4. 갑오징어는 가로 4cm 크기로 자른 다음 세로방향으로 길게 칼집을 넣은 후 가로방향으로 얕은 칼집을 넣고 두 번째 칼집에서 2cm 크기로 잘라 끓는 물에 데친다.
5. 패주도 겉껍질을 제거한 다음 결 반대로 얇게 편으로 썰어 살짝 데친 후 찬물에 헹구어 식혀 두고, 오이는 반으로 자른 후 어슷하게 편 썬다.
6. 준비한 ❷~❺의 재료에 겨자소스를 넣어 버무린 후 참기름을 한 방울 넣어 완성한다.

조리 Point

- 모든 재료는 크기가 일정하여야 한다.
- 갑오징어는 손질 후 사용하여야 한다.
- 새우는 전처리 후 사용하여야 한다.

10 삼선울면(全滷麵)

jeon no myeon

추천시간 30분

재료 및 분량

생면 200g, 새우 3마리, 오징어 30g, 건해삼(불린 것) 20g, 소라 20g, 피조개 10g, 죽순 통조림(whole) 고형분 20g, 건표고버섯(지름 5cm 정도, 물에 불린 것) 20g, 풋고추(생) 1/2개, 홍고추(생) 1/2개, 건목이버섯 5g, 청주 15ml, 대파 흰 부분(6cm 정도) 1/2토막, 마늘 중(깐 것) 2쪽, 생강 5g, 달걀 1개, 소금 10g, 녹말가루 2큰술, 후춧가루 2g, 육수(물) 530ml, 참기름 약간

물녹말 : 물 2큰술, 녹말가루 2큰술

만드는 법

1. 대파, 마늘, 생강은 편 썰어 준비한다.
2. 목이버섯은 물에 담가 불린 후 손으로 뜯어서 준비하고, 표고버섯도 미지근한 물에 불린 후 넓적하게 편 썬다.
3. 해산물(소라, 피조개, 새우, 해삼, 오징어)은 깨끗이 씻어 손질하고 4×2cm 크기로 편 썬다.
4. 죽순은 5cm 길이로 썰고 모양을 살려 0.3cm 두께로 편 썰고, 풋고추, 홍고추는 어슷하게 썰어 씨는 제거한다.
5. 생면은 끓는 물에 넣어 삶은 후 찬물에서 헹구고 다시 끓는 물에 헹궈 그릇에 담는다.
6. 팬에 육수(물) 500cc를 붓고 대파, 마늘, 생강, 청주를 넣고 끓인다. 끓으면 해산물을 넣고 손질한 채소를 넣어서 끓여 소금, 후춧가루를 넣어 간을 맞추고 물녹말을 흘리듯 넣는다.
7. ⑥이 걸쭉해지면 달걀은 저어서 풀어 체에 부어서 뭉치지 않게 흘리듯 넣고 참기름을 약간 넣어 면 위에 부어서 담는다.

조리 Point

국물의 농도에 유의하고 물녹말은 끓을 때 넣어 걸쭉하게 만든다.

11 사과탕(拔絲苹果)

bá sī píng quǒ

추천시간 30분

재료 및 분량

사과 1개, 달걀 1개, 설탕 90g, 밀가루 30g, 식용유 1000ml, 물 200ml

만드는 법

1. 사과는 껍질을 벗겨 반으로 잘라 씨 부분은 도려내고 사방 3cm 크기의 다각형으로 썰어 설탕물에 담근다.
2. 밀가루에 풀어놓은 달걀을 섞어 튀김옷을 만든다.
3. 사과는 물기를 제거한 다음 ②의 튀김옷에 묻혀 170℃ 온도의 기름에 튀겨 튀김옷이 익으면 건진다.
4. 팬에 기름을 두르고 설탕을 넣어 저어가며 녹여서 갈색이 나는 설탕시럽을 만든다.
5. 설탕시럽에 튀긴 사과를 넣고 재빨리 버무린 후 기름을 바른 접시 위에 하나씩 꺼내어 사과가 달라붙지 않게 담는다(참깨가 나오면 얹어준다).

- 튀김 반죽은 뭉치지 않도록 한다.
- 시럽이 타지 않도록 한다.
- 사과의 크기는 균일하게 한다.

12 산라탕(酸辣湯)

Suān Là tāng

추천시간 25분

재료 및 분량

소고기 50g, 건해삼(불린 것) 1개, 새우 50g, 건표고버섯(지름 5cm 정도, 물에 불린 것) 2개, 팽이버섯 10g, 죽순 통조림(whole), 고형분 30g, 두부 50g, 달걀 1개, 대파 흰 부분(6cm 정도) 1/2토막, 마늘 중(깐 것) 2쪽, 생강 5g, 청주 15ml, 간장 15ml, 식초 15ml, 녹말가루 15g, 참기름 3ml, 소금 5g, 후춧가루 2g, 육수(물) 300ml

물녹말 : 물 1큰술, 녹말가루 1큰술

만드는 법

❶ 두부는 0.3×0.3×5cm 길이로 채썰고, 소고기, 표고버섯은 얇게 저며 가늘게 채썬다.
❷ 건해삼은 반을 갈라 깨끗이 씻어 5cm 길이로 채썰고, 새우는 내장, 껍질을 제거한다.
❸ 달걀은 젓가락으로 저어 풀어주고, 대파, 마늘, 생강은 곱게 채썬다.
❹ 죽순은 씻어 석회질을 제거한 후 얇게 채썰어 끓는 물에 데친다.
❺ 팽이버섯은 뿌리를 잘라 헹구듯 살짝 씻어서 물기를 뺀 다음 5cm 길이로 썬다.
❻ 냄비에 육수(2컵), 대파, 마늘, 생강채를 넣어 끓이다가 소고기, 해삼, 새우, 죽순, 표고버섯, 팽이버섯, 두부 순으로 넣고 청주, 간장, 소금, 후춧가루, 식초로 간을 한다.
❼ ❻의 탕이 끓으면 물녹말을 흘리듯 넣어 걸쭉하게 만든 후 불을 중간 불로 줄여 풀어놓은 달걀을 넣고 젓가락으로 서서히 저어준 다음 참기름 한방울을 넣고 담는다.

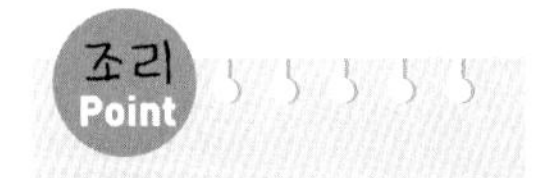

조리 Point

- 모든 재료의 크기는 균일하여야 한다.
- 수프의 농도에 유의하여야 한다.

13 새우마요네즈(沙拉蝦球)

shū lā xiā giú

추천시간 30분

재료 및 분량

중새우 10마리, 달걀 1개, 당근 50g, 오이 50g, 파인애플 1쪽, 우유 45ml, 식초 15ml, 마요네즈 60g, 레몬 1/2개, 녹말가루 60g, 소금 3g, 설탕 30g, 식용유 1000ml

마요네즈소스 : 우유 3큰술, 마요네즈 4큰술, 설탕 2큰술, 식초 1큰술, 소금 · 레몬즙 약간

만드는 법

❶ 새우는 내장을 빼낸 후 껍질을 벗겨서 등쪽으로 칼집을 넣어 물기를 제거한다.

❷ ❶의 새우에 달걀(흰자)과 녹말가루(물전분)를 넣고 튀김옷을 만들어 170℃ 온도의 기름에서 두 번 바싹 튀긴다.

❸ 당근은 사방 1cm 크기로 썰고 파인애플, 오이도 같은 크기로 썬다.

❹ 그릇에 우유(45ml)를 붓고 마요네즈(4큰술), 설탕(2큰술), 식초(1큰술), 소금을 약간 넣어 간을 하여 골고루 잘 저어 풀어준 뒤 레몬즙을 넣어 소스를 만든다.

❺ 열이 오른 팬에 기름을 두르고 당근, 파인애플을 넣고 살짝 볶는다.

❻ 여기에 ❹의 소스를 부어 중간 불에서 소스가 걸쭉해질 때까지 살짝 저어준 뒤, 튀겨낸 새우와 오이를 넣고 버무려 그릇에 담는다.

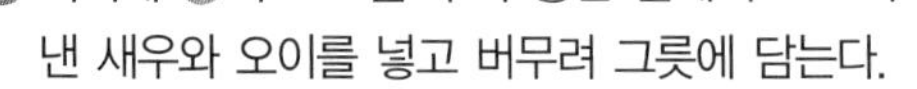

조리 Point

- 채소는 1cm 정도의 네모꼴로 썬다.
- 채소의 크기는 균일해야 한다.
- 소스의 농도에 유의한다.

14 서란화우육(西蘭花牛肉)

xī lán huā niú ròu

추천시간 30분

재료 및 분량

소고기(안심) 100g, 브로콜리 120g, 달걀 1개, 대파 흰 부분(6cm 정도) 1/2토막, 마늘 중(깐 것) 2쪽, 생강 1쪽, 간장 15ml, 청주 15ml, 후춧가루 약간, 굴소스 15ml, 육수 또는 물 150ml, 녹말가루 45g, 소금 5g, 참기름 5g, 식용유 100ml

물녹말 : 물 1큰술, 녹말가루 1큰술

우육소스 : 육수(물) 150ml, 굴소스 1큰술, 소금 약간, 참기름 약간

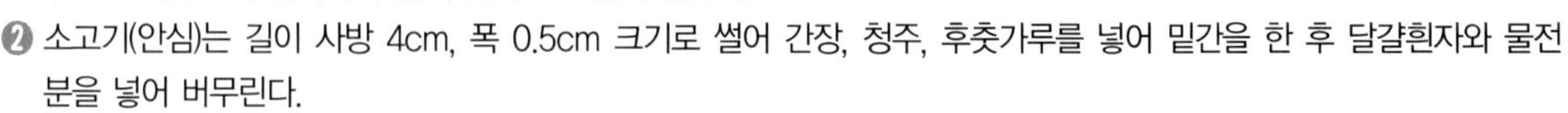

만드는 법

1. 브로콜리는 3cm 정도로 썰어 끓는 소금물에 데친 뒤 찬물에 헹구어 물기를 완전히 제거하고 열이 오른 팬에 기름을 두르고 재빠르게 볶아내어 접시 안쪽으로 돌려 담는다.
2. 소고기(안심)는 길이 사방 4cm, 폭 0.5cm 크기로 썰어 간장, 청주, 후춧가루를 넣어 밑간을 한 후 달걀흰자와 물전분을 넣어 버무린다.
3. 마늘, 생강은 편으로 썰고 대파는 사방 2cm 크기로 자른다.
4. 열이 오른 기름 팬에 ❷의 소고기를 넣고 튀긴다.
5. 식용유를 두른 팬에 대파, 마늘, 생강을 넣어 볶다가 육수(물 150ml)를 부어 굴소스(1큰술), 소금으로 간을 하고 끓어오르면 물녹말을 흘리듯 부어 걸쭉하게 한 뒤 튀겨낸 소고기, 참기름을 넣고 버무려서 먹음직스럽게 담는다.

조리 Point

- 브로콜리(서란화)와 소고기 안심은 각각 따로 볶는다.
- 소고기 안심 조리 시 우육소스 농도에 유의한다.

15 소류완자(燒流丸子)

so ryo wán ja

추천시간 30분

재료 및 분량

돼지등심(살코기) 200g, 죽순 통조림(whole) 고형분 30g, 건표고버섯(지름 5cm 정도, 물에 불린 것) 1개, 청피망 중 1/2개, 홍피망 중 1/2개, 대파 흰 부분(6cm 정도) 1/2토막, 마늘 중(깐 것) 2쪽, 생강 5g, 달걀 1개, 전분(녹말가루) 45g, 청주 20ml, 간장 20ml, 굴소스 15ml, 육수(물) 200cc, 식용유 2컵, 후춧가루 약간, 참기름 약간

물녹말 : 물 3큰술, 녹말가루 3큰술

만드는 법

❶ 대파, 마늘, 생강은 잘게 편 썰어서 준비한다.
❷ 돼지고기는 곱게 다져서 청주 1작은술, 간장 1작은술, 후춧가루 약간을 넣어 밑간을 한다.
❸ ❷의 고기는 달걀(흰자), 물전분을 넣고 잘 치댄 다음 직경 2cm 정도 크기의 완자를 만든다.
❹ 죽순은 모양을 살려서 썰고 표고버섯, 청피망, 홍피망은 3cm 크기로 썬다.
❺ ❷의 완자는 식용유 2컵을 넣고 160℃ 온도의 기름에서 튀긴다.
❻ 팬에 식용유를 두르고 대파, 마늘, 생강을 넣어 볶은 후, 청주 1큰술, 간장 1큰술을 넣고 ❹의 채소를 넣고 볶는다.
❼ ❻에 물 1컵을 붓고 굴소스 1큰술, 후춧가루를 약간 넣어 간을 한 다음 물녹말을 흘리듯 넣어 걸쭉한 농도가 되면 ❺의 튀긴 완자를 넣고 참기름을 넣어 완성접시에 담는다.

조리 Point

물녹말 농도에 유의한다.

16 옥수수게살탕(蟹肉玉米湯)

xiè ròu yú mǐ tāng

추천시간 20분

재료 및 분량

옥수수 1/2캔, 게살 100g, 달걀 1개, 생강 5g, 청주 15ml, 소금 5g, 흰 후춧가루 2g, 녹말가루 45g, 참기름 2.5ml, 육수(물) 400ml, 식용유 30ml

물녹말 : 물 1큰술, 녹말가루 1큰술

만드는 법

❶ 옥수수는 물기를 제거하고 칼로 저며 곱게 다진다.
❷ 게살은 물기를 제거하고 가늘게 찢는다.
❸ 달걀은 젓가락으로 풀어 달걀물을 만들어 놓고, 생강은 곱게 다진다.
❹ 열이 오른 팬에 식용유를 두르고 다진 생강과 청주를 넣어 향을 낸 후 육수(2컵)를 부어 다진 옥수수와 게살을 넣고 끓인 후 소금, 흰후춧가루로 간을 한다.
❺ ❹의 탕이 끓어오르면 물녹말을 흘려 넣어 농도가 걸쭉해지면 달걀물을 체에 밭쳐 뭉치지 않게 넣는다.
❻ 달걀이 익으면 참기름을 넣고 그릇에 담는다.

조리 Point

- 달걀은 뭉치지 않게 풀어서 넣어 익힌다.
- 소스의 농도에 유의한다.

17 유림기(油淋鷄)

yoo lim jī

추천시간 25분

재료 및 분량

닭다리 3개, 풋고추(생) 1개, 홍고추(생) 1개, 양상추 30g, 대파 흰 부분(6cm 정도) 1/2토막, 마늘 중(깐 것) 2쪽, 달걀 1개, 빵가루 100g, 식용유 2컵, 청주 1작은술, 간장 1큰술, 식초 1큰술, 설탕 1큰술, 후춧가루 약간, 참기름 약간

유림기소스 : 물 2큰술, 간장 1큰술, 식초 1큰술, 설탕 1큰술, 후춧가루 1/2작은술, 참기름 1작은술

만드는 법

❶ 닭다리는 뼈를 발라내고 잔칼집을 넣고 납작하게 편 다음 청주 1작은술, 간장 1작은술을 넣고 밑간을 한다.
❷ 대파와 마늘은 다지고 풋고추, 홍고추는 반갈라 씨를 제거하고 사방 0.5cm 크기로 자른다.
❸ 양상추는 손으로 뜯어서 찬물에 담가 둔 후 물기를 제거한다.
❹ 유림기소스를 만들어 ❷를 섞어서 준비한다.
❺ ❶의 밑간한 닭은 달걀을 묻히고 다시 빵가루를 골고루 묻혀서 튀긴다.
❻ ❺의 튀긴 닭은 1.5cm 폭으로 썰어서 준비한다.
❼ 접시에 ❸의 양상추를 깔고 그 위에 ❻의 닭을 놓고 유림기소스를 뿌린다.

조리 Point

닭을 너무 두껍지 않게 준비해서 튀겨야 타지 않고 노릇하게 튀길 수 있다.

18 유산슬(溜三絲)

liū sān sī

추천시간 30분

재료 및 분량

건해삼(물에 불린 것) 100g, 소고기(또는 돼지고기) 50g, 중새우 6마리, 죽순 통조림(whole) 고형분 30g, 완두콩 10g, 건표고버섯(지름 5cm 정도, 물에 불린 것) 3개, 팽이버섯 10g, 녹말가루 30g, 달걀 1개, 대파 흰 부분(6cm 정도) 1/2토막, 청주 30ml, 소금 10g, 참기름 5ml, 육수 또는 물 200ml, 마늘 중(깐 것) 2쪽, 생강 5g, 간장 15ml, 후춧가루 약간, 식용유 30ml

물녹말 : 물 1큰술, 녹말가루 1큰술

유산슬소스 : 청주 1큰술, 육수(물) 200ml, 소금 · 후춧가루 약간, 참기름 1작은술

만드는 법

1. 건해삼, 표고버섯, 죽순은 길이 5×0.2cm 크기로 곱게 채썬 후 끓는 물에 살짝 데친다.
2. 팽이버섯은 5cm 길이로 썰어서 가닥가닥 떼어 데치고 완두콩도 데친다.
3. 대파는 4cm 길이로 굵게 채로 썰고, 마늘과 생강은 가늘게 채썬다.
4. 소고기는 얇게 포를 떠 5cm 길이로 가늘게 채썰고 새우는 내장을 제거한다.
5. 채썬 소고기와 새우는 간장, 청주로 밑간을 한 다음 달걀과 녹말가루를 넣어 잘 버무려 고기와 새우가 잠길 정도의 기름을 넣고 중간 불에서 튀긴다.
6. 열이 오른 팬에 식용유를 두르고 대파, 마늘, 생강을 넣어 볶다가 청주(1큰술)를 넣어 향을 낸다.
7. 여기에 표고버섯, 죽순, 해삼, 팽이버섯을 넣고 살짝 볶은 후 육수(물 200ml)를 붓고, 소금과 후춧가루로 간을 한 뒤 끓어오르면 물녹말을 넣어 부드럽고 흐르는 듯한 농도로 끓인다. 다 끓으면 고기와 새우, 완두콩을 넣어 버무린 다음 참기름(1작은술)을 넣어 마무리한다.

조리 Point

- 고기와 새우는 손질을 먼저 한 후 조리한다.
- 고기와 새우는 팬에 달라 붙지 않도록 적절한 온도에서 익힌다.

19 죽순계편(竹筍鷄片)

zhú sún jī pìan

추천시간 20분

재료 및 분량

죽순 통조림(whole) 고형분 150g, 닭(살코기) 150g, 달걀 1개, 대파 흰 부분(6cm 정도) 20g, 마늘 중(깐 것) 15g, 생강 5g, 간장 5ml, 청주 15ml, 후춧가루 2g, 녹말가루 60g, 굴소스 5ml, 소금 5g, 식용유 45ml, 참기름 5ml, 육수 또는 물 70ml

물녹말 : 물 1큰술, 녹말가루 1큰술
죽순계편소스 : 굴소스 1작은술, 소금 약간, 육수(물) 70ml, 참기름 1작은술

만드는 법

1. 닭은 4×2cm 크기로 썰어서 간장, 청주, 후춧가루로 밑간하여 준비한다.
2. 죽순은 4×2cm 크기의 편으로 썰어 끓는 물에 데친 후 찬물에 헹구어 준비한다.
3. 마늘, 대파, 생강은 각각 편 썬다.
4. ①의 닭에 달걀(흰자)과 녹말가루(물전분)를 넣어 반죽한 후 기름에 튀긴다.
5. 팬에 기름을 두르고 다진 마늘, 다진 대파, 다진 생강을 넣고 향이 나게 볶은 후 죽순을 넣고 볶다가 육수(70ml), 굴소스(1작은술), 소금(약간)으로 맛을 내어 끓어오르면 물녹말(1큰술)을 흘려 뿌려 농도를 맞춘다.
6. ⑤에 튀겨낸 닭과 참기름(1작은술)을 넣고 버무린 다음 접시에 담는다.

조리 Point

- 닭고기 밑손질 과정에 유의하여야 한다.
- 재료의 모든 크기는 균일해야 한다.

20 채소두부탕(蔬菜豆腐湯)

shū cài dòu fǔ tāng

추천시간 20분

재료 및 분량

두부 150g, 죽순 통조림(whole), 고형분 30g, 건표고버섯(지름 5cm 정도, 물에 불린 것) 2개, 양송이 2개, 청경채 20g, 당근 30g, 대파 흰 부분(6cm 정도 1/2토막, 마늘 중(깐 것) 2쪽, 생강 5g, 소금 15g, 후춧가루 2g, 청주 15ml, 간장 5ml, 육수 또는 물 400ml, 참기름 약간

만드는 법

❶ 두부는 길이 3×2×0.5cm 크기로 썰어 끓는 물에 살짝 데친다.
❷ 표고버섯, 양송이, 죽순, 당근, 청경채는 사방 3cm 크기로 편 썰어서 끓는 물에 살짝 데친다.
❸ 대파는 송송 썰고, 생강, 마늘은 곱게 다진다.
❹ 팬에 육수, 생강, 마늘, 청주, 간장을 넣고 끓이다가 표고버섯, 양송이, 죽순, 당근, 청경채, 두부를 넣어 끓인 후 거품을 걷어 내고 소금, 후춧가루로 간을 한다.
❺ 여기에 참기름 한 방울 넣고 송송 썬 대파를 넣어 마무리한다.

조리 Point

- 국물의 색이 맑게 나오도록 조리한다.
- 두부는 끓는 물에 데쳐서 사용한다.

21 팔보채(八寶菜)

bā bǎo cài

추천시간 30분

재료 및 분량

갑오징어 100g, 소라 50g, 관자 50g, 건해삼(불린 것) 50g, 중새우 3마리, 죽순 통조림(whole) 고형분 50g, 건표고버섯(지름 5cm 정도, 물에 불린 것) 2개, 청피망 중 30g, 당근 30g, 오이 30g, 홍고추(건) 2개, 대파 흰 부분(6cm 정도) 1/2토막, 마늘 중(깐 것) 2쪽, 생강 5g, 굴소스 15ml, 녹말가루 15g, 소금 5g, 육수 또는 물 150ml, 식용유 45ml, 간장 1큰술, 참기름 약간

물녹말 : 물 1큰술, 녹말가루 1큰술

팔보채소스 : 굴소스 1큰술, 간장 1큰술, 육수(물) 150ml, 참기름 약간

만드는 법

1. 건해삼은 4cm 크기로 편 썰고, 소라는 손질하여 4cm 크기로 포를 뜨고, 관자도 같은 크기로 썬다.
2. 갑오징어는 껍질을 벗기고 가로 4cm 크기로 자른 다음 세로로 칼집을 넣고 가로방향으로 저며 두 번째 칼집에서 자른다.
3. 새우는 등쪽의 내장을 제거하고 껍질을 벗겨 등쪽에 칼집을 넣는다.
4. 표고버섯, 청피망, 당근, 오이는 4cm 크기로 썰고 죽순은 빗살모양을 살려 얇게 썬다.
5. 홍고추도 4cm 크기로 썰고 대파, 생강, 마늘은 편으로 썬다.
6. 끓는 물에 소금을 조금 넣고 준비한 해산물(오징어, 관자, 새우, 소라)과 채소(표고버섯, 청피망, 당근, 오이, 죽순)를 살짝 데쳐 물기를 뺀다.
7. 달군 팬에 식용유를 넣고 대파, 마늘, 생강, 홍고추를 볶다 모든 재료를 넣고 볶는다.
8. 여기에 육수(물 150ml), 굴소스(1큰술), 간장(1큰술)을 넣고 끓어오르면 물녹말을 흘려 농도를 맞추고 참기름을 넣어 완성 그릇에 담는다.

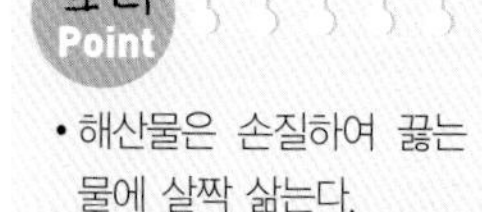

조리 Point

- 해산물은 손질하여 끓는 물에 살짝 삶는다.
- 재료의 모든 크기는 균일해야 한다.

22 해삼죽순(海蔘竹筍)

hǎi shēn zhú sǔn

추천시간 30분

재료 및 분량

건해삼(불린 것) 2개, 죽순 통조림(whole), 고형분 100g, 대파 흰 부분(6cm 정도) 1/2토막, 마늘 중(깐 것) 2쪽, 생강 5g, 굴소스 15ml, 청주 15ml, 간장 5ml, 녹말가루 15g, 참기름 3ml, 식용유 45ml, 육수 또는 물 150ml

물녹말 : 물 1큰술, 녹말가루 1큰술
해삼죽순소스 : 간장 1작은술, 청주 1큰술, 육수(물) 150ml, 굴소스 1큰술, 참기름 약간

만드는 법

1. 불린 해삼은 6×1cm 크기로 편 썰어 끓는 물에 데친다.
2. 죽순은 6cm 길이로 얇게 편 썰어 끓는 물에 데쳐낸 뒤 찬물에 헹구어 물기를 제거한다.
3. 대파, 마늘, 생강은 편으로 썬다.
4. 열이 오른 팬에 식용유를 두르고 대파, 마늘, 생강을 넣고 볶다가 간장(1작은술), 청주(1큰술)를 넣어 향을 낸 후 해삼과 죽순을 넣어 센 불에서 볶는다.
5. 여기에 육수(150ml)와 굴소스(1큰술)를 넣어 끓어오르면 물녹말을 흘려 부어 소스가 걸쭉해지면 참기름을 넣어 마무리한다.

조리 Point

- 해삼과 죽순의 길이가 일정하여야 한다.
- 소스의 농도에 유의하여야 한다.
- 물과 녹말가루 비율은 1 : 1이나 녹말가루를 더 많이 넣기도 한다.

23 회과육(回鍋肉)

huí guō ròu

추천시간 40분

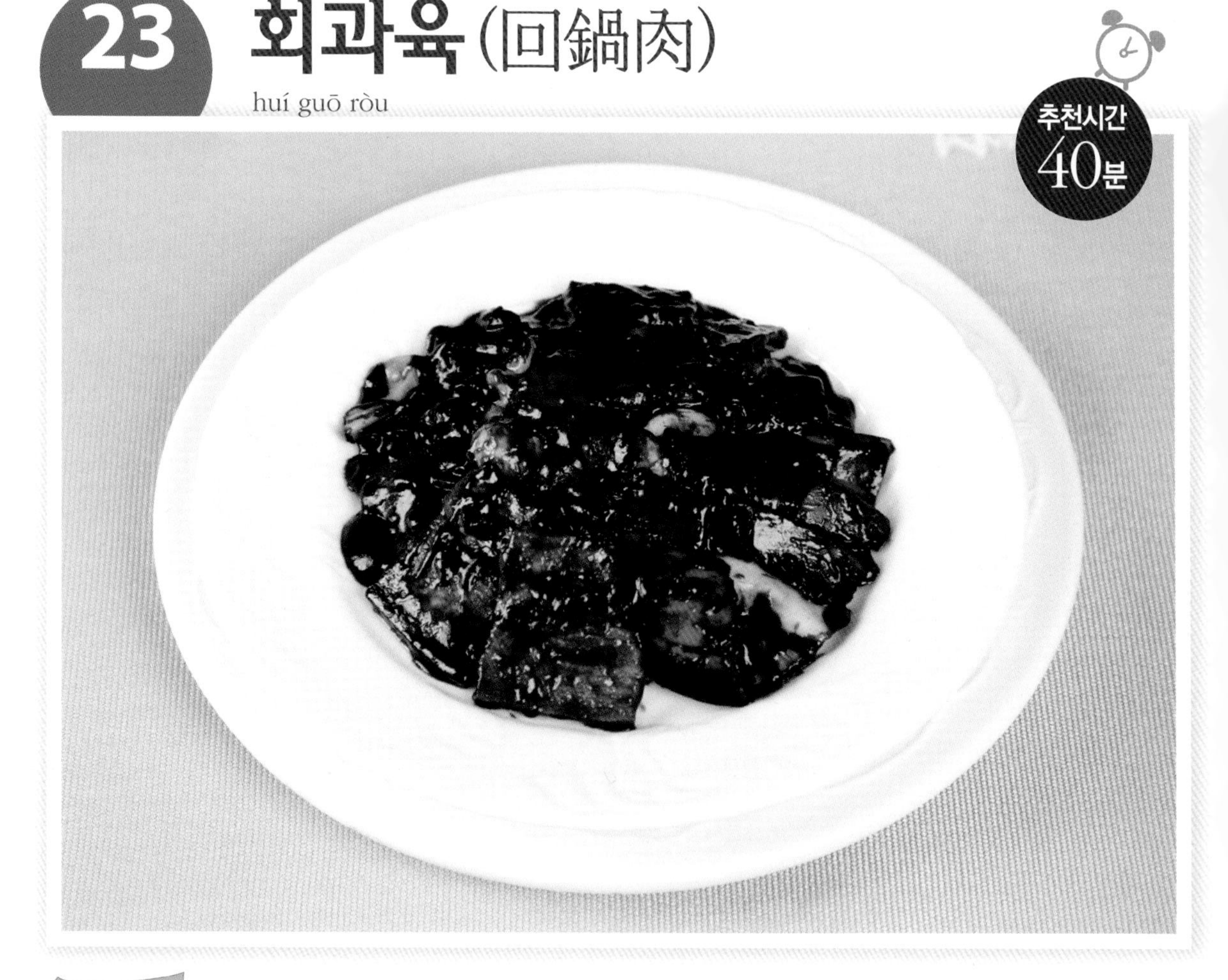

재료 및 분량

돼지고기(삼겹살) 200g, 건표고버섯(지름 5cm 정도, 물에 불린 것) 2개, 죽순 통조림(whole) 고형분 50g, 청피망 중 1/2개, 홍고추(생) 1개, 풋고추(생) 2개, 양배추 30g, 대파 흰 부분(6cm 정도) 1/2토막, 마늘 중(깐 것) 2쪽, 생강 5g, 춘장 30g, 청주 20ml, 설탕 15g, 고추기름 30ml, 굴소스 15ml, 육수 또는 물 100ml, 식용유 1,000ml, 녹말가루 1큰술, 후춧가루 · 참기름 약간

물녹말 : 물 1큰술, 녹말가루 1큰술
회과육소스 : 육수(물) 100ml, 춘장 2큰술, 굴소스 1큰술, 설탕 1큰술, 후춧가루 · 참기름 약간

만드는 법

❶ 돼지고기(삼겹살)는 5×4cm 크기로 썰어서 끓는 물에 삶아 낸 후 0.5cm 두께로 썰어서 기름을 체에 밭쳐 거른 다음 잠길 정도의 식용유에 넣고 튀긴다.
❷ 표고버섯은 끓는 물에 살짝 데쳐서 편 썰고, 죽순은 부채모양을 살려서 4cm 길이로 편 썬다.
❸ 대파는 굵은 채로 썰고, 마늘, 생강도 편 썰고, 청피망, 홍고추, 풋고추는 씨를 제거한 다음 어슷하게 편으로 썬다. 양배추도 같은 크기로 썬다. 춘장은 끓는 기름에 중간 불에서 타지 않게 볶는다.
❹ 팬에 고추기름을 두르고, 대파, 마늘, 생강을 넣어 볶다가 청주로 향을 낸 다음 표고버섯, 죽순, 홍고추, 양배추를 넣어 볶은 뒤 육수(100ml)을 넣고 춘장, 굴소스, 설탕, 후춧가루로 간을 한다.
❺ 끓어오르면 물녹말을 넣어 걸쭉해지면 청피망, 풋고추와 ❶의 튀긴 돼지고기(삼겹살)를 넣고 참기름으로 마무리한다.

조리 Point

- 삼겹살은 삶아서 전처리 작업한다.
- 소스의 농도에 유의하여야 한다.

24 달걀탕(蛋花湯)

shuǐ ji ǎo zī

추천시간 20분

재료 및 분량

달걀 1개, 대파 흰 부분(6cm 정도) 1토막, 팽이버섯 10g, 죽순 통조림(whole), 고형분 20g, 건표고버섯(지름 5cm 정도, 물에 불린 것) 1개, 돼지등심(살코기) 10g, 건해삼(불린 것) 20g, 육수 또는 물 450ml, 소금(정제염) 4g, 흰 후춧가루 2g, 녹말가루(감자전분) 15g, 참기름 5ml, 진간장 15ml

물녹말 : 물 1큰술, 녹말가루 1큰술

만드는 법

1. 표고버섯은 기둥을 떼어내고 죽순은 젓가락으로 사이사이의 석회질을 제거한다.
2. 죽순과 표고버섯은 얇게 저며 길이 4cm, 폭 0.2cm 크기로 채썰어 데쳐 준비한다.
3. 대파는 길이로 반을 갈라 4×0.2cm 크기로 채썰고, 팽이버섯은 4cm 길이로 썰어서 하나하나 떼어 뭉치지 않게 준비하여 데친다.
4. 돼지고기는 5×0.2cm 크기로 가늘게 채썰고, 불린 해삼은 내장을 제거하고 길이 4cm, 폭 0.3cm 크기로 채를 썰어 데쳐 준비한다.
5. 달걀은 깨서 흰자와 노른자가 잘 혼합될 수 있도록 젓가락으로 풀어서 놓는다.
6. 냄비에 물(2컵)을 넣고 끓으면 데친 돼지고기와 해삼을 넣고 끓이다가 떠오르는 거품은 걷어내면서 진간장과 소금, 흰 후춧가루로 간을 한다.
7. 돼지고기와 해삼이 익으면 대파, 죽순, 표고버섯, 팽이버섯을 차례로 넣고 끓이다가 물녹말을 넣어 농도를 맞춘다.
8. 다시 끓어오르면 불을 약한 불로 줄이고 풀어놓은 달걀을 체에 흘려가며 부어서 부드럽게 익힌 후, 참기름을 한 두방울 넣어 완성그릇에 담는다.

조리 Point

- 돼지고기는 채썰어 데친다.
- 달걀물을 부을 때 동그랗게 원을 그리듯이 조금씩 흘려부어야 뭉치지 않는다.
- 달걀을 넣고 오래 끓이면 뻣뻣해지므로 은근한 불에서 서서히 끓이되 달걀이 익으면 불을 끈다.
- 국물에 거품은 걷어가면서 하고 달걀물을 풀 때는 불을 줄여야 국물이 깨끗하다.
- 물녹말은 약간만 넣어 국물이 투명하게 한다.

물만두(水餃子)

huí guō ròu

추천시간 40분

밀가루(중력분) 100g, 돼지등심(살코기) 50g, 조선부추 30g, 대파 흰 부분(6cm 정도) 1토막, 생강 5g, 소금(정제염) 10g, 진간장 10ml, 청주 5ml, 참기름 5ml, 검은 후춧가루 3g

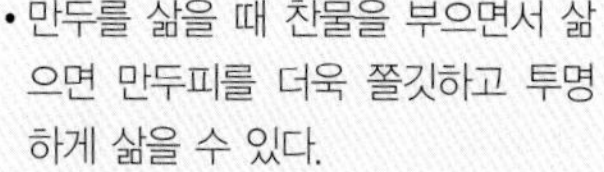

1. 밀가루는 체에 내려 찬물에 소금을 넣은 물로 반죽하여 젖은 면포로 감싸놓는다.
2. 생강은 다져 즙을 내고, 대파는 곱게 다지고, 부추는 0.5cm 크기로 송송 썬다.
3. 돼지고기는 다져서 생강즙, 대파, 진간장, 소금, 검은후춧가루, 청주로 밑간을 한 후 잘 치대고, 부추를 넣고 고루 섞어 만두소를 만든다.
4. 만두피 반죽은 가래떡처럼 길게 만들어 일정한 크기로 자른 다음 다시 손바닥으로 동글납작하게 눌러 놓는다.
5. 바닥에 밀가루를 뿌리고 오른손으로 밀대를 밀고 왼손으로 반죽을 잡아 돌려가며 얇게 밀어 펴서 직경 6cm, 두께 0.1cm 크기로 만두피를 만든다.
6. 만두피 가운데 만두소를 넣고 반으로 접어 양쪽 검지손가락으로 삼각진 모양이 되도록 만두피를 꾹 눌러 가운데가 볼록한 삼각형이 되도록 8개를 빚는다.
7. 끓는 물에 소금과 만두를 넣어 끓어오르면 찬물을 붓고 다시 끓어오르면 찬물 붓기를 2회 반복하여 만두를 익힌다.
8. 만두소가 투명하게 비칠 정도로 익으면 참기름을 한두 방울 두르고 건져내어 완성그릇에 담고 국물을 자작하게 부어 담는다.

조리 Point

- 반죽은 찬물로 반죽하여 면포로 감싼다.
- 만두피를 얇게 잘 밀어서 삼각형 모양으로 일정한 크기로 나오도록 한다.
- 만두를 삶을 때 찬물을 부으면서 삶으면 만두피를 더욱 쫄깃하고 투명하게 삶을 수 있다.
- 물만두를 완성그릇에 담았을 때 부추의 색깔이 투명한 만두피에 배어 나올 수 있도록 부추의 양을 적당히 넣는다.

26 짜춘권(炸春捲)

zhá chūn juǎn

추천시간 35분

재료 및 분량

돼지등심(살코기) 50g, 작은 새우살(내장이 있는 것) 30g, 건해삼(불린 것) 20g, 양파 중(150g 정도) 1/2개, 죽순 통조림(whole) 고형분 20g, 대파 흰 부분(6cm 정도) 1토막, 생강 5g, 조선부추 30g, 건표고버섯(지름 5cm 정도, 물에 불린 것) 2개, 녹말가루(감자전분) 15g, 진간장 10ml, 소금(정제염) 2g, 검은 후춧가루 2g, 참기름 5ml, 달걀 2개, 밀가루(중력분) 20g, 식용유 800ml, 청주 20ml

물녹말 : 물 1큰술, 녹말가루 1큰술

밀가루풀 : 물 1큰술, 밀가루 1큰술

만드는 법

❶ 대파는 길이로 반을 갈라 4cm 크기로 채썰고 생강은 얇게 저민 후 곱게 채 썬다. 표고버섯은 기둥을 떼고 죽순은 젓가락으로 석회질을 제거한 후 4×0.3cm 크기로 채썬다.
❷ 양파는 속껍질 제거 후 채썰고, 부추는 대와 잎을 분리하여 썬다.
❸ 새우는 등쪽의 내장을 제거하고 데쳐 껍질을 벗기고 두꺼울 경우는 반으로 저며 썬다. 건해삼도 4×0.3cm 크기로 채썰어 데친다. 돼지고기는 5×0.2cm 크기로 채썰어 소금, 청주, 검은 후춧가루로 밑간을 한다.
❹ 달걀을 풀어서 소금을 첨가하고 물녹말을 넣어 지단을 부쳐내고 팬에 식용유를 두르고 생강, 대파를 볶다가 돼지고기를 넣어서 볶는다.
❺ 여기에 양파, 죽순, 표고버섯, 새우살, 해삼의 순으로 넣어 볶다가 마지막에 부추줄기, 부추잎 순으로 넣어 살짝 볶은 다음 진간장, 소금, 후춧가루, 참기름을 넣어 간을 하고 식힌다.
❻ 도마 위에 달걀지단을 올리고 가장자리에 밀가루풀을 고루 발라준 다음 속재료를 놓고 양끝부분을 잘 오므려 지름이 3cm 정도로 동그랗게 말아서 달걀지단의 끝부분에 밀가루풀을 발라 붙인다.
❼ ❻을 온도 160℃의 식용유에 굴려가며 부풀거나 터지지 않게 튀겨낸 다음 식혀 길이 3cm 정도 크기로 8개를 만든다.

- 채소는 길이 4cm로 썬다.
- 기름에 짜춘권을 넣고 달걀지단이 붙을 때까지 주걱으로 양쪽을 누르면서 약한 불에서 튀겨야 모양이 흐트러지지 않는다.
- 속재료를 넣고 빈틈없이 꾹꾹 누르면서 말아야 썬 후에 속이 빠져나오지 않는다.
- 달걀지단을 부칠 때 처음 팬의 바닥에 닿은 면을 그대로 도마 위에 엎어 그 면으로 짜춘권을 말아야 부풀지 않는다.

27 새우완자탕(蝦仁丸子湯)

xiā rén wán zi tāng

추천시간 25분

재료 및 분량

작은 새우살 100g, 달걀 1개, 청경채 1포기, 양송이(통조림) whole, 양송이 큰 것 1개, 대파 흰 부분(6cm 정도) 1토막, 죽순 통조림(whole) 고형분 50g, 생강 5g, 진간장 10ml, 청주 30ml, 소금 10g, 검은 후춧가루 5g, 참기름 10ml, 녹말가루(감자전분) 30g, 육수(또는 물) 400ml

만드는 법

❶ 새우는 내장을 제거하고 씻은 후 물기를 제거한다.
❷ 물기를 제거한 새우를 곱게 다진 후 소금, 청주, 검은 후춧가루, 달걀흰자와 약간의 녹말가루를 넣어 1분 이상 잘 치대어 부드럽게 만든다.
❸ 죽순은 빗살무늬 속의 석회질을 제거하고 사방 3cm 정도로 편 썬다.
❹ 청경채, 양송이도 사방 3cm 정도 크기로 편 썬다.
❺ 대파는 둥글게 송송 또는 사방 3cm 정도 크기로 편 썬다.
❻ 끓는 물에 죽순, 양송이, 청경채를 살짝 데쳐서 찬물에 헹구어 식힌다.
❼ 냄비에 청주 1큰술을 넣고 알코올을 날린 뒤 물(육수), 소금을 넣고 끓여 잘 치댄 새우살을 손이나 수저로 2cm 정도 크기로 하나씩 떼어서 삶아 익힌다.
❽ 새우 완자를 익힌 국물을 면포(거즈)로 걸러 냄비에 붓고 끓으면 데친 채소와 대파를 넣고 약간의 간장으로 색을 내고 소금, 청주, 후춧가루, 참기름을 넣어 완성한다.
❾ 완성 그릇에 새우 완자를 담고 200ml 정도의 육수를 맑게 담는다.

조리 Point

- 새우 완자는 수분을 꼭 짜서 많이 치대어야 끈기가 생겨 잘 풀어지지 않고, 반죽할 때 녹말을 적게 넣어야 국물이 맑다.
- 너무 오래 끓이면 국물이 탁해지고 채소의 숨이 죽으므로 유의한다.
- 국물이 탁해지지 않도록 불 조절을 잘하고 진간장, 참기름은 약간 사용하는 것이 좋다.

28 증교자(蒸餃子)

Zhéng jiǎo zi

추천시간 35분

재료 및 분량

돼지등심(다진 살코기) 50g, 밀가루(중력분) 100g, 조선부추 30g, 대파 흰 부분(6cm 정도) 1토막, 생강 5g, 소금(정제염) 10g, 진간장 20ml, 청주 10ml, 참기름 5ml, 굴소스 10ml, 검은 후춧가루 5g

만드는 법

1. 재료를 씻어서 준비한다.
2. 냄비에 물을 올려 끓인다.
3. 부추는 잘게 송송 썰어 준비하고 대파, 생강, 돼지고기는 다진다.
4. 밀가루에 소금 간을 하고, 뜨거운 물로 익반죽한 후 젖은 면포로 덮어 숙성시킨다.
5. 다진 돼지고기는 다진 대파와 생강, 간장, 굴소스, 청주를 넣어 양념한 후 잘 치댄다.
6. 양념한 돼지고기에 송송 썬 부추와 약간의 소금, 참기름을 섞어 만두소를 만든다.
7. 숙성된 반죽은 한 번 더 치댄 후 긴 원형(가래떡 모양)으로 만들어 일정한 크기로 6등분하여 밀대로 직경 8cm 정도로 얇은 만두피를 만든다.
8. 만두피에 만두소를 가운데 넣고 찢어지지 않게 반으로 접은 후 주름은 한 방향으로 5개 이상씩 잡아가며 만두를 6개 빚는다.
9. 김이 오른 찜통에 빚은 만두를 넣어 10분 정도 찐다.
10. 다 익은 만두를 완성 그릇에 6개 담는다.

조리 Point

- 만두피가 터지지 않게 만두소를 적당히 넣는다.
- 만두의 모양이 일정하게 나오도록 한다.
- 찜통 속의 물은 미리 끓여 준비한다.

참고문헌

강명수 외 편저, 정통중국요리, 학문사, 2004

김헌철 외, 중국요리, 훈민사, 2003

전경철 외, 일식, 복어, 중식 조리실기, 일진사, 2009

정영도 외, 식품조리재료학, 지구문화사, 2000

정윤두 외, 호텔중국요리, 백산출판사, 2009

조성문 외, 중국요리, 광문각, 2005

조성문 외, 고급중국요리, 백산출판사, 2007

여경옥, 중국요리, 여성자신, 2003

여경옥, 명품중국요리, 주부생활, 2008

오해경 편저, 남서울산업대학교 중국학과 학회지, 1977

우제열 편저, 중국요리 40, 북폴리오, 2006

이면희, 중국요리, 조선일보사, 2000

이태훈 외 편저, 모범중국어 독본, 단국대학교 출판부, 2000

이향방, 쉽고 재미있는 중국요리, 주부생활사, 1999

이향방, 중국요리, 주부생활사, 1999

채영철 외, 중국의 음식문화와 중국요리, 지구문화사, 2003

최송산 외, 최신중국요리, 효일, 2002

최옥자 외, 중국요리, 지구문화사, 2001

추적생 외, 정통중국요리, 형설출판사, 2007

추적생 외, 차이나푸드21, 형설출판사, 2007

국가직무능력표준, www.ncs.go.kr

NCS 학습모듈, 2019

한국직업능력개발원, 교육부, 2014

중식 조리기능사·산업기사 필기실기문제

발행일 2022년 1월 5일 개정2판 1쇄 인쇄
2022년 1월 10일 개정2판 1쇄 발행

저자 전경철·임점희·전장철 공저

발행처 

발행인 이상원
신고번호 제 300-2007-143호
주소 서울시 종로구 율곡로13길 21
공급처 (02) 765-4787, 1566-5937, (080) 850~5937
전화 (02) 745-0311~3
팩스 (02) 743-2688, 02) 741-3231
홈페이지 www.crowbook.co.kr
ISBN 978-89-406-4511-6 / 13590

특별판매정가 23,000원

이 도서의 문의를 편집부(02-763-1668)로 연락주시면 친절하게 응답해 드립니다.